· Python应用开发丛书 ·

U0127875

Python

测试技术大全

从自动化测试到测试开发

张晓雷◎编著

北京理工大学出版社

BEIJING INSTITUTE OF TECHNOLOGY PRESS

图书在版编目（ＣＩＰ）数据

Python 测试技术大全：从自动化测试到测试开发 /
张晓雷编著. -- 北京：北京理工大学出版社，2023.8
（Python 应用开发丛书）
ISBN 978-7-5763-2725-0

Ⅰ. ①P… Ⅱ. ①张… Ⅲ. ①软件工具—程序设计
Ⅳ. ①TP311.561

中国国家版本馆 CIP 数据核字(2023)第 149063 号

出版发行 / 北京理工大学出版社有限责任公司

社　　址 / 北京市海淀区中关村南大街5号

邮　　编 / 100081

电　　话 /（010）68914775（总编室）
　　　　　　（010）82562903（教材售后服务热线）
　　　　　　（010）68944723（其他图书服务热线）

网　　址 / http：//www.bitpress.com.cn

经　　销 / 全国各地新华书店

印　　刷 / 石家庄艺博阅印刷有限公司

开　　本 / 787毫米×1020毫米　1 / 16

印　　张 / 30　　　　　　　　　　　　　　　　　　责任编辑 / 江　立

字　　数 / 657千字　　　　　　　　　　　　　　　　文案编辑 / 江　立

版　　次 / 2023年8月第1版　2023年8月第1次印刷　　责任校对 / 周瑞红

定　　价 / 129.00 元　　　　　　　　　　　　　　　　责任印制 / 施胜娟

序

近几年来，随着信息技术的深入发展，特别是移动互联网、大数据、云计算、人工智能和区块链的出现，各行各业都发生了巨大的变革，这种变革就是我们所说的数字化转型。数字化转型的浪潮不仅影响和改变着传统行业，也让人们开始重新思考信息技术本身：如何更有效地利用新技术来改变信息技术的传统作业方式，更好地为各行各业的数字化转型提供动力。

计算机软件系统测试是一个由来已久的课题，已经有大量的书籍和研究文章对其做了全面且深入的分析与论述。但是，如何在高效率研发和交付的同时，利用近几年涌现的如微服务、模式识别和云原生等新技术重塑测试，以便更好地保障软件的质量，是每个企业的技术管理者和软件测试工程师需要思考的重要问题。

我在硅谷工作的时候曾经参与过一个为 300 多家医院提供信息系统的项目。该项目需要在不中断和不影响各种医疗服务的前提下，对跨越美国多个州的医院的信息系统进行全面替换。该项目既包含常见的在线医疗档案和计费系统，也包含支撑各个急救室、手术室和诊疗室的数据平台，可以说是人命关天、牵一发而动全身的大事。在该项目中投入特别多的工作就是测试，其中包括可靠性、功能性、并发性、安全性、扩展性、合规性和灾难性几个方面的测试。该项目不断延迟，预算不断追加，最后，项目的效果也不理想。我一直在思考，为什么会如此？最后发现，一个重要的原因是项目缺乏先进的自动化测试技术和手段，因此没有可靠的测试结论作为支撑，也没有人敢"拍板"作出技术切换的重大决策。由此可见，自动化测试在软件项目开发中是多么重要的事。而要掌握这门技术，一部有针对性的学习指导书是不可或缺的。在此我特别推荐张晓雷先生的这部新作，当我系统地阅读了本书后，便决定把它推荐给学习自动化测试的读者朋友们。

本书是张晓雷先生多年技术研发与管理工作的思考和经验总结。本书从测试的理论知识到应用，再到各种工具的使用，最后到测试工作的实践总结，均有介绍。无论是在校学生，还是企业的一线测试工程师、架构师和技术总监，乃至统揽全局的 CTO 和 CIO，都可以通过阅读本书，了解和掌握测试领域的最新技术和发展动态。本书以简单易学的 Python 语言作为工具，让读者在阅读后能马上上手使用，从而快速提高自己在测试方面的水平。可以说，本书是测试专业人员、研发总监和技术高管不可或缺的工具书。

NETSTARS 首席技术官

陈斌

前言

当今是一个软件技术飞速发展的时代。2021 年 3 月，国家"十四五"规划纲要将"加快数字化发展，建设数字中国"作为独立篇章，提出实施"上云用数赋智"行动，推进产业数字化转型，为中国未来 5 年乃至 15 年的发展规划了蓝图，明确将"加快数字化发展"纳入其中。科技进步与创新是当代社会发展的基础与推动力，中国软件行业必将步入发展的快车道，其中，软件测试也将成为推进整个行业发展的核心力量之一。软件测试从诞生之初就被赋予特殊使命，它是把控软件质量的第一道关口。但是只依靠"点点点"的手工测试已经无法满足当下项目开发的快节奏，需要每个测试从业人员必须转向自动化测试，这也催生了学习者对自动化测试类图书的大量需求。基于这个大背景，笔者编写了本书，意在带领测试人员转型自动化测试，并向测试开发迈进。

笔者从事软件行业二十余年，从当年的大学生到如今的研发团队管理者，至今依然对编程技术充满热情。笔者深知，软件行业是一个知识、人才和技术高度密集的行业，也许一觉醒来，自己所掌握的技术已经随时代而去，因此必须每天不断地学习新技术，以便让自己不被时代的大潮淹没。刚开始工作的前几年，C 语言是笔者的第一个伙伴，笔者每天学习各种算法，makefile 玩得不亦乐乎；2011 年，由于工作需要，Java 成为笔者的第二个伙伴并伴随至今，其间经历了从面向过程思维向面向对象思维的转变，以及从面向对象到设计模式，再到各种框架、分布式、微服务和性能调优等的学习，学习是永远的旋律；几年前，Python 成为笔者的第三个伙伴，它简单易学，上手快速，代码优雅，而且有大量的第三方库支持，在数据分析和自动化测试等领域有着广泛的应用。

为什么选择 Python？这是一个经常被提及的问题。2021 年 11 月，在 TIOBE 公布的编程语言排行榜单中，Python 第一次超越 C、Java 和 JavaScript 等老牌编程语言荣登榜首。虽然不能单凭一个榜单就断言哪个语言好，哪个语言不好，但这也足见 Python 语言的流行程度和受欢迎程度。Python 语言具有简单优雅、编码高效和上手快速等特点，这使得它成为自动化测试领域的首选编程语言，这也是笔者选择基于 Python 语言介绍自动化测试与开发的原因。

本书特色

- 本书内容源自笔者给部门测试序列人员所做的内部培训，有较强的针对性和实用性，能够帮助想要转型自动化测试技术的人员在短时间内掌握 Python 自动化测试。
- 本书将笔者进行内部培训教学的重点和难点做了专门标注，可以帮助读者在学习过程中少走很多弯路。

- 本书不同于很多技术书籍一上来就花费大量篇幅讲解让初学者一头雾水的各种概念、定义和技术细节等，而是通过一个个场景示例，用通俗易懂的语言由浅入深地逐步讲解每个知识点，不但让读者知道如何（How）去做，而且清楚为什么（Why）要这样做，最终达到让读者知其然也知其所以然的学习效果。
- 本书以大量的实际编码示例辅助重要知识点的讲解方式带领读者学习，可以让读者在动手编码的过程中加强对知识点的理解，这种编写风格不同于传统的教科书。

本书内容

本书共 18 章，分为 4 篇。

第1篇　软件测试理论

本篇包括第 1、2 章，主要介绍与测试相关的方法论以及测试人员应该具备的能力和未来的职业规划。本篇需要重点掌握的内容有测试方法、测试分类、测试岗位和团队的构成、测试行业的未来发展等。

第2篇　UI自动化测试

本篇包括第 3～10 章，以 Web UI 开启自动化测试的大门，详细介绍自动化测试的基础知识、测试环境的搭建，以及 Selenium 和 Unittest 两大框架的相关知识，尤其是 Selenium WebDriver 和 Unittest 的原理与实现。本篇需要重点掌握的内容有自动化测试领域的数据驱动测试、等待方法、加载策略和可视化测试报告的设计方法等。

第3篇　接口自动化测试

本篇包括第 11～15 章，首先介绍接口测试的概念、方法和流程，以及计算机网络与协议的相关知识，然后详细介绍 HTTP 的相关知识，最后深入介绍接口自动化测试的核心技术。本篇需要重点掌握的内容有 HTTP、网络编程、接口模拟和内容解析等。本篇对爬虫技术爱好者也有参考价值。

第4篇　测试开发

本篇包括第 16～18 章，以测试开发为目标带领读者构建属于自己的测试框架。本篇详细介绍动态参数和反射机制等 Python 高级编程技巧，以及关键字驱动和 POM 页面对象模型两大设计模式，最后整合所讲知识构建一个自动化测试框架的原型。

读者对象

本书不对 Python 语言的基础语法做专门讲解，读者需要具备一定的 Python 编程基础知识才能顺利地阅读。本书主要适合以下人员阅读：

- Python 自动化测试的入门人员；
- Python 自动化测试的进阶人员；
- 软件测试从业人员；
- 转行自动化测试的技术人员；
- 培训班的相关学员；
- 大中专院校软件测试专业的学生。

配书资料获取

本书提供丰富的配套源代码，这些代码是书中的知识点对应的示例脚本，可以作为解决日常问题的参考。本书源代码等配套资料需要读者自行下载，请关注微信公众号，并回复"9"即可获取下载地址。

致谢

谨以此书献给我亲爱的家人、同事和每一位挚爱测试技术的小伙伴！

首先，特别感谢我的爱人——Nancy 老师，本书能够顺利出版离不开她的支持！我平时忙于工作，只能利用晚上和周末的时间写作，陪伴和照顾孩子等各种家务事由她一人承担，这样才能让我能专心致志地写作。

其次，特别感谢我的儿子！本来我不太相信零基础的人能够快速上手编程语言。疫情在家的日子里，我和儿子一起玩 Turtle、树莓派和飞机大战，这改变了我对 Python 的认知：我发现真的可以尝试让零基础的手工测试人员在工作中使用 Python，因此才有了部门的内部培训。

再次，感谢一直支持我的领导和团队中每一位"并肩战斗"的兄弟姐妹！本书的创作灵感源于工作中的点点滴滴，是大家一起努力的结果。

最后，感谢选择本书的读者！是你们的期待，让我有动力坚持写完这本书，本书因你们而有价值。

勘误与反馈

鉴于笔者的水平所限，书中可能还存在一些疏漏，敬请各位读者指正。阅读本书时如果有疑问，可以发送电子邮件到 bookservice2008@163.com 获得帮助。

编著者

|目录|

第1篇　软件测试理论

第2篇　UI 自动化测试

第 3 篇　接口自动化测试

第 4 篇 测试开发

第1篇
软件测试理论

第 1 章　软件测试概述

随着社会的发展和网络的普及，软件行业与十年前相比发生了翻天覆地的变化，现在的软件开发和测试对从业人员要求更高，以往"点点点"的手工测试工作已经不能满足现在的项目需要，整个软件行业对测试工程师提出了更高的要求。测试理论和测试方法是测试工程师赖以生存的两条"腿"，缺一不可。很多人可能从事了多年的软件测试工作，想要转型自动化测试或测试开发方向，学习自动化测试的前提是测试人员需要具备扎实的软件测试方法论，只有夯实理论基础，才能在方式和方法层面更顺利地向自动化转型。本章作为全书的开篇，将带领大家回顾和梳理一下测试方法论中的关键内容。

本章的主要内容如下：

- 计算机软件简介；
- 软件测试与价值目标；
- 软件测试工作分类；
- 手工测试、自动化测试与测试开发；
- 软件测试行业的未来发展。

1.1　计算机软件简介

计算机系统由软件（Software）和硬件（Hardware）构成。

硬件指在计算机系统中由电子、机械和光电元件等组成的各种物理装置的总称。硬件是我们既看得见又摸得着的物理装置，这些物理装置按系统结构的要求构成一个有机整体，为计算机软件的运行提供物质基础。简而言之，硬件的功能是输入并存储程序和数据，以及执行程序把数据加工成可以利用的形式。

从外观上来看，计算机由主机和外部设备组成。主机包括 CPU、内存、主板、硬盘驱动器、光盘驱动器、各种扩展卡、连接线和电源等；外部设备包括显示器、鼠标、键盘、音箱、麦克风及各种无线或有线设备等。

软件（Software）是用户与硬件之间的接口界面。用户主要通过软件与计算机进行交流。软件是计算机系统设计的重要依据。

软件分为系统软件和应用软件两大类。

1．系统软件

各类操作系统如 Windows、Linux、UNIX 和 macOS 等，以及操作系统的补丁程序和硬件驱动程序都属于系统软件。系统软件负责管理计算机系统中各种独立的硬件，使它们可以协同工作。系统软件能够让使用者将计算机的硬件和软件当作一个整体而不需要关心硬件和软件之间的工作方式。

2．应用软件

应用软件是为了满足特定的业务用户，使用各种编程语言开发的程序。它可以是独立的，如一个视频播放软件、聊天软件，也可以是若干功能联系紧密、互相协作的程序集合，如微软的 Office 软件，还可以是一个专门用来管理数据存储的数据库管理系统。软件开发是根据用户要求建造出软件产品的过程。软件开发包括需求捕捉、需求分析、系统设计、产品开发、系统测试和验收上线等系统工程。软件一般用某种编程语言来实现，如 C/C++、Java、Python、Go 和 Ruby 等。

在软件研发过程中，测试环节越来越被企业所重视，测试岗位自诞生以来就被赋予了重要的使命——保证生产出的软件产品符合用户需求并具有较高的质量。随着时代的发展、互联网的进步和科技手段的进步，软件复杂度越来越高，测试工作面临诸多挑战，传统的"点点点"手工测试方式已经不能满足当下对软件测试工作的要求。

本书作为软件测试技术类书籍，学习的主要内容是如何完成软件测试工作，保证产出的软件产品符合用户需求，因此我们更加关注软件层面。而在众多架构的软件中，基于网络的 B/S 架构 Web 应用系统广泛应用于各行各业，依托浏览器快速构建 Web 应用系统为业务提供服务是 B/S 架构系统崛起的核心因素。

1.2　为什么选择 Python

自动化测试的首要目的是解放测试人员的双手，让测试人员从繁重的重复工作中解放出来，有时间思考必须由"人"分析的更有价值的问题，将低技术含量的重复劳动交给"机器"来完成。自动化测试需要借助测试工具或者编程语言编写测试脚本。本书以测试开发为目标，重点讲解使用 Python 语言编写自动化测试脚本，推进自动化测试工作的实施方法。能够完成自动化测试的编程语言很多，如 Java 和 Ruby 都可以编写自动化测试脚本。那么，为什么选择 Python 呢？从以下几个方面来分析。

1．Python语言的特点

软件测试人员不像开发工程师一样是计算机专业或软件开发专业毕业，很多测试人员从事了多年传统测试工作，本身不具备开发测试脚本的能力，急需一款上手相对容易的编程语言来入门自动化测试。而 Python 的特点正好符合他们的需要：简单、优雅并且各种工具库丰富。Python 语言书写规范、优雅，对使用者友好，不同水平的开发人员编写的代码风格差异不大，大大降低了阅读障碍；Python 语言相比 Java 和 C 这些编程语言来说相对简单，更适合基础薄弱的学习者开启编程之旅；Python 语言近几年流行度逐年攀升，很多团体和技术爱好者都自发地为 Python 提供各种工具库，这些工具库使用方便，拿来即用。可以形象地比喻一下 C、Java 和 Python：C 语言就像一个无所不能的施工队，拥有各种砖瓦和建筑材料，只要你能力足够，就可以盖出任何你想要的建筑；Java 语言就像"毛坯房"，我们需要思考装修方案，完成装修就可以入住；Python 语言就像一个装修好的别墅，不需要关心房屋结构、材料构成和装修风格，渴了打开冰箱就有可乐，困了走进卧室，上床就睡。学习 Python 语言的过程除了基础语法以外更多的是学习它的各种工具库（标准库、第三方库）的使用方法，帮助我们解决所面临的问题。

📖 **说明**：本书虽然不需要读者精通 Python 编程，但是对 Python 的基础语法、面向对象编程思想需要有一定的了解。本书不会对 Python 语言做过多讲解，毕竟介绍 Python 语言的优秀书籍有很多。本书关注的是自动化测试技术，希望通过本书的学习，能带领读者入门软件测试开发领域，为想转型软件测试工作的读者提供帮助。

2. Python语言盛行的趋势

本书撰稿时，TIOBE 刚刚公布了 2021 年 11 月编程语言排行榜单，如图 1.1 所示。

Nov 2021	Nov 2020	Change		Programming Language	Ratings	Change
1	2	⌃	🐍	Python	11.77%	-0.35%
2	1	⌄	Ⓒ	C	10.72%	-5.49%
3	3		☕	Java	10.72%	-0.96%
4	4		Ⓒ	C++	8.28%	+0.69%
5	5		Ⓒ	C#	6.06%	+1.39%
6	6		VB	Visual Basic	5.72%	+1.72%
7	7		JS	JavaScript	2.66%	+0.63%
8	16	⌃	ASM	Assembly language	2.52%	+1.35%
9	10		sql	SQL	2.11%	+0.58%
10	8	⌄	php	PHP	1.81%	+0.02%

图 1.1　TIOBE 2021 年 11 月编程语言排行榜

从榜单中我们惊喜地发现，Python 语言第一次超越 C、Java 和 JavaScript 这些老牌编程语言，跃居排行榜首位。当然，这份榜单并不能完全说明哪个语言好，哪个语言不好，所有的编程语言都有它的长处。如果要从事嵌入式开发，编写服务器底层功能或者开发一个硬件驱动程序，那么 C 语言是不二之选（我们总不能把 Python 解释器或者 Java 虚拟机放进一个只有 8MB 存储空间的芯片里吧）；如果要做大型电商网站，那么 Java 就是最佳选择。Python 语言简单、轻量和灵活的特性，使它在自动化办公、软件测试、数据统计分析方面非常有优势，很适合"干点小活"，这让更多的人开始关注并使用 Python 语言来帮助自己解决工作中的一些"小问题"。

1.3　软件测试简介

不论手工测试或者自动化测试，只是方法和手段的差异，而考量测试工程师的核心价值依旧是对测试工作的理解和对软件产品质量的把控能力，软件测试相关方法论是每一个测试工程师必须掌握的核心能力。本书作为引领读者从手工测试向自动化测试转型的书籍，不会过多介绍软件测试的相关理论，因为这些内容足以写一本书。但是，对于软件测试工作中最重要的内容，我们在这里需要做一下梳理和回顾。

1.3.1　软件测试的目的

软件测试是使用人工或自动手段运行或测定某个软件系统的过程，其目的在于检验软件是否满足需求，了解预期结果与实际结果之间的差异。不论传统方式的手工测试方法还是我们要学习的自动化测试方法，测试工作有以下几个核心目标。

1. 满足需求是根本

软件测试的最终目标是衡量研发产品的功能是否满足客户需求。如果客户要求制造一个飞机而研发团队制造了一个火箭，那么就算产品技术含量更高，投入成本更多，功能更强大，但不符合客户需求又有什么用呢？偏离用户需求的产品是一文不值的。因此，衡量功能是否满足需求是软件测试的根本目标，其他目标都是围绕这个目标进行的。

2. 发现缺陷是过程

软件测试要尽可能地暴露软件产品存在的缺陷（Bug）。虽然没有缺陷的软件是不存在的，但是软件测试工作就是多发现缺陷并尽早解决。缺陷管理（Bug Management）是测试执行环节的核心工作，应该正确记录、分析、跟踪和验证系统缺陷，直到已知缺陷被全部修复。

3. 保证质量是要点

软件测试的另一个目标是保证产出高质量的产品。评价一款软件质量是否足够优秀，可以从功能、性能、稳定性、扩展性、易用性、友好度、易维护性和易移植性等方面综合考量，不同产品的侧重点也不同。软件测试工作的目标产品不仅包含程序代码和安装包，与程序开发相关的项目计划文档、需求文档、设计文档和用户手册等也需要进行测试，以保证文档与产品相符。这也是测试工作保障系统可维护性的重要手段。

1.3.2　软件测试的要点

笔者认为软件测试行业是一个入门相对容易，想要精通却需要努力学习的行业。即使刚刚接触软件测试的毕业生或者从业务转型的初级测试工程师，只要勤奋好学，也可以很快上手测试工作。如果想要往更高层面发展，成为专业的自动化测试工程师甚至测试开发工程师，则必须拥有较高的技术能力和扎实的测试方法理论基础。不论哪个阶段的测试工程师，都应该明确测试工作的以下两个要点。

1．尽早介入测试工作的重要性

从项目成本角度考虑修复缺陷的代价，如图 1.2 所示。

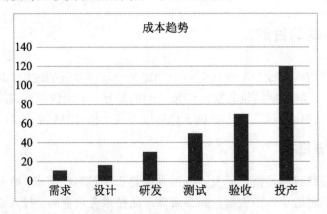

图 1.2　各阶段缺陷修复成本变化趋势

随着项目阶段的进展，越到后期，修复缺陷所需要的代价越大。在需求阶段发现的缺陷或者需求偏差解决起来更加容易，因为这个阶段项目组投入的人力和物力成本相对较低，没有形成正式的文档，也没有编写任何代码，只要调整各方对需求理解的一致性，重新确认需求即可。进入研发测试阶段，这时研发团队已经产出了全部或部分产品的交付物，缺陷修复需要更多的人力和物力配合，修复代码的同时也要适配各种文档，如果是关键性模块缺陷，那么还需要投入人力进行回归测试。一旦投产后发现产品有缺陷，往往是致命的，可能给企业和用户带来损失，这时即使分析问题也存在一定的困难，维护和修复的成本会更高。因此，测试工程师和测试团队应该在实际项目工作中尽早启动测试工作，从需求阶段开始进入项目是最好的选择，正确理解用户需求，提取测试需求，分析和设计测试计划，为编写测试用例做好准备。

2．测试工作应贯穿整个软件生命周期

很多测试工程师都有一个错误的认识：只有项目进入测试阶段，测试工程师的工作才正式开始。实际上，测试工作并不是软件项目整个周期中的一部分，而是贯穿整个项目实施的全过程。在每一个阶段，测试工程师都需要和客户、需求人员、开发人员、架构师及项目管理者积极配合，有效沟通，参与需求设计调研及各阶段评审会议，了解用户需求，为后续的测试工作做好准备。

测试工作贯穿整个软件生命周期的具体表现如下：

（1）立项和启动阶段

测试团队应该成立项目组并指定测试经理和专职的测试工程师，依据项目整体规划给出测试整体规划，参与项目启动会并制定项目测试计划。

（2）需求调研阶段

需求调研阶段对于项目测试工作尤为重要，有效参与需求调研和评审，能够让测试工程师对客户需求有深刻的理解，为后续项目工作打好基础，保证团队产出的产品与用户需求一致，这也是测试工作的根本目的。测试工程师需要根据客户需求给出测试需求说明书，阐述未来测试工作需要的软硬件环境和技术要素。

（3）设计阶段

在设计阶段，架构师和研发工程师开始设计系统的架构和实现逻辑，测试工程师开始准备测试方案说明书，明确测试的方法、方式和整体数据需求，并依据测试方案搭建测试框架。当然，很多成熟的团队测试框架由专职的测试开发人员管理和维护，只需要按照测试方案和项目的特点进行调整和优化即可。对于测试管理比较成熟的团队，在这个阶段可以评审用例版本库中是否有符合项目要求或可供参考的测试用例基线。

（4）研发阶段

在研发阶段，研发工程师开始编写程序，实现产品业务功能，测试工程师开始细化测试方案说明书并编写测试用例和测试脚本。测试用例和测试脚本是这个阶段测试工作的主要产出物。

（5）测试阶段

在研发工程师完成可测试版本的发布后，测试工程师正式进入测试执行阶段，执行测试用例，有效地进行缺陷跟踪、管理和验证，最终生成测试报告和缺陷管理报告。这个阶段是测试工作的实施执行阶段，但是所有执行工作的质量好坏，测试覆盖度是否满足要求，测试结果是否满足用户需求，都与前期的计划和准备分不开。

（6）验收阶段

用户验收是项目收尾期的一个重要环节，涉及项目能否顺利交付。测试工程师应该指导、配合和帮助用户完成验收测试，并给出最终的测试报告和验收报告。

（7）投产阶段

项目进入投产阶段，产品在生产环境部署发布完成后，测试工程师应该协同用户一起进行生产环境冒烟测试和主流程验证，保证投产环境可用且一致。

（8）维护升级阶段

产品投产后，如果发现问题或者基础平台升级、维护等，需要测试工程师依据之前的测试基线，按照需求变更单或生产问题跟踪单的相关内容，更新测试方案和测试用例，进行迭代版本的测试工作，并给出简要测试报告和缺陷管理报告。

📖**多学一点**：在敏捷化项目管理方案中，不论是敏捷开发还是 Scrum 理论，测试岗位都被规划到客户序列内。测试工作贯穿整个软件的生命周期，对测试工程师来说，高效的测试工作是项目实施的关键。

1.4　软件测试分类

测试工作的分类有很多种方式，按照不同的维度有不同的划分方法。在测试分类中，有很多测试工作涉及的词汇经常被提及，如黑盒测试和白盒测试、系统测试和联调测试、手工测试和自动化测试、压力测试和并发测试等。本节我们来梳理一下不同维度下测试工作的具体分类。

1.4.1　按测试技术划分

按照测试技术手段划分，可以将测试分为黑盒测试、白盒测试及自动化测试领域新兴的灰盒测试。

1. 黑盒测试

黑盒测试是一个非常形象的比喻，将软件系统看作一个"黑匣子"，测试工程师不需要关心黑匣子内部的具体实现逻辑和特性，只需要依据需求说明书，检查应用程序或软件产品是否满足客户的需求。功能测试、验收测试、UI 测试都属于黑盒测试。黑盒测试方法包括等价类划分、边界值法、因果图分析和错误推断等。

2. 白盒测试

与黑盒测试不同，白盒测试是把测试对象看作一个透明的"白匣子"，测试工程师需要理解程序内部逻辑、实现方式和有关信息，采用合适的技术手段和测试用例对程序逻辑路径进行测试，检查程序状态，判定实际状态是否与预期结果一致。最纯粹的白盒测试就是单元测试。白盒测试方法包括语句覆盖法、条件覆盖法、条件组合覆盖和路径覆盖等。白盒测试相比黑盒测试对测试工程师的技术要求高得多，毕竟能够读懂内部逻辑的测试工程师凤毛麟角，所以白盒测试在大多数情况下由研发人员来完成。

3．灰盒测试

随着自动化测试工作的推广和普及，尤其是面向接口的测试越来越广泛，灰盒测试的概念逐渐被大家认可。测试工作不是非黑即白，灰盒测试可以认为是既要关注输入与输出的正确性，又要关注软件产品的内部表现，通过一些特征来判定内部运行状态。接口测试工作的流程就是按照预定的输入，判定输出结果是否满足预期，是典型的灰盒测试。

🔔注意：灰盒测试并非介于黑盒和白盒之间的测试方法，而是对测试工程师提出了更高的要求，是将黑盒测试和白盒测试的相关理论方法相结合的全新技术。

1.4.2　按测试阶段划分

按照测试工作的实施阶段，通常将测试划分为单元测试、集成测试、系统测试和验收测试 4 个主要阶段。

1．单元测试

单元测试是最纯粹的白盒测试。在大多数情况下，单元测试工作由研发团队内部完成。单元测试并不是程序调式（Debug），通常，交叉验证、双人开发、代码审查和代码评审等方式是单元测试工作最常用的测试手段。单元测试是最早开始的测试工作，是针对一个程序、一个函数和一个过程的测试，高质量和规范化的单元测试能够防范一些低级错误流入测试环节，有助于节约整个项目的成本，并保证开发代码的质量。冒烟测试是验证单元测试的重要手段。

2．集成测试

集成测试也叫联调测试，是研发团队在完成各个组件、模块和子系统的功能开发之后，将整个系统进行联通的测试环节。在这个阶段虽然程序完成了各模块内部的单元测试工作，但是系统间的接口和联通仍处于挡板测试期。一般情况下，集成测试应该由开发人员主导，在内部测试环境中进行，测试工程师应该协助开发工程师对系统功能进行初期验证，解决接口对接和功能流程等方面存在的缺陷。集成测试的目的是验证各个模块或子系统之间的接口调用和数据通信的正确性。

3．系统测试

系统测试阶段是测试工程师的主要工作舞台，在这个阶段，测试工作由测试人员主导。这个阶段是整个软件研发周期中测试工程师参与度最高的环节。这个阶段的主要工作目标是在集成好的测试环境中验证软件产品的系统功能和性能是否满足用户需求。系统测试阶段的工作包含以下几个方面：

- 功能性测试：它是所有测试的基础，如果功能性不满足客户要求，那么性能再高都无从谈起。测试工程师不论采用手工测试还是自动化测试方法，首先要保证系统功能符合客户需求。

- 性能测试：软件性能指标包含很多方面，通常将性能测试分为压力测试和负载测试，而很多测试工程师将二者混为一谈，觉得压力和负载是一回事，其实这是不对的。压力测试的目的是找到系统的运行瓶颈，发现"木桶中最短的一块木板"；负载测试是在一定压力而非峰值压力的前提下，测试系统长时间运行的稳定性。性能测试很难采用手工测试方法来完成，要借助工具或者编写测试脚本才能达到测试要求，如常用的 Jmeter 和 Loadrunner。

- 安全性测试：安全性测试的目的是检查软件产品是否存在安全问题。SQL 注入检查、非法验证检查、防钓鱼检查和信息安全检查都是安全测试必须完成的工作。类似于 Fortify 等代码扫描工具能够发现代码中存在的基础问题。安全性测试对测试工程师的要求相对较高，除了工具，还需要测试工程师依据自身技术对系统进行渗透测试，因此很多企业会聘请专业的公司完成软件的安全测试工作。

- 兼容性测试：主要针对 UI 客户端，目的是验证软件产品在不同的操作系统和浏览器中是否能够正确运行。

- 回归测试：遇到软件产品版本升级或进行重大缺陷修复时，回归测试用于验证升级增量功能和修复缺陷的代码是否对既有功能产生影响，是否引入了其他缺陷。手工测试阶段很难将回归测试真正地执行，毕竟手工方式完成重复的、大量的回归测试用例是非常耗时的。自动化测试的能力之一就是对回归测试的实施提供了技术支持，自动化测试积累的测试脚本可以在需要时再次运行并向相关人员报告测试结果。

- 冒烟测试：一般在系统测试开始前执行，其目的是验证目标版本"基本"可用。冒烟测试不需要涵盖所有的测试功能点，但是它可以发现一些基本的缺陷和异常参数。

注意：这里讲解自动化测试知识，目的是让测试工程师具备进行自动化测试的能力。只有这样才能在测试工作中实施性能测试、兼容性测试、回归测试和冒烟测试。依靠手工测试方法想要完成这些测试是不可能的。

4．验收测试

验收测试是完成系统测试之后，由最终的客户或用户进行的测试，目的是检查软件产品是否符合预期需求。用户大多数是非专业人士，这个阶段测试工程师协助用户在特定的环境中以手工测试方式对系统的功能、流程和 UI 进行验证。验收测试分为两个阶段：Alpha 测试和 Beta 测试。Alpha 测试是在受控的环境中进行的第一轮验收测试，软件测试版本通常部署在内部网络中，由测试工程师指导用户完成。Beta 测试可以在非受控环境下进行，可以将软件产品部署在未来使用的真实环境中，根据实际情况可以由用户自行完成测试。Beta 测试是最接近产品运行环境的测试环节。

1.4.3　按测试手段划分

随着近年来自动化测试技术的流行，按照测试手段方式的不同，又将测试工作分为两类：功能测试（手工测试）和自动化测试。

1．功能测试

这里说的功能测试通常指使用传统测试方法完成的功能性测试，也叫手工测试、"点点点"测试或者人工测试。这一阶段由初级测试人员执行测试工程师编写的测试用例，并据此整理测试结果，管理测试缺陷。手工测试只能针对软件的系统功能进行测试，通过执行每个测试用例来验证系统功能是否符合预期需求。功能测试通常采用黑盒测试技术，针对软件产品的 UI、业务流程和功能进行测试，只关注外部结构，不考虑内部逻辑。

2．自动化测试

近年来随着 IT 技术的发展，各行各业都对软件系统提出了新的要求，都会使用各种软件产品来解决工作需要。从业务角度来说，手工管理登记簿、账本和库存的年代已经一去不复返了。大量的软件研发需求和工作，不论对开发人员还是测试人员都提出了更高的要求。同样，研发团队和企业对高技能测试人员的需求也导致人才缺口巨大。自动化测试使用工具或编写测试脚本实现部分或全部测试工作，它能够完成许多手工测试无法完成或很难实现的测试场景。从手工测试向自动化测试的提升，同样是测试工程师技能提升的体现。但是，自动化测试不是万能的，它的实施需要有一些前提条件，而且它不能完全替代手工测试，二者相互补充。正确、合理地实施自动化测试工作，能够缩短项目周期，提高测试效率，节约项目成本并提高产品质量。如果实施不当，反而会增加测试成本。

1.5　软件测试工作流程

软件测试工作有固有的测试流程，如图 1.3 所示。
测试工作主要分为两个阶段。

1．测试分析阶段

重视测试工作的企业都会成立专门的测试团队，从每个项目的测试工作中逐步积累测试经验。测试团队会统一评审测试用例的质量并建立基线版本，从项目初期完成测试分析、架构设计工作并提供测试用例基线供测试工程师参考，再由项目组专职的测试工程师完成测试用例和测试脚本的辨析。完善的测试团队管理机制可以保证测试执行阶段工作的高效和高质量完成，对企业长期发展起着至关重要的作用。测试用例和测试脚本就是测试分析阶段的重要产出物。

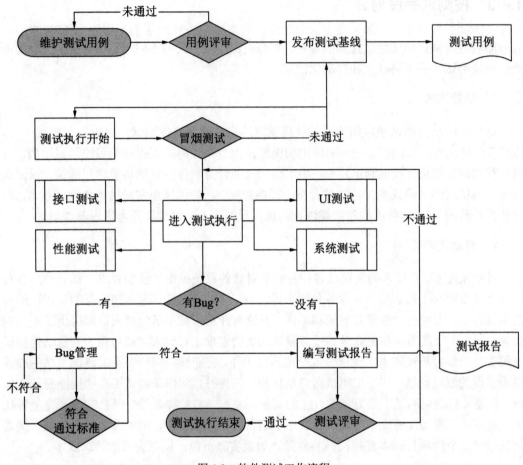

图 1.3　软件测试工作流程

2. 测试执行阶段

在测试执行阶段，测试工程师进行冒烟测试，他们采用各种测试方法和手段对软件系统进行测试，执行测试用例和测试脚本，跟踪、分析、管理和验证测试中发现的系统缺陷并与开发人员进行有效的沟通直到将其修复。整个测试过程完成后，测试工程师负责编写测试报告，总结测试过程中的经验和教训，为项目提供有价值的参考依据。测试报告是测试执行阶段必要的产出物。

1.6　软件测试行业的前景

"十三五"以来，国家高度重视数字经济的发展。2021 年 3 月，国家"十四五"规划纲要将"加快数字化发展，建设数字中国"作为独立篇章，提出实施"上云用数赋智"行动，推进产业数字化转型。软件行业整体将迎来快速发展的时代，其中，测试行业与测试人员也将成为推进整个行业发展的核心力量。

在过去的 8 至 10 年，软件行业借着互联网这股东风逐渐发展、壮大起来，技术岗作为这个行业发展的重要支撑，要求也越来越高。随着人工智能和大数据等新兴技术的发展，互联网已经进入新的时代，企业要想发展，必须从产品创新和业务创新方面着手，同时必须以质量取胜，因此测试岗位对企业至关重要。手工测试时代已经一去不复返，只会手工测试已经无法继续站稳脚跟，企业更需要一些高技术人才，能够进行测试开发、性能和安全测试等。近年来，测试招聘岗位的要求越来越高，自动化测试工程师和测试开发岗位的需求缺口也越来越大，专职的高级测试人员可谓"一才难求"。

未来，测试行业更关注以下几个方面。

1．接口自动化测试的要求

接口测试是划分测试技术的一道"分水岭"。从手工测试向初级 UI 自动化转型相对容易，而要进入接口自动化测试阶段，则对测试人员提出了更高的要求，不但要求其有扎实的测试功底，而且要具备对现有技术的掌控能力和新技术的学习能力。越来越多的企业开始重视接口测试工作，要求测试人员具备接口自动化测试的能力。

2．性能测试的要求

软件性能测试是一项非常专业的技术，很多测试人员从业多年都无法进入性能测试领域，而只停留在功能层面。在当下的互联网时代，高并发、超高访问量的应用需求普遍存在，高质量的性能测试能够让产品运行平稳，也能让整个软件团队对系统的瓶颈和健壮性有很好的预期。

3．测试开发人才短缺

测试开发人才短缺是大多数企业实施自动化测试工作的最大痛点。测试开发岗位是测试团队中的"架构师"，不但要具备快速搭建适合企业和项目的测试框架能力，而且要能够洞察测试团队存在的问题，协助管理者不断提高整个团队的工作效率。优秀的测试开发人员不但是一个"技术大咖"，同样也必须是高效的"沟通者"。敏锐的洞察力和丰富的技术储备是测试开发的显著特点。

可以说，未来软件测试行业大有可为，人才短缺，技术更新加快，必将引发各大企业对高级测试人才的激烈竞争。同样，测试岗位从业人员也需要不断地丰富自身技术，提升各项技能水平。测试工作不是一成不变的，对需求的理解能力、与相关人员的沟通能力和互联网思维能力等都是一个合格的测试人员应具备的能力。测试人员必须不断地学习新技术，才能更好地迎接未来的挑战。

1.7　小　　结

本章作为全书的开篇章节，介绍了测试工作的相关知识，讲解了软件测试的要点和目的，以及测试工作的分类、流程和行业前景。下一章将介绍与测试人员自身相关的内容。

第2章　测试人员与职业规划

计算机软件行业是一个典型的技术密集型、知识密集型和人才密集型的"三密集"行业，知识更新快、新技术层出不穷、每天都在不停地学习是这个行业的鲜明特点。在这个行业中，人的因素起着至关重要的作用，各种技术、理论、框架和系统，如果没有人将它们分门别类，整合应用，将各种技术融会贯通，那么就不会有技术的创新与发展。测试工作更是如此，想要精通各种测试技术，就需要掌握计算机的相关知识，测试人员需要不断完善自身的知识体系，合理运用各项技术，才能高质量和高效率地完成测试工作。

本章的主要内容如下：

- 测试人员的特点；
- 测试团队与测试岗位；
- 测试人员晋升规划；
- 测试人员必备技能；
- 测试岗位现状和前景展望。

2.1　认识测试人员

软件测试从业者都可以称为测试人员，那么你真的了解测试人员吗？知道测试人员有哪些特征，应具备哪些能力吗？本节我们就从不同的角度来重新定义一下测试人员，如图 2.1 所示。

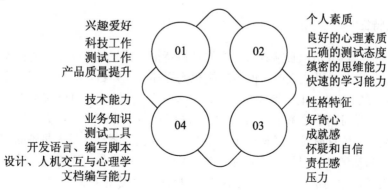

图 2.1　测试人员的要求

1．兴趣爱好

有人说兴趣是最好的老师，这句话非常有道理。不论什么职业，从事何种工作，如果你对工作毫无兴趣，就不可能将工作做好。测试人员作为 IT 从业人员，对科学技术、计算机技术和网络技术必须具有浓厚的学习兴趣，这样才能将技术和知识学习透彻，并落实到实际工作中。此外，测试人员对测试工作的理论知识、模式与内容也要了然于胸，只有夯实的理论基础，才能在测试工作中发挥作用，才能为企业和团队的产品质量提升提供有力的技术保障。

2．个人素质

测试人员同众多的 IT 从业人员一样属于软件从业人员，软件行业是一个典型的技术密集型、知识密集型和人才密集型的行业，每天不断创新的知识、不断涌现的新技术、新平台、新架构都需要相关从业人员不断学习，这样才能满足时代的进步和工作的要求。从个人素质角度来讲，测试人员应当具备快速学习新知识的能力，同时要能够承受较大的工作压力，这些压力可能来自项目管理者、客户及项目本身等多个方面。缜密的思维能力是对测试人员的基本要求，测试需求的分析、测试用例的设计和测试脚本的编写，都需要测试人员缜密地思考。正确的测试态度是从事测试工作的根本，有时候对待问题必须要有明确的立场，这样才能保证产出高质量产品，因为测试人员是软件质量的最后一道把关者。

注意：这里提到的压力来自各个方面。笔者在多年的项目工作中发现一个现象，当项目进度出现问题时，项目开发人员说项目不能如期完成，大多数项目管理者都会给开发人员提供更多的资源或者缩减项目范围来保障项目能够顺利进行，而如果测试人员说工作不能如期完成，大多数情况会被要求"快点测"。这在笔者看来是一个怪现象，根本原因是当下大多数测试人员技术水平不足，不能用有依据的数据、用例来展示测试工作的进度，假如测试提供了 500 个测试用例，但时间只够执行其中的 150 个，那怎么完成呢？

3．性格特征

一个优秀的测试人员，必须具有独有的性格特征。首先是好奇心，测试人员面对的测试对象"产品"大多是不成熟的，很多功能和流程都是未知数，抱有一探究竟的好奇心是将测试工作做好的前提，正所谓"知其然，更要知其所以然"。对一切不确定因素要抱有怀疑的态度，看待问题不停留于表面，更要发现问题的本质。IT 人员大多数是成就驱动型而非利益驱动型，软件研发人员构建出一个产品，成就感驱动开发人员不断努力工作，每一个项目和产品都像是自己的一个作品。测试人员的成就感从何而来呢？笔者接触过很多优秀的测试人员，他们都有一个显著的特征，那就是"爱挑毛病"，如果是其他岗位，这样的人可能被冠以"不合群、难接触"的刺头，可是在测试岗位，这恰恰是一个优秀的测试人员的性格特征，他们能够从发现产品缺陷并协助解决，让产品逐步完善的过程中获得成就感。开发人员的成就感来自"建设""创造"，测试人员的成就来自"发现问题"。

4．技术能力

IT 从业人员要不断学习新技术和新知识来提升自身业务能力，测试人员作为 IT 从业人员的一分子，也需要不断提升自己的技术水平。优秀的测试人员除了要精通各种测试工具和开发语言之外，还能够编写各种合格的项目文档，如测试分析报告、缺陷修复跟踪报告、测试工作改进报告等。学习心理学方面的知识，有助于测试人员跟不同职位和不同性格的人进行有效的沟通。在敏捷开发理论体系中，测试人员属于客户序列，从需求分析、测试分析、测试执行到测试缺陷跟踪和修复，都需要与各种人进行沟通。

2.2　团队构成与测试岗位

测试人员属于软件技术团队的一员，软件技术团队的组织架构如图 2.2 所示。

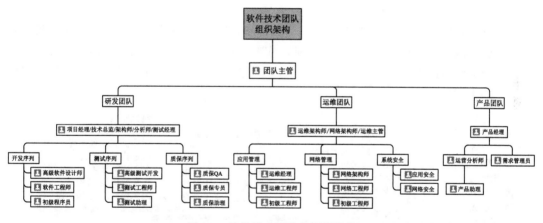

图 2.2　软件技术团队的组织架构

软件技术团队或企业的研发团队、运维团队和产品团队共同构成一个整体，各团队分工合作，推动企业软件产品的实施和运行。

产品团队负责沟通用户需求，分析产品运行数据，对未来产品优化和迭代升级提出合理化建议，同时负责产品设计、交互、流程的定制，产品团队偏向业务分析，站在用户和客户的角度来审视产品。产品团队相关人员需要对所属行业的业务非常熟悉，并能结合业务行业发展提出前瞻性建议和规划，需求管理是产品团队的一项核心工作，负责整理客户需求、分析客户需求，为后续产品开发提供可行性指引。

运维团队负责对投产上线后的产品进行维护和服务，如果是客户本地化实施部署的项目，则要配合客户，保障系统在生产环境下稳定地运行，具体分为应用、网络和信息安全三个条线。应用条线负责系统应用维护、产品发布和升级部署等工作；网络条线负责规划和实施相关网络环境，对网络安全、性能和功能性负责；信息安全条线负责审视和规划安全制度与管理办法，确保数据、代码、信息及各种数字资产的安全、合法和稳定。

研发团队是我们关注的重点，测试相关岗位隶属研发团队，研发团队的核心职能就是根据用户需求，开发出高质量的软件产品。研发团队由软件工程师、设计师和系统分析师等人员构成，负责编写代码、实现产品功能。测试团队包括测试助理、测试工程师和测试开发工程师等，负责对产品进行有效测试，确保产品满足用户需求，符合产品质量要求。质量保证序列负责协助项目管理者规范工作流程，优化制度，检查产出物（产品、文档、说明书、报告等）是否符合相关规范，并协助外部审计和监管的相关管理类工作。

各个条线分工明确，协同工作，保障团队的高效运转，产出高质量的产品。测试团队在整个技术团队中起着至关重要的作用。

2.3　测试人员的晋升规划

测试人员刚入行的岗位是测试助理，随着经验的积累、能力的提升，可以不断挑战新岗位，进阶测试工程师、测试开发工程师，或者向开发和产品序列转型。测试人员按等级可以划分为测试助理、测试工程师、测试经理和测试专家 4 种，如图 2.3 所示为每阶段测试人员的主要工作。

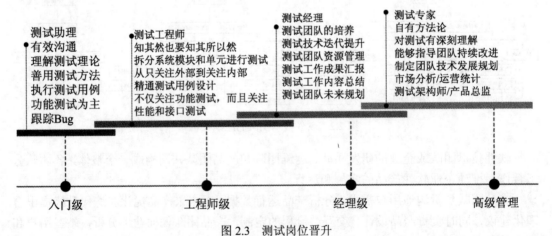

图 2.3　测试岗位晋升

1. 测试助理

测试助理是测试行业的初级岗位，从大学毕业刚入行测试领域开始，这个阶段是每个测试人员必须要经历的阶段。在这个阶段，测试人员逐步掌握软件测试的相关理论和方法，学习各种测试手段，执行由测试工程师编写的或项目既有的测试用例，并依据测试结论跟踪和管理产品缺陷。测试助理的核心工作是执行测试用例，大多数测试助理人员并不具备分析测试需求和编写测试用例的能力。

🔔 **注意：** 测试人员不论哪个阶段都需要具备优秀的沟通能力，不但能与客户和需求方沟通业务，而且能够与开发人员沟通技术方案。沟通能力是测试人员从测试助理岗位开始就必须要具备的重要能力。

2．测试工程师

工程师级别的测试人员需要多方面的技能。首先，需要具备优秀的沟通能力，笔者多次强调沟通对于测试人员的重要性，这也体现在测试岗位的工作价值中。测试岗位和研发岗位相比，需要面对不同的关系人，有客户、管理者，也有研发序列的程序员，可以说测试人员在团队中起着纽带的作用。在测试工程师阶段，测试人员必须具备各种计算机、软件测试和行业相关知识，不仅要知道表面功能，还要知道背后的原理，能够对系统需求功能进行分析和拆解，并具备相当水平的用例设计和编写能力，指导测试助理高质量地完成项目测试工作。测试手段和方法已经不能只依赖"点点点"的手工测试方式，必须精通各种测试工具和开发语言，以完成自动化测试工作。除了功能性测试外，测试工程师的主要职责还包含性能测试和接口测试工作。可以说工程师级别才是真正的专业化软件测试人员，有人说测试岗位入行很容易，但是要做到专业的测试工程师需要不断学习。

作为一个优秀的测试工程师，分析和设计用例是核心任务。读者可以思考这样一个问题：Windows 的复制（Ctrl+C）和粘贴（Ctrl+V）功能我们每天都在用，如果让你测试这个功能，你将如何分析和设计呢？下面是一个分析图，如图 2.4 所示。

3．测试经理

测试团队需要不断进步，优秀的测试工程师如果具备了管理能力，则可以转型团队管理岗位——测试经理。经理级的测试人员，从事的工作已经与工程师截然不同，首先测试经理必须具备工程师级测试人员的相关能力，并且能够准确洞察、判断团队中存在的问题，帮助团队在人才培养、技术迭代和资源管理方面不断迭代、提升。经理级测试人员在自我提升之外，作为测试团队的管理者，需要总结测试团队的工作成果，帮助每个测试人员分析问题并提出合理化建议，带领团队共同提升，这是经理级测试人员的核心价值。向高级管理人员汇报团队工作内容，对未来工作规划也是经理级测试人员的主要职责。

4．测试专家

专家级测试人员对特定领域有着非常专业的认知，对测试体系具备独特的方法论，对测试工作和技术有深刻的理解，具备卓越的沟通能力、洞察力和分析能力，为团队发展提供规划指导，促进团队持续改进。测试专家的职责已经不局限于测试工作，在市场分析、运营统计、测试架构和产品规划等方面都有相关的工作要求。

以上是从岗位进阶层面对测试岗位划分的，本节的目的是帮助测试人员做好职业规划，完善测试技术、提升个人能力，以技术推动转型是岗位进阶的先决条件。

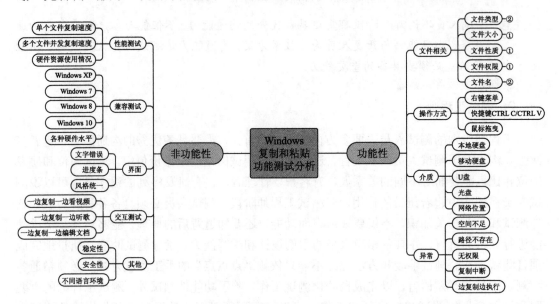

图 2.4　复制和粘贴功能测试分析

2.4　测试人员的必备技能

测试人员如果想要在测试岗位上有所提升，除了应具备扎实的测试理论之外，在科技快速发展的今天，相关的技术也是必不可少的。很多测试人员并非计算机专业毕业，因此被各种测试工具和编程语言拒之门外，在职业转型过程中遇到了瓶颈。技术学习并非一朝一夕就能完成的，但只要目标明确，勤奋、努力，一定能够满足相关岗位的技能要求。

如果要用测试工具模拟 Web 请求进行自动化测试，而我们对 HTTP 和网络知识一无所知，如果要做系统性能和压力测试，而我们不了解性能测试的各项指标和评价方法，那么想要实施自动化测试是不可能的。在向自动化测试转型过程中，测试人员需要完善以下几方面：

1. 掌握一种脚本语言

编程语言是 IT 从业人员的核心能力，以前可能只有研发工程师关注编程技能，但当下不论分析人员、质保人员还是测试人员，掌握一种脚本语言对工作效率的提升是非常有帮助的。自动化测试用很多种语言都可以完成，如 Java、Ruby 和 JavaScript 等，但是从语言的特点、入门门槛和热度多方面分析，Python 语言是最佳的选择，为什么选择 Python 这个话题，第 1 章已经讲过，此处不再赘述。

有些测试人员觉得编程语言太难了，学习一些测试工具也可以进行自动化测试。当然，这在初级阶段没有问题，各种工具都是为特定领域设计的，但总有些工作是使用工具也无法完成的。花大量时间学习工具的用法，不如多花些时间学习一门编程语言更好。

2．熟悉数据库的相关知识

数据库（DataBase）几乎是每个稍具规模的软件产品都会用到的，它负责将业务、客户、账务和流水等数据持久化存储到计算机上，方便未来查询、统计和分析。因此，测试人员要想深入理解业务需求，设计出高质量的测试用例，必须具备数据库的基础知识，并能够熟练使用主流的或者企业在用的数据库软件，如 Oracle、MySQL 和 MongoDB。

3．熟悉前端三大开发技术

HTML、CSS 和 JavaScript 被软件行业成为"前端三大技术"。目前在互联网应用系统中占比最高的依然是基于 B/S 架构的 Web 系统。这里说的需要掌握三大技术的基础知识，并不是让测试人员也像前端工程师一样可以快速构建页面模型，而是要求测试人员能够看懂并分析开发人员编写的前端页面和业务逻辑。否则，一个不懂技术的测试人员对 Web 系统的测试只能停留在表面的功能测试上，这样的测试结果在可信度和质量方面都无法保证。

4．掌握HTTP及相关的网络协议

HTTP 是互联网技术的核心，不论 Web 应用系统还是接口测试，HTTP 无处不在。所有 Web 应用系统的"网页"背后都是 HTTP 的数据通信，同时 HTTP+JSON 格式的接口调用也是当今主流的通信设计手段。HTTP 周围也存在如 TCP/IP、DNS 等常用的网络协议。掌握常用的协议是网络编程、网络系统分析和测试工作的基础。这些内容将会在第三篇详细介绍。

5．其他技术

IT 领域的技术繁多，除了上面列出的几点外，要想把测试工作向专业化发展，还需要逐渐掌握如操作系统（Windows、Linux、Android、iOS、HarmonyOS 等）、分布式、微服务、负载均衡和网络安全等方面的知识。虽然需要学习的技术非常多，但是只要明确目标，找到合适的方法并为此付诸努力，相信最终会收获满满。

2.5　测试人员的现状

测试人员的现状可以通过企业测试部门招聘看出一些端倪。现今，企业对测试人员的要求已经不仅是"点点点"的功能测试，对测试人员的综合水平及技术能力的要求也在逐步提高，但是企业招不到合适的测试人员的现象普遍存在，原因如下：

1．企业团队的期望与个人水平差距巨大

很多应聘者经常说的一句话是"面试造航母、入职拧螺丝"，反之，企业招聘人员也经常说"面试说能造航母，入职后只能拧螺丝"。笔者平时经常与一些负责团队招聘的朋友聊招聘的事情，很多负责测试招聘的人都觉得招到一个合适的测试人员实在是太难了，专业化的测试人员是各个企业争夺的目标。很多应聘者的简历写得天花乱坠，实际上只是金玉其外，通过短期的"培训"、杜撰的"经历"可能会拿到入职的机会，而实际的工作经验却非常欠缺。

2．测试人员的能力和素质

很多测试人员不能正确认知自身能力。很多测试人员不是 IT 技术出身，这与测试行业的发展历史有关，不具备相关技能要求的人占比较多。而有一定技术能力的测试人员，往往会热衷于对测试方法、测试工具和编程语言等"硬技术"的学习，而忽略了沟通技巧、分析能力和经验总结这些"软技术"能力的积累，因此实际项目中，被项目管理者"吐槽"的测试人员很多。测试人员需要具备良好的综合素质，主要表现在以下几方面：

- 沟通和团队协作能力。

任何人都不是"一个人在战斗"，测试人员更是团队中的一员，笔者也不止一次强调了沟通能力对测试人员的重要性，只有具备优秀的沟通能力，才能保证良好的团队协作能力。

- 工作和生活的自我管理能力。

有计划有想法，不能想干什么就干什么，不管这项工作明天是否有价值。计划合理、实施准时是对工作的基本要求。

- 自我认知和工作目标清晰。

能够准确评估自身能力水平，发现自身的优势和不足，通过有计划地学习，不断提升自身能力水平。为自己制定短期和长期目标，在自我成长过程中是非常有效的手段，如每天的工作计划、每月的总结和自我成长 3 年规划等。

- 保持积极向上的心态。

软件行业是一个压力非常大的行业，遇到问题通宵达旦地排查、分析和测试，是非常普遍的事情。测试人员应保持积极乐观的心态，传播正能量，而不是一味抱怨和吐槽。测

试人员的工作虽然是"挑毛病"，但这仅限于对待项目测试工作，不能放在人际关系和团队协作中。

2.6　测试人员的未来发展

测试岗位的人才，也可以向其他方向转型。

1. 质量保证

测试工程师的工作很大一部分是质量控制（Quality Control），也就是我们所说的 QC。质量控制是进行产品质量检查，发现问题后分析、解决和改善的工作总称。质量保证（Quality Assurance，QA）的职能是通过建立和维持质量管理体系来确保产品的质量没有问题。QA 不仅要知道哪里有问题，还要知道这些问题如何解决，以后如何预防。QC 相当于警察，QA 相当于法官。质量控制是执行层面，按照要求检查质量，质量保证是管理层面，发现问题并解决问题。很多测试人员从事多年的质量控制工作后可以轻松转型为质量保证工作。

2. 开发工程师

测试人员的技能要求都与开发相关，多年的技术积累可以很容易地转型到开发岗位。从一个发现程序问题的测试人员，转型创造完美程序的开发人员，是心理和工作上的双重考验。

3. 产品经理

测试人员对业务需求的理解，实际上在细节方面要高于产品经理，产品经理更像是一个创造者，发现新想法，提出新需求，而测试人员是将新想法和新思路真正落实到产品功能的执行者。测试人员的能力不仅包含"硬"技术、"软"技术，业务能力的日积月累也是测试人员的"财富"。因此，具备良好业务能力的测试工程师，可以转型为产品经理。

4. 项目管理者

理论上来讲，开发人员更容易转型为项目管理者，毕竟项目管理者需要更多的"硬"技术，但是测试工程师转型项目管理的先例也比比皆是。随着测试技术的发展，测试工程师的"硬"技术也得到飞速提升，同时测试管理人员需要一定的项目管理能力，尤其在外包项目管理上。很多测试工程师为了能让自己更好地管理测试项目，会进行一些专业的项目管理培训和学习，这也为向项目管理转型奠定了基础。

2.7　小　　结

本章从测试人员角度介绍了的测试人员的特征、测试岗位在整个软件研发团队中的位置，简单梳理了测试人员的等级划分和必须具备的"软硬"技能，阐述了测试人员的行业现状和未来发展方向。测试工作能否高效、高质量地执行，人的因素至关重要。

第 2 篇
UI 自动化测试

第 3 章　认识自动化测试

第一篇我们梳理和回顾了软件测试的一些基础理论，这些理论知识、测试方法和测试流程是进行测试工作的内在功底，测试人员不论手工测试还是自动化测试，都是基于测试方法论来实施的。本章我们将正式开始自动化测试的学习，首先介绍什么是自动化测试，自动化测试有哪些分类、工具和技术，理解 UI 自动化、接口自动化和手工测试之间的关系，只有了解这些知识点，才能在工作中将测试工作高质量地执行。

有些测试人员为自动化测试就是将测试用例让计算机来代替人工自动执行起来，这样的理解过于表面化，通过本章的学习，读者可以对自动化测试工作有更深层次的理解。

本章的主要内容如下：
- 自动化测试的概念；
- 自动化测试的分类；
- 自动化测试的相关技术；
- 自动化测试的工具；
- 手工测试、UI 测试和接口测试的关系；
- 自动化测试的学习目标和路径。

3.1　自动化测试的概念

想要从事自动化测试工作，必须要清楚什么是自动化测试，我们通过下面这段话来了解自动化测试的概念。

自动化测试是利用软件测试工具或程序代码，自动实现全部或部分测试工作，它是软件测试的一个重要组成部分，是手工测试的补充，能够完成许多手工测试无法完成或难以实现的测试内容。

我们从以下几个方面来理解自动化测试：
- 利用测试工具或程序代码完成自动化测试。

利用测试工具或程序代码是自动化测试区别手工测试的一个重要标志，如果要让测试工作自动化，让计算机帮助测试人员执行重复的测试工作，就必须要通过"测试工具"或者"程序代码"来给计算机系统发布指令。不利用工具或程序代码，自动化工作就无从谈起。

- 实现全部或部分测试工作。

这里提醒测试人员注意，并不是有了自动化测试，我们就必须将所有的测试场景、测试用例都编写成测试脚本进行自动化测试，这样的做法是不理智的，也是很多团队自动化测试转型失败的根本原因，盲目地推进自动化测试，可能会导致测试工作量急剧增加，不但不能提升测试效率，提高软件质量，而且由于测试脚本数量多、质量差、规划不完善，可能会使需求和产品功能变更，从而影响开发周期，增加测试成本。

- 自动化测试是测试工作的重要组成部分，是手工测试的补充。

自动化测试的出现实质上是为了弥补手工测试的缺陷，而不能够完全替代手工测试，手工测试依然不可或缺，比如界面 UI 测试、操作流程测试、易用性和适用性测试等与审美和人文感知相关的测试工作，依旧需要手工执行和人工判断。另外，短期小范围迭代也应该以手工测试为主，没必要花费更多精力编写测试代码，一定使用自动化测试。

- 自动化测试能够完成许多手工测试无法完成或难以实现的测试内容。

自动化测试的核心价值在于对冒烟测试和回归测试的支持。使用自动化测试工具或程序代码，构建相对完善和可执行的测试脚本（群），能够在回归和冒烟测试阶段发挥巨大的威力。如果没有自动化测试技术的支持，回归测试很难真正执行，往往都是以抽测或重点场景测试来代替真正意义上的回归测试，无法满足覆盖率的要求，测试结果也相对不可信。同样，性能测试和安全测试等必须借助自动化技术手段，才能达到测试要求。

- 正确、合理地实施自动化测试。

理解正确、合理的含义是真正能够将自动化落地的前提。很多软件开发团队盲目跟风，觉得自动化是无所不能的，这是非常不可取的。在实施自动化测试工作之前，应该充分论证企业产品、平台、项目乃至团队人员结构，哪些适合做自动化测试，哪些不适合做自动化测试，应该有计划、有目的地推进自动化测试工作。要知道自动化测试也是需要投入人力和时间成本的，如果把全部测试工作都编写成测试脚本，那么所付出的成本可能是研发成本的若干倍。

- 提高软件质量，节约成本，缩短软件发布周期。

提高软件质量，节约成本，缩短软件发布周期，是测试工作向自动化转型的根本目的，也是自动化测试的核心价值，如果脱离这个目标，为了自动化而自动化的话，那么结果往往都不尽如人意，要么被繁重的脚本维护工作压垮，要么自动化脚本质量低下，完全达不到测试要求，不但不能提升产品质量，反而会遗留很多问题。

⚠注意：不论我们选择手工测试还是自动化测试方法，都不要脱离"提升质量、节约成本、缩短发布周期"这个核心目标。自动化测试作为手工测试的补充，解决了测试工作中那些重复的工作，让测试人员从繁重的用例执行过程中解脱出来，有更多的时间完成更有价值的必须由人工来做的工作。

3.2　自动化测试的分类

正确理解自动化测试的概念后，我们来看自动化测试工作有哪些分类。按照不同的维度，自动化测试分类也不同，以下是比较常见的划分方式。

按照测试的技术阶段，可以将自动化测试分为工具自动化和编程自动化，下面给出了不同测试分类涉及的工具和方法，如图 3.1 所示。

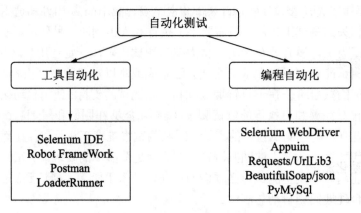

图 3.1　自动化测试分类

1.　工具自动化

工具自动化这种划分更准确地说应该是自动化测试工作进阶的两个阶段，在工具自动化阶段，测试人员不需要精通编程语言，可以从测试工具开始来将自动化测试工作执行起来，借助工具完成一些重复性的体力工作，解放双手去思考更重要的问题。常见的自动化测试工具有 Selenium IDE、Robot FrameWork、Postman、Jmeter 和 LoadRunner 等。在这个阶段，测试人员关注的测试场景和方法以模拟用户在客户端、浏览器上的操作为基础，结合软件测试方法论，将手工测试工作用工具实现成脚本，可以随时执行并获得测试结果。因此，对于大部分测试人员来说，借助工具进行自动化测试是一个不错的选择，这样可以让测试人员更加专注于测试工作本身，尤其对于非软件专业的测试人员，不会被编程语言相关的技术困扰。对于从业务条线或者产品使用者转型软件自动化测试的人员来说，相比于编程自动化，工具自动化更容易落实。

2.　编程自动化

进入编程自动化阶段，测试人员使用 Java、Python 和 Ruby 等编程语言来编写自动化测试脚本，这个阶段对于测试人员来说有更高的要求，编程语言的使用，往往是大多数转型自动化测试人员的学习壁垒，如果想要在自动化测试领域有更好的发展，甚至走向测试开发的工作，那么测试人员至少需要掌握一门编程语言来协助完成自动化测试工作。

按照软件开发周期或者分层测试划分，可以将自动化测试分为单元自动化测试、接口自动化测试和 UI 自动化测试。

3．单元自动化测试

单元自动化测试（Unittest）是在软件开发过程中非常重要的测试环节，开发团队在研发阶段一般采用敏捷开发、极限编程、交叉测试和代码审查等方法完成单元测试，大多数情况下不需要测试人员参与。单元自动化测试是对代码中的类、模块或方法进行自动化测试，它关注的是代码实现细节、业务逻辑和编码规范等方面。

4．接口自动化测试

接口自动化测试用于测试系统与系统之间、模块与各组件之间的接口，模拟各种接口请求并对响应内容进行测试。接口测试相对稳定性高、效率更优，因此更适合进行自动化测试。

5．UI自动化测试

用户接口（User Interface，UI）是软件使用者或者用户直接接触的软件界面元素和交互方法。UI 自动化测试是借助测试工具或者程序脚本，模拟真实的使用者（用户）在系统上的操作进行的测试。相比接口自动化测试，UI 自动化测试重点关注的是系统的操作流程和功能，因此并不适合性能和并发方面的测试。UI 自动化相比接口测试而言入门较容易，因此更适合作为自动化测试技能学习的起点，如图 3.2 所示。

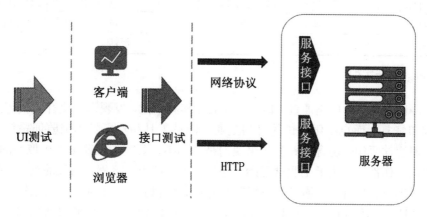

图 3.2　接口测试与 UI 测试

按照测试目的来划分，自动化测试分为功能自动化测试和性能自动化测试。
- 功能自动化测试：功能测试关系软件测试的各个环节，实际上，软件测试工作的根本目的就是验证软件功能是否符合用户需求，其他非功能性测试都是在功能性测试基础上完成的。例如，我们在网上商城购买商品，如果商品浏览、购物车和支付这个基础流程都不能正确执行的话，那么测试性能、并发和负载有什么意义呢？功能测试上升为自动化测试的目的依然是验证软件功能是否符合用户需求，而自动化测试的价值体现在冒烟和回归测试中，目的是测试那些系统 API 接口、数据库结构及一些相对稳定不易发生变化的环节。

- 性能自动化测试：性能测试和自动化测试天生就是结合在一起的，抛开自动化方法谈性能是无从实施的，而几乎全部的性能测试都需要借助自动化测试工具和方法才能完成。性能测试分为压力、负载和并发等多方面的测试，而这些方面无一例外需要依赖自动化工具和测试脚本才能真正实施。

🔔注意：本书的学习重点是以编程自动化的方式完成功能自动化测试层面的 UI 自动化测试和接口自动化测试工作，并在此基础上学习如何搭建测试框架，向测试开发转型，因此对手工测试和测试工具不做详细介绍。

3.3　自动化测试与手工测试

如表 3.1 列举出了自动化测试和手工测试的区别。

表 3.1　手工测试和自动化测试对比

比较项目	自动化测试	手工测试
测试目的	"验证"系统没有Bug	通过"破坏"发现系统有Bug
覆盖范围	覆盖系统核心功能	尽量覆盖系统的每个角落
断言方法	一成不变	灵活

1. 测试目的不同

手工测试的测试目的是通过"破坏"性的操作和手段，发现系统中存在的未知缺陷并进行跟踪和修复。而自动化测试的目的是通过测试工具和程序脚本来验证系统是否有缺陷。如何理解这两句话的含义？看起来说的是一回事，其实，验证工作更像是回归测试，所有的测试工作都应该由手工测试开始，任何一个功能点、流程、场景的测试，第一次测试大多是手工方式执行的。通过"破坏"发现新缺陷和通过"验证"证明已知缺陷没有再次出现，这是手工测试和自动化测试在测试目的上的区别，也是理解自动化测试的意义并正确、合理实施自动化测试工作的前提。

2．覆盖范围不同

手工测试应该尽量覆盖测试目标软件的所有细节，而自动化测试只负责系统的核心功能和模块，如果我们试图像手工测试一样，将所有的测试用例都转为测试脚本，那么这个工作可能比编写软件本身的代码量还要庞大，是不可能也不应该这样做的。我们应该将软件系统中相对稳定和重要的核心模块作为自动化测试的核心工作，在时间、人力和成本允许的情况下，实施自动化测试。

3．断言灵活性不同

断言（Assert）是每个测试用例区别于自动化脚本的核心环节，有了断言才是一个完整的测试用例。手工测试依赖于人的思维和判断，对于断言工作尤为明显，测试人员的经验直接影响判断结果，手工测试可以随时调整断言逻辑并发现新的问题。相比之下，自动化测试脚本中的断言代码段是由编写脚本的测试人员固化到程序逻辑中的，每次执行都会按照既定的逻辑来进行断言，哪怕被测试的软件系统已经发生了变化。如果测试人员没有对测试代码进行调整，那么计算机依然会按照现有逻辑来判断执行结果。

🔔注意：自动化测试不可能完全替代手工测试，手工测试也并非一无是处，很多测试工作依旧需要手工测试来完成。

3.4　自动化测试项目适用条件

并非所有的项目都适合自动化测试，理解自动化测试的目的是实施自动化测试工作的前提。如果想要上线自动化测试项目，则要综合评估各方面的条件是否满足相应的要求，否则，盲目崇拜自动化测试，必将造成成本损失和项目失败。

下面总结一些自动化测试项目所具备的条件：

- 自动化测试工作相比手工测试，前期投入工作较多，如需求分析、框架设计、脚本开发和测试，这些工作都对人力、物力、时间有更高的要求。
- 软件系统相对稳定、变化少。如果页面和流程变动频繁，则给测试代码的维护工作带来很大挑战。测试代码维护不及时，将会变成"废代码"，导致自动化测试工作失败。
- 项目时间充足，项目进度的压力不大。如果项目是一个短期迭代或者是版本升级，那么这样的项目不适合做自动化。
- 测试人员能力达到自动化要求，自动化测试脚本可以重复使用。这其实是对测试人员的要求，测试人员对编程语言的熟悉程度，直接影响测试脚本的复用率。

在实际工作中，是否要实施自动化测试，需要根据团队、需求、成本和工期等诸多因素综合考量。既然决定实施自动化测试工作，就要保证人力、物力和时间等因素能够满足项目要求，可以使自动化测试工作一直进行下去。

3.5 小 结

　　本章带领大家进一步认识了自动化测试，理解了自动化测试的概念、分类及自动化测试与手工测试的区别，这些是将自动化测试工作落地到项目中的前提条件。想要正确、合理地实施自动化测试工作，需要理解自动化测试项目的特点和适用条件。

　　与接口自动化测试相比，UI 自动化测试入门门槛较低，上手更容易，适合初学者作为自动化测试的起点，从第 4 章开始，我们将以 Selenium 这个大名鼎鼎的 Web UI 自动化测试框架为开端，拉开自动化测试学习的序幕。

第 4 章　搭建测试开发环境

本章将开始 Python 自动化测试开发实战的学习，首先我们要搭建测试开发环境。Python 语言是一门跨平台、开源免费、解释型的面向对象编程语言，近年来在人工智能、大数据分析、机器学习和自动化测试等领域都受到广大编程爱好者的青睐，我们将在 Python 语言基础上讲解测试开发的相关技术。

既然是测试，那么就需要一个测试的目标项目，本书配套构建了一个测试演示项目（testProject），读者可以从配套源代码包中找到项目代码，跟随相关章节完成项目部署。演示项目提供了几个常见的功能：网页登录、表单提交、数据查询、API 接口和 Socket 网络接口等。实战测试所编写的测试脚本就是以该项目为目标，构建每个测试点。

本章的主要内容如下：
- Python 解释器的安装和常见问题；
- MySQL 数据库下载与安装；
- PyCharm 集成开发环境搭建和使用；
- 项目（testProject）部署。

4.1　安装 Python 解释器

要使用 Python 语言编写测试脚本，我们需要在计算机上安装 Python 解释器环境。Python 语言的基础语法这里不做过多讲解，在后面章节中会逐步介绍一些测试开发领域涉及的一些知识。Python 语言的以下特点，是其应用于自动化测试领域的原因：
- 结构简单，语法清晰，关键字少，对初学者相对友好。
- 有广泛的应用库，包括 Python 解释器支持的"标准库"和第三方提供的"第三方库"，这是 Python 语言流行和被广泛应用的优势之一。丰富的标准库与第三方库的支持，让开发者可以更专注于业务层面。
- 代码可扩展性强。扩展性良好是面向对象编程语言的优势，Python 是一个完全面向对象的编程语言。同时，Python 可以轻松调用 Java、C 和 C++ 等语言编写的类库，编码更加灵活，扩展性更强。
- 数据库接口丰富。Python 语言为 MySQL、SQLite、Oracle 和 MongoDB 等主流数据库提供了接口。

- 可移植性好。Python 程序运行基于解释器，官方提供了 Windows、macOS 和 Linux 等多平台解释器供开发者使用，使程序脚本可以轻松实现跨平台移植。

本书选择 Python 3.8 版本进行讲解，主要原因如下：

- Python 2.x 已经于 2020 年停用，全新的 Python 3.x 提高了编码效率。
- 如图 4.1 所示，从 Python 官方网站上可以看到，当前 Python 3 的最新版本是 3.9。有经验的开发者都明白，选择最新版本学习一门开发语言并不是最好的选择，可能遇到一些意想不到并难以解决的问题，因此我们选择较为稳定的 3.8 版本。

注意：本书的所有代码并未使用 Python 3.8 的新特性，如果你的计算机上已经安装过其他版本，如 Python 3.6 或者 Python 3.7 那么不重新搭建解释器也可以使用。如果你是一个初学者，建议和笔者的版本保持一致，以避免一些细节上的差异。

4.1.1　下载与安装 Python 3.8

下面我们以 Windows 操作系统为例，按照如下步骤，完成 Python 解释器的下载与安装。

（1）访问 Python 官方网站 https://www.python.org/，找到 Downloads 标签进入 Windows 下载页面，如图 4.1 所示。

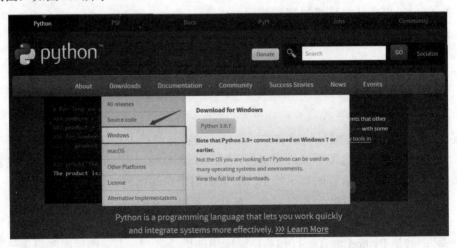

图 4.1　下载 Python

（2）找到 Python 3.8.10 安装包下载链接，根据自己的计算机是 32 位还是 64 位，选择对应的安装包下载，这里笔者下载的是 64 位安装包，如图 4.2 所示。

注意：截至本书完稿时，Python 最新版本是 3.8.10，如果有更新的版本，也可以下载新版本。

（3）下载完成后，得到一个名称为 python-3.8.10-amd64.exe 的安装文件，运行该文件。

在弹出的窗口中勾选"Add Python 3.8 to PATH"复选框，将 Python 解释器命令所在目录添加到计算机的环境变量中。默认这个选项不是必选项，如果你是第一次安装 Python，记得勾选它。然后单击 Customize installation，如图 4.3 所示。

图 4.2　Python 3.8.10 安装包下载

- python-3.8.10-amd64.exe 安装包在源码包 ch4 目录下。

图 4.3　单击 Customize installation

在 Optional Features 窗口中列出了 Python 解释器提供的几个核心工具和文档，默认都选上，然后单击 Next 按钮，进入下一步，如图 4.4 所示。

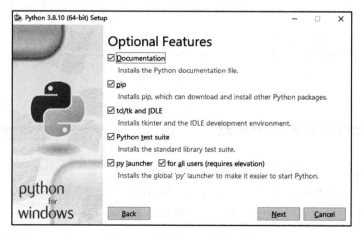

图 4.4　选择核心工具和文档

（4）在 Advanced Options 窗口中勾选 Install for all users 复选框，为 Python 解释器选择一个安装位置，然后单击 Install 按钮开始安装，如图 4.5 所示。

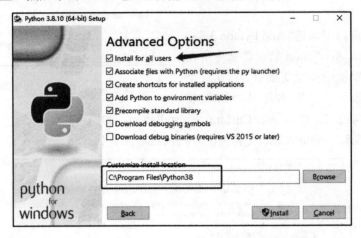

图 4.5　勾选 Install for all users 复选框

等待安装过程结束，看到 Setup was successful，表示安装完成，如图 4.6 所示。

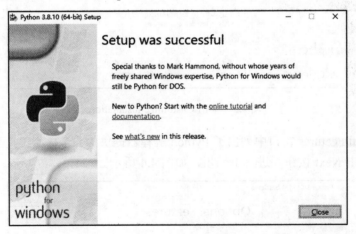

图 4.6　安装完成

4.1.2　Python 安装的常见问题

完成 Python 的安装之后，我们验证一下 Python 是否安装成功。打开 Windows 的"运行"窗口（Win+R 键），在其中输入 cmd 命令并单击"确定"按钮，如图 4.7 所示。

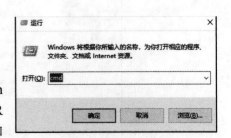

图 4.7　输入 cmd 命令

　　在弹出的命令行窗口中输入 Python 并回车，如果看到 Python 版本提示，则表示 Python 解释器安装成功，如图 4.8 所示。

图 4.8　Python 版本提示

　　如果不能进入 Python 解释器环境，提示"'python' 不是内部或外部命令，也不是可运行的程序或批处理文件"，或者有些 Windows 10 版本会打开 Microsoft Store 应用商店，这都代表 Python 命令没有被正确执行，大多数是因为环境变量没有配置正确，可能在安装 Python 解释器的时候没有勾选"Add Python 3.8 to PATH"复选框。

　　右击"我的电脑"，在弹出的快捷菜单中选择"属性"命令，弹出"系统"窗口，选择"高级系统"设置，弹出"系统属性"对话框，单击"环境变量"按钮，弹出"环境变量"对话框，双击编辑"系统变量"列表框中的 Path 选项，如图 4.9 所示。

　　如果 Python 解释器安装目录和子目录 Script 没有正确配置，手工将其添加后保存，如图 4.10 所示。然后重新打开"运行"窗口执行 cmd 命令运行 Python 即可。

图 4.9　"环境变量"对话框　　　　　　图 4.10　编辑环境变量

⚠注意：Python 解释器安装目录需要根据实际安装情况去修改，可能跟笔者的安装目录不一样。

📖多学一点：环境变量是什么？PATH 是什么？简单点说，PATH 包含许多计算机文件系统目录，这些目录被定义在环境变量的 Path 中，它们有什么作用呢？回想一下，我们在 cmd 命令行窗口中输入 python 后，实际上就是让 Windows 操作系统执行 python.exe 程序，那么操作系统去哪里寻找这个 python.exe 程序呢？它会在环境变量 Path 包含的目录中按顺序查找，如果找到 python.exe，就执行，如果所有目录都找不到，则会提示"'python'不是内部或外部命令，也不是可运行的程序或批处理文件"。理解了环境变量 Path 的作用，再遇到类似问题时就不会感到困惑了。学习编程也需要理解一些操作系统的基础知识。同样，环境变量中除了 PATH 还有一些其他的变量，作用也是类似的。

4.2　安装 PyCharm 开发工具

Python 开发工具有很多，如 Python 自带的 IDLE、PyCharm、VSCode、Eclipse 都提供了 Python 开发插件，甚至使用一个普通的文本编辑器也可以完成 Python 代码的编写。本书采用 PyCharm 社区版作为实战课程的编码工具，PyCharm 是目前 Python 中应用最广泛的 IDE 软件，其界面友好，功能强大，对代码调试、类型补全、语法高亮都有比较完美的支持，Python 3.8 IDLE 编辑界面如图 4.11 所示，VSCode Python 编辑界面如图 4.12 所示。

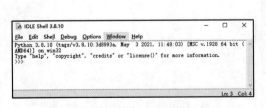

图 4.11　Python 3.8 IDEL 编辑界面

图 4.12　VSCode Python 编辑界面

4.2.1　下载与安装 PyCharm

下面介绍 PyCharm 的下载与安装过程。

（1）登录 PyCharm 官方网站 https://www.jetbrains.com/pycharm/进入下载页面，选择 Community（社区版）下载文件，如图 4.13 所示。

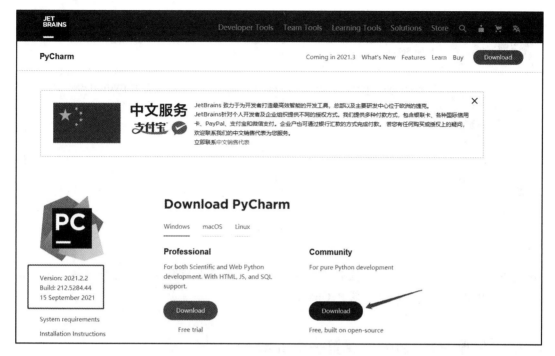

图 4.13　下载 PyCharm 社区版

PyCharm 提供了两个发行版本：专业版（Professional）和社区版（Community）。专业版提供了更加丰富的功能，对数据模型、HTML 文档、JavaScript、Django 和 Pandas 等提供了框架支持。社区版是开源免费的，对 Python 基础语法的支持已经足够强大，初学者可以从社区版入手，学习 Python 和 PyCharm 的功能，未来可根据实际需要和个人能力，选择专业版或 VSCode 等其他 IDE 工具。

📖多学一点：IDE（Integrated Development Environment，集成开发环境），每种编程语言都有很多 IDE 工具提供支持，以提高编码效率和容错率，一款优秀的 IDE 可以让编程变得简单和高效。Eclipse 就是 Java 语言中最著名的 IDE，PyCharm 是 Python 语言中最流行的 IDE。

🔈注意：笔者建议初学者不要过度依赖 IDE，IDE 虽然提供了很多方便的功能可以提高编码效率，减少编码错误，但是对于初学者来说并不是一件好事，它可能会让你产生依赖，没有了 IDE，可能就不会编写代码了。建议读者使用 IDLE 作为开发工具，这样能更加深刻地理解 Python 的运行原理，掌握语言脚本的核心结构。

（2）在下载页面中可以看到 PyCharm 的最新版本（本书完稿时，PyCharm 的最新版本是 2021.2.2），下载后得到安装包 pycharm-community-2021.2.2.exe，运行安装包，执行安装过程，如图 4.14 所示。

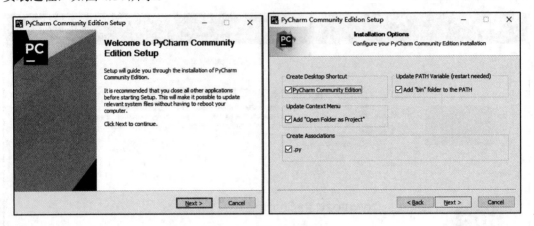

图 4.14　安装 PyCharm

注意：初学者可能对环境配置并不熟练，建议按照笔者的安装步骤进行安装。先安装 Python 解释器，再安装 PyCharm。

4.2.2　使用 PyCharm 创建第一个脚本

下面我们尝试使用 PyCharm 创建第一个 Python 脚本 Hello Python 并执行。

（1）打开 PyCharm，单击 New Project 创建新项目，如图 4.15 所示。

图 4.15　使用 PyCharm 创建新项目

（2）在弹出的对话框中设置需要配置的内容，如图 4.16 所示。

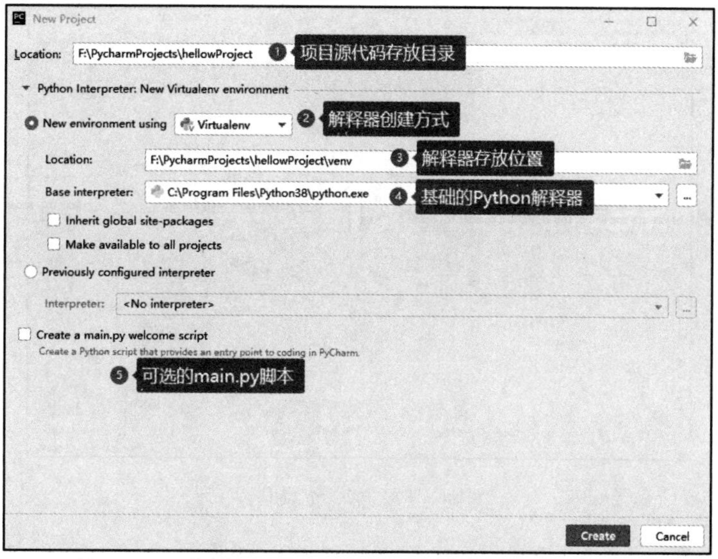

图 4.16　创建新项目选项卡

① 项目源代码存放目录：创建一个 PycharmProjects 目录并设置为我们指定的位置，以后创建的新项目都存放在该目录下，目录名称就是项目名称，这里我将项目命名为 hellowProject。

② 解释器类型：每个 Python 脚本和项目都必须运行在一个 Python 解释器环境中，PyCharm 工具的一个强大功能是可以将每个项目的解释器环境进行隔离，从而创建虚拟的运行环境空间（Venv），此处我们选择 Virtualenv 选项。

③ 解释器存放位置：默认情况下，解释器副本的 venv 目录存放在项目目录 helloProject 下，这个尽量不要改变它。

④ 基础的 Python 解释器：这个很重要，如果你的计算机上安装了多个版本的 Python 解释器，在这里可以选择当前项目需要应用的解释器版本。现在选择 4.1 节安装的 Python 3.8.10 解释器。

⑤ main.py 类似一个测试脚本 helloworld，可以根据需要勾选。

正确设置各选项之后，单击 Create 按钮创建项目，项目创建完成后，如图 4.17 所示。

（2）项目 helloProject 创建完成之后，我们来创建第一个 Python 脚本。在项目文件名上右击，然后选择快捷菜单中的 New|Python file 命令，如图 4.18 所示。

（4）给脚本命名为 hellopython，创建脚本文件 hellopython.py，然后在脚本文件中输入一行代码：

```
print("人生苦短，我用 Python")
```

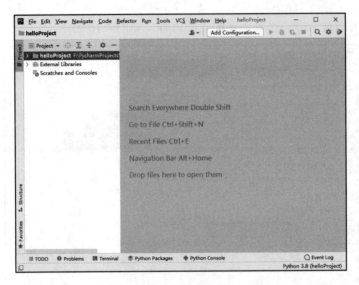

图 4.17　第一个项目

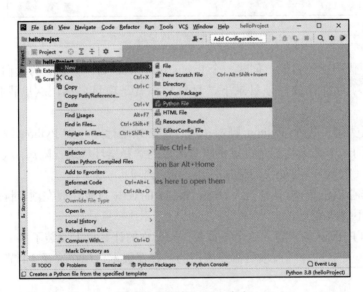

图 4.18　创建 Python 脚本

在代码编辑区单击鼠标右键，选择快捷菜单中的 run hellopython 命令，或者按快捷键 Ctrl+Shift+F10 执行脚本代码，结果如图 4.19 所示。

小技巧：为了使显示效果更清晰，笔者将 PyCharm 界面设置为浅色系外观，如果读者喜欢深色，可以打开 PyCharm，选择 File|Settings 命令，然后选择喜欢的 Scheme。当前版本的 PyCharm 默认是 Darcula，如图 4.20 所示。

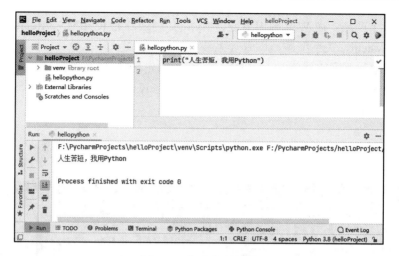

图 4.19　脚本执行结果

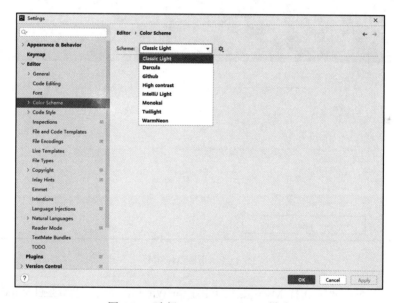

图 4.20　选择 PyCharm Scheme 样式

4.3　安装 MySQL 数据库

数据库是按照数据结构来组织、存储和管理数据的仓库，是一个长期存储在计算机内，有组织、可共享的统一管理的大量数据的集合。很多应用系统都使用数据库作为数据持久化的载体。MySQL 是一个关系型数据库管理系统，由瑞典的 MySQL AB 公司开发，属于 Oracle 旗下产品。在 Web 应用方面，MySQL 是最好的 RDBMS（Relational Database Management System，关系型数据库管理系统）应用软件之一。

本书使用的数据库软件就是 MySQL，下面我们先来安装它。

（1）打开 MySQL 官方网站下载页 https://www.mysql.com/downloads/，单击 MySQL Community (GPL) Downloads 链接，如图 4.21 所示。

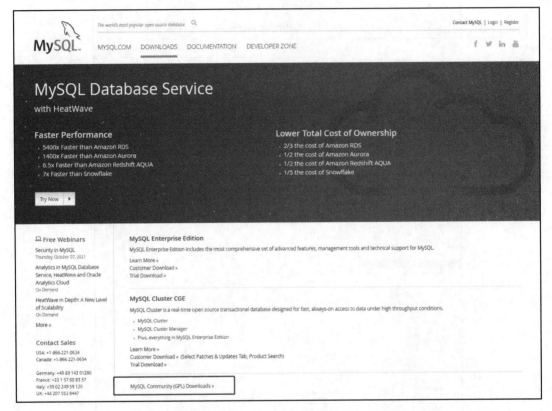

图 4.21　下载 MySQL

（2）在弹出的页面中选择 MySQL Installer for Windows，我们需要在 Windows 系统中安装 MySQL 软件，因此有安装向导的 Installer 版本是不错的选择。

（3）默认的 MySQL 版本是 8.0，选择 Archives 标签，找到历史版本 5.7.xx，下载全量安装包，如图 4.22 所示。注意不要下载 web-installer 版本，这个版本虽小，但是需要在安装过程中下载很多组件。

注意：MySQL 5.7 虽然不是最新版本，但是在企业实际项目中已被广泛应用，本书使用的也是 5.7 版，读者在下载的时候可能会有新版本，下载最新的版本即可。

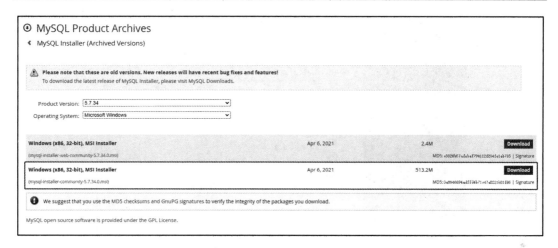

图 4.22　选择 MySQL 版本

（4）运行下载后的安装包 mysql-installer-community-5.7.34.0.msi，注意以默认的 Developer Default 类型进行安装，如图 4.23 所示。

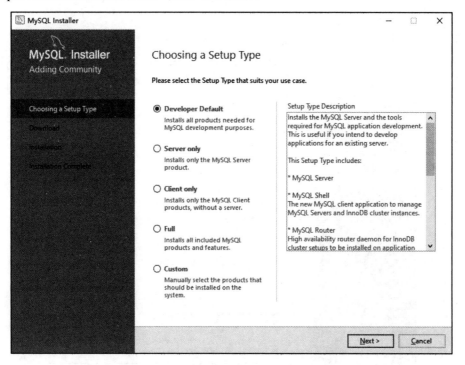

图 4.23　选择 Developer default 安装类型

在安装过程中可能会要求安装一些依赖的 C++ 库，按提示完成安装即可，如图 4.24 所示。

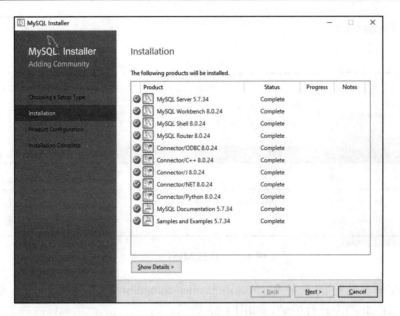

图 4.24　MySQL 数据库安装

（5）接下来进入数据库配置页面，在这个页面中主要是给数据库配置 root 密码。设置一个你能够记住的密码，后面项目会使用这个密码链接 MySQL 数据库，如图 4.25 所示。

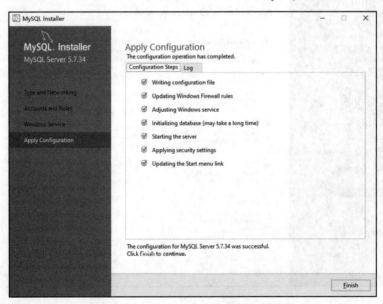

图 4.25　MySQL 数据库配置

其他配置项按照提示完成即可。

在 Windows 的"开始"菜单中，找到 MySQL 5.7 Command Line Client - Unicode 并运

行，输入刚才配置的 root 密码后，如果能够进入数据库命令行页面，则证明安装成功，如图 4.26 所示。

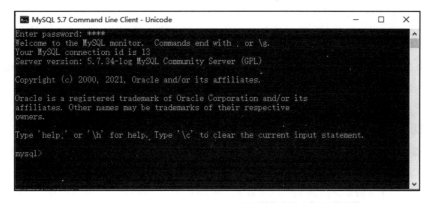

图 4.26　进入 MySQL 数据库管理后台

4.4　部署演示项目

安装好 Python 解释器运行环境、PyCharm IDE 开发工具和 MySQL 数据库以后，我们来部署一个本书后续需要用到的测试目标项目，很多的实战代码都是以这个项目为目标构建测试脚本的，这个项目的名称是 testProject，源代码可以从本书附带的资源包中获取。

☎提示：本节的源代码路径是 ch4/testProject.rar。

取得源码包以后，按照以下步骤完成项目部署。

（1）运行 PyCharm 并创建新项目 testProject，如图 4.27 所示。

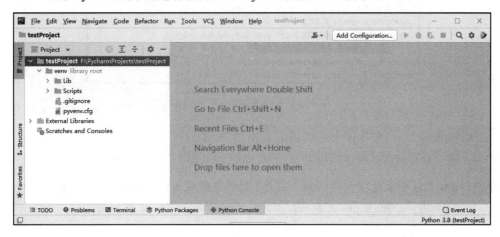

图 4.27　创建新项目 testProject

🔔**注意**：项目名称 testProject 最好不要轻易修改，演示项目是在 Django 3.1 的基础上构建
　　　的，除非你对 Django 框架十分了解，否则不要轻易修改它，Django 框架也有一
　　　些严格的开发规范。

（2）安装所需的第三方库。

Python 安装第三方库的命令是 pip install xxx。打开 PyCharm 下方的 Terminal 窗口，
在其中输入该命令，或者使用 PyCharm 工具，在 Settings 菜单中选择 Python Interpreter 命
令添加第三方库，如图 4.28 所示。

安装 Django 3.1.2。

```
pip install django==3.1.2
```

图 4.28　安装 Django 3.1.2

🔔**注意**：指定第三方库的版本时在其名称后面使用双等号 "==" 连接版本编号。

安装 PyMySQL 0.10.0，命令如下，结果如图 4.29 所示。

```
pip install pymysql==0.10.0
```

```
PS F:\PycharmProjects\testProject> pip install pymysql==0.10.0
Collecting pymysql==0.10.0
  Downloading PyMySQL-0.10.0-py2.py3-none-any.whl (47 kB)
  |                              | 47 kB 148 kB/s
Installing collected packages: pymysql
Successfully installed pymysql-0.10.0
```

图 4.29　安装 PyMySQL 0.10.0

安装 captcha 0.3，命令如下，结果如图 4.30 所示。

```
pip install captcha==0.3
```

💡**小技巧**：如果在安装过程中提示如下信息，说明有新版本的 pip 命令，输入 python -m pip
　　　install --upgrade pip 更新 pip 工具版本，命令如下，结果如图 4.31 所示。

```
PS F:\PycharmProjects\testProject> pip install captcha==0.3
Collecting captcha==0.3
  Downloading captcha-0.3-py3-none-any.whl (101 kB)
     |████████████████████████████████| 101 kB 196 kB/s
Collecting Pillow
  Downloading Pillow-8.3.2-cp38-cp38-win_amd64.whl (3.2 MB)
     |████████████████████████████████| 3.2 MB 32 kB/s
Installing collected packages: Pillow, captcha
Successfully installed Pillow-8.3.2 captcha-0.3
```

图 4.30 安装 captcha 0.3

```
WARNING: You are using pip version 21.1.2; however, version 21.2.4 is available.
You should consider upgrading via the 'F:\PycharmProjects\testProject\venv\Scripts\python.exe -m pip install --upgrade
pip' command.

PS F:\PycharmProjects\testProject> python -m pip install --upgrade pip
Requirement already satisfied: pip in f:\pycharmprojects\testproject\venv\lib\site-packages (21.1.2)
Collecting pip
  Downloading pip-21.2.4-py3-none-any.whl (1.6 MB)
     |████████████████████████████████| 1.6 MB 595 kB/s
Installing collected packages: pip
  Attempting uninstall: pip
    Found existing installation: pip 21.1.2
    Uninstalling pip-21.1.2:
      Successfully uninstalled pip-21.1.2
Successfully installed pip-21.2.4
```

图 4.31 更新 pip 工具

安装完成后，查看项目的所有第三方库，如图 4.32 所示。

```
pip list
```

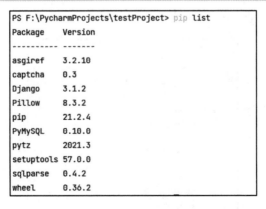

图 4.32 项目安装的所有第三方库

也可以在 PyCharm 开发工具的第三方库管理面板中查看这些库，如图 4.33 所示。

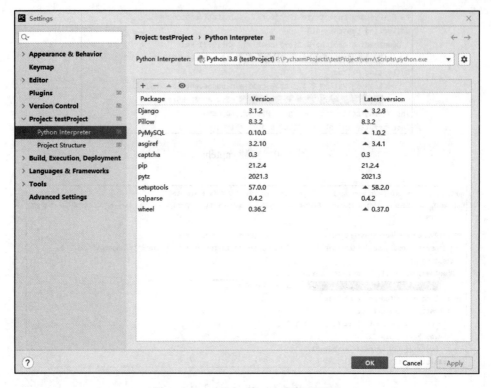

图 4.33　PyCharm 第三方库管理面板

（3）将源码包内的所有脚本复制到项目根目录下。

将源码包解压到任意位置，将文件夹内所有的文件复制到项目根目录下，复制完成后的 Project 选项卡如图 4.34 所示。

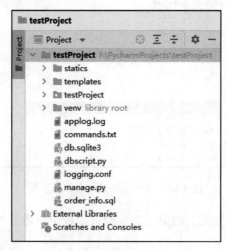

图 4.34　复制项目源码

（4）创建数据库和表。

运行 MySQL 客户端，输入以下命令创建数据库 demodb，这里指定数据库字符集为 UTF-8 编码，防止产生中文乱码，数据库的名称可以自己定义，结果如图 4.35 所示。

```
CREATE DATABASE 'demodb' CHARACTER SET utf8 COLLATE utf8_general_ci;
```

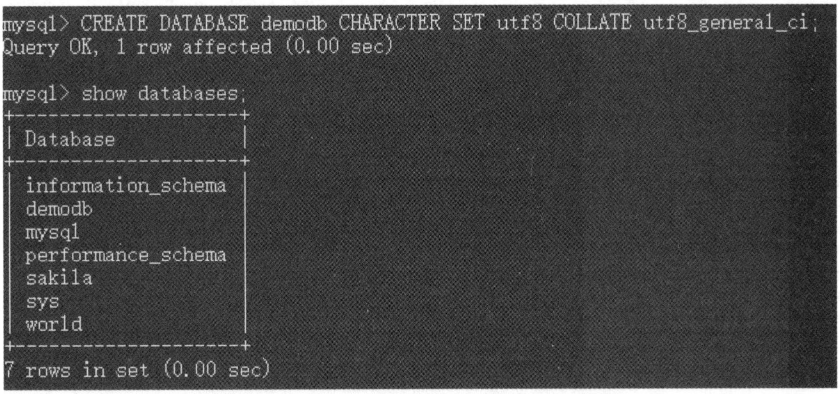

图 4.35　创建数据库 demodb

选择新创建的数据库 demodb，命令如下：

```
use demodb;
```

运行源码包中的脚本文件 order_info.sql 并创建应用表 order_info，如图 4.36 所示。

```
source f:\order_info.sql
```

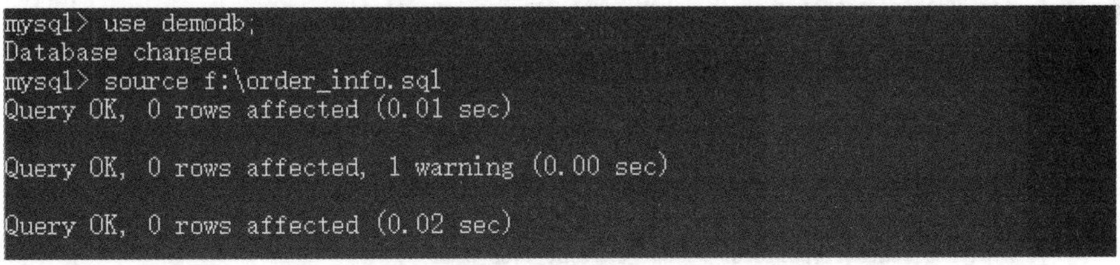

图 4.36　创建数据库表 order_info

注意：为了输入简单，笔者将 SQL 脚本文件放在了 f 盘根目录下。

（5）修改项目配置文件。

打开 testProject 项目 testProject/settings.py 配置文件，修改第 77 行的数据库配置，将数据库替换成刚才创建的 demodb 并使用创建数据库时设定的 root 用户和密码，如图 4.37 所示。

同时修改 testProject/SocketServer.py 第 16 行代码，内容同上。

（6）创建系统 admin 管理端数据库表。

在 PyChram Terminal 终端输入如下命令创建系统表，如图 4.38 所示。

```
python manage.py migrate
```

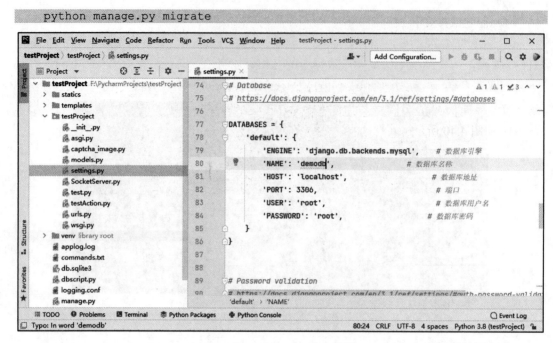

图 4.37　修改数据库配置

```
PS F:\PycharmProjects\testProject> python manage.py migrate
2021-10-07 21:39:56|   DEBUG|proactor_events.py[:623]|Using proactor: IocpProactor
Operations to perform:
  Apply all migrations: admin, auth, contenttypes, sessions
Running migrations:
  Applying contenttypes.0001_initial... OK
  Applying auth.0001_initial... OK
  Applying admin.0001_initial... OK
  Applying admin.0002_logentry_remove_auto_add... OK
  Applying admin.0003_logentry_add_action_flag_choices... OK
  Applying contenttypes.0002_remove_content_type_name... OK
  Applying auth.0002_alter_permission_name_max_length... OK
  Applying auth.0003_alter_user_email_max_length... OK
  Applying auth.0004_alter_user_username_opts... OK
  Applying auth.0005_alter_user_last_login_null... OK
  Applying auth.0006_require_contenttypes_0002... OK
  Applying auth.0007_alter_validators_add_error_messages... OK
  Applying auth.0008_alter_user_username_max_length... OK
  Applying auth.0009_alter_user_last_name_max_length... OK
  Applying auth.0010_alter_group_name_max_length... OK
  Applying auth.0011_update_proxy_permissions... OK
  Applying auth.0012_alter_user_first_name_max_length... OK
  Applying sessions.0001_initial... OK
```

图 4.38　创建系统表

（7）修改 MySQL 兼容版本异常问题。

尝试启动项目，打开 PyCharm 开发工具 Terminal 终端，在其中输入如下命令启动项目：

```
python manage.py runserver 8001
```

系统会提示 MySQLClient 版本过低，在 base.py 中注释掉相应代码然后重启即可，如图 4.39 和图 4.40 所示。

```
File "C:\Program Files\Python38\lib\importlib\__init__.py", line 127, in import_module
  return _bootstrap._gcd_import(name[level:], package, level)
File "F:\PycharmProjects\testProject\venv\lib\site-packages\django\db\backends\mysql\base.py", line 36, in <module>
  raise ImproperlyConfigured('mysqlclient 1.4.0 or newer is required; you have %s.' % Database.__version__)
django.core.exceptions.ImproperlyConfigured: mysqlclient 1.4.0 or newer is required; you have 0.10.0.
```

图 4.39　提示 MySQLClient 版本过低

```
34    version = Database.version_info
35    # if version < (1, 4, 0):
36    #     raise ImproperlyConfigured('mysqlclient 1.4.0 or newer is required; you have %
```

图 4.40　在 base.py 文件中注释掉版本判断代码

保存 base.py 文件后，重新启动项目，如果看到如图 4.41 所示的内容，则代表项目启动成功。

（8）创建用户并登录。

打开浏览器，在其中输入网址 http://127.0.0.1:8001/login/，如果看到登录页面，则表示项目启动成功，如图 4.42 所示。

```
PS F:\PycharmProjects\testProject> python manage.py runserver 8001
启动Socket服务... ('127.0.0.1', 8888)
Performing system checks...

System check identified no issues (0 silenced).
October 07, 2021 - 21:42:44
Django version 3.1.2, using settings 'testProject.settings'
Starting development server at http://127.0.0.1:8001/
Quit the server with CTRL-BREAK.
```

图 4.41　项目启动成功

图 4.42　验证项目登录页面

现在系统里的数据是空白的，还没有一个可以用的用户，接下来我们创建两个系统用户，在网址中输入 http://127.0.0.1:8001/addUser/，如图 4.43 所示。

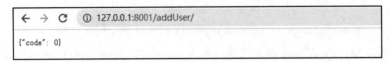

图 4.43　添加系统用户

用户创建成功后，使用新增加的用户 admin 及其密码 123456 可以正常登录，如图 4.44 所示。

图 4.44　登录成功

到此，我们的演示项目就部署完成了，在后面的实战部分会经常使用这个项目创建数据、查询数据、模拟 HTTP 请求及私有 Socket 协议请求，读者可以尝试手工添加一些需求订单。

🔔注意：安装过程涉及一些 MySQL 数据库、Django 开发框架使用的命令，不是特别熟悉的读者可能会遇到障碍，读者可以查阅相关资料，耐心解决问题。

4.5　小　　结

本章介绍了 Python 解释器环境、PyCharm 开发工具和数据库软件 MySQL 的安装过程，并且部署了一个实战时需要用到的测试目标项目 testProject。本章涉及的内容比较多，在安装过程中如果遇到问题，可以查阅相关资料。

第 5 章　Selenium 基础知识

前面几章学习了软件测试、自动化测试等相关的理论知识，并且部署了后面实战需要的开发环境、工具及测试演示项目，本章将会结合一些常见的场景介绍 Selenium 这个常用的 Web UI 自动化测试工具，让读者对 Selenium 有一个整体的认识，这对后面的学习是非常有帮助的。

本章的主要内容如下：
- Selenium 框架介绍；
- Selenium 的发展历程；
- Selenium 三大组成部分；
- Selenium 优势与核心价值；
- Selenium IDE 应用实例与测试实战；
- Selenium WebDriver 基础元素定位；
- Selenium WebDriver 基础元素操作；
- Selenium 文档查看方法。

注意：自动化测试分为多个方向和多个阶段，我们应该从哪里入手呢？这是很多刚刚接触自动化测试工作或者刚开始学习自动化相关知识的人经常问的问题。B/S 架构的 Web 网站项目如今已经风靡世界，很多产品都是基于 B/S 架构搭建的，而模拟手工执行过程的 UI 自动化，对学习者的要求相比接口测试更低，入门更容易，因此我们以 Selenium 这款 Web UI 自动化测试工具入手，开启自动化测试学习之旅。

5.1　Selenium 简介

要想学好 Selenium，首先要了解 Selenium 是什么。从字面意思上看，Selenium 是一种非金属化学元素，叫作硒（Se），而从计算机和软件测试角度来说，Selenium 是一款功能强大、应用广泛的 Web UI 自动化测试框架（或者叫测试工具包），使用 Selenium 可以完成基于 B/S 架构的 Web 网站自动化测试工作。虽然与 Selenium 类似的工具还有一些，有些大厂也有自己的自动化测试工具，但是 Selenium 在 UI 自动化测试领域一直有着超高的地位，保守点说，Selenium 在自动化测试工作方面的占有率超过 90%。作为一名自动化测试人员，不论刚入门的还是工作多年的人，可以不会使用微软和谷歌等公司发行的测试工具，但一定要学会使用 Selenium。

Selenium 本身可以被定义为一个服务（Server）或者驱动（Driver），Selenium 是采用 C/S 架构搭建的，它是在本地开发环境上启动一个服务，监听浏览器或者驱动程序发送的请求并给出响应，模拟测试人员或用户在网页上的操作，完成自动化测试的目的。理解 Selenium 的工作模式可以帮助我们更好地学习 Selenium。

与 Selenium 类似的测试框架还有下面这些，读者可以了解一下。

- Playright：微软开源的一款基于 Node 实现的框架；
- Coded UI：微软提供的另一款测试工具；
- Puppeteer：谷歌在 2017 年发布的一款基于谷歌生态和 Chrome 的测试框架；
- Rational Robot：IBM 提供的测试框架；
- Quick Test Professional：由 HP 公司提供的测试框架；
- Cypress：这个框架我们应该关注一下，被誉为后 Selenium 时代的产物，很多测试工作者已经开始关注并尝试使用这款新的测试框架，或许将来它会替代 Selenium。

△注意：我们有必要在现在这个阶段把上面这些测试框架都学习一遍吗？当然没有，测试框架的原理都是互通的，就好比我们学习了 Java 再学习 Python，将会节省很多时间，因为编程知识是互通的，所以，我们学习 Selenium 不仅是学习 Selenium 本身的语法，更重要的是理解这些测试工具和框架的设计思路和底层原理，以后如果要使用其他测试框架，也能很快上手。

5.2　Selenium 的发展历程

Selenium 的第一个发行版本 1.0 版诞生于 2004 年，发展至今已经有了 4.0 版。本书完稿时 4.0 版刚刚发布，仍处于起步阶段，目前学习 Selenium 仍应基于 3.141 这个应用最为广泛也是最稳定的版本，很多企业多年积累的自动化框架和脚本都是基于 3.141 版本编写的。本书后面有专门的章节介绍 Selenium 4.0 版本的新特性，实际上变化并不大。Selenium 的版本对比如图 5.1 所示。

△注意：本书所有的 Selenium 相关源代码都是基于 Python 的 Selenium 3.141 这个版本的，如果以后使用 Selenium 4.0 或更高版本进行工作，需要了解版本之间的差异。

Selenium 3.0 版主要做了如下修改：

- 移除了 Selenium RC 组件；
- 遵循 W3C 标准；

- 扩展了 WebDriver API 的功能，提供移动端测试支持；
- FireFox 浏览器（从 47.0.1 版本开始）必须下载官方提供的 GeckopDriver 驱动；
- 支持 Microsoft Edge 浏览器和 IE 9.0 以上版本；
- 支持 Java 8 及以上版本。

Selenium 4.0 版本提供了很多我们期待已久的新特性，后面有专门的章节介绍。

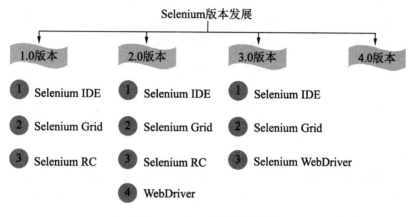

图 5.1　Selenium 的版本对比

5.3　Selenium 的三大组件

从 2004 年诞生第一个 Selenium 版本开始，到现在的 Selenium 4.0，其核心构成组件也发生了一些变化。以现在主流的 3.141 版本来说，Selenium 包括 Selenium IDE、Selenium WebDriver 和 Selenium Grid 三大核心组件。

5.3.1　Selenium IDE 简介

Selenium IDE 是一个 Selenium 的集成开发环境（IDE），从图 5.1 中可以看出，Selenium IDE 伴随 Selenium 的诞生并沿用至今，最初 Selenium IDE 出现在火狐（FireFox）浏览器中，它是 FireFox 的一个插件，能够让使用者不需要具备编程能力就可以完成一些初级的自动化工作，让使用者很容易上手，可以快速将自动化工作开展起来。对于非编程专业出身的使用者和测试人员来说，由于其上手快、入门容易的特点，受到了广大使用者的青睐，并且快速流行起来。现在的 Selenium IDE 已经发布了多种浏览器适配版本，除了 FireFox 之外，还支持 Chrome、Edge、IE 和 Safari 等主流浏览器。

Selenium IDE 是一款基于关键字驱动的自动化工具，现在与 Selenium IDE 类似的工具越来越多，如大名鼎鼎的 Robot Framework（简称 RF），与之相比，Selenium IDE 的优势已经不再明显。如果你是一个没有编程基础，在工作中直接使用工具来完成初级自动化测试的测试人员，可能不会直接使用 Selenium IDE，但是，如果你的目标是测试开发，那么 Selenium IDE 可以帮助你快速上手。这对后面学习 Selenium WebDriver 也有很大帮助，理解 Selenium IDE 的运行原理，对搭建基于关键字驱动的测试框架是非常有帮助的，因为 Selenium IDE 就是一款基于关键字驱动设计的非编程式测试工具。

> 注意：我们没有介绍 Robot Framework，而是用 Selenium IDE 来代替，不是因为 Robot Framework 不好，而是类似的测试工具的使用方法大同小异，理解其中关键字驱动的原理才是最重要的，毕竟我们的目标是测试开发。

5.3.2　Selenium WebDriver 简介

Selenium RC 和 WebDriver 的作用是类似的，都是使用程序语言来调用服务或者驱动来控制浏览器并执行用户想要执行的动作，如定位元素、操作元素、切换窗口、获取窗口（网页）信息等。它是连接程序代码（指令）和浏览器（操作对象）的桥梁。

WebDriver 支持市面上主流的浏览器和编程语言。WebDriver 制定了一系列协议规范和一套接口标准，用于控制 Web 浏览器的各种行为。每个浏览器都有一个特定的 WebDriver 实现，称为驱动程序。驱动程序负责处理 Selenium 和浏览器之间的通信，从而实现跨浏览器和跨平台自动化，这也是 WebDriver 最大的特点和优势。WebDriver 目前支持火狐（FireFox）、谷歌（Chrome）、微软（Edge）和苹果（Safari）在内的主流浏览器，支持 Java、Python、Ruby 和 C#等多种编程语言。

WebDriver 是 Selenium Web UI 自动化测试的核心，也是测试开发人员必须要掌握的基本技术，理解 Selenium WebDriver 的工作原理，是做好测试工作，未来迈向测试开发的前提。

> 注意：Selenium 之所以流行和被广泛应用，其核心价值就在于跨浏览器和跨平台的特性。试想，如果你编写的自动化脚本只能在 FireFox 浏览器上运行，想要操作 Chrome 需要重新调整和编译，或者从 Windows 迁移到 Linux 后需要全面重构，这将是多么可怕的事情。

5.3.3　Selenium Grid 简介

Selenium Grid 是 Selenium 的三大组件之一，其作用是分布式执行测试。在不使用 Selenium Grid 的情况下，测试用例都是在本地一个一个地按顺序执行，当项目非常庞大时，如果单线程执行测试用例的耗时达到十几个小时甚至几十个小时的时候，那么项目组就要想办法解决分布式和并发的可能性，而通过 Selenium Grid 可以控制多台机器多个浏览器执行测试用例，从而解决耗时过长的问题。

设想一下，当自动化测试用例达到一定数量的时候，如上万条，一台机器执行全部测试用例耗时 13 小时，如果需要覆盖主流浏览器如 Chrome、Firefox 和 Edge，加起来就接近 40 小时。这时候我们不得不想办法让没有先后依赖关系的测试用例并发地跑起来，这种并发可以是单设备并发执行（多线程），或者干脆让多台机器同时执行（分布式），而 Selenium Grid 的出现，解决了分布式执行测试的痛点。

Selenium Grid 从 1.0 版开始一直沿用至今，为大型项目和大型团队提供分布式的支持。在实际项目中必须使用 Selenium Grid 解决分布式的场景并不多，使用 Python 等编程语言很容易实现多线程并发的测试框架，或者可以用更加优秀的工具来解决并发测试的问题，因此 Selenium Grid 在 Selenium 3.0 版本中的应用并不广泛，只能作为测试工作的一个补充。

5.4　Selenium 的优势

虽然市面上与 Selenium 等价的框架有很多，但是大多数从事 Web UI 自动化测试的工作人员都选择 Selenium 作为测试工具，这与 Selenium 的以下特性是分不开的。

1．开源且免费

笔者认为一款框架流行起来的主要原因就是开源且免费，尤其是对于刚刚从事自动化测试，还处于入门阶段的初学者来说，不会选择一款收费的框架。而 Selenium 开源、免费的特性，适合初学者和还不确定自己能否在自动化测试领域坚持下去的转型者，无形中降低了入门的门槛。当然，是否开源和收费，不能作为评价一个测试框架优劣的标准，对于一个成熟的自动化测试团队，优秀的收费框架也是不错选择。

2．支持多种浏览器

当下主流的浏览器包括 FireFox、Chrome、Edge、Safari 和 IE，Selenium 对这些主流的浏览器都做了很好的适配和支持，只需要简单地修改一行代码，或者只修改一下配置文件里的参数，就可以让测试脚本在不同的浏览器中运行，达到兼容性测试的目的。

3．支持多种编程语言

语言的选择一直是困扰初学者的一个主要问题，Python 作为自动化测试领域占有率最高的编程语言，有它天生的优势，其语法简洁、规范和入门容易的特点，让编程基础不好的测试人员有了新的学习方向，让他们向测试开发转型成为可能。此外，Selenium 同样也支持 Java、Ruby、C#、Perl 和 JavaScript 等开发语言。

5.5　Selenium IDE 的基础应用

5.5.1　Selenium IDE 简介

本小节我们开始学习 Selenium 三大组件的第一个组件 Selenium IDE，在使用 IDE 之前，我们先来了解一下 Selenium IDE 是什么。

- Selenium IDE 最初是 FireFox 浏览器的一个插件；
- Selenium IDE 的新版本支持谷歌 Chrome 和微软 Edge 浏览器；
- Selenium IDE 可以模拟用户在浏览器上的操作；
- 使用 Selenium IDE 不需要任何编程知识；
- Selenium IDE 支持录制与回放，并可以将脚本导出为多种语言。

可以看出，Selenium IDE 是基于各种浏览器的一个插件，最早是在 FireFox 浏览器中出现的，目前主流的浏览器 Chrome、Edge 也都提供了对 Selenium IDE 插件的支持，以执行基于关键字驱动的测试脚本。Selenium IDE 支持录制与回放，能自动生成多种语言脚本，为手工测试向自动化测试转型人员提供了一个很好的过渡工具，先把自动化工作做起来，再慢慢学习更多的技术，达到测试开发的要求。

🔖 注意：对于"关键字"驱动，可能读者现在还不能理解，关键字驱动作为自动化测试领域非常重要的一个设计模式，在后面测试框架实战部分会详细介绍。

5.5.2　Selenium IDE 插件下载与安装

本小节我们以 Firefox 和 Chrome 浏览器为例，讲解 Selenium IDE 的安装步骤，其他浏览器的安装方法，可以参阅 Selenium 的官方文档。

1. Firefox浏览器

（1）使用 Firefox 打开 Selenium IDE 官网，网址为：https://www.selenium.dev/selenium-ide/。单击 FIREFOX DOWNLOAD 按钮，如图 5.2 所示。

（2）此时弹出 Firefox 的插件安装页面，单击 Add to Firefox 按钮，开始安装，此时会提示需要添加 Selenium IDE 吗？单击"添加"即可，如图 5.3 所示。

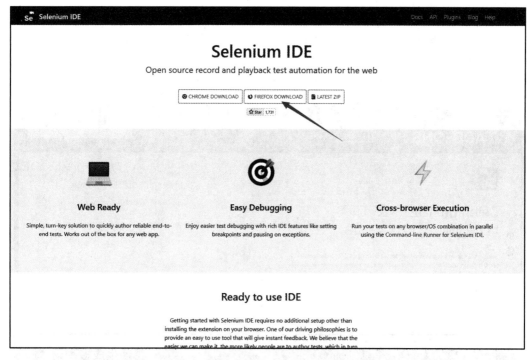

图 5.2　单击 FIREFOX DOWNLOAD 按钮

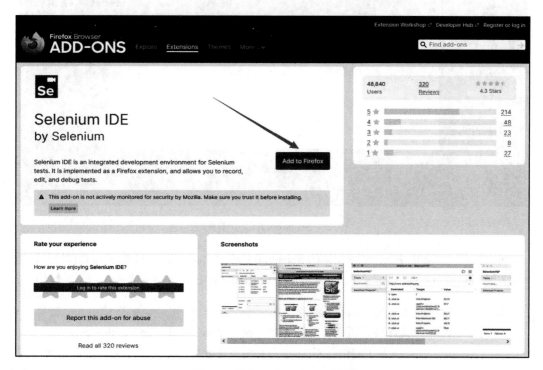

图 5.3　单击 Add to Firefox 按钮

（3）安装完成后，在浏览器右上角的扩展工具栏中会看到一个■按钮，如图 5.4 所示。单击该按钮，如果能看到 Selenium IDE 的工作界面，则表示 Selenium IDE 安装成功，如图 5.5 所示。

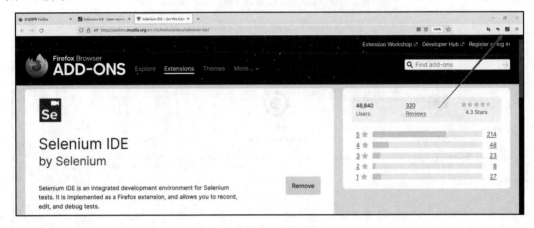

图 5.4　图标

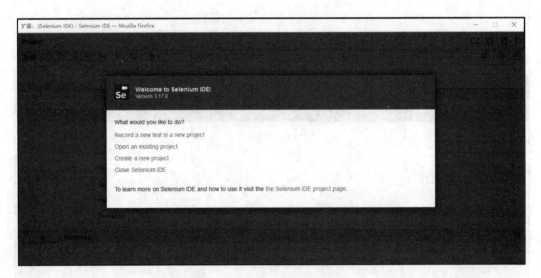

图 5.5　Selenium IDE 工作界面

可以看到，当前的 Firefox 浏览器的 Selenium IDE 插件版本是 3.17.0，我们可以打开、创建和关闭 Selenium IDE。至此，Firefox 浏览器 Selenium IDE 已经安装完成，是不是很简单？

🔔注意：安装时，必须使用 Firefox 浏览器打开插件安装页面，如果用 Chrome 或者其他浏览器打开插件安装页面，则会看到 You'll need Firefox to use this extension 的提示，并且让你下载 Firefox，此时只需要换成 Firefox 浏览器并重新进入页面即可。安装完成之后，可以通过 Firefox 浏览器的菜单"扩展与主题"|"管理你的扩展"

找到并管理 Selenium IDE 插件。

2. Chrome浏览器

Firefox 浏览器安装 Selenium IDE 比较容易，因为 Selenium IDE 最初就是 Firefox 的一个插件，接下来我们看 Chrome 浏览器如何安装 Selenium IDE。我们无法直接通过图 5.2 所示的插件安装页面完成 Selenium IDE 安装，只能通过国内的一些镜像网站来完成 Selenium IDE 的安装。

（1）下载插件安装包。

打开浏览器，输入网址 https://www.crx4chrome.com/。

小技巧：打开网站首页，其中提供了 Chrome 浏览器相关插件的下载方式，除了 Selenium IDE 以外，其他谷歌浏览器的插件也可以在这里找到。

如图 5.6 所示，在 Search crx file 文本框中输入 Selenium 后，单击 Search 按钮，搜索 Selenium IDE 插件。在搜索结果中可以看到第一条是 Chrome 浏览器的 Selenium IDE 插件的最新版本 3.17.0，其他版本我们暂时不用理会。

图 5.6　输入 Selenium

单击 3.17.0 版本链接，再次回到 Crx4Chrome 网站，此时可以看到 Selenium IDE 谷歌浏览器插件的下载页面，找到 Download crx file from Crx4Chrome 链接并单击，下载插件文件压缩包，如图 5.7 所示。

注意：如果显示的最新版本不是 3.17.0，直接下载最新版本即可。

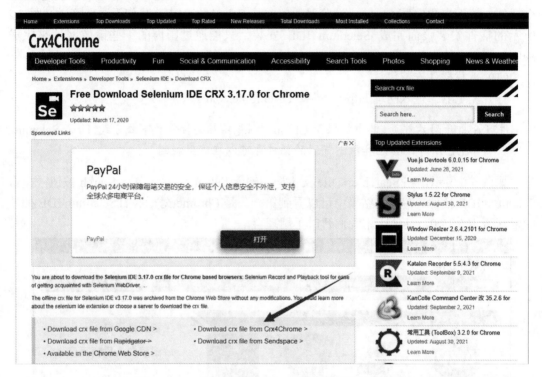

图 5.7　Chrome 浏览器 Selenium IDE 插件的下载页面

下载完成后，Chrome 浏览器可能会试图自动加载这个安装包作为扩展插件，由于谷歌网站的原因，它不能自动安装 crx 插件，此时在浏览器上方会看到提示信息，如图 5.8 所示。

（2）在 Chrome 中安装插件。

找到下载的文件，文件名为 mooikfkahbdckldjjndioackbalphokd-3.17.0-Crx4Chrome.com.crx。

接下来进行如下操作：

- 给这个文件加一个.zip 的扩展名。
- 用任意一款压缩软件将其解压到一个目录下。
- 将目录名重命名为 Selenium_ide_chrome_3.17.0。

打开文件夹，可以看到文件夹如图 5.9 所示。

名称

_metadata

assets

icons

bootstrap.html

index.html

indicator.html

manifest.json

无法从该网站添加应用、扩展程序和用户脚本　　确定

图 5.8　提示信息　　　　　图 5.9　Selenium_ide_chrome_3.17.0 文件夹

🔔注意：Selenium_ide_chrome_3.17.0 文件夹一定要存放在一个不易被删除的地方，如 d:\Selenium_ide_chrome_3.17.0，因为安装 Chrome 浏览器后，这个文件会被关联，不能删除或重命名。

打开 Chrome 浏览器，单击右上角的 ⋮ 按钮，然后选择"更多工具"|"扩展程序"命令，进入谷歌浏览器的扩展程序管理页面，如图 5.10 所示。

图 5.10　Chrome 浏览器的扩展程序管理页面

选择刚才解压并重命名的文件夹 Selenium_ide_3.17.0，单击"选择文件夹"按钮，如图 5.11 所示。

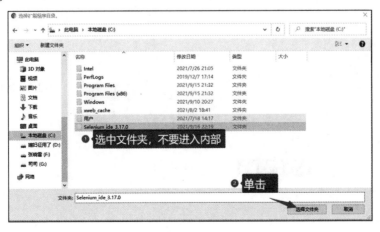

图 5.11　选中文件夹

操作完成后，Chrome 浏览器的 Selenium IDE 插件就安装完成了。在浏览器右上角找到扩展程序管理按钮 ✿ 并单击，可以打开 Selenium IDE，如果看到同图 5.5 一样的 IDE 窗口，则说明 Selenium IDE 安装成功了。

🐭小技巧：Selenium IDE 插件没有提供中文版，读者可以借助 Chrome 浏览器的翻译功能，但是这个翻译并非官方汉化，可能会有一定的歧义，读者可以尝试使用但不要过度依赖。

🔔注意：以上操作步骤使用的浏览器是 Chrome 93.0.4577.82 和 Firefox 92.0 版本，安装的是 Selenium IDE 3.17.0 版本。如果浏览器或者 Selenium IDE 有升级版本，安装步骤大致类似，耐心分析一下就可以解决了。

5.5.3　Selenium IDE 的操作界面

成功安装了 Selenium IDE 插件之后，我们来了解一下 Selenium IDE 插件的操作界面和主要功能区域。按照如下步骤创建第一个测试脚本：

（1）打开 Firefox 浏览器。单击 Selenium IDE 插件按钮，运行 Selenium IDE。

（2）单击 Create a new project 按钮，创建一个新的工程。在 PROJECT NAME 中输入 demo，单击 OK 按钮。

测试脚本创建完成后将会进入 Selenium IDE 的操作界面，如图 5.12 所示。

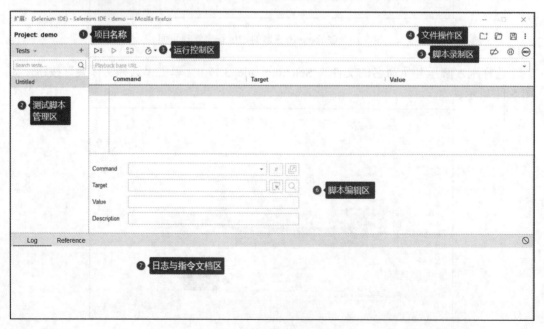

图 5.12　Selenium IDE 的操作界面

Selenium IDE 的操作界面包含如下 7 个部分：

- 项目名称：这里是刚才给定的项目名称，如果有需要也可以随时修改。
- 测试脚本管理区：该区域会列出所有在当前项目中创建的测试脚本，如果单击 Tests
  后面的下拉按钮，可以看到 3 个选项：
  - ➢ Tests：测试脚本，这个选项可以显示区域所有的测试脚本列表，可以通过检索，
    找到我们要管理或运行的测试脚本。
  - ➢ Test suites：测试套件，根据实际需要，我们可以将多个测试脚本 Tests 进行组合，
    形成多组测试套件，可以按需要执行其中的一组用例集。
  - ➢ Executing：执行结果，这个选项可以直观地看到所有 Tests 执行的结果，是成功、
    失败，还是出现了异常。
- 运行控制区：该区域有几个用于控制脚本执行或停止的指令按钮，以及一个用于控
  制脚本执行速度的控制器。展开控制器的滑动条，可以按需要调整脚本执行的速度。
  脚本在互联网环境运行时由于网络等原因可能需要将脚本执行速度调整到合适的
  比例，以保证操作能够正常运行。
- 文件操作区：该区域提供了新建项目（Create a new project）、打开项目（Open project）
  和保存项目（Save project）等功能。
- 脚本录制区：该区域提供了脚本录制相关的操作按键，前面说过，Selenium IDE 一
  个比较强大的功能就是录制与回放。当我们不能直接编写脚本指令的时候，可以使
  用录制功能帮助我们自动完成脚本的创建。
- 脚本编辑区：该区域是编写脚本的区域，上半部分用于展示脚本指令集合，下半部
  分用于修改或新建指令。后面会详细介绍。
- 日志与指令文档区：该区域有两个标签页 Log 和 Reference，Log 用于展示脚本执
  行的日志，Reference 用于展示每个指令的相关说明文档。

5.5.4　编写第一个测试脚本

接下来我们尝试写一个简单的测试脚本，完成在百度网站（https://www.baidu.com）
首页搜索 Selenium 这个单词的任务。

每一个测试项目都需要有一个目标测试 URL，我们将这个 URL 叫作基础 URL（Base
URL）。在脚本编辑区的最上方可以看到 playback base url 字样，在这里输入百度的网址
https://www.baidu.com。

然后创建第一条指令 open，这个指令（Command）是让插件打开指定的网址，现在
我们要打开的是百度首页，因此在 Command 文本框中输入 open，在 target 文本框中输入
"/"，完成后可以在脚本编辑区的上半部分看到输入的第一条 open 指令。

接着创建第二条指令 send keys，这个指令是在一个文本框中输入内容，就像我们手动
填写表单内容一样。在 Command 文本框中输入 send keys，在 taget 文本框中输入 id=kw,

在 value 文本框中输入 Selenium。

完成以上操作后，结果如图 5.13 所示。

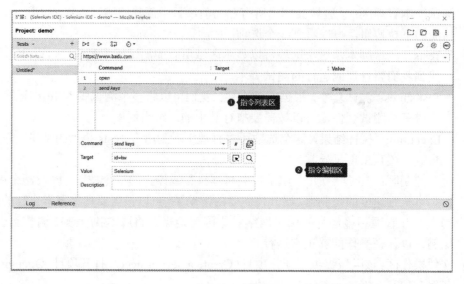

图 5.13　结果

在图 5.13 所示的指令列表区域中可以看到我们添加的两条指令 open 和 send keys。如果想要修改其中某一条指令，就单击这条指令，然后在指令编辑区进行修改即可。

我们尝试执行这个包含两条指令的脚本。单击运行控制区域的 ▷ 按钮，执行当前脚本，可以看到插件打开了一个浏览器窗口，载入了百度首页的内容，并在搜索框中录入了一个单词 Selenium，如图 5.14 所示。

图 5.14　第一个脚本运行结果

可以看到，脚本打开百度首页并向搜索框中输入要搜索的内容 Selenium，但是脚本并没有真正执行搜索到的结果，因此还需要进一步完善这个脚本。单击"百度一下"这个按钮，得到搜索结果。

要添加第三条指令，让其完成单击"百度一下"的操作，需要在指令列表区第二条指令下面的空行处创建一个新的指令，在 Command 文本框中输入鼠标单击指令"Click at"。

🔖**小技巧**：当我们输入 click at 的时候会发现，Selenium IDE 会自动根据输入来提示可用的指令列表，这是非常方便的，因为我们可能会忘记鼠标单击指令，当我们输入 cli 时，提示的相关指令包括 click 和 click at 等，使用哪个指令直接选择即可。

输入 click at 指令后，在 Target 文本框中要输入被单击的目标元素，这个怎么写呢？其实，Selenium IDE 提供了一个非常强大的在网页上选择元素的能力，我们看到 Target 文本框后面有两个按钮：

▣：Select target in page：在页面中选择元素。当我们不能直接给出 Target 的内容时，可以通过这个工具来选择元素。

🔍：Find target in page：在页面中查找元素。当我们在 Target 文本框中输入自行编写的选择元素的表达式后，可以单击该按钮验证它是否正确，是否能够正常找到要定位的元素。

再次运行脚本，由于 click at 指令目前没有给出单击目标元素，所以会报错 clickAt Failed: Locator cannot be empty。此时选择 click at 指令并单击 Target 后面的▣按钮，会自动跳转到我们通过 Selenium IDE 打开的网页，鼠标指针滑过每一个网页元素，不论文本框、图片和按钮都将被一个蓝色的框包裹住，如图 5.15 所示。

图 5.15　鼠标指针滑过网页元素图示

我们将鼠标指针停留在"百度一下"这个按钮上并单击，这时在脚本编辑区的 Target 文本框中会自动填写 id=su，这就是选择工具帮我们定位的元素选择表达式，如图 5.16 所示。

🔖**小技巧**：id=su 表达式是什么意思呢？如果你了解一些 HTML、CSS 和 XPath 相关的知识就知道，id=su 代表网页上的这个元素的 ID 属性是 su，展开 Target 文本框后面的下拉列表可以看到许多选项，包括 CSS 选择器、XPath 表达式等，在实际工作中也可以根据需要选择其他表达式。如果现在看不懂这些内容也没关系，后面在 WebDriver 相关章节会详细介绍八大元素的定位方法。

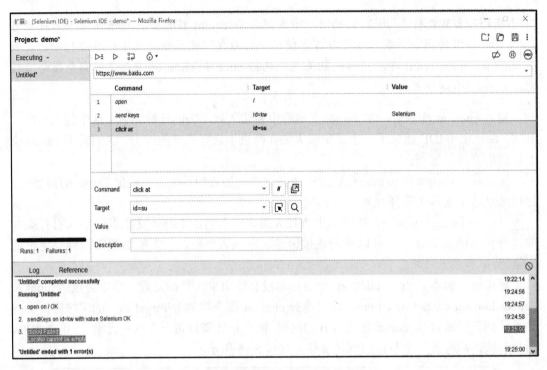

图 5.16　选择工具定位到元素选择表达式

click at 指令是不需要有 value 值的。执行脚本后，百度搜索 Selenium 关键字后得到的结果如图 5.17 所示。

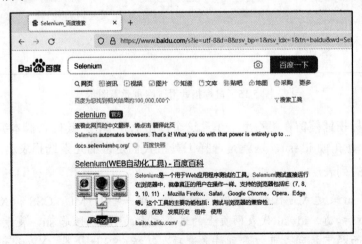

图 5.17　脚本执行结果

注意：如果不能正常显示执行结果，可以尝试在运行控制区中将脚本执行速度适当放慢，默认是最快的执行速度。

脚本执行成功后，不要忘记随时保存脚本内容，以免内容丢失，在测试脚本管理区中看到 Untitled，代表现在的脚本是"未命名"状态，右键 Rename 可以重新命名，如"百度搜索 Selenium"，然后在文件操作区单击 Save project 按钮，将项目脚本保存到本地硬盘上，以后就可以随时打开并重新执行这个脚本了。

🔍注意：Selenium IDE 保存的脚本文件扩展名为 side，是 Selenium IDE 的缩写。

一个完善的测试脚本，通常在执行完成后要将网页关闭。关闭网页的指令与 close 有关，读者可以自己动手尝试添加最后一个 close 指令将网页关闭。

至此，我们的第一个脚本就编写成功了，是不是很简单？这个脚本并不算一个真正的测试脚本，充其量只能算一个自动化 IDE 的 demo 罢了，因为一个真正的测试脚本一定会有断言指令。

☎提示：本小节的源代码路径是 ch5/5.5.4_demo.side。

5.5.5　查看 Selenium IDE 指令文档

在 5.5.4 小节的 demo 例子中我们编写了第一个自动化脚本，完成百度搜索功能。在这个脚本中用到了 4 个命令：
- open：打开网址；
- send keys：向指定文本框中输入内容；
- click at：在选定元素上单击；
- close：关闭打开的浏览器。

除了这 4 个指令，Selenium IDE 还有哪些指令呢？我们可以去哪里查看指令的使用方式和相关文档呢？有两种方式。

第一种是通过官方 API 文档查看全部指令详情。

学习任何一个工具，最好的办法就是通读一下该工具提供的 API 文档。Selenium IDE 也提供了详尽的文档供使用者查看，进入 Selenium IDE 的官网 https://www.selenium.dev/selenium-ide/，单击网页右上角的 API 链接，进入 API 文档网页，如图 5.18 所示。

网页右侧的列表展示了 Selenium IDE 提供的全部指令，单击其中一个指令，可以跳转到该指令的详细说明页，在使用一个指令前最好阅读一下相关的文档说明。

例如，我们找到 click at 指令的文档说明页，可以看到如下内容，如图 5.19 所示。

从指令描述信息中可以看出，click at 指令不但可以在一个元素上单击，而且可以支持一个相对的偏移量，这在模拟网页中定位元素位置时可能会用到。click at 指令带有两个参数，第一个参数 locator（定位器）是一个用来定位网页元素的字符串，第二个参数 coord string 是一个相对偏移量（x, y），如（10, 20）。虽然在前面的例子中没有用到第二个参数，但是通过阅读文档我们学习到了一些新知识。

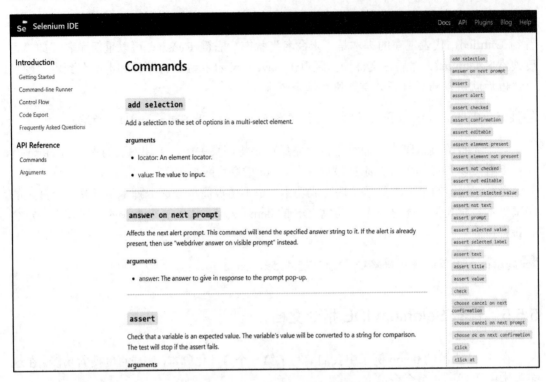

图 5.18　Selenium IDE API 文档页面

click at

Clicks on a target element (e.g., a link, button, checkbox, or radio button). The coordinates are relative to the target element (e.g., 0,0 is the top left corner of the element) and are mostly used to check effects that relay on them, for example the material ripple effect.

arguments

- locator: An element locator.
- coord string: Specifies the x,y position (e.g., - 10,20) of the mouse event relative to the element found from a locator.

图 5.19　click at 指令文档说明页

注意：在输入指令的时候，Selenium IDE 在脚本编辑区提供了 Target 和 Value 两个输入项，其中，Target 代表要进行指令操作的目标元素，其一般是一个定位器，而 Value 代表指令用到的值。实际上这样理解可能会给初学者带来困扰，API 文档中的第一个参数就是 Target，第二个参数就是 Value，这在实际使用时需要注意。

第二种是通过 Reference 标签查看指令详情。

Selenium IDE 也提供了快捷查看 API 文档的工具，选中一条指令后，在日志与文档区的 Reference 选项卡中可以看到和官网一样的 API 文档，如图 5.20 所示。

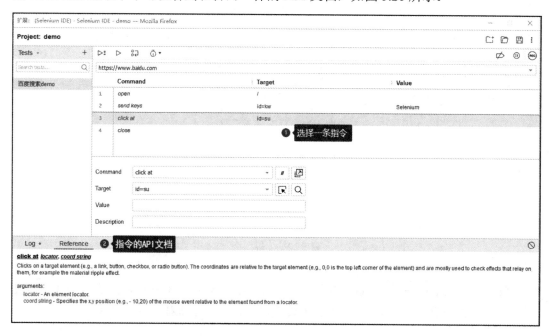

图 5.20　通过 Reference 选项卡查看 API 文档

注意：查看 API 文档是学习任何一个工具必须要做的工作，建议读者花一点时间通读一下官方网站上 Selenium IDE 提供的所有指令文档，虽然不能马上熟练使用这些指令，但是知道 Selenium IDE 有哪些指令，对其有个大概印象，这对后续学习很有帮助。

5.5.6　实战 1：百度搜索设置

下面我们通过一些简单的场景实现几个脚本，并介绍一些常用的指令及其使用场景。

我们来做这样一个场景，打开百度首页，选择右上角设置菜单中的"搜索设置"命令，在打开的窗口中将"搜索历史记录"对应的选项改为不显示，如图 5.21 所示。

创建新项目 baidu_search_set，重命名脚本名称为"百度搜索设置"，在 Base URL 中输入百度首页网址 https://www.baidu.com，然后按顺序添加如图 5.22 所示的 3 条指令。

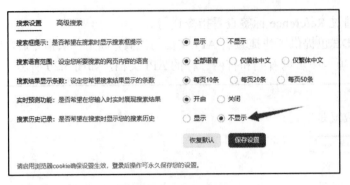

图 5.21　百度搜索设置

	Command	Target	Value
1	*open*	/	
2	*click at*	linkText=搜索设置	
3	*check*	id=sh_2	

图 5.22　3 条指令

小技巧：使用 click at 和 check 指令时需要在 Target 列中填写目标定位器，如果不能直接给出，可以参考 5.5.4 小节的内容，使用元素选择工具来完成。

对于 open 和 click at 指令我们已经很熟悉了，这里说一下 check 指令。选中 check 指令，可以在 Reference 标签页中查看 API 文档，如图 5.23 所示。

从文档中可以看出，check 指令是作用在复选框和单选按钮元素上的指令，用于选中元素。同时它还带有一个定位器参数，用于指定要选中的元素。

运行这 3 条指令脚本，在 Log 标签页中的提示内容如图 5.24 所示。

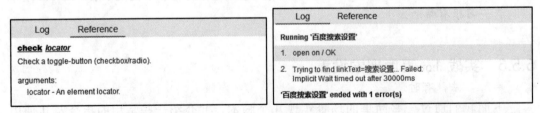

图 5.23　API 文档　　　　　　　　　图 5.24　Log 标签页中的提示内容

脚本执行遇到了一个错误，click at 指令尝试寻找并单击"linkText=搜索设置"这个元素的时候没有找到，这是为什么呢？我们打开百度首页，用手工方式操作一下这个流程不难发现，"搜索设置"是一个子菜单，子菜单能够可见并可以被单击的前提是鼠标指针滑过"设置"这个父菜单。

注意：通常情况下，Selenium IDE 指令所操作的网页元素必须是可见的，如果对 HTML 和 CSS 有所了解就知道，在网页中隐藏的元素无法被 Selenium IDE 指令控制。

为了解决这个问题，我们需要模拟鼠标指针移动并滑过"设置"菜单，然后再单击"搜索设置"，在 click at 指令前面增加 mouse over 指令，这个指令用于模拟鼠标指针滑过元素的操作，其参数就是定位"设置"菜单元素的定位器。完整的脚本指令如图 5.25 所示。

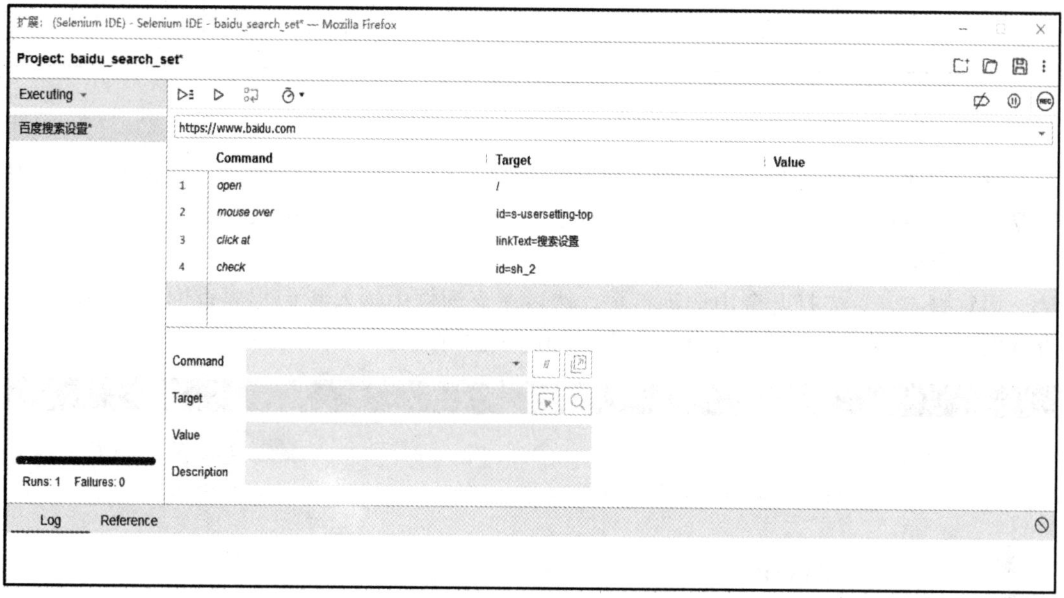

图 5.25　完整的脚本指令

再次执行脚本，此时可以完成打开"搜索设置"并将搜索历史改为不显示的操作了。通过这个例子我们学习了两个新的指令：check 和 mouse over，它们分别用于完成单选按钮的选中和鼠标指针的移动。

小技巧：在实际项目中，鼠标的相关操作（移动、悬停、单击、双击等）十分重要，与 mouse 相关的鼠标操作指令有很多，读者可以查阅文档了解每个指令的用法，有时候通过恰当的鼠标操作，可以解决大问题。

提示：本小节的源代码路径是 ch5/5.5.6_baidu_search.side。

5.5.7　实战 2：利用金山词霸查单词

平时我们经常会使用金山词霸进行单词释义的查询，本小节我们使用 Selenium IDE 来制作一个查单词的脚本，然后登录金山词霸网站首页，在查词文本框中输入一个单词如

Simulate 后，单击查询按钮，可以查询出这个单词的中文释义，如图 5.26 所示。

图 5.26　金山词霸查单词脚本

我们创建一个新项目 iciba，修改测试用例名称为"爱词霸查单词"，在 Base URL 中输入 http://www.iciba.com，然后添加如图 5.26 所示的 3 条指令 open、send keys 和 click at 这 3 条指令前面已经用过，不再赘述。

运行脚本，首先打开金山词霸首页，然后在查词框中输入我们想要查询的单词，单击查询按钮后将跳转到单词释义展示页面，如图 5.27 所示。

图 5.27　单词释义展示页

上述操作不过多解释，通过前面的学习相信读者可以独立完成。接下来要做的就是获取单词的释义，我们添加新的指令，如图 5.28 所示。

- wait for element visible：这个指令是让脚本等待页面上某个元素出现。为什么要用这个指令等待呢？这应该不难理解，click at 指令单击查询按钮后将会触发网页请求，从服务端获取单词释义并跳转到新的网页上。这个过程可能有时间开销，如果不等待，直接从网页中获取释义，那么可能会提示找不到元素等错误。等待网页中"释义"这个文本元素出现后，再去获取释义的内容就没有问题了，因此这个指令是控制脚本，等待某个条件成立。以 wait 开头的指令还有很多，适配不同的等待条件，读者可以自行查阅 Selenium IDE 的官方文档。

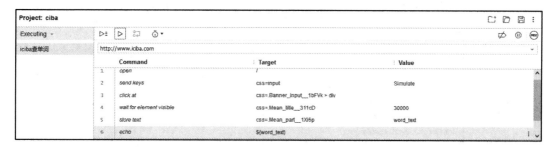

图 5.28　获取单词释义

- store text：这个指令用来保存网页中指定元素的文本信息。释义内容所在的网页元素比较复杂，也是本例子需要注意的一个地方，我们无法通过 Selenium IDE 的元素选择工具直接找到元素并获取其对应的文本，这也是 Selenium 工具的局限性。此时我们需要借助浏览器的开发者工具来查看网页源代码，自行编写定位器。在要查看的释义内容位置右击，在上下文菜单中选择"检查"命令，打开开发者工具，查看网页结构，选择外层<ul class='Mean_part__1Xi6p'>标签作为对象，获取文本内容作为释义内容。在 Target 中输入的 css=.Mean_part_1Xi6p 表示选择<ul>元素的选择器，在 Value 中输入的 word_text 是被保存的变量名，相当于一个赋值操作。这样，就可以从网页中获取释义的全部内容并将其保存在变量 word_text 中，如图 5.29 和图 5.30 所示。

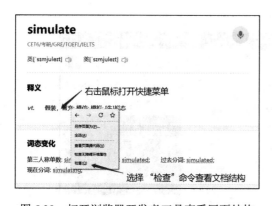

图 5.29　打开浏览器开发者工具查看网页结构

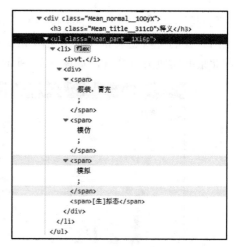

图 5.30　包含释义全部内容的<ul>元素

- echo：在许多编程语言中都提供类似 print 的打印输出指令，用于将字符串信息输出到标准输出或者控制台上。在 Selenium IDE 中，echo 就是打印内容的指令，用于将要输出的信息打印到 Log 标签区域中。${xxx}表示变量转换符，通过 store text 指令存储的变量 word_text，可以在这里被打印到 Log 日志中。

执行全部脚本，我们可以在 Log 标签页中获得单词释义的内容，如图 5.31 所示。

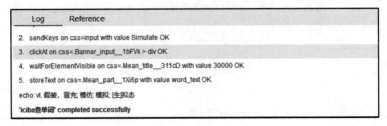

图 5.31　查单词脚本执行结果

在这个例子中我们学习了 wait for element visible、store text 和 echo 三个新指令，并初步了解了变量存储和读取的语法。通过这两个例子，读者可以体验到自动化的便利之处，以后再查询单词时就不用再手动打开浏览器，然后输入网址这么麻烦，可以直接修改脚本中的"单词"，然后重新执行脚本就能很快得到单词的释义，是不是很方便？

📢注意：在脚本执行过程中要根据自己的浏览器和网络情况适当调整执行的速度。

📞提示：本小节的源代码路径是 ch5/5.5.7_iciba.side。

5.5.8　实战 3：城市天气查询

我们经常要查询天气信息，很多网站也提供了天气查询功能，其中比较常用的是中国天气网。我们可以登录 http://www.weather.com.cn 并在上方的城市搜索框中输入"北京"，查询北京的实时天气情况，如图 5.32 所示。

图 5.32　北京城区天气信息

此时地址栏中显示的 URL 是 http://www.weather.com.cn/weather1d/101010100.shtml，其中，101010100 是城市地区代码，代表北京市城区，其他地区代码可以从网站上查询。如果要查询上海浦东新区的天气，将代码替换为"101020600"即可。

这个例子看起来稍微复杂一点，能不能使用 Selenium IDE 的脚本来实现呢？我们打开 IDE，创建新项目 weather 并修改脚本名称为"城市天气查询"，添加如图 5.33 所示的指令。

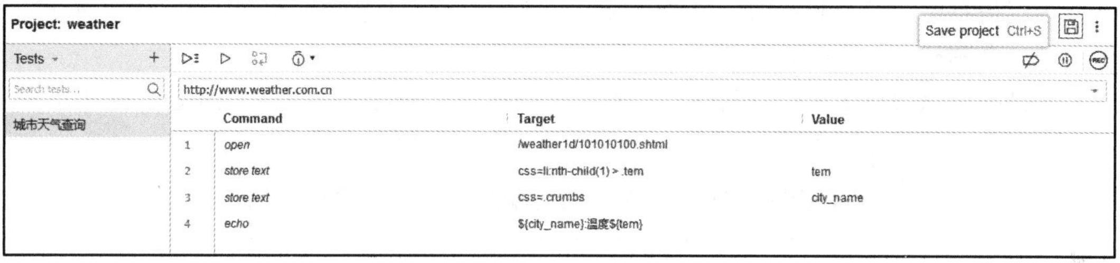

图 5.33　城市天气查询脚本

运行脚本，在 Log 日志中的输出如图 5.34 所示。

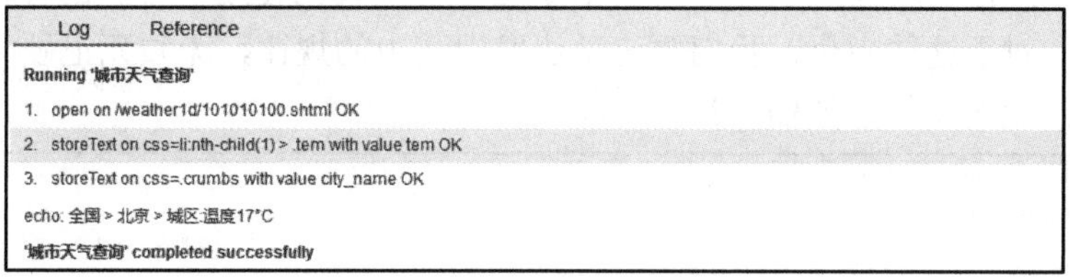

图 5.34　天气查询执行结果

在这个例子中打开的网页地址已经不再是网站的根目录，在 Target 中输入的 open 指令是一个资源路径。这里要强调一下，Selenium IDE 中的 Base URL 必须是网站的根路径，在上面的脚本中，如果 Base URL 输入为 http://www.weather.com.cn/weather1d，open 指令的参数输入为"/101010100.shtml"的话，脚本执行后则会报 404 找不到网页的错误，一定要注意这一点。

在 open 指令参数中，我们输入的是资源路径"/weather1d/101010100.shtml"，其中可能会发生变化的只有城市代码 101010100，因此应该将它替换成变量。前面我们用过存储变量的命令 store text，它是将网页元素的文本内容存储到一个变量中，那么如何直接定义变量呢？Selenium IDE 提供了 store 指令，指令说明如图 5.35 所示。

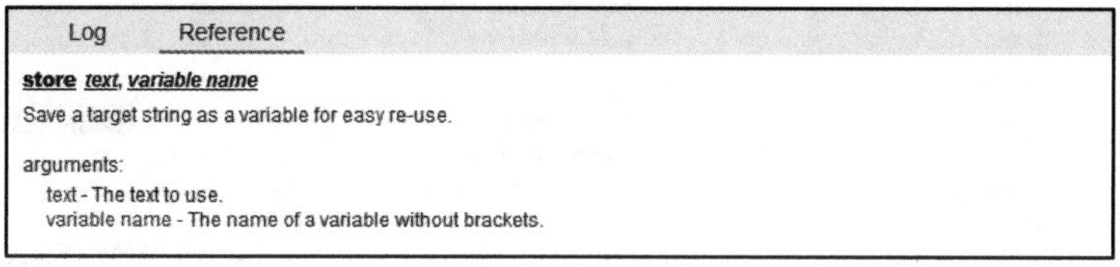

图 5.35　store 指令说明文档

store 指令可以将一个文本存储到一个指定的变量中，我们将 101010100 存储到 city_code 变量中，然后将 open 指令的资源路径修改为"/weather1d/${city_code}.shtml"，变量替换语法${xxx}不仅可以单独使用，也可以在字符串中进行拼接。

同样，我们在例子中使用 store text 指令来存储网页上元素的文本内容，获取温度和城市名称并使用 echo 进行输出。获取更多的文本内容方法与其类似，不再赘述。接下来要获取天气信息中的风力和风向信息"⌀<3级>"，风力信息也是文本，可以直接获取，而风向信息是一个图标，怎么获取呢？

右键单击风力数字，查看其网页结构，可以找到如下元素和属性，如图 5.36 所示。

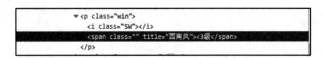

```
▼ <p class="win">
    <i class="SW"></i>
    <span class="" title="西南风"><3级</span>
  </p>
```

图 5.36　风向网页元素 title 属性

实际上，我们要获取的风向信息存储在风力<span>元素的 title 属性中，存储文本使用 store text 指令，存储属性应该使用什么指令呢？这里我们使用一个新的存储变量的指令 store attribute，对于这些指令，我们要边学边发现其中的规律，无须死记硬背。查看 store attribute 指令的说明文档，如图 5.37 所示。

Log	Reference

store attribute *attribute locator, variable name*
Gets the value of an element attribute. The value of the attribute may differ across browsers (this is the case for the "style" attribute, for example).

arguments:
　attribute locator - An element locator followed by an @ sign and then the name of the attribute, e.g. "foo@bar".
　variable name - The name of a variable without brackets.

图 5.37　store attribute 指令的说明文档

其中，attribute locator 参数使用@来分割元素定位器和属性名称，文档中的示例 foo@bar 代表 foo 定位到元素的 bar 属性。因此，我们可以使用 css=li:nth-child(1) > .win > span@title 来获得风向信息。

经过以上优化，全部的脚本指令如图 5.38 所示。

	Command	Target	Value
1	store	101010100	city_code
2	open	/weather1d/${city_code}.shtml	
3	store text	css=li:nth-child(1) > h1	date
4	store text	css=li:nth-child(1) > .wea	weather
5	store text	css=li:nth-child(1) > .tem	tem
6	store attribute	css=li:nth-child(1) > .win > span@title	winddir
7	store text	css=li:nth-child(1) > .win > span	windlevel
8	echo	${date}, ${weather}, 温度${tem}, ${winddir}风力${windlevel}	

Project: weathor Tests ▾ Search tests... 城市天气查询 http://www.weather.com.cn

图 5.38　城市天气查询的完整代码

执行脚本，得到结果如图 5.39 所示。

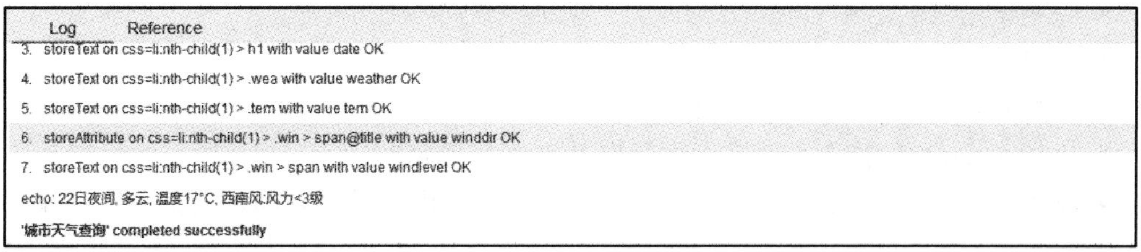

```
     Log        Reference
  3.  storeText on css=li:nth-child(1) > h1 with value date OK
  4.  storeText on css=li:nth-child(1) > .wea with value weather OK
  5.  storeText on css=li:nth-child(1) > .tem with value tem OK
  6.  storeAttribute on css=li:nth-child(1) > .win > span@title with value winddir OK
  7.  storeText on css=li:nth-child(1) > .win > span with value windlevel OK
  echo: 22日夜间, 多云, 温度17°C, 西南风 风力<3级
  '城市天气查询' completed successfully
```

图 5.39　城市天气查询执行结果

在这个例子中，我们学习了如何使用 store 指令来定义变量参数，如何使用 store attribute 指令获得元素的属性值并进行保存，如何使用 echo 指令可以格式化输出多个变量组成的字符串。

☎提示：本小节的源代码路径是 ch5/5.5.8_weather.side。

🔔注意：Selenium IDE 还有很多指令，限于篇幅这里无法将所有指令列举出来，读者可以自行查看官方文档，结合实际场景多多练习。

5.6　Selenium IDE 测试实战

上一节，我们借助几个场景体验了一下 Selenium IDE 的基本用法，但是上一节的几个例子不算真正的测试用例，本节我们以前面部署的测试演示项目 testProject 为测试目标，编写几个相对完整的测试用例脚本，重点学习测试用例中的测试断言指令、测试套件（TestSuite），以及 Selenium IDE 脚本录制与复用方法。

5.6.1　创建测试项目

首先运行测试演示项目 testProject，保证项目启动成功并能够用 admin 用户登录系统首页。然后打开 Selenium IDE 插件（Firefox 或者 Chrome 浏览器均可），创建一个新项目 testProject_demo，如图 5.40 所示。

5.6.2　验证系统的可用性

第一个测试用例就是验证系统的可用性，每个项目都可以找到一个简单的访问场景来测试系统是否能正常工作，这就是可用性检查。我们可以通过访问登录页面来验证系统是否能正常工作。

然后编写第一个测试用例并完成如下工作：

- 将测试用例的名称 Untitled 修改为"验证系统可用性"。
- 在 Base URL 中输入 http://127.0.0.1:8001。
- 添加 open 指令打开登录页面/login/。
- 添加 assert title 指令，断言页面标题是"欢迎登录"。
- 添加 assert text 指令，断言页面指定元素的文本内容是"自动化测试开发实战"。

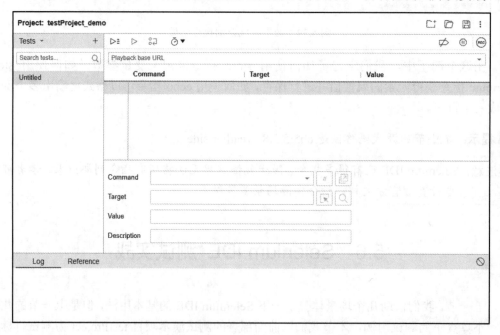

图 5.40　创建新的测试项目 testProject_demo

完成以上操作后，执行脚本，可以在 Log 标签页中查看执行结果。如果所有指令都是绿色 OK，并且提示"用例名称 completed successfully"，则说明脚本被正确执行，所有断言通过，测试通过，如图 5.41 所示。

这个脚本中引入了两个断言指令，这也是测试脚本的重点。断言指令的目的是验证结论是否与期望的一致，Selenium IDE 的所有断言指令都以 assert 开头。

- assert title：断言网页标题。该指令断言当前网页的标题（head 中的 title 元素，标题是网页中的唯一元素）是否与期望的"欢迎登录"一致，如果一致则测试通过，反之则测试失败。
- assert text：断言元素的文本内容。该指令用于获取指定元素的文本内容并判断是否与期望的内容"自动化测试实战开发"一致。"css=h2"是元素定位器。

🔔注意：在 Selenium IDE 中，指令参数的第一个参数填写在 Target 位置，第二个参数填写在 Value 位置，无须纠结 Target 和 Value 的含义，视作一种约定即可。

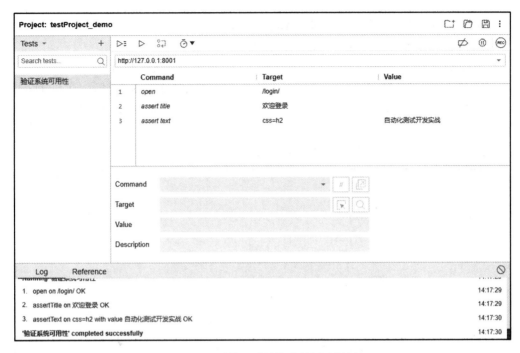

图 5.41　系统可用性检查的测试用例

Selenium IDE 中的断言指令还有很多，读者可以通过查阅 Selenium IDE 官方文档进行了解。

"验证系统可用性"测试场景应该放在所有测试用例执行之前单独执行，这是一个好的习惯，如果这个测试用例都无法通过，那么其他的测试用例也没有执行的价值，因此，在测试项目中首先添加一个可用性验证的测试用例是非常有必要的。

5.6.3　用户登录正例

在系统工作正常的前提下，我们添加第二个测试用例，测试用户登录功能。测试用例分为正例和反例，正例就是按照预期能操作成功的参数进行测试并得到成功执行的结果，反例则是按照可能会发生操作错误的参数进行断言。首先编写用户登录场景中的正例脚本，输入正确的用户名和密码提交登录请求后，断言能够成功登录到系统首页。

创建第二个测试用例"用户登录：正例"，完成如下操作：

- 设定 username 和 password 两个变量，用于存储用户名和密码。设定变量是一个好习惯，对后期的脚本维护非常有帮助。
- 添加 open 指令，打开登录页面/login/。
- 添加 send keys 指令，在页面对应的输入框中输入用户名、密码和验证码，这里验证码默认输入"1234"。演示项目在安装成功后默认情况下是不检查验证码的，对于图形验证码的识别，后面讲解 WebDriver 时会介绍。

- 添加 click at 指令，单击"登录"按钮提交登录操作。
- 添加 wait for element visiable 指令，等待"退出登录"按钮的出现。
- 添加 assert title 指令断言当前网页标题为"自动化测试 web 项目"，这是判断登录是否成功的依据，如果登录失败，则网页应该停留在登录页面，标题依然是"欢迎登录"。

完成以上操作后，执行脚本如图 5.42 所示。

图 5.42　用户登录正例脚本

用户登录测试用例中用到的指令我们前面都接触过，此处不做过多赘述。随着我们编写的脚本越来越多，可以根据测试需求选择相应的指令即可。登录场景比较简单，不再编写更多的用例。在实际项目中，登录操作可能需要更多的正例，如除了 admin 用户，还可以测试一下其他用户。如果系统用户区分权限，则需要对不同权限的用户进行登录测试，并且断言方式也需要进行相应的细化，读者可以自己尝试一下。

5.6.4　用户登录反例

除了正例以外，测试用例应当包含适当数量的反例，一般来说，正例与反例的比例为

1：6。反例情况比正例稍微复杂一些，登录场景看似简单，实际上根据测试人员的能力和经验，反例可以有很多假设条件，例如下列情况都可以视为反例的测试场景。

- 输入错误的用户名；
- 输入错误的密码；
- 用户名未录入；
- 密码未输入；
- 验证码未输入；
- 用户名、密码或验证码输入的是空格；
- 用户名不符合规则（如系统要求用户名为 6～12 位）；
- 密码不符合规则；
- 用户名包含非法字符（如#、^、%、$、&、*、<和>等）。

实际上，反例场景有很多，如果是手工测试，很难将所有情况都覆盖到，这样，用例的覆盖率就达不到要求，而自动化测试通过脚本来执行一些枯燥、反复的测试工作，减轻了测试人员的工作。

接下来我们以用户名未输入为例创建一个反例脚本，创建第三个测试用例"用户登录：反例（用户名未录入）"，完成如下操作，如图 5.43 所示。

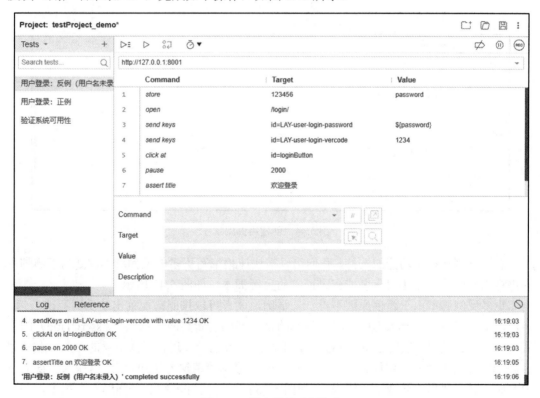

图 5.43　用户登录反例脚本

　　与正例脚本相比，在反例脚本中没有定义 username 变量，并且也没有在用户名输入域中输入任何内容，我们使用 assert title 指令断言当前页面依然是登录页面，因为只是一个示例，这个断言稍显简单，后面学习 WebDriver 的时候会讲解更加精准的断言方法。

📖**多学一点**：在上面的脚本中，pause 指令是非常必要的。在我们使用 click at 指令单击登
　　　　　　录按钮后，Selenium IDE 并不会向 open 指令那样等待页面加载完成，click at
　　　　　　指令是鼠标单击动作，但并不是每次鼠标单击都会引起网页跳转，因此使用
　　　　　　pause 指令让脚本等待 2s 再断言页面标题。这种用法在自动化测试领域叫作
　　　　　　"强制等待"，属于三大等待方式中的一种，后面章节将会重点介绍三大等待
　　　　　　方式及其使用技巧。

🖐**小技巧**：有些读者可能已经发现，在正例和反例两个脚本中，很多指令是重复的，流
　　　　　　程也类似，那么每条指令都重新输入岂不是很累？Selenium IDE 也有复制用例
　　　　　　和指令的方法，如果要复制其他用例的某个指令，直接选中该指令后按 Ctrl +
　　　　　　C 组合键完成复制操作后，回到新用例中按 Ctrl + V 组合键进行粘贴。复制用
　　　　　　例也很简单，在测试脚本管理区重命名操作 RENAME 下面的 Duplicate 选项
　　　　　　用于创建用例副本，然后修改差异指令即可完成用例的快速开发，如图 5.44
　　　　　　所示。

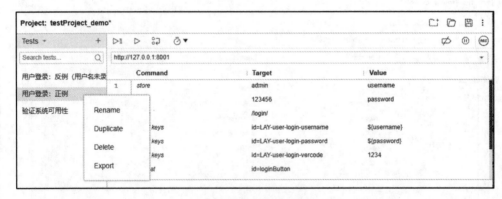

图 5.44　创建用例副本

　　有了复制和粘贴功能的支持，我们可以很快速地编写更多的反例脚本。复制正例脚本并进行相应修改，创建用户名或密码错误的反例脚本，如图 5.45 所示。

　　更多反例脚本由于篇幅原因不再一一举例，读者可以按照前面列出的反例测试场景，自己动手完成。在反例脚本中，我们使用的是最基础的断言网页标题（Assert Title）的方式来断言测试结果，实际上这并不完美，细心的读者已经发现，每次错误的输入，服务器返回的结果是不同的。例如，未输入用户名时，提示"请输入用户名"，当输入错误的用户名时，提示"用户名或密码错误"，如图 5.46 所示。更加精细和严谨的断言技术，在后面学习 Selenium 测试框架的核心组件 WebDriver 时会详细介绍。

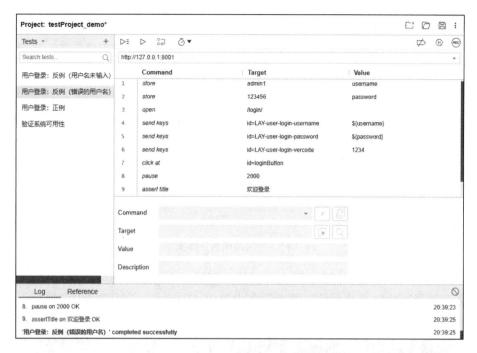

图 5.45　用户登录反例：错误的用户名

图 5.46　不同的错误提示内容

5.6.5　使用测试套件

前面每次执行脚本都是执行单个的脚本，如果脚本很多，需要批量执行或者选择脚本集合来构建更多的测试组合时，就需要用到测试套件（Test Suite）。测试套件一般指一组相关的测试用例或脚本的集合。

展开测试脚本管理区 Test 后面的下拉列表，选择 Test suites 选项切换测试套件标签页，也可以使用快捷键 Ctrl + 2 进行切换，如图 5.47 所示。

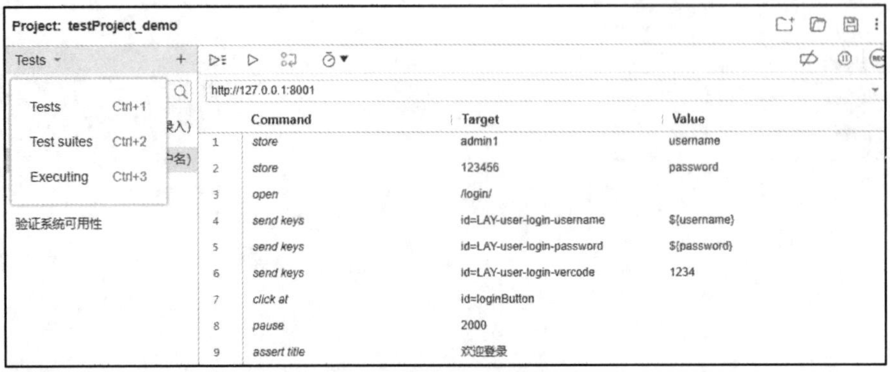

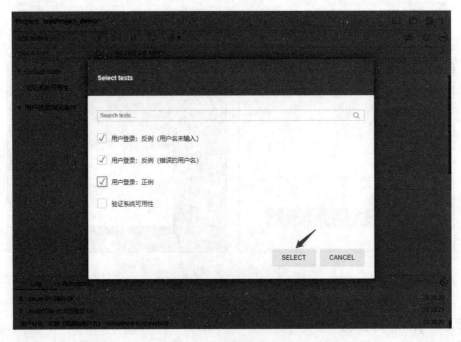

图 5.47　切换测试套件标签页

　　单击 Test suites 标签右侧的"+"号按钮，创建一个新的测试套件"用户登录测试套件"，然后选择新建的测试套件右侧选项卡中的 Add tests，打开测试用例选择页面，如图 5.48 所示。

图 5.48　创建测试套件

　　选择与用户登录相关的 3 个测试用例脚本后，单击 SELECT 按钮，将用例加入测试套件中。先选中套件中的一个测试用例，然后单击运行控制区中的第一个按钮▷≣执行当前套件中的全部测试用例，如图 5.49 所示。

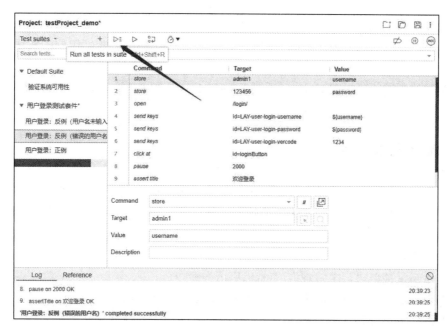

图 5.49　运行测试套件

此时 Selenium IDE 将会按顺序执行每个测试套件中的测试用例，Log 标签页中的内容为监控脚本执行情况。执行过程中可以使用快捷键 Ctrl + 3 切换到 Executing 标签页，监控脚本执行过程和结果，如图 5.50 所示。

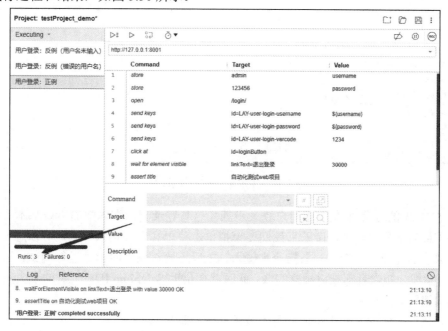

图 5.50　监控测试套件执行过程和结果

测试套件是测试框架和测试工具都具备的功能，使用测试套件可以对测试用例进行分组管理，根据不同的场景组成不同的用例集合。在实际工作中，测试用例的数量有很多，如果对上千级别的测试用例不进行分组管理，那就无法运行这些测试用例。因此不论我们后面要学习的测试管理框架 Unittest 还是 Selenium IDE 和 RF 等自动化测试工具，它们都对测试套件功能有非常好的支持。

5.6.6　脚本录制功能

用户登录场景测试脚本并不复杂，每个测试用例只有 10 行左右的指令，接下来看相对复杂一些的场景——需求申请表单的输入功能测试。我们先尝试用手工方式完成对正例的测试，过程如下：

（1）输入正确的用户名和密码，完成登录操作。

（2）单击父菜单"需求管理"|"需求申请"命令。

（3）根据表单要求输入需求部门、名称、日期和描述等项。

（4）提交表单并断言结果。

UI 自动化实际就是模拟手工操作，我们创建一个新的测试用例"需求申请：正例"，可以复制前面用户登录中的正例，然后进行相应修改即可完成第一步登录操作，如图 5.51 所示。

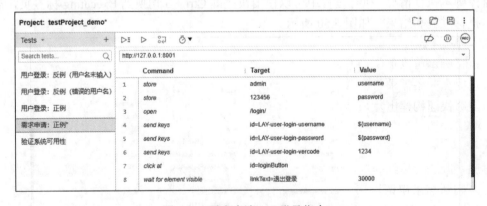

图 5.51　需求申请——登录指令

图 5.51 中的 8 条指令完成用户登录步骤，这与登录测试脚本中的指令基本一致，只是删掉了最后的断言指令。接下来我们要模拟单击菜单和表单输入行为，可以想一下，如果我们像前面那样一条指令一条指令地输入，之后还要对输入的指令进行调试，这么烦琐的工作，大部分初学者都难以独立完成。此时就要借助 Selenium IDE 工具的强大录制功能来快速构建脚本指令。

（1）执行上面的 8 行指令，并且不要关闭浏览器窗口。

（2）选中第 9 行，就像添加新指令一样。

（3）单击脚本录制区中的开始录制按钮，这时浏览器窗口会提示脚本正在录制。

（4）按照手工操作流程完成菜单选择、表单输入和提交操作。

（5）单击脚本录制区中的停止录制按钮，停止操作。

此时可以在脚本编辑区看到新增了 9～23 行指令，这就是录制的结果，如图 5.52 所示。

9	click	linkText=需求管理	
10	click	linkText=需求申请	
11	select frame	index=0	
12	click	css=.layui-select-title > .layui-input	
13	click	css=dd:nth-child(2)	
14	click	id=order_date	
15	click	css=tr:nth-child(3) > td:nth-child(2)	
16	click	id=order_name	
17	type	id=order_name	需求名字
18	click	id=order_sys	
19	type	id=order_sys	其他系统
20	click	css=.layui-unselect:nth-child(4) > .layui-anim	
21	click	id=order_desc	
22	type	id=order_desc	需求的描述内容
23	click	id=submitBtn	

图 5.52　录制结果

执行脚本可以重新"回放"录制的指令，得到完整的执行结果，和手工操作一致，能够成功提交一条需求。通过 Selenium IDE 对脚本"录制"和"回放"的强大功能，测试人员能够快速构建出复杂场景的测试脚本。

测试用例必须包含断言，在本例中应该如何断言呢？输入表单内容并提交，可以发现，每次需求申请提交成功后，表单内容会被清空；反之，如果输入错误的内容，那么表单会对对应字段进行标红提示，其他内容并不会清空。因此我们可以利用这个特点给出简单的断言，判断需求申请提交后，表单中的需求名称、描述和日期字段是否为空，如图 5.53 所示。

24	pause	2000
25	assert value	id=order_desc
26	assert value	id=order_name
27	assert value	id=order_date

图 5.53　断言指令

注意：此处是鼠标单击引起的网络请求，需要增加 pause 指令进行强制等待。

assert value 用于断言网页上某个元素 value 属性的值，本例断言的元素对象都是 <input/>元素，因此必须使用 value 而不是之前用过的 text。

完整执行测试用例，结果如图 5.54 所示。

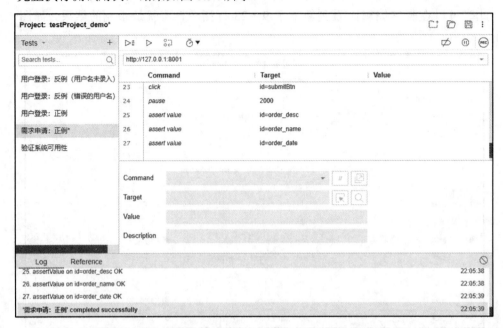

图 5.54　需求申请正例执行结果

⌂注意：在上面的脚本中用到了两个比较常用的网页元素内容断言指令：assert value 和 assert text。不同的元素断言需要使用不同的指令，这需要测试人员了解 HTML 的相关知识，知道一些常用的标签，哪些情况下使用 text，哪些情况下使用 value，这样才能正确使用断言指令。

5.6.7　脚本导出功能

本小节我们来看如何导出测试脚本，我们之所以学习 Selenium IDE，并不是因为 IDE 本身对测试工作有多大的价值，而是 Selenium IDE 可以作为自动化测试工作进阶的桥梁，为我们后续学习 Selenium WebDriver 提供一些帮助，而这些帮助的核心就在于 IDE 的脚本导出功能。在学习 WebDriver 的初期，当遇到脚本编写困难，不知道应该使用什么指令来完成网页动作时，可以用 Selenium IDE 的录制操作，然后导出 Python 测试代码作为脚本编写参考。

选择一个测试用例，然后单击鼠标右键，在弹出的快捷菜单中选择 Export 命令，如图 5.55 所示。

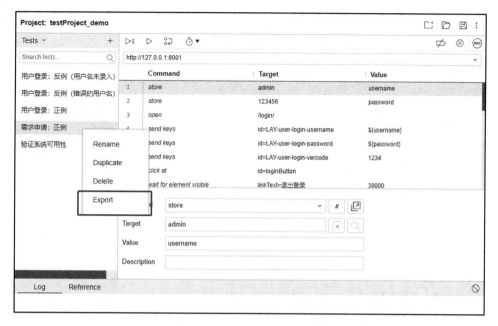

图 5.55 导出测试脚本

Selenium IDE 3.17版本支持C#、Java、Python和Ruby等多种开发语言，本书是以Python语言为基础，因此这里选择 Python pytest，然后单击 EXPORT 按钮，如图 5.56 所示。

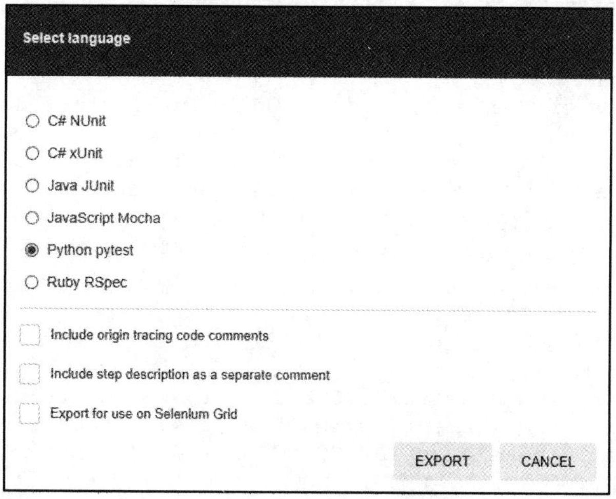

图 5.56 导出测试脚本

导出的脚本保存在本地硬盘上，可以通过 Python 开发工具打开，如 IDLE 或者 PyCharm。
下面这段代码，读者也许还看不懂，这是模拟需求申请过程并断言测试结果的脚本，在我们后面学完 Selenium WebDriver 之后，这些代码将在工作中经常使用。

```
# Generated by Selenium IDE
import pytest
import time
import json
from selenium import webdriver
from selenium.webdriver.common.by import By
from selenium.webdriver.common.action_chains import ActionChains
from selenium.webdriver.support import expected_conditions
from selenium.webdriver.support.wait import WebDriverWait
from selenium.webdriver.common.keys import Keys
from selenium.webdriver.common.desired_capabilities import DesiredCapabilities

class Test():
  def setup_method(self, method):
    self.driver = webdriver.Chrome()
    self.vars = {}

    time.sleep(2000)
    value = self.driver.find_element(By.ID, "order_desc").get_attribute
("value")
    assert value == "\"
  def teardown_method(self, method):
    self.driver.quit()

  def test_(self):
    self.vars["username"] = "admin"
    self.vars["password"] = "123456"
    self.driver.get("http://127.0.0.1:8001/login/")
    self.driver.find_element(By.ID, "LAY-user-login-username").send_keys
(self.vars["username"])
    self.driver.find_element(By.ID, "LAY-user-login-password").send_keys
(self.vars["password"])
    self.driver.find_element(By.ID, "LAY-user-login-vercode").send_keys
("1234")
    self.driver.find_element(By.ID, "loginButton").click()
    WebDriverWait(self.driver, 30000).until(expected_conditions.visibility_
of_element_located((By.LINK_TEXT, "退出登录")))
    self.driver.find_element(By.LINK_TEXT, "需求管理").click()
    self.driver.find_element(By.LINK_TEXT, "需求申请").click()
    self.driver.switch_to.frame(0)
    self.driver.find_element(By.CSS_SELECTOR, ".layui-select-title > .layui-
input").click()
    self.driver.find_element(By.CSS_SELECTOR, "dd:nth-child(2)").click()
    self.driver.find_element(By.ID, "order_date").click()
    self.driver.find_element(By.CSS_SELECTOR, "tr:nth-child(3) > td:nth-
child(2)").click()
    self.driver.find_element(By.ID, "order_name").click()
    self.driver.find_element(By.ID, "order_name").send_keys("需求名字")
    self.driver.find_element(By.ID, "order_sys").click()
    self.driver.find_element(By.ID, "order_sys").send_keys("其他系统")
    self.driver.find_element(By.CSS_SELECTOR, ".layui-unselect:nth-child(4)
> .layui-anim").click()
    self.driver.find_element(By.ID, "order_desc").click()
    self.driver.find_element(By.ID, "order_desc").send_keys("需求的描述内容")
```

```
    self.driver.find_element(By.ID, "submitBtn").click()

    value = self.driver.find_element(By.ID, "order_name").get_attribute
("value")
    assert value == "\'\"
    value = self.driver.find_element(By.ID, "order_date").get_attribute
("value")
    assert value == "\'\"
```

Selenium IDE 这类 UI 自动化测试工具的核心价值在于其强大的录制和导出功能，通过录制和导出功能，可以为处于自动化测试入门阶段的人员解决一些问题，这是我们学习 Selenium IDE 的目的，并不是直接使用 Selenium IDE 来完成企业测试工作。入门初期，我们可以借助工具快速迈入自动化测试阶段，将"自动化"工作先做起来，但是工具都有其自身的限制，满足不了一些复杂或特殊的场景测试，这也是我们必须要进行编程自动化学习的客观原因。

至此，我们简单介绍了 Selenium IDE 这个小插件的使用技巧，作为测试开发的入门学习，对 IDE 工具的介绍先到这里，在后面的章节中将会重点介绍 Selenium 三大组件中最核心的组件 WebDriver。

5.7　Selenium WebDriver 环境部署

WebDriver 从 Selenium 2.0 版被引入，从 Selenium 3.0 版本开始，WebDriver 作为浏览器驱动（服务）完全替代 Selenium RC，为 Web 自动化提供各种语言接口库。WebDriver 是 Selenium 测试框架中最重要的组件，也是我们学习 Selenium 的重点。Selenium WebDriver 的编程接口更加直观易懂，也更加简练。开发者通过各种浏览器驱动（WebDriver）来控制浏览器，WebDriver 的工作原理如图 5.57 所示。

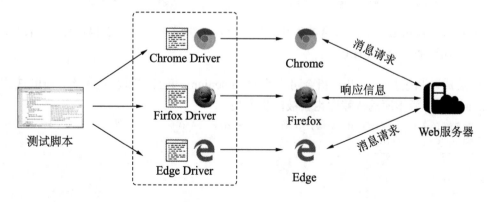

图 5.57　Selenium WebDriver 的工作原理

WebDriver 支持多种浏览器，例如：

- Google Chrome；
- Microsoft Internet Explorer 7/8/9/10/11；
- Microsoft Edge；
- Firefox；
- Safari；
- Opera。

基于 Selenium WebDriver 编写的测试脚本，实际上就是调用 Selenium WebDriver 接口库提供的方法和各个浏览器的驱动进行交互，将 Selenium 指令发送给浏览器驱动并获得执行结果，然后返回给代码进行后续处理。浏览器驱动是程序代码与浏览器之间的桥梁，各种浏览器都有对应的浏览器驱动支持。

与浏览器驱动交互的 Selenium 编程接口库支持多种语言，如 Python、Java、Ruby、C#和 JavaScript。测试人员通过编写测试脚本，以编程语言调用 Selenium 提供的接口方法，通过指定的浏览器驱动控制浏览器，模拟手工操作在浏览器中的执行过程，并通过浏览器驱动获取浏览器的状态和属性，完成测试断言和后续处理。Selenium 接口库提供了丰富的方法和指令，与 Selenium IDE 相比，其编程自动化自由度更高，测试人员可以根据测试需要编写功能强大的测试脚本。

5.7.1　安装 Selenium 第三方库

Selenium WebDriver 编程开发环境搭建分为两部分：Selenium 接口库和浏览器驱动。首先我们来安装 Selenium 接口库。在 Python 语言中，Selenium 接口库是一个 Python 第三方库，名称为 Selenium，与安装其他第三方库一样使用 pip 指令。使用开发工具创建一个新项目 SeleniumTest，通过以下命令安装 Selenium 接口库：

```
pip install selenium==3.141.0
```

🔔注意：Selenium 3.141 版本稳定并且应用广泛，本书使用的就是 3.141 版，安装时注意指定版本号 3.141.0。

安装成功后使用 pip list 指令可以查看 Selenium 第三方库及其版本，urllib3 作为 Selenium 3.141 版本库的依赖库也会被同步安装。

```
PS F:\PycharmProjects\SeleniumTest> pip list
Package    Version
---------- -------
pip        21.3
selenium   3.141.0
setuptools 57.0.0
urllib3    1.26.7
```

5.7.2 下载 WebDriver 浏览器驱动

Selenium WebDriver 支持多种浏览器，WebDriver 本质就是一个可执行的驱动程序，在 Windows 环境下是一个 .exe 可执行文件。驱动文件由浏览器厂商提供，不同的浏览器提供了不同的下载网站，如表 5.1 为 Firefox、Chrome 和 Edge 三大浏览器驱动程序的下载地址和对应的 Windows 64 位操作系统的驱动文件。

表 5.1 三大浏览器驱动程序的下载地址及驱动文件

浏 览 器	地 址	驱 动 文 件
Firefox	https://github.com/mozilla/geckodriver/releases/	geckodriver.exe
Chrome	http://chromedriver.storage.googleapis.com/index.html	chromedriver.exe
Edge	https://developer.microsoft.com/en-us/microsoft-edge/tools/webdriver/	msedgedriver.exe

注意：下载时需要清楚本机环境所使用的操作系统版本，同时下载 Chrome 浏览器驱动时应选择与你的 Chrome 浏览器版本最接近的驱动版本。

下载完成后，得到 3 个驱动文件，在你喜欢的位置建立一个目录用于存放下载后得到的驱动文件。这里笔者将这 3 个驱动文件存放在 F:\SeleniumDriver 目录下。后续的配置待实战部分再介绍。

5.7.3 编写 WebDriver 验证脚本

安装了 Selenium 第三方库并且下载了三大浏览器对应的 WebDriver 驱动后，下面写一段测试代码，验证 WebDriver 环境的可用性。回到 PyCharm 项目中，创建第一个测试脚本 5_7_1.py，按照如下步骤使用 Firefox 浏览器打开百度首页。

（1）导入 Selenium 第三方库的 WebDriver 模块。

```
from selenium import webdriver
```

（2）定义驱动文件位置。

```
driver_path = r"F:\SeleniumDriver\geckodriver.exe"
```

（3）创建浏览器对象并关联驱动文件。

```
driver = webdriver.Firefox(executable_path=driver_path)
```

（4）使用驱动调起 Firefox 浏览器并打开百度首页。

```
driver.get("https://www.baidu.com")
```

执行以上测试脚本，实现以编程脚本的方式调用浏览器并能够访问百度首页。WebDriver 运行的基础步骤是：导入 WebDriver 模块→创建浏览器对象→使用浏览器对象

driver 发送指令，控制浏览器的行为或者获取浏览器的内容。后面复杂的测试脚本也是基于这几步完成的。

5_7_1.py 的完整代码如下：

```python
from selenium import webdriver

# 驱动文件的存放位置
driver_path = r"F:\SeleniumDriver\geckodriver.exe"

# 获取网页驱动 driver 对象
driver = webdriver.Firefox(executable_path=driver_path)

# 打开对应的页面
driver.get("https://www.baidu.com")
```

问题 1：在 5_7_1.py 脚本中，我们先指定驱动文件的路径 driver_path，然后在获取浏览器驱动对象 driver 时，将驱动文件路径作为参数 executable_path 传入，这样很麻烦，有没有简单的方法呢？

要解决这个问题，首先要明确程序脚本是如何调用驱动文件的。前面我们下载驱动文件时只是把它放在操作系统的一个目录下，程序运行时不可能扫描整个硬盘找到驱动文件，只会在运行环境指定的目录下查找对应的驱动文件。我们把存放浏览器驱动文件的目录添加到环境变量 PATH 中，这样 Firefox 方法会在 PATH 指定的目录下查找 geckodriver.exe 文件，如果找到了，就会将其作为驱动文件运行起来。

添加好环境变量，我们创建 5_7_2.py 加入如下代码：

```python
from selenium import webdriver

# 获取网页的驱动对象
# 添加环境变量后，不需要指定驱动文件的位置
driver = webdriver.Firefox()

# 打开对应的页面
driver.get("https://www.baidu.com")
```

修改环境变量 PATH 后，可能不会直接在 PyCharm 等开发工具中生效，重启 PyCharm 后，执行 5_7_2.py 将得到与之前一样的结果。

🔔 **注意**：在执行上述脚本过程中如遇到错误提示信息 selenium.common.exceptions. WebDriverException: Message: 'geckodriver' executable needs to be in PATH，表示脚本没有找到 geckodriver.exe 驱动文件，此时需要检查一下路径或者环境变量配置是否正确。

📖 **多学一点**：如果你真的理解了脚本调用浏览器驱动的原理，则可以直接把浏览器驱动放入本机安装的 Python 解释器目录下，因为 Python 解释器目录肯定已经被添加到环境变量中了。

通过上述代码，验证了 WebDriver 可以成功调用 Firefox 浏览器并打开百度首页。

问题 2：前面章节介绍过 Selenium 的强大功能之一就是跨浏览器和兼容性测试能力，那么如何使用 Chrome 和 Edge 浏览器呢？

从代码中可以看出，在获取浏览器对象 driver 时使用了 webdriver 模块的 Firefox()方法，实际上，每种浏览器对应的方法就是该浏览器的名称，如 Chrome 浏览器使用 Chrome()方法，Edge 浏览器使用 Edge()方法获得浏览器对象。

修改 5_7_2.py 中 Firefox 方法为 Chrome，代码如下：

```
from selenium import webdriver

# 获取网页驱动对象
# 添加环境变量后，不需要指定驱动文件的位置
# driver = webdriver.Firefox()
# 更改方法为 Chrome，调用谷歌浏览器
driver = webdriver.Chrome()

# 打开对应的页面
driver.get("https://www.baidu.com")
```

执行上述代码，可以看到，这一次脚本调用的不是 Firefox 浏览器而是 Chrome 浏览器。调用 Edge 浏览器的方法与其类似，读者可以自行尝试。

至此，我们通过 3 行代码完成了一个简单的测试脚本，不仅可以打开百度首页，而且可以方便地在多种浏览器之间进行切换。

5.8　Selenium WebDriver 的工作模式

Selenium WebDriver 是我们学习 UI 自动化的核心技术，通过使用 Selenium WebDriver 提供的接口库中对应的方法，可以操作浏览器和浏览器中的元素组件完成模拟手工测试的过程。UI 自动化领域有一致的工作模式，包含三个步骤：定位元素、操作元素和断言结果。

1. 定位元素

UI 自动化测试是使用工具或者编写程序脚本模拟手工测试的操作过程。如果要模拟单击按钮、文本输入等操作，就必须要找到被单击的按钮或要输入文本的文本框，如果定位不到要操作的元素，操作就无法执行。因此，定位元素是要解决的核心技术。Selenium WebDriver 提供了 8 种定位方法。

2. 操作元素

成功定位元素之后，需要操作元素，模拟手工测试执行过程。例如，在目标元素上执

行单击、双击、拖曳、截图或定位子元素等操作，这些操作包括对浏览器对象的操作及对浏览器元素的操作，后面会逐步介绍。

3．断言结果

测试脚本区别于普通自动化脚本的标志就是断言的能力，模拟执行操作之后，通过浏览器对象或者元素对象，获取网页文档中的内容和属性值并给出合理的断言。

定位、操作和断言是 UI 自动化测试核心工作的三个步骤，Web UI 自动化测试主要涉及两个测试框架，即 Selenium 和 Unittest，我们可以使用 Selenium 框架定位和操作元素，使用 Unitest 测试框架管理和执行测试用例及测试套件，并生成测试报告。Selenium WebDriver 是编程自动化 Web UI 测试的核心模块，其包含两个核心类 WebDriver 和 WebElement，这两个类也是 Selenium 框架的核心，元素定位和操作都要用到这两个核心类，其他类是辅助这两个核心类完成更多的扩展功能，如图 5.58 所示。

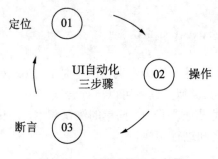

图 5.58　UI 测试的三个步骤

💡注意：学习框架最好的方式就是查看其源代码，Selenium 的官方文档的介绍并不十分详细，有些细节需要通过分析源码才能知晓，WebDriver 和 WebElement 作为 Selenium WebDriver 的核心类，对 Selenium 的学习非常重要，建议读者边学习边读一下这两个类的源码。

- WebDriver 类：作为 Selenium 的核心类，WebDriver 类的实例可以简单理解为浏览器类。Selenium 以程序模拟手工操作的实现方式就是创建一个叫作 WebDriver 的驱动服务来接收程序指令，并将指令模拟成在浏览器上的指定动作，如打开网址、刷新、前进和后退、改变窗口大小、切换窗口等，也可以通过 WebDriver 的实例获得浏览器的状态，如获取当前页面的 URL 和标题等。后面将要学习的所有 Selenium 测试脚本能够成功运行的前提就是要创建一个浏览器对象。除了浏览器相关操作以外，WebDriver 还可以进行元素定位，这相当于在网页文档的根元素<html>内部完成元素查找，支持 Selenium 提供的 8 种定位方法。
- WebElement 类：Selenium 中另外一个非常重要的类，从名称上可以看出它表示网页中的一个元素，可以理解为我们要操作的网页中的任何一个元素。Selenium 的

8 种定位方法的返回结果就是 WebElement 类的一个实例，使用实例提供的方法完成文本输入、鼠标单击和拖曳等常见的操作，也可以通过访问实例的属性来获取位置和大小等信息。需要注意的是，WebElement 类同样支持 Selenium 的 8 种定位方法，可以理解为以网页中某个元素为基础，在其子孙元素中继续完成元素定位操作。

🔔注意：很多初学者对类、对象、方法、属性、实例化、继承、重写和多态这些面向对象的概念不是非常清楚，通俗地说，面向对象就是以生活中的思维去抽象万物的一种编程方法。

5.9　Selenium WebDriver 的基础元素定位

定位元素可以说是 UI 自动化测试的基础环节，在编程自动化阶段 Selenium 测试框架提供了 8 种元素定位方法，即"Selenium 的八大元素定位"，包括：id 定位、class 定位、name 定位、tag_name 定位、link_text 定位、partial_link_text 定位、CSS 定位和 XPath 定位。笔者将这 8 种定位方法进行了划分，前 6 种语法简单，适合入门初学者直接使用，称作"基础定位"，而 CSS 定位和 XPath 定位涉及的知识点较多，称作"高级定位"，如图 5.59 所示。

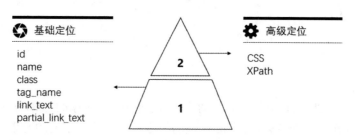

图 5.59　Selenium 元素定位方法

5.9.1　id 定位

在 HTML 文档中，id 属性的值应该是唯一的，因此不存在通过 id 属性定位多个元素的情况。以在百度首页搜索框中输入文本 Selenium 为例，通过开发者工具可以分析出，百度首页中的搜索框 id 属性是 kw，如图 5.60 所示。

图 5.60　以文本 Selenium 为例

创建测试脚本 5_9_1_id_Locator.py，输入如下代码：

```python
from selenium import webdriver

# 获取 driver 对象
driver = webdriver.Chrome()

# 打开百度首页
driver.get("https://www.baidu.com")

# 通过 id 定位
inputbox = driver.find_element_by_id("kw")
inputbox.send_keys("Selenium")
```

重点解析：
- 实例化谷歌 Chrome 浏览器的驱动实例，通过 driver 对象的 get()方法打开百度首页；
- find_element_by_id('kw')就是 id 定位的核心方法，返回定位的元素 inputbox；
- 通过 send_keys()方法向搜索框中输入内容。这里讲的是如何定位元素，用一个输入动作验证是否成功定位到了输入框。

还可以增加输出类代码，查看 driver 和 inputbox 两个变量的类型：

```python
print(type(driver))
print(type(inputbox))
```

输出结果如下：

```
<class 'selenium.webdriver.chrome.webdriver.WebDriver'>
<class 'selenium.webdriver.remote.webelement.WebElement'>
```

以上就是前面说的 WebDriver 和 WebElement 两个非常重要的类。

执行测试脚本，这一次使用 Chrome 浏览器打开百度首页并在搜索框中输入 Selenium，如图 5.61 所示。

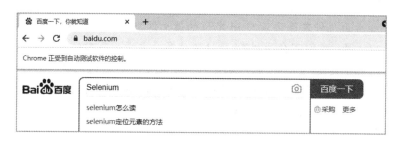

图 5.61　在 Chrome 浏览器中输入 Selenium

☎提示：本小节的源代码路径是 ch5/5_9_1_id_locator.py。

5.9.2　class 定位

在 HTML 文档中，class 属性与 id 属性一样经常使用，通过开发者工具分析，百度首页的搜索框元素属性除了有 id 以外，还有 class 属性，其值为 s_ipt。我们尝试使用 class 属性来定位搜索框并在其中输入 Selenium_class，创建 5_9_2_class_locator.py 并输入如下代码：

```python
from selenium import webdriver

# 获取 driver 对象
driver = webdriver.Chrome()

# 打开百度首页
driver.get("https://www.baidu.com")

# 通过 class_name 定位，注意，可能定位到你不想要的元素，因为在网页中 class 属性的值不
# 是唯一的
driver.find_element_by_class_name("s_ipt").send_keys("Selenium_class")
```

- 本段代码与 5.9.1 小节的代码相比，唯一不同的地方是使用 find_element_by_class_name() 方法通过 class 属性定位元素，其他内容与通过 id 属性定位元素一致。

执行测试脚本，在搜索框中输入 Selenium，如图 5.62 所示。

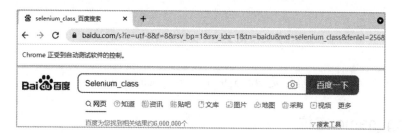

图 5.62　在搜索框中输入 Selenium

🔔注意：class 和后面几种定位方法与 id 定位的最大区别在于，id 属性在整个 HTML 文档中是唯一的，我们不会通过 id 属性定位多个元素，而 class、name 等属性却不同，更多情况下是通过 class 属性来定位多个元素，然后遍历执行后续操作，多元素定位后面会详细介绍。如果你试图通过 class、name、link_text 和 tag_name 定位一个元素，需要先确认这个属性值在 HTML 文档中的唯一性，否则可能会得到非预期的结果。

☎提示：本小节的源代码路径是 ch5/5_9_2_class_locator.py。

5.9.3　name 定位

与 class 定位类似，百度首页的搜索框也可以通过 name 属性来定位，本小节我们使用 find_element_by_name()方法，测试脚本 5_9_3_name_locator.py，代码如下：

```python
from selenium import webdriver

# 获取 driver 对象
driver = webdriver.Chrome()

# 打开百度首页
driver.get("https://www.baidu.com")

# 通过 name 定位，注意事项和 class_name 一样
driver.find_element_by_name("wd").send_keys("Selenium_name")
```

如果要使用 name 定位一个元素，需要保证 name 属性的唯一性，否则会定位失败，执行结果如图 5.63 所示。

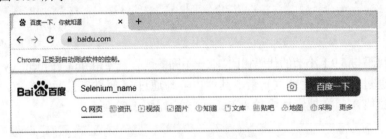

图 5.63　执行结果

☎提示：本小节的源代码路径是 ch5/5_9_3_name_locator.py。

5.9.4　tag_name 定位

tag_name 定位即标签名称定位，通过标签名称定位搜索框所在的 form 表单元素，并

输出它的 name 属性值，如图 5.64 所示。

图 5.64　输出 name 的属性值

创建测试脚本 5_9_4_tag_name_locator.py：

```
from selenium import webdriver

# 获取 driver 对象
driver = webdriver.Chrome()

# 打开百度首页
driver.get("https://www.baidu.com")

# tag_name 定位，注意事项和 class_name 一样
print(driver.find_element_by_tag_name('form').get_attribute('name'))
```

脚本执行后可以在控制台看到输出结果：

```
f

Process finished with exit code 0
```

注意：初学者很容易混淆 name 定位和 tag_name 定位，name 是属性值定位，tag_name 是标签名称定位。

提示：本小节的源代码路径是 ch5/5_9_4_tag_name_locator.py。

5.9.5　link_text 定位

<a/>标签即超链接标签，在 HTML 文档中很常见，Selenium 也提供了两种专门针对超链接元素的定位方法。link_text 定位是以超链接元素完全匹配的文本名字作为关键字来定位元素的。百度首页的新闻超链接，如图 5.65 所示。

图 5.65　百度首页的新闻超链接

我们定位新闻板块超链接并单击打开新闻板块，创建测试脚本 5_9_5_link_text_locator.py：

```python
from selenium import webdriver

# 获取 driver 对象
driver = webdriver.Chrome()

# 打开百度首页
driver.get("https://www.baidu.com")

# 使用超链接定位 link_text，注意，这种定位方式只能定位超链接，并且结果可能不唯一
# <a href="url">这是超链接</a>
driver.find_element_by_link_text("新闻").click()
```

- 定位方法为 find_element_by_link_text()，click()方法用于模拟鼠标单击操作。

执行上述代码，打开百度首页后单击"新闻"打开新闻板块，这是一个新的窗口。

🔔注意：link_text 和 partial_link_text 专门用于定位超链接<a/>元素，如果试图定位不是超链接的其他元素，则会定位失败。

☎提示：本小节的源代码路径是 ch5/5_9_5_link_text_locator.py。

5.9.6　partial_link_text 定位

partial_link_text 定位即用超链接元素的部分文本内容进行模糊匹配，类似数据库的模糊查询。还是以"新闻"超链接为例，这一次我们不使用精准的关键字"新闻"而使用一个"新"来定位元素，创建测试脚本 5_9_6_partial_link_text_locator.py：

```python
from selenium import webdriver
```

```
# 获取 driver 对象
driver = webdriver.Chrome()

# 打开百度首页
driver.get("https://www.baidu.com")

# 使用 partial_link_text 模糊的超链接文本定位，只能用在超链接元素中
driver.find_element_by_partial_link_text("新").click()
```

执行结果与使用 link_text 定位相同，更多超链接定位方式读者可以自行尝试，但是一定要记得 link_text 超链接文本定位方法必须用在超链接元素<a/>中才有作用。

☎提示：本小节的源代码路径是 ch5/5_9_6_partial_link_text_locator.py。

5.9.7　多元素定位和层级定位

在前面介绍的 6 种基础定位方法中，id 定位是最特殊的一个，id 属性在 HTML 文档中的唯一性让定位精准、有效，如果元素有 id 属性，则推荐使用 id 定位。class、name 和 link_text 属性的不唯一性可以让我们定位一组类似的元素，如定位网页中的所有超链接、所有拥有相同 class 属性的元素等。

除了 id 定位以外，find_element_by_xxx()方法都对应一个复数方法 find_elements_by_xxx()来定位多个元素。例如，百度首页下方有 6 条热搜，它们被放在一个具有 id 属性的 ul 元素中，ul 子元素 li 就是这 6 条热搜的内容，如图 5.66 所示。

图 5.66　百度首页上的热搜

下面创建一个测试脚本 5_9_7_multi_locator.py，输出 6 条热搜标题。

```
from selenium import webdriver

# 获取 driver 对象
```

```
driver = webdriver.Chrome()

# 打开百度首页
driver.get("https://www.baidu.com")

# 定位元素的方法可以自上而下逐级定位
elements = driver.find_element_by_id('hotsearch-content-wrapper').find_
elements_by_tag_name("li")
print(elements)
for element in elements:
    print(element.text)
```

重点解析：

- 首先通过 id 定位找到热搜的父标签 ul，id 值是 hotsearch-content-wrapper，然后通过这个元素使用多元素定位方法，找到所有的 li 子元素。
- 通过输出内容可以看到，这次返回的结果是 WebElement 对象的列表，使用 for 遍历这个列表，输出每一条热搜的标题。

执行上述代码，可以在控制台看到 6 条热搜标题的内容如下：

```
1 王亚平成中国首位出舱女航天员
4 北京今冬降雪为何如此猛烈？
2 翟志刚说我已出舱感觉良好
5 出舱画面：王亚平背后是美丽地球
3 立冬逢寒潮 戳全国入冬进程图
6 张伟丽二番战憾负罗斯
```

Selenium 的 CSS 定位和 Xpath 定位涉及的内容较多，将在第 6 章介绍。

☎ 提示：本小节的源代码路径是 ch5/5_9_7_multi_locator.py。

5.10　Selenium WebDriver 浏览器窗口操作

Selenium 测试框架在整个 Web UI 自动化测试中的作用除了定位元素以外还可以在元素上进行各种操作，我们将提供各种操作的方法叫作操作方法。与元素定位类似，操作方法也是和页面打交道的，定位到期望的元素后，在元素上执行期望的操作，从而达到模拟手工测试执行过程的目的。定位元素和操作元素是 Selenium 框架要解决的两个核心问题，必须要配合使用，如果没有定位元素，那么操作也无从谈起，如果只定位元素，则没有任何意义。本节我们来学习一些常用的元素操作。

Selenium 提供了 3 个与操作方法相关的类，即 WebDriver、WebElement 和 ActionChains。

WebDriver 可以理解为浏览器窗口类，关于浏览器的属性、状态和动作都由这个类来定义；WebElement 是网页元素类，通过 WebDriver 的浏览器对象定位到的元素属性、文本和动作都由这个类来定义；ActionChains 类提供了基础操作之外的一些高级操作方法，如鼠标悬停、滑块拖曳、组合键输入等。本节我们先介绍一些简单又常用的元素操作。

WebDriver 类是浏览器窗口对应的类，提供了针对浏览器窗口对象的相关操作方法。本节创建的测试脚本为 5_10_DriverAction.py。

5.10.1　打开指定网页

浏览器对象被实例化后，最先进行的操作就是打开指定的 URL 展示网页内容，get() 方法我们已经使用过很多次了：

```
from selenium import webdriver

driver = webdriver.Chrome()
driver.get("https://www.baidu.com")
print(type(driver))
```

上面 3 行代码我们已经很熟悉了，Chrome()用于实例化谷歌浏览器的驱动对象，get() 方法用于打开浏览器并访问指定的 URL。执行上述代码，打开浏览器并展示百度首页内容，在控制台获得 driver 对象的类型 selenium.webdriver.chrome.webdriver.WebDriver：

```
<class 'selenium.webdriver.chrome.webdriver.WebDriver'>
```

5.10.2　窗口最大、最小和全屏操作

窗口最大化、最小化和全屏操作是浏览器的基本操作，Selenium 通过 maximize_window()、minimize_window()和 fullscreen_window()方法可以实现这些操作，代码如下：

```
# 窗口最大化、最小化和全屏操作
driver.maximize_window()
driver.minimize_window()
driver.fullscreen_window()
```

△注意：全屏操作并非所有浏览器都支持，在 Chrome 浏览器中可以正常使用。

5.10.3　前进、后退与刷新操作

每个浏览器都提供刷新网页、返回上一页和跳转到下一页的操作，在我们模拟手工测试过程中也经常需要进行这些操作，如图 5.67 所示。

图 5.67　刷新、返回上一页和跳转到下一页按钮

Selenium 提供的 back()、forward() 和 refresh() 这 3 个方法可以完成浏览器网址跳转和刷新操作：

```
# 前进、后退和刷新窗口
time.sleep(1)
driver.back()
time.sleep(1)
driver.forward()
time.sleep(1)
driver.refresh()
```

执行代码，可以看到浏览器窗口的 3 个操作。

🔔 注意：time.sleep(1) 让程序执行等待 1s，这样可以让前进、后退和刷新过程看得更清楚，防止执行太快。time 是 Python 标准库，使用前需要导入 import time。

5.10.4　获取浏览器的位置和浏览器窗口的大小

get_window_size() 方法用于获取浏览器窗口的大小（单位为像素），get_window_position() 方法用于获取浏览器左上角定点的坐标值（单位为像素），get_window_rect() 方法可以同时返回左上角定点坐标和窗口的宽和高，实际上就是窗口的具体位置：

```
# 获取浏览器窗口的位置和大小，单位是像素
print(driver.get_window_size())
print(driver.get_window_position())
print(driver.get_window_rect())
```

执行代码，可以得到浏览器窗口的大小和浏览器位置信息：

```
{'width': 945, 'height': 1020}
{'x': 10, 'y': 10}
{'height': 1020, 'width': 945, 'x': 10, 'y': 10}
```

有经验的读者很容易联想到，有 get() 方法就应该有 set() 方法，set() 方法用于重新修改浏览器窗口的大小和位置，读者可以自己动手尝试一下。

5.10.5　截屏

get_screenshot_as_png() 方法可以将浏览器展示的内容截屏并保存为 PNG 格式的图片，在测试过程中如果遇到测试失败的情况，那么可以使用截屏功能来保存"测试现场"，方便后续追踪和分析问题，代码如下：

```
# 截取屏幕图像
png_data = driver.get_screenshot_as_png()
with open("screen_shot.png", 'wb') as wf:
wf.write(png_data)
```

执行上述代码，在程序同级目录下创建截屏图像 screen_shot.png。get_screenshot_as_

png()方法不止能生成 PNG 图片，可以参考 Selenium 的官方文档了解更多内容。

5.10.6　关闭浏览器和释放资源

close()和 quit()方法都可以完成关闭浏览器的操作，但是这两个方法有很大的区别，如果使用不当则会造成系统资源的过度消耗。close()方法是关闭浏览器，quit()方法是释放浏览器资源，可以理解为 quit()方法除了关闭浏览器之外还释放了驱动实例占用的所有系统资源（停止 driver 服务）。如果在同一个测试用例或驱动实例的执行过程中需要关闭浏览器后重新使用 get()方法打开新的网址，则可以使用速度更快捷的 close()方法；如果测试脚本已经全部执行完成，那么一定要使用 quit()方法释放驱动所消耗的系统资源。如果不断执行示例脚本，打开任务管理器则会看到有很多的 chromedriver 进程，如图 5.68 所示。

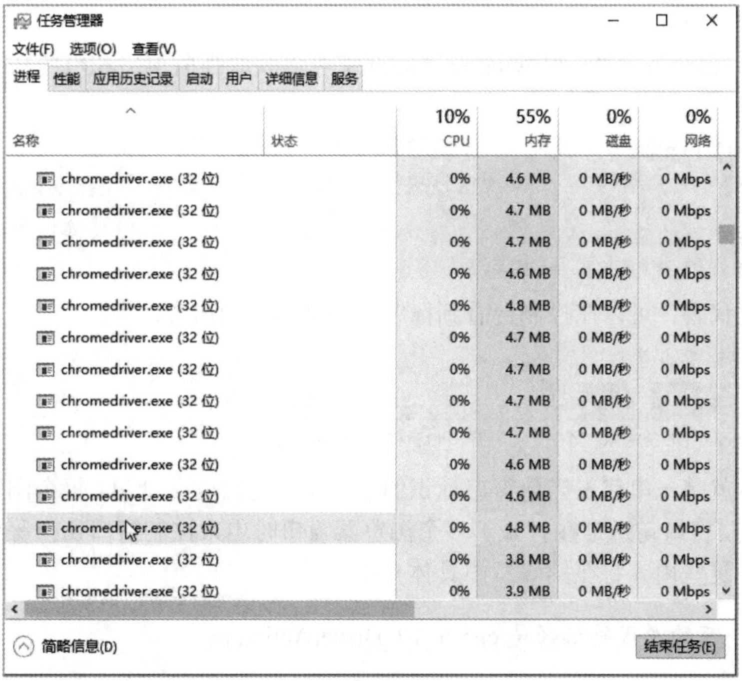

图 5.68　chromedriver 进程

出现这种情况的根本原因就是我们之前的脚本代码都没有调用 quit()方法释放驱动对象所申请的系统资源，正确的做法是在脚本最后加上如下代码：

```
driver.quit()
```

这样，在结束任务管理器中所有的 chromedriver 进程后，不论再执行多少次脚本都不会产生新的 chromedriver.exe 进程，说明资源被完全释放。

注意：close()方法比 quit()方法的执行速度更快，而 quit()方法必须在每个测试脚本的最后执行，以释放资源，这就像数据库链接一定要关闭一样。

5.10.7　获取浏览器的相关属性

除了前面介绍的一些方法可以操作浏览器以外，还有一些常用的属性，如 title 属性可以获取当前显示的网页标题：

```
# 获取网页标题
print(driver.title)
```

current_url 可以得到当前显示网页的地址：

```
# 获取当前网页的地址
print(driver.current_url)
```

current_window_handle 和 window_handles 可以获取当前窗口和已经代开的所有窗口的句柄列表：

```
# 获取当前窗口句柄
print(driver.current_window_handle)

# 获取所有打开的窗口句柄
print(driver.window_handles)
```

执行上述代码，可以在控制台看到标题、网址和句柄内容：

```
百度一下，你就知道
https://www.baidu.com/
CDwindow-DD60CACC4C3812E7C8012FA937B79061
['CDwindow-DD60CACC4C3812E7C8012FA937B79061']
```

窗口句柄就是一串代表当前窗口标识的字符串，也就是窗口 id。每个浏览器句柄编排方式都不相同，窗口句柄是在打开了多个浏览器窗口时用来控制窗口切换等操作时使用的窗口标识 id，这些内容将在第 6 章中具体介绍。

提示：本小节的源代码路径是 ch5/5_10_DriverAction.py。

5.11　Selenium WebDriver 网页元素操作

学习了 Selenium 核心类的 WebDriver 类以后，本节我们来看另外一个核心类 WebElement 类。网页中的每一个元素都被 Selenium 封装为一个 WebElement 类的对象，我们通过 find_element_by_xx()方法定位元素并通过返回值获取 WebElement 类的对象：

```
print(type(driver.find_element_by_id("kw")))
```

代码执行后输出如下：

```
<class 'selenium.webdriver.remote.webelement.WebElement'>
```

WebElement 提供了丰富的方法和属性，可以控制对元素的操作，获取元素的各种属性和文本信息等。

5.11.1　文本输入与清空

send_keys()方法可以模拟键盘输入；clear()方法可以将文本框的内容清空，适用于可以进行文本输入的单行文本框或多行文本框，示例如下：

```
# 文本输入与清空
kw_element = driver.find_element_by_id('kw')
kw_element.send_keys("Selement WebElement")
time.sleep(2)
kw_element.clear()
```

执行上述代码可以看到，浏览器在百度搜索框中输入 Selenium WebElement 后等待 2s 将内容清空。

5.11.2　鼠标单击

click()方法用于模拟鼠标单击操作，通常用于按钮或者可以被单击的元素，示例如下：

```
# 鼠标单击
driver.find_element_by_id("kw").send_keys("Selenium Click")
time.sleep(1)
driver.find_element_by_id("kw").clear()
driver.find_element_by_id("kw").send_keys("WebElement")
time.sleep(1)
driver.find_element_by_id("su").click()
```

代码执行后，浏览器将打开百度首页，首先在搜索框中输入 Selenium WebElement 文本，然后清空，然后再次输入 WebElement 并单击"百度一下"按钮获取查询结果。为了让执行过程看得清楚，中间增加了强制等待时间。

📖多学一点：time.sleep()方法让程序脚本等待几秒再继续执行，这样可以让执行过程更加清晰，这在自动化测试中叫作"思考时间"。Selenium WebDriver 提供了"三大等待方法"，第 6 章将会详细介绍。

5.11.3　子元素定位

在讲解元素定位的时候用到了 WebDriver 类的 find_element(s)_by_xx()方法来完成网

页元素的定位操作，元素定位方法的返回值是 WebElement 对象。WebElement 类也提供了同样的 find_element(s)_by_xx() 方法用于完成对目标元素的子孙元素的再次定位，这种层级操作在元素定位和选择场景中经常遇到。例如，要获取百度首页的 6 条热搜标题，如果使用如下代码：

```
for ele in driver.find_elements_by_tag_name("a"):
    print(ele.text)
```

执行结果不但包含 6 条热搜标题，还包含百度首页的所有超链接内容，这不符合我们的要求。通过分析可以看出，6 条热搜标题所在的超链接的父元素是一个无序列表 ul 元素并有 id 属性，我们将代码修改如下：

```
wrapper = driver.find_element_by_id("hotsearch-content-wrapper")
for ele in wrapper.find_elements_by_tag_name("a"):
    print(ele.text)
```

这一次执行结果只有我们需要的 6 条热搜标题了。子元素层级定位方法在实际工作中经常使用，HTML 就是利用一些嵌套的有层级关系的标签来描述网页内容的。

5.11.4　元素可用性和可见性判定

网页中的按钮和输入框是否被禁用，某个元素是否可见，这些在测试脚本中经常作为断言或获取信息的重要手段，is_enabled() 方法用于判定元素是否可用（未禁用）并返回布尔（bool）类型的返回值。is_displayed() 方法用于判定元素是否可见。示例如下：

```
# 可用性和可见性的检查
print("可用性:", driver.find_element_by_id('kw').is_enabled())
print("可见性:", driver.find_element_by_id('kw').is_displayed())
print("可见性:", driver.find_element_by_id('result_logo').is_displayed())
```

执行结果如下：

```
可用性: True
可见性: True
可见性: False
```

kw 表示定位到搜索输入框，可见性和可用性判定结果都是 True，而 result_logo 表示当前状态是不可见的，即没有在网页内容中展示出来或是隐藏元素，因此可见性判定结果为 False。

5.11.5　获取元素的属性

Selenium 提供了 get_attribute() 和 get_property() 两个方法用于获取 HTML 文档中元素属性值，这两个方法有明显的区别，使用时应该注意区分：

```
print("attribute:", driver.find_element_by_id('kw').get_attribute
('autocomplete'))
```

```
print("property:", driver.find_element_by_id('kw').get_property
('autocomplete'))
```

执行结果如下：

```
attribute: off
property: off
```

通过 get_attribute()和 get_property()方法获取百度首页搜索框元素的 autocomplete 属性值，得到的结果都是 off，这看起来似乎没什么区别，再来看下面的代码：

```
print("attribute:", driver.find_element_by_id('kw').get_attribute('test'))
print("property:", driver.find_element_by_id('kw').get_property('test'))
driver.execute_script("document.getElementById('kw').setAttribute('test',
'newAttribute')")
print("attribute:", driver.find_element_by_id('kw').get_attribute('test'))
print("property:", driver.find_element_by_id('kw').get_property('test'))
```

执行结果如下：

```
attribute: None
property: None
attribute: newAttribute
property: None
```

在上面的代码中，前两行使用 get_attribute()和 get_property()方法获取搜索框元素的 test 属性，注意这个 test 属性是不存在的，因此得到的结果都是 None。在第三行中，通过 JavaScript 代码为搜索框元素动态添加了 test 属性，值为 newAttribute，然后再次使用 get_attribute()和 get_property()方法获取 test 的属性值，得到了不同的结果。get_attribute() 方法能够得到动态改变后的结果，而 get_property()方法不行，它只能获取已有的属性。因此 attribute 可以理解为"特性"，property 可以理解为"属性"，二者的区别在于 attribute 可以获取动态添加的属性值，更贴近于 JavaScript 脚本动态范畴，而 property 只能获取原有属性的值，是 Dom 范畴的解析结果。

🔔注意：如果还不能理解动态和静态的区别，可以忘掉 property，直接使用 attribute，Selenium 的官方文档也是这样建议的。

5.11.6　获取元素的文本信息

text 属性是只读的，用于获取元素的文本信息：

```
print(driver.find_element_by_link_text("新闻").text)
```

执行结果如下：

```
新闻
```

5.11.7　获取元素的标签名称

tag_name 属性是只读的，用于获取元素的标签名称：

```
print(driver.find_element_by_id('kw').tag_name)
```

执行结果如下：

```
input
```

5.11.8　获取元素的位置和大小

location 属性可以得到元素的 x 和 y 坐标，size 属性可以获取元素的宽和高，rect 属性可以获取元素左上角顶点坐标和元素的宽、高：

```
print(driver.find_element_by_id('kw').location)
print(driver.find_element_by_id('kw').size)
print(driver.find_element_by_id('kw').rect)
```

执行结果如下：

```
{'x': 298, 'y': 209}
{'height': 44, 'width': 548}
{'height': 44, 'width': 548, 'x': 298, 'y': 209.03125}
```

5.11.9　获取浏览器对象

WebDriver 对象通过 find 相关方法定位网页中的元素，反之，网页中的元素也可以通过 parent 属性获得 WebDriver 对象：

```
print(driver)
input_element = driver.find_element_by_id('kw')
print(input_element.parent)
print(input_element.parent == driver)
```

执行结果如下：

```
<selenium.webdriver.chrome.webdriver.WebDriver (session="9fe3b9653baa29a
9e84a797b0952fe96")>
<selenium.webdriver.chrome.webdriver.WebDriver (session="9fe3b9653baa29a
9e84a797b0952fe96")>
True
```

首先输出 driver 对象之后通过 find 定位搜索框，然后由搜索框找到所在的 driver 对象并显示结果，前后两个 WebDriver 对象是同一个浏览器窗口驱动对象。

☎提示：本小节的源代码路径是 ch5/5_11_ElementAction.py。

5.12　Selenium WebDriver 的实现方式

前面讲解了 Selenium WebDriver 的一些基础知识，学习了定位元素的基本方法及操作浏览器和网页元素的方法。如果要真正理解和正确使用 WebDriver，那么理解它的实现原理是非常有必要的，前面也提到过，WebDriver 从字面上翻译为驱动，实际上是"服务（Server）"的意思。我们追踪 webdriver.Chrome()方法实例化 WebDriver 对象过程的源码，可以找到如下代码片段：

```python
def free_port():
    """
    Determines a free port using sockets.
    """
    free_socket = socket.socket(socket.AF_INET, socket.SOCK_STREAM)
    free_socket.bind(('0.0.0.0', 0))
    free_socket.listen(5)
    port = free_socket.getsockname()[1]
    free_socket.close()
    return port
```

上面这段代码是不是非常熟悉？这是 Python 网络编程中关于 Socket 服务端的标准代码结构，代码运行后会启动一个 Socket 监听服务，所有 Selenium 指令都是通过这个服务端口获取浏览器的内容并控制浏览器动作的。

同样，我们可以找到安装 Chrome 浏览器的驱动程序 chromedriver.exe，按 Win+R 组合键打开 cmd 窗口，然后执行该程序，结果如图 5.69 所示。

图 5.69　执行结果

这段信息告诉我们 chromedriver 在本机的 9515 端口启动了一个服务用于接收脚本指令。现在我们回顾一下图 5.57 所示的各个浏览器的 WebDriver 运行图，是不是有了更深的理解？使用同样的方法，我们继续追踪 WebElement 类的 click()方法源代码，可以找到如下代码片段：

```python
if self.keep_alive:
    resp = self._conn.request(method, url, body=body, headers=headers)
    statuscode = resp.status
else:
    http = urllib3.PoolManager(timeout=self._timeout)
    resp = http.request(method, url, body=body, headers=headers)
```

通过上面的代码可以看出，对网页元素执行 click()方法后，Selenium 使用 urllib3 库通过 HTTP 与本地 chromedriver 创建的服务进行通信指令的传输和执行，因此安装 Selenium 第三方库的同时会自动安装 urllib3 作为依赖库。

5.13　查看 Selenium 文档

Selenium 框架提供的功能还有很多，前面仅列出了一些常用的方法和属性，更多的方法还需要边用边学，因此一份可以随时查看的 Selenium 文档是必不可少的，我们可以通过在线和离线方式随时查看 Selenium 文档。

5.13.1　查看在线 API 文档

可以登录 Selenium 官方网站查看在线文档，网址是 https://www.selenium.dev/selenium/docs/api/py/api.html。文档中给出了 Selenium WebDriver 的 API 文档。在线文档一般是最新版本，可能与读者使用的版本不同。我们可以使用 Python 语言提供的文档模式来访问本地安装的 Selenium 第三方库的离线文档，如图 5.70 所示。

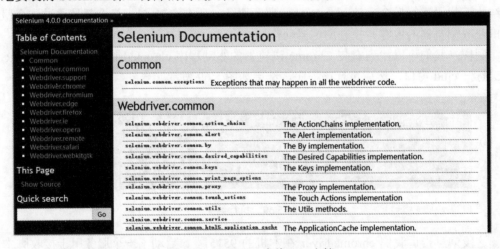

图 5.70　Selenium 在线 API 文档

5.13.2　查看 Pydoc 离线文档

Python 语言也提供类似 JavaDoc 的文档生成模块 pydoc，能够方便地生成本地可以访问的 API 文档。打开终端并输入如下指令：

```
python -m pydoc -p 1234
```

其中，1234 为端口号，可以按需修改，执行结果如下：

```
PS F:\PycharmProjects\SeleniumTest> python -m pydoc -p 1234
Server ready at http://localhost:1234/
Server commands: [b]rowser, [q]uit
server>
```

此时在本机 1234 端口启动了一个小型的 HTTP 服务器，可以访问上面代码中提示的网址 http://localhost:1234/打开 Selenium API 文档网页，如图 5.71 所示。

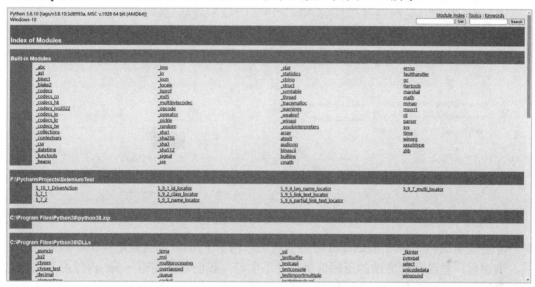

图 5.71　pydoc 的本地文档

API 文档包含当前运行环境的 Python 解释器安装过的所有标准库和第三方库的相关文档，网页最底部 site-packages 部分列出了所有可用的第三方库。找到 Selenium 并单击进入，然后按照类的命名空间就可以找到对应类的文档说明。例如，查看 WebDriver 类的相关文档，可以依次单击 selenium→webdriver→remote→webdriver，即可找到，该文档中列出了 WebDriver 的所有方法和属性，并提供了较为详细的说明，查看 API 文档比直接看源代码更直观，可以关注类的主要结构而不是代码细节。任何书籍都不可能也没必要将所有的属性和方法一一列出，因此查看文档是最好的学习方法。在 WebDriver 类的文档中可以看到一个前面没有介绍的方法 execute_script()，其文档描述如图 5.72 所示。

```
execute_script(self, script, *args)
        Synchronously Executes JavaScript in the current window/frame.

        :Args:
         - script: The JavaScript to execute.
         - \*args: Any applicable arguments for your JavaScript.

        :Usage:
            driver.execute_script('return document.title;')
```

图 5.72　execute_script()的文档描述

根据文档介绍可知，execute_script()是一个执行 JavaScript 脚本的方法，并且可以传递参数。Usage 也给出了示例，接下来创建测试脚本 5_13_SeleniumApiDoc.py：

```
from selenium import webdriver

driver = webdriver.Chrome()
driver.get("https://www.baidu.com")

# 执行 JavaScript 脚本，弹出 alert 提示框
driver.execute_script("window.alert('hello Selenium')")
```

执行上述代码，打开百度首页后弹出提示框，内容为 hello Selenium，如图 5.73 所示。

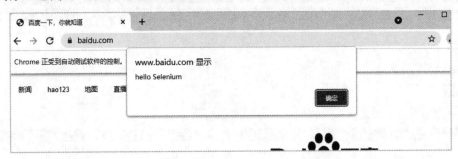

图 5.73　提示框内容

学会查看文档是学习 Selenium 必备的能力，由于 Python 语言是解释型、弱类型的语言，有时候一些函数和方法的返回值类型并不明确，我们需要使用 type()内置函数获得对象的类型，然后查看其 API 文档找到具体方法的说明。上面以 WebDriver 为例带领读者查看了类的文档，其他类如 WebElement 和 ActionChains 等，按照类的命名都可以在文档中找到详细的介绍和代码示例。

☎提示：本小节的源代码路径是 ch5/5_13_SeleniumApiDoc.py。

5.14　小　　结

Selenium 测试框架在 Web UI 测试领域具有非常重要的地位，保守估计 95%以上的自动化项目都在使用 Selenium 及其相关产品，Selenium 的测试方法和设计思路对 UI 自动化领域的学习非常重要。本章介绍了 Selenium 的概念，Selenium 的特点、Selenium 发展史和主流版本，重点介绍了 Selenium 三大核心组件：Selenium IDE、Selenium WebDriver 和 Selenium Grid，详细介绍了 Selenium IDE 插件的使用，WebDriver 的基础元素定位，浏览器窗口操作，网页元素操作及如何查看 Selenium 文档。只有正确认识 Selenium，才能在工作和学习中恰当地使用 Selenium 完成工作并提升工作效率。

　　经过前面的学习，现在我们可以尝试使用 Selenium 来解决一些烦琐、重复的手工劳动，让一部分工作"自动化"起来。虽然 Selenium 是一款自动化测试框架，但是将其作为一款自动化办公的辅助工具和入门级流程机器人开发框架也是不错的选择，还可以尝试让 Selenium 来解决邮件监控、数据查询和关键指标监控等工作，以前花几个小时的工作，现在只需要几分钟就可以完成。

　　我们将在第 6 章学习 Selenium WebDriver 的一些高级知识，如高级元素定位、复杂元素操作、三大等待方式和页面加载策略等。

第 6 章　Selenium 高级技术

第 5 章我们学习了 Selenium 测试框架的基础知识，Selenium 框架的历史、版本和组成，以及 Selenium IDE 和 WebDriver 的常用操作，完成了一些基础的测试脚本，虽然这些测试脚本还不够完善，但是可以解决一些简单、重复的手工操作向自动化测试迈出了第一步。

在实际的项目测试工作中，很多时候需要针对特殊、复杂的场景和条件进行测试，因此 Selenium 测试框架的一些高级技术就显得尤为重要了。本章我们将结合一些应用场景，学习 Selenium 框架相对难一点的内容。

本章的主要内容如下：

- Selenium WebDriver 的高级元素定位；
- Selenium WebDriver 的元素组合操作；
- Selenium WebDriver 的三大等待方式；
- Selenium WebDriver 的多窗口切换；
- Selenium WebDriver 弹出层的处理方法；
- Selenium WebDriver 页面加载策略；
- Selenium WebDriver 的应用。

6.1　高级元素定位

前面我们介绍了 Selenium 八种元素定位方法的前六种基础定位方法，即 id 定位、class 定位、name 定位、tag_name 定位、link_text 定位和 partial_link_text 定位。基础定位是基于 HTML，通过 HTML 标签元素的属性或者名称完成元素定位，使用起来上手容易，但是对于复杂的定位需求可能实现起来有些麻烦。本节，我们来学习八种定位方法中相对高级的两种定位方法：CSS 定位和 XPath 定位。

6.1.1　CSS 定位

CSS（Cascading Style Sheets，层叠样式表）是一种用来表现 HTML 或 XML 等文件样式的计算机语言。CSS 不仅可以静态地修饰网页，还可以配合各种脚本语言动态地对网页的各元素进行格式化。CSS 作为 Web 前端的三大技术之一，在 Web 应用领域的地位非常重要，任何一个从事 Web 应用开发或者测试的 IT 人员都应该系统地学习 CSS 的相关知识。选择器作为 CSS 语言的核心组件，同样提供了元素定位能力，Selenium 完美支持基于 CSS 选择器的元素定位方法。接下来我们结合 CSS 选择器中比较重要的几个知识点，演示 CSS 定位的方法，在学习之前，需要明确 HTML 文档结构描述中几个关键的术语，例如，给出一段 HTML 文档片段：

```
<div>
    <ul id='userlist'>
        <li class='userOption'>张三</li>
        <li class='userOption'>李四</li>
        <li class='userOption'>王五</li>
    </ul>
</div>
```

- 父节点（Parent）：<div/>元素是<ul/>元素的父节点，<ul/>元素是 3 个<li/>元素的父节点；
- 子节点（Children）：与父节点相反，<ul/>元素是<div/>元素的子节点，<li/>元素是<ul/>元素的子节点；
- 兄弟节点（Sibling）：也叫同胞节点，3 个<li/>元素互为兄弟节点；
- 祖先节点（Ancestor）：<div/>和<ul/>元素都是<li/>元素的祖先节点；
- 子孙节点（Descendant）：<ul/>元素和<li/>元素都是<div/>元素的子孙节点；
- 元素属性（Attribute）：<ul/>元素有一个 id 属性，属性值是 userlist，3 个<li/>元素都有 class 属性且值都是 userOption。

以百度首页为例，创建测试脚本 6_1_1_CSS_Locator.py 如下：

```
from selenium import webdriver

driver = webdriver.Chrome()
driver.get("https://wwww.baidu.com")
```

CSS 定位使用 find_element(s)_by_css_selector()方法，WebDriver 类和 WebElement 类都支持 CSS 定位。

id 选择器定位：

```
driver.find_element_by_css_selector('#kw')
```

以上代码等价于：

```
driver.find_element_by_id('kw')
```

只是使用 CSS 选择器语法来完成元素定位，"#kw"是 CSS 中的 id 选择器语法。

tag_name 选择器定位：

```
driver.find_elements_by_css_selector("input")
```

以上代码等价于：

```
driver.find_elements_by_tag_name("input")
```

class 选择器定位：

```
driver.find_element_by_css_selector('.s_ipt')
```

以上代码等价于：

```
driver.find_element_by_class_name('s_ipt')
```

其中，.s_ipt 是 CSS 中的 class 选择器语法。这看起来有点画蛇添足，不过如果要定位所有 class 属性是 mnav 的<a/>超链接元素，CSS 选择器的能力就体现出来了：

```
driver.find_elements_by_css_selector('a.mnav')
```

同样，可以定位所有 class 属性值为 title-content-title 的<span/>元素：

```
driver.find_elements_by_css_selector('span.title-content-title')
```

属性选择器定位：

```
driver.find_element_by_css_selector('input[name="wd"]')
```

CSS 属性选择器语法为：元素名 [属性名='属性值']，上述代码选择一个有 name 属性且属性的值是 wd 的<input/>元素。属性选择器支持多属性集合选择：

```
driver.find_element_by_css_selector('input[name="wd"][autocomplete="off"]')
```

其中，<input/>元素的 name 属性和 autocomplete 属性必须同时满足要求。

属性选择器除了最常见的"等于"比较之外，CSS 语法中还提供了"包含""以 xx 起始""以 xx 结尾"的模糊匹配比较语法：

```
# 模糊属性定位，*表示包含，^表示开头，$表示结尾
driver.find_element_by_css_selector('input[autocomplete*="ff"]')
driver.find_element_by_css_selector('input[autocomplete^="o"]')
driver.find_element_by_css_selector('input[autocomplete$="ff"]')
```

层级选择器定位：

在 CSS 语法中，层级选择器非常有用，">"代表直接子节点，" "（空格）代表子孙节点：

```
driver.find_element_by_css_selector('form > span > input')
driver.find_element_by_css_selector('form span input')
```

层级选择语法可以与 id 选择器、class 选择器和属性选择器一起使用：

```
driver.find_element_by_css_selector('#form span input[name="wd"]')
```

兄弟选择器定位：

```
driver.find_elements_by_css_selector("#hotsearch-content-wrapper li")
```

以上代码定位 id 属性为 hotsearch-content-wrapper 元素的所有 li 子节点。如果这些<li/>子元素属性没有任何区别，只是先后顺序不一样，CSS 选择器则会提供如下伪元素：

```
print(driver.find_element_by_css_selector("#hotsearch-content-wrapper
li:first-child").text)
print(driver.find_element_by_css_selector("#hotsearch-content-wrapper
li:nth-child(3)").text)
```

```
print(driver.find_element_by_css_selector("#hotsearch-content-wrapper
li:last-child").text)
```

其中，:first-child 表示第一个兄弟节点，:last-child 表示最后一个兄弟节点，:nth-child(n)
表示第 n 个兄弟节点。

🔈注意：CSS 选择器在 Web 开发领域非常重要，不论开发人员还是测试人员，只要是从
事 Web 应用项目的相关工作，都应该熟练掌握 CSS 相关技术，尤其是 CSS 选择
器的语法，因为很多优秀的框架都是遵循 CSS 语法规范来完成元素定位的，如
Selenium 和 BeautifulSoup 4 第三方库。

☎提示：本小节的源代码路径是 ch6/6_1_1_CSS_Locator.py。

6.1.2　XPath 定位

XPath 是一种用于在 XML 文档中查找信息的语言，它是 W3C 标准的主要元素。XPath
使用路径表达式在 XML 文档中进行导航。HTML 网页文档是 XML 文档的一个子集，语
法完全遵循 XML 标准，因此 XPath 也具备在 HTML 文档中定位元素的能力。Selenium 元
素定位同样支持 XPath 语法。XPath 语言涵盖很多知识，本小节将会演示 XPath 定位在
Selenium 中的应用，目的是让读者认识 XPath，能够读懂一些常用的路径表达式。

Selenium 使用 find_element(s)_by_xpath()方法来实现 XPath 元素的定位，创建测试脚
本 6_1_2_XPath_Locator.py，打开百度首页：

```
from selenium import webdriver

driver = webdriver.Chrome()
driver.get("https://wwww.baidu.com")
```

1. tag_name定位

```
elements = driver.find_elements_by_xpath("//input")
```

在 XPath 语法中，"//"的语义可以理解为定位子孙节点，"//input"代表在整个 HTML
文档中定位所有的<input/>元素。

2. 属性定位

```
driver.find_elements_by_xpath("//input[@class]")
```

在 XPath 中，过滤属性的语法为[@属性名]，属性过滤与标签名称定位可以结合使用。
例如，"//input[@class]"的意思是定位所有拥有 class 属性的<input/>元素，不用考虑 class
的值。如果要精确匹配属性值，语法为[@属性名="属性值"]，例如：

```
driver.find_element_by_xpath("//input[@class='s_ipt']")
driver.find_element_by_xpath("//input[@id='kw']")
```

以上代码表示定位 class 属性为 s_ipt 和 id 属性为 kw 的 input 元素。

上述代码只针对 input 元素范围查找对应的属性，如要查找所有的元素，应该使用 "*" 替代标签名称：

```
driver.find_element_by_xpath("//*[@id='kw']")
```

以上代码表示在整个文档的所有元素中定位 id 属性是 kw 的元素。

XPath 属性查找语法支持与（and）和或（or）等表达式结合使用，以处理多个属性间的关系：

```
driver.find_element_by_xpath("//*[@id='kw' and @autocomplete='off']")
```

上面代码表示定位整个文档中所有 id 属性是 kw 并且 autocomplete 属性是 off 的元素。

3. 层级定位

在 XPath 语法中，"/" 表示在子元素内部进行查找：

```
driver.find_element_by_xpath("//form/span/input")
```

上面这段代码表示定位<form/>元素，然后在其内部查找<span/>元素，再通过<span/>的子元素定位到<input/>元素。

4. 兄弟节点定位

与 CSS 选择器相比，XPath 提供了更加强大的兄弟节点定位方法，"[下标]" 语法表示选择的元素顺序，下标从 1 开始：

```
# 第一个<li/>元素
driver.find_element_by_xpath("//*[@id='hotsearch-content-wrapper']/li[1]")
# 第二个<li/>元素
driver.find_element_by_xpath("//*[@id='hotsearch-content-wrapper']/li[2]")
```

上述代码用于定位第一个和第二个<li/>元素。XPath 中的下标值支持函数计算：

```
# 最后一个<li/>元素
driver.find_element_by_xpath("//*[@id='hotsearch-content-wrapper']/li
[last()]")
# 倒数第二个<li/>元素
driver.find_element_by_xpath("//*[@id='hotsearch-content-wrapper']/li
[last()-1]")
# 前两个<li/>元素
driver.find_elements_by_xpath("//*[@id='hotsearch-content-wrapper']/li
[positon()<3]")
```

上述代码用于定位最后一个、倒数第二个和前两个<li/>元素。

5. 简单条件计算

百度首页下方有 6 条热搜链接，我们想要定位后 3 条热搜，而[下标]已经不能满足要求了。通过开发者工具分析，热搜标题<li/>元素都有一个属性 data-index，它的值就是顺序号：

```
driver.find_elements_by_xpath("//*[@id='hotsearch-content-wrapper']/li
[@data-index>2]")
```

利用"@属性名>目标值"可以完成对元素属性值的筛选。

看下面这行代码：

```
driver.find_elements_by_xpath("//*[@id='hotsearch-content-wrapper']/li/
a[span>2]")
```

这行代码看起来比较难以理解，其目的是查找\<li/>元素下面的超链接\<a/>元素，并且\<a/>元素必须拥有\<span/>子元素且文本（text）值比 2 大。

6．绝对定位

前面学习的以"//"开头的路径实际上是相对路径，有时我们要使用绝对路径来定位元素，如：

```
driver.find_element_by_xpath('/html/body/div[1]/div[1]/div[5]/div/div/
form/span[1]/input')
```

上面这行代码实际上也是定位百度首页中的搜索框，看起来可读性和维护性都不如 id 定位等方法直接、有效。

🔔注意：绝对定位在自动化测试领域中尽量不要使用，如果文档结构发生变化，则采用绝对定位方式的代码一定要随之修改，增加了测试代码的维护成本，而 id 定位不管文档结构是否发生变化，一直有效。

7．使用函数

XPath 是一门编程语言，提供了丰富的函数供开发者使用，我们来看几个例子：

```
driver.find_element_by_xpath('//input[contains(@autocomplete, "ff")]')
driver.find_element_by_xpath('//input[substring(@class, 3)="ipt"]')
driver.find_element_by_xpath('//input[starts-with(@class, "s_")]')
driver.find_element_by_xpath('//*[@id="s-top-left"]/a[text()="新闻"]')
```

- contains()函数用于判断 autocomplete 属性是否包含 ff；
- substring()函数用于将 class 属性的值从第 3 位进行截取，然后与 ipt 进行比较；
- starts-with()函数用于判断 class 属性是否以"s_"开头；
- text()函数用于获取文本内容并与"新闻"进行比较。

XPath 语言的强大功能超越了前 7 种元素定位方法，如果能够熟练使用 XPath 定位方法，则可以完成绝大多数的元素定位工作，前提是需要认真学习。如果感觉学习 XPath 有一定的困难，那么也可以先使用其他定位方法。

🔖小技巧：如果暂时不能自行编写 XPath 路径表达式，可以借助浏览器的开发者工具都提供的 XPath 路径复制功能迅速完成工作，如图 6.1 所示，但是不能过度依赖，因为自动生成的 XPath 路径往往效率不高，不是最好的选择。

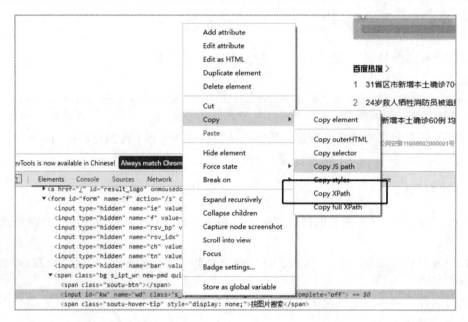

图 6.1　复制 XPath 路径、CSS 选择器

Selenium 的 8 种元素定位方法就介绍这么多，定位元素是从事 Web UI 自动化测试的前提，如果不能正确找到元素，那么后续的元素操作模拟流程和断言就无从谈起。学习元素定位要将 8 种定位方法结合起来，对比着学习，基础定位方法使用方便，而对于 CSS 定位和 XPath 定位，至少需要熟练掌握其中的一种。

☎提示：本小节的源代码路径是 ch6/6_1_2_XPath_Locator.py。

6.2　动作链和组合操作

前面我们介绍了浏览器对象和网页元素对象的基础操作，如文本输入、鼠标单击、获取元素和浏览器的各种属性，这些基础操作已经可以熟练应用了。本节我们结合几个实际的例子来学习对网页中的元素组合操作的方法，包括鼠标悬停、键盘组合键和滑块验证操作。Selenium 为了解决复杂的组合操作，提供了一个 ActionChains 类，其与 WebDriver 类和 WebElement 类都支持对元素的操作。ActionChains 从字面翻译为"动作链"，即可以通过这个类将单击和输入文本等操作组合起来，然后按顺序执行。

6.2.1　鼠标指针悬停

在百度首页的页面右上角有一个"设置"菜单，鼠标指针放在该菜单上会显示一个下拉子菜单，我们模拟这个动作打开"搜索设置"功能，创建测试脚本 6_2_1_MouseHover.py：

```
import time
from selenium import webdriver

driver = webdriver.Chrome()
driver.get("https://www.baidu.com")
driver.maximize_window()
driver.find_element_by_link_text('搜索设置').click()
driver.quit()
```

打开百度首页，为了能正常看到"设置"菜单，需要将窗口最大化，通过上述代码可以直接定位"搜索设置"子菜单，在控制台上看到的错误提示如下：

```
Traceback (most recent call last):
  File "F:/PycharmProjects/SeleniumTest/ch6/6_2_1_MouseHover.py", line
14, in <module>
    driver.find_element_by_link_text('搜索设置').click()
  File "F:\PycharmProjects\SeleniumTest\venv\lib\site-packages\selenium\
webdriver\remote\webdriver.py", line 428, in find_element_by_link_text
    return self.find_element(by=By.LINK_TEXT, value=link_text)
  File "F:\PycharmProjects\SeleniumTest\venv\lib\site-packages\selenium\
webdriver\remote\webdriver.py", line 976, in find_element
    return self.execute(Command.FIND_ELEMENT, {
  File "F:\PycharmProjects\SeleniumTest\venv\lib\site-packages\selenium\
webdriver\remote\webdriver.py", line 321, in execute
    self.error_handler.check_response(response)
  File "F:\PycharmProjects\SeleniumTest\venv\lib\site-packages\selenium\
webdriver\remote\errorhandler.py", line 242, in check_response
    raise exception_class(message, screen, stacktrace)
selenium.common.exceptions.NoSuchElementException: Message: no such
element: Unable to locate element: {"method":"link text","selector":
"搜索设置"}
  (Session info: chrome=95.0.4638.54)
```

NoSuchElementException 这个异常在实际编码过程中经常遇到，表示不能正确定位我们需要的元素。在本例中不能正确定位的原因是"搜索设置"子菜单在页面刚刚载入之后是隐藏状态（非可见），需要将鼠标指针移动到它的父菜单"设置"上后才能显示，因此，我们需要借助 ActionChains 类的 move_to_element()方法，将鼠标指针先移动到"设置"菜单上并悬停，才能继续定位"搜索设置"菜单，完整代码如下：

```
import time
from selenium import webdriver
from selenium.webdriver.common.action_chains import ActionChains

driver = webdriver.Chrome()
driver.get("https://www.baidu.com")
driver.maximize_window()

# 鼠标指针悬停
time.sleep(2)
ActionChains(driver).move_to_element(driver.find_element_by_id('s-
```

```
usersetting-top')).perform()
time.sleep(2)
driver.find_element_by_link_text('搜索设置').click()
time.sleep(2)
driver.quit()
```

重点解析：

- ActionChains 类位于模块 selenium.webdriver.common.action_chains 模块中，使用前需要先导入，该类实例化需要一个参数，就是浏览器驱动实例 driver。重点强调，ActionChains 可以定位一组动作形成动作链，动作链中所有的动作需要调用 perform() 方法一起执行。如果你的代码没有执行在 ActionChains 中加入的动作，那么很可能是没有调用 perform() 方法。
- move_to_element(element) 方法用于控制将鼠标光标移动到页面中目标元素上。注意，目标元素必须是可见的，否则也会出现 NoSuchElementException 异常信息。
- 合理使用 time.sleep() 方法增加思考时间是一个好习惯，毕竟程序执行速度要远远快过浏览器的实际执行过程，需要等待一下。

执行上述代码，这一次就可以正常打开"搜索设置"子菜单了，如图 6.2 所示。

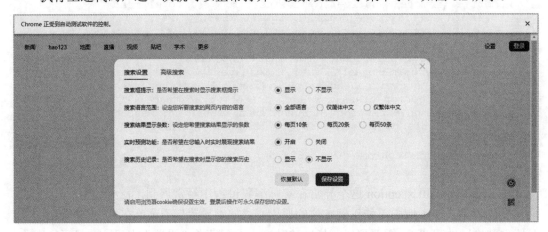

图 6.2　"搜索设置"子菜单

☎提示：本小节的源代码路径是 ch6/6_2_1_MouseHover.py。

6.2.2　键盘组合键

平时我们在进行手工测试的时候，经常会使用一些键盘组合键，如复制（Ctrl+C）、粘贴（Ctrl+V）、内容全选（Ctrl+A）等。本小节就学习如何让 Selenium 模拟这些键盘组合键。Selenium 是通过 ActionChains 类来完成键盘组合键操作的。

我们看这样一个场景：

打开百度浏览器，在搜索框中输入 Selenium ActionChains，然后清除内容，创建测试脚本 6_2_2_MultiKeys.py：

```python
import time
from selenium import webdriver
from selenium.webdriver.common.keys import Keys

driver = webdriver.Chrome()
driver.get("https://www.baidu.com")

driver.find_element_by_id('kw').send_keys("Selenium ActionChains")
time.sleep(2)
driver.find_element_by_id('kw').send_keys(Keys.BACK_SPACE)
```

在上面这段代码中，在 selenium.webdriver.common.keys 模块中引入了一个新的 Keys 类，按照前面介绍的方法查看 Selenium 文档，可以看到，在这个类中没有任何方法，只是定义了若干个与键盘按键相关的常量，如 ADD、ALT、BACKSPACE 和 SHIFT 等，如图 6.3 所示。

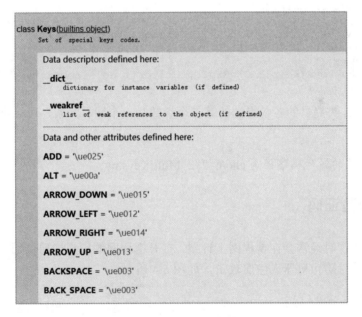

图 6.3　Selenium 文档

在代码中，使用 send_keys(Keys.BACK_SPACE)指令向搜索框中输入退格键，执行后发现只能删除 Selenium ActionChains 的最后一个字母 s，而不是删除所有内容，连续输入退格键也不是最好的选择（这里不可以使用 clear()方法，我们是为了举例演示键盘组合键功能）。为了解决这个问题，我们可以在输入退格键（Backspace）之前使用 Ctrl+A 组合键完成内容的全部选择，全选后再输入退格键即可删除全部内容。

我们在输入退格键（Backspace）之前加入组合按键操作：

```
ActionChains(driver).key_down(Keys.CONTROL).send_keys('a').key_up(Keys.
CONTROL).pause(2).send_keys(Keys.BACK_SPACE).perform()
```

重点解析：

- 使用 ActionChains 类完成了许多动作指令的集合，最后调用 perform()方法一起执行这些动作；
- key_down()方法用于模拟键盘上某个按键被按下；
- key_up()方法用于模拟按下的按键被抬起；
- 在示例中先按下 Ctrl 键再输入 a，然后再抬起 Ctrl 键，相当于完成 Ctrl+A 的组合按键操作；
- pause()与 time.sleep()方法一样，用于增加强制等待的思考时间。

执行优化后的代码可以得到我们想要的结果。这里强调一下，在使用过程中如果 ActionChains 类添加的动作过多，都写在一行的话不便于阅读，也不便于添加注释，因此分开进行多行编写也是可以的：

```
# 另外一种链式操作定义方法
action = ActionChains(driver)
action.key_down(Keys.CONTROL, driver.find_element_by_id('kw'))
action.send_keys('a', driver.find_element_by_id('kw'))
action.key_up(Keys.CONTROL, driver.find_element_by_id('kw'))
action.pause(2)
action.send_keys(Keys.BACK_SPACE, driver.find_element_by_id('kw'))
action.perform()
```

ActionChains 类提供的各种方法的第二个参数是一个网页元素，可以指定动作的执行目标元素。

☎提示：本小节的源代码路径是 ch6/6_2_2_MultiKeys.py。

6.2.3　滑块验证码

我们外出旅行时经常会在携程网上订票，打开携程网的用户注册页面，可以看到一个用于验证的滑块，防止机器人注册攻击，如图 6.4 所示。

图 6.4　携程网的用户注册页面

查看 ActionChains 类的文档，查找一下是否有什么方法可以帮助我们模拟滑块拖曳的操作。在该文档中有很多方法，这里不便将每个方法都用示例演示出来，读者通读一下 ActionChains 类的说明，可以找到 drag_and_drop_by_offset() 方法：

```
drag_and_drop_by_offset(self, source, xoffset, yoffset)
        Holds down the left mouse button on the source element,
            then moves to the target offset and releases the mouse button.

        :Args:
        - source: The element to mouse down.
        - xoffset: X offset to move to.
        - yoffset: Y offset to move to.
```

drag_and_drop_by_offset() 方法需要 3 个参数，分别是拖曳的目标元素、x 轴拖曳偏移量、y 轴拖曳偏移量。

拖曳的目标就是"滑块"，可以使用元素定位方法找到它：

```
source = driver.find_element_by_css_selector('#slideCode > div.cpt-drop-
box > div.cpt-drop-btn')
```

x 轴的拖曳距离就是拖曳外框元素的宽度（width）：

```
xoffset = driver.find_element_by_css_selector('#slideCode > div.cpt-drop-
box > div.cpt-drop-bg > div').size['width']
```

y 轴的拖曳距离很简单，因为只是水平拖曳，所以 y 轴的距离是 0：

```
yoffset = 0
```

然后调用 drag_and_drop_by_offset() 执行动作即可完成操作：

```
ActionChains(driver).drag_and_drop_by_offset(source, xoffset, yoffset).
perform()
```

创建测试脚本 6_2_3_DragAndDrop.py，完整代码如下：

```
import time
from selenium import webdriver
from selenium.webdriver.common.action_chains import ActionChains

driver = webdriver.Chrome()
driver.get("https://passport.ctrip.com/user/reg/home")
driver.maximize_window()

driver.find_element_by_css_selector('#agr_pop > div.pop_footer > a.reg_
btn.reg_agree').click()
time.sleep(1)

source = driver.find_element_by_css_selector('#slideCode > div.cpt-drop-
box > div.cpt-drop-btn')
xoffset = driver.find_element_by_css_selector('#slideCode > div.cpt-drop-
box > div.cpt-drop-bg > div').size['width']
yoffset = 0
ActionChains(driver).drag_and_drop_by_offset(source, xoffset, yoffset).
perform()
```

用户注册页面载入后有一个协议确认弹出框，单击"同意"按钮即可。赶快执行上述代码，观察滑块操作拖曳过程吧。

☏提示：本小节的源代码路径是 ch6/6_2_3_DragAndDrop.py。

6.3 三大等待方式

Selenium 测试脚本在执行过程中很多情况需要"等待"，例如，等待页面加载完成、增加思考时间让整个过程易于调试或者等待我们期望的条件满足。"等待"的概念在自动化测试编程过程中非常关键，在很多自动化测试岗位面试过程中，面试官最喜欢问的问题就是"如何理解 Selenium 三大等待方式"，可以说，正确使用合适的等待方式能够提升代码执行效率，提高测试脚本的质量。

WebDriver 通常被认为是一个有阻塞的 API，由于 WebDriver 的服务模式本身并不跟踪 Dom 文档活动的实时状态，这就给 Selenium 和 WebDriver 使用者带来一些问题。例如，我们想要指示浏览器导航一个新的网页，然后试图在新的 Dom 中定位元素，这时如果没有等待的引入，很有可能会定位失败。本节一起学习 Selenium 的三大等待方式：强制等待、隐式等待和显式等待。

6.3.1 强制等待

强制等待（Coercive Wait）是三大等待方式中最基础的一种，一般用来增加程序的"思考时间"，目的是控制程序执行的速度。不难理解，计算机的执行速度是非常快的，如果不增加一些思考时间，等待驱动操控的浏览器做出响应，可能测试过程并不能得到预期的效果，或者测试人员无法观察和调试脚本。下面以测试演示项目 testProject 登录场景为例演示等待的作用，运行 testProject 项目并创建测试脚本 6_3_WaitingDemo.py：

```
from selenium import webdriver

driver = webdriver.Chrome()
driver.get("http://127.0.0.1:8001/login/")

driver.find_element_by_id('LAY-user-login-username').send_keys('admin')
driver.find_element_by_id('LAY-user-login-password').send_keys('123456')
driver.find_element_by_id('LAY-user-login-vercode').send_keys('1111')
driver.find_element_by_id('loginButton').click()

print(driver.find_element_by_css_selector('body > div > div.layui-header >
div').text)
driver.quit()
```

上述代码并不复杂，打开 Chrome 浏览器，然后打开用户登录页面，在其中输入正确的用户名、密码和验证码后，单击"登录"按钮，页面会跳转到系统主页。接下来我们尝试定位主页面中的系统名称并将其输出，这时遇到了 NoSuchElementException 异常：

```
Traceback (most recent call last):
  File "F:/PycharmProjects/SeleniumTest/ch6/6_3_Waits.py", line 32, in <module>
    print(driver.find_element_by_css_selector('body > div > div.layui-
header > div').text)
  File "F:\PycharmProjects\SeleniumTest\venv\lib\site-packages\selenium\
webdriver\remote\webdriver.py", line 598, in find_element_by_css_selector
    return self.find_element(by=By.CSS_SELECTOR, value=css_selector)
  File "F:\PycharmProjects\SeleniumTest\venv\lib\site-packages\selenium\
webdriver\remote\webdriver.py", line 976, in find_element
    return self.execute(Command.FIND_ELEMENT, {
  File "F:\PycharmProjects\SeleniumTest\venv\lib\site-packages\selenium\
webdriver\remote\webdriver.py", line 321, in execute
    self.error_handler.check_response(response)
  File "F:\PycharmProjects\SeleniumTest\venv\lib\site-packages\selenium\
webdriver\remote\errorhandler.py", line 242, in check_response
    raise exception_class(message, screen, stacktrace)
selenium.common.exceptions.NoSuchElementException: Message: no such
element: Unable to locate element: {"method":"css selector","selector":
"body > div > div.layui-header > div"}
  (Session info: chrome=95.0.4638.54)
```

在这段代码中，CSS 定位表达式是正确的，这就是 Selenium 测试脚本中经常遇到的一个问题，单击"登录"按钮，直接获取系统主页中的系统名称，但是网页加载是需要时间的，不等待网页加载完成就定位元素一定会报 NoSuchElementException 异常。用强制等待的方式在单击事件触发后等待 2s，然后再去定位元素就可以执行成功了，代码如下：

```
driver.find_element_by_id('LAY-user-login-username').send_keys('admin')
driver.find_element_by_id('LAY-user-login-password').send_keys('123456')
driver.find_element_by_id('LAY-user-login-vercode').send_keys('1111')
driver.find_element_by_id('loginButton').click()

# 1.强制等待
time.sleep(2)

print(driver.find_element_by_css_selector('body > div > div.layui-header >
div').text)
```

执行结果如下：

自动化测试演示系统

强制等待的语法非常简单，就是使用 time 标准库的 sleep()方法让程序阻塞 2s。可是，这样做是最佳方案吗？2s 的时间，网页一定能够载入完毕吗？不同的网络环境载入效率也截然不同，我们要等待 10s？20s？等待时间短了可能得不到正确的结果，等待时间过长会使测试脚本执行效率下降。如果脚本数量少，则对执行效率的影响还不明显，如果脚本数量有几千个甚至上万个，每个用例多等待 3s，将会浪费很多时间。因此，强制等待多用来增加思考时间，以控制脚本的执行效率，而等待页面加载，推荐使用隐式等待和显式等待。

📢注意：细心的读者可能会发现，在上述脚本代码中我们一共导航了 2 次地址：登录 login
页面和系统主页面。为什么在导航 login 页面的时候没有提示 NoSuchElement-
Exception 异常？原因在于 login 页面是通过 get()方法直接载入的，而登录后的主
页面是通过按钮单击事件触发页面跳转。这两种方式有本质差别：虽然 click()方
法触发了鼠标单击操作，但是并不意味着一定有新页面被打开，因此 click()方法
是非阻塞的，代码会直接向下执行；而 get()方法本身就是阻塞的，由页面加载策
略统一控制。页面加载策略的相关内容将在后面章节学习。

6.3.2 隐式等待

隐式等待（Implicit wait）是一种通用的规则，默认情况下是被禁用的。为 WebDriver
浏览器驱动对象开启隐式等待机制后，所有驱动关联的元素定位方法将会被设置一个尝试
时间，在时间范围内会多次定位元素直到定位成功或者超时。下面先给出隐式等待的代码：

```
from selenium import webdriver
from selenium.webdriver.support.wait import WebDriverWait
import selenium.webdriver.support.expected_conditions as EC
from selenium.webdriver.common.by import By

driver = webdriver.Chrome()

driver.get("http://127.0.0.1:8001/login/")

# 隐式等待
driver.implicitly_wait(5)                          # 参数是等待的最长时间

driver.find_element_by_id('LAY-user-login-username').send_keys('admin')
driver.find_element_by_id('LAY-user-login-password').send_keys('123456')
driver.find_element_by_id('LAY-user-login-vercode').send_keys('1111')
driver.find_element_by_id('loginButton').click()

print(driver.find_element_by_css_selector('body > div > div.layui-header >
div').text)
driver.quit()
```

执行结果能够正确输出系统名称。隐式等待只有一行代码 driver.implicitly_wait(5)，为
driver 对象设定了"隐式等待"工作模式并指定了超时时间是 5s，因此所有的 find_element(s)
相关方法都会在超时时间内不停地定位元素。隐式等待的优点是使用方便，相比强制等待
效率有一定提升，建议初学者直接使用隐式等待，其缺点是某些场景会给系统带来额外的
压力和开销。

6.3.3 显式等待

显式等待（Explicit wait）在三大等待方式中是最精准且效率最高的，可以按照编程者

的意图灵活定义等待条件，允许代码停止执行程序，按照一定频率调用该条件，直到条件成立或等待超时。由于显式等待允许等待条件的发生，因此它们非常适合同步浏览器与其 DOM 及 WebDriver 脚本之间的状态。

显式等待的示例代码如下：

```python
from selenium import webdriver
from selenium.webdriver.support.wait import WebDriverWait
import selenium.webdriver.support.expected_conditions as EC
from selenium.webdriver.common.by import By

driver = webdriver.Chrome()
driver.get("http://127.0.0.1:8001/login/")

driver.find_element_by_id('LAY-user-login-username').send_keys('admin')
driver.find_element_by_id('LAY-user-login-password').send_keys('123456')
driver.find_element_by_id('LAY-user-login-vercode').send_keys('1111')
driver.find_element_by_id('loginButton').click()

# 显式等待
locator = (By.CSS_SELECTOR, 'body > div > div.layui-header > div')
WebDriverWait(driver, 10, 0.5).until(
    EC.visibility_of_element_located((By.CSS_SELECTOR, 'body > div > div.
layui-header > div')))
print(driver.find_element_by_css_selector('body > div > div.layui-header >
div').text)
driver.quit()
```

执行结果依然可以成功输出系统名称。显式等待的代码比前面的强制等待和隐式等待复杂，使用了一个叫作 WebDriverWait 的类来完成等待。这个类位于 selenium.webdriver. support.wait 模块中，查看 Selenium 文档可知，WebDriverWait 类构造函数定义了 4 个参数：

```python
__init__(self, driver, timeout, poll_frequency=0.5, ignored_exceptions=
None)
```

- driver：浏览器驱动对象；
- timeout：超时时间，单位为 s；
- poll_frequency：条件调用频率，单位为 s；
- ignored_exceptions：忽略异常。

WebDriverWait 类只有两个方法 unitl() 和 until_not()，until() 方法按照 poll_frequency 规定的频率调用条件方法，直到条件满足或超时，until_not() 方法与其相反，判断条件消失或不满足。until() 方法带有一个 method 参数，定义期望条件的判定方法，这些方法被封装在 selenium.webdriver.support.expected_conditions 模块中，为了方便，导入时定义了别名 EC。我们可以通过 Selenium 文档看一下 expected_conditions 模块提供的期望条件判定方法，如表 6.1 所示。

表 6.1　expected_conditions模块提供的期望条件判定方法及其说明

方　　法	说　　明
alert_is_present()	弹出框已经出现
element_located_to_be_selected()	定位的元素已经被选中
element_to_be_clickable()	元素可以被单击
element_to_be_selected()	元素可以被选择
frame_to_be_available_and_switch_to_it()	frame窗口可用并切换
url_changes()	地址发生变化
url_contains()	地址包含指定内容
title_contains()	网页标题包含指定的内容
presence_of_element_located()	元素已经就绪
number_of_windows_to_be()	窗口数量发生变化
new_window_is_opened()	新窗口已经打开
visibility_of_element_located()	元素已经准备就绪并可用
invisibility_of_element()	元素不可用

　　显式等待的含义就是等待要定位的元素已经载入并可用后，再执行定位方法获取元素的文本内容。显式等待是非常精准的等待定义方式，各种期望条件（expected_conditions）可以在平时工作中逐步积累，推荐重点学习，灵活使用。

🔔注意：除了 expected_conditions 模块提供的预定义期待方法外，也可以根据需要自定义期望条件，自定义期望条件的等待设置将会在实战项目章节介绍。

☎提示：本小节的源代码路径是 ch6/6_3_Waits.py。

6.4　多窗口切换

　　现在的浏览器不论 Chrome、Firefox 还是 Edge，都可以在子窗口中单击一个链接，打开新的窗口。除此之外，在 HTML 文档语法中有一个特殊的元素 iframe，类似于在父窗口中包含一个子窗口。本节我们学习如何处理多页签和子窗口问题。

6.4.1　浏览器窗口切换

　　我们以百度新闻页面为例，打开百度首页，单击"新闻"链接，浏览器会打开新的页签来展示百度新闻网页，单击新闻中的"军事"栏目，如图 6.5 所示。

图 6.5　百度新闻页面

创建测试脚本 6_4_1_SwithWindow.py 如下：

```python
from selenium import webdriver

driver = webdriver.Chrome()
driver.implicitly_wait(10)

driver.get("https://www.baidu.com")
driver.find_element_by_link_text('新闻').click()
driver.find_element_by_link_text('军事').click()
```

通过上述代码打开百度首页后，定位并单击"新闻"链接，在新窗口中将打开"百度新闻"的网页，然后尝试定位"军事"栏目的链接，控制台提示 NoSuchElementException 异常。虽然这次与上节提到的等待场景类似，鼠标单击事件触发了网页导航，但是我们已经在代码中加入了"隐式等待"，因此出错原因不是等待的问题。之前我们学过 driver（浏览器窗口对象），在这里 driver 对象代表的是百度首页窗口，即第一次打开的窗口，而新打开的窗口不能通过这个 driver 来完成元素的定位操作，必须要将 driver 对象切换为新窗口，才能继续后续的元素定位操作。

WebDriver 类提供了一个 swith_to.window()方法，该方法需要一个参数，即窗口句柄。所有浏览器都会给每个窗口分配唯一的标识码，这就是窗口句柄，通过 window_handles 属性可以得到当前驱动创建的所有窗口句柄的列表：

```python
print(driver.window_handles)
driver.find_element_by_link_text('新闻').click()
print(driver.window_handles)
```

在单击"新闻"链接的前后增加输出窗口句柄的代码如下：

```
['CDwindow-B4EF16947BF54FB1998E1DC2549B80C6']
['CDwindow-B4EF16947BF54FB1998E1DC2549B80C6','CDwindow-62D4BF1F91347121
03DDA07878005916']
```

从输出内容中可以看到，单击"新闻"链接之前只有一个窗口句柄，单击之后创建了一个新的窗口，此时窗口句柄有两个，因此我们可以通过 switch_to.window()方法将 driver 对象切换到新窗口上：

```python
handles = driver.window_handles
driver.switch_to.window(handles[1])
driver.find_element_by_link_text('军事').click()
```

这一次执行脚本后，即可达到定位"军事"栏目的目标。

🔊 **注意**：窗口切换操作虽然很简单，但是却很常用。此外，Selenium IDE 也可以完成窗口（Tabs）和子窗口（Iframe）的切换操作，读者可以通过脚本录制功自己动手实现一下。

☎ **提示**：本小节的源代码路径是 ch6/6_4_1_SwitchWindow.py。

6.4.2　子窗口切换

iframe 被称作悬浮的文档或者文档中的文档，是 HTML 的一个标签元素。iframe 嵌入父页面中，而其内部又是一个全新的网页，我们称之为"子窗口"。以 QQ 邮箱登录页面为例，打开 QQ 邮箱登录页面，网址是 https://mail.qq.com/，用户名输入 test，如图 6.6 所示。

图 6.6　QQ 邮箱登录页面

创建测试脚本 6_4_2_SwitchFrame.py 如下：

```
from selenium import webdriver

driver = webdriver.Chrome()
driver.implicitly_wait(10)

driver.get("https://mail.qq.com/")
driver.maximize_window()
driver.find_element_by_id('u').send_keys("test")
```

很不幸，这一次又出现了 NoSuchElementException 异常，定位元素失败。通过开发者工具分析网页文档可以看到，登录框元素存在于一个 iframe 标签元素之内，是一个子窗口，如图 6.7 所示。

图 6.7　子窗口

需要在定位用户名元素之前，完成 iframe 子窗口的切换：

```
driver.switch_to.frame(driver.find_element_by_id('login_frame'))
driver.find_element_by_id('u').send_keys("test")
```

iframe 子窗口切换与 Window 窗口在切换语法上稍有不同，Window 窗口通过窗口句柄（handle）完成切换，而 iframe 本身就是 HTML 文档中的一个标签元素，直接通过元素定位方法定位即可，学习时注意理解并对比记忆。

☎提示：本小节的源代码路径是 ch6/6_4_2_SwitchFrame.py。

6.4.3　百度用户登录实战

本小节我们来看一个真实的实例，通过 QQ 关联登录百度网站，操作步骤如下。
（1）打开百度首页，单击"登录"按钮，如图 6.8 所示。

图 6.8　登录百度首页

（2）在打开的登录对话框中单击 QQ 登录按钮，如图 6.9 所示。

图 6.9　QQ 关联登录

（3）在打开的登录模式对话框中单击你的 QQ 头像进行登录，如图 6.10 所示。

图 6.10　QQ 用户登录

注意：这里需要先登录 QQ。

这个过程操作起来很容易，单击 3 次鼠标就可以完成，但是要用脚本来模拟这个过程就稍微有些复杂了，其中既有 Window 窗口又有 iframe 子窗口。创建测试脚本 6_4_3_ BaiduLogin.py 如下：

```python
from selenium import webdriver

driver = webdriver.Chrome()
driver.implicitly_wait(10)

# 组合操作场景：QQ 登录
driver.get("https://www.baidu.com")
driver.maximize_window()
driver.find_element_by_id('s-top-loginbtn').click()
driver.find_element_by_css_selector('#pass_phoenix_btn a[data-title=
"qzone"]').click()
# 切换到打开的模式对话窗口
handles = driver.window_handles
```

```
driver.switch_to.window(handles[1])
# 再切换到登录输入的子窗口
driver.switch_to.frame(driver.find_element_by_id('ptlogin_iframe'))
driver.find_element_by_id('img_out_1138021').click()
```

重点解析：

- 单击 QQ 登录按钮后将打开登录窗口，该窗口是一个模式对话框，可以当作新窗口（Window），完成窗口切换；
- 在 QQ 登录模式对话框中，与 QQ 邮箱一样，登录用户的相关内容存储在 iframe 子窗口中，需要完成子窗口切换后再继续操作。
- 定位要单击的 QQ 头像时，使用的 id 值是 img_out_1138021，有经验的读者可以发现，id 中的数字就是 QQ 号码，因此这是一个"动态 ID"，需要修改为你自己的QQ 号码。

执行脚本可以观察执行过程和执行结果，本例涵盖 Window 窗口切换和 frame 子窗口切换，学习了使用 Selenium WebDriver 实现窗口切换操作后，读者可以尝试使用 Selenium IDE 将此例再实现一遍。

☎提示：本小节的源代码路径是 ch6/6_4_3_BaiduLogin.py。

6.5　弹出层对话框操作

在 HTML 中，标准的弹出层有 3 种：消息提示框（Alert）、确认框（Confirm）和信息交互对话框（Prompt）。Selenium 提供了与标准弹出层对话框进行交互的方法。

为了示例演示更清晰，我们自己编写一个 HTML 网页，提供 3 种对话框交互的功能：

```html
<!DOCTYPE html>
<html lang="en">
<head>
    <meta charset="UTF-8">
    <title>弹出层处理</title>
    <script type="text/javascript">
        function showAlert(){
            window.alert("这是一个警告框!");
            showMsg("警告框已确认!");
        }

        function showConfirm(){
            if(window.confirm("请确认是否继续?")){
                showMsg("确认");
            }else{
                showMsg("取消");
            }
        }
```

```
        function showPrompt(){
            var inputStr = window.prompt("请输入:");
            showMsg(inputStr);
        }
        function showMsg(msg){
            document.getElementById("showmsg").innerHTML = msg;
        }
    </script>
</head>
<body>
    <div>
        <button onclick="showAlert()">Alert</button>
        <button onclick="showConfirm()">Confirm</button>
        <button onclick="showPrompt()">Prompt</button>
    </div>
    <div id="showmsg"></div>
</body>
</html>
```

☎提示：本节的源代码路径是 ch6/6_5_Alerts_page.html。

6.5.1　消息提示框

消息提示框（Alert）的作用是提示用户注意，其包含消息内容和一个"确认"按钮，大多数浏览器消息提示框是阻塞的，必须单击"确定"按钮后才能继续操作，如图 6.11 所示。

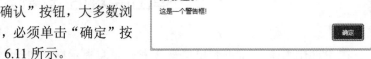

图 6.11　消息提示框

创建测试脚本 6_5_1_Alert.py 如下：

```
from selenium import webdriver
from selenium.webdriver.common.alert import Alert
from selenium.webdriver.support.wait import WebDriverWait
import selenium.webdriver.support.expected_conditions as EC

driver = webdriver.Chrome()
driver.get(r"f:\6_5_Alerts_page.html")

# 消息提示框
driver.find_element_by_xpath("//button[1]").click()
# 要使用显式等待的方法，等待提示框出现
alert = WebDriverWait(driver, 10).until(EC.alert_is_present())
# 获取提示框的文本
print(alert.text)
# accept()方法相当于单击了"确定"按钮
alert.accept()
```

重点解析：

• 我们打开的是本地 HTML 网页文件，路径填写文件存放的实际路径。

• 获取消息提示框对象的方法与显式等待的方法一致，实际上驱动程序就是在等待一

个期望的条件出现，这个条件就是 alert_is_present 代表对话框的出现。

- 通过 alert 对象，可以获取对话框中的文本内容，使用 accept()方法可以模拟单击"确定"按钮的操作指令。

执行上述代码，可以看到控制台将输出提示信息"这是一个警告框!"，单击"确定"按钮后，网页提示"已确认"。

☎提示：本小节的源代码路径是 ch6/6_5_1_Alert.py。

6.5.2　确认框

确认框（Confirm）通常用来与用户进行互动，目的是让用户选择"是""否"，并根据用户选择执行不同的后续操作。确认框包含提示文本内容以及"确定""取消"两个按钮，如图 6.12 所示。

图 6.12　确认框

创建测试脚本 6_5_2_Confirm.py 如下：

```python
import time
from selenium import webdriver
from selenium.webdriver.support.wait import WebDriverWait
import selenium.webdriver.support.expected_conditions as EC

driver = webdriver.Chrome()
driver.get(r"f:\6_5_Alerts_page.html")

# 确认框
driver.find_element_by_xpath("//button[2]").click()
# 要使用显式等待的方法，等待确认框的出现
alert = WebDriverWait(driver, 10).until(EC.alert_is_present())
# 获取确认框的文本
print(alert.text)
time.sleep(2)
# accept()方法相当于单击"确定"按钮
alert.accept()
# alert.dismiss()
```

重点解析：

- 获取对话框对象的方法和获取文本信息的方法基本相同。
- 确认框有两个按钮，其中：accept()方法代表"确定"按钮，表示接受选择；dismiss()方法代表"取消"按钮，表示拒绝选择。

执行上述代码，观察"确定""取消"操作的不同结果。

☎提示：本小节的源代码路径是 ch6/6_5_2_Confirm.py。

6.5.3   信息交互对话框

信息交互对话框（Prompt）用来完成
与用户的交互，能够接收用户输入的文本
内容。该对话框包含"确认""取消"两个
按钮和一个可供用户输入信息的输入框，
如图 6.13 所示。

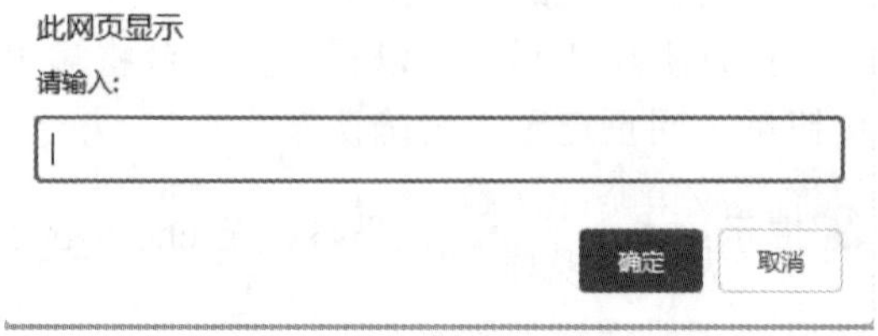

创建测试脚本 6_5_3_Prompt.py 如下：

此网页显示

请输入：

| |

确定   取消

图 6.13   信息交互对话框

```
import time
from selenium import webdriver
from selenium.webdriver.common.alert import Alert
from selenium.webdriver.support.wait import WebDriverWait
import selenium.webdriver.support.expected_conditions as EC

driver = webdriver.Chrome()
driver.get(r"f:\6_5_Alerts_page.html")

# 信息交互对话框
driver.find_element_by_xpath("//button[3]").click()
# 要使用显式等待的方法，等待弹出框出现
WebDriverWait(driver, 10).until(EC.alert_is_present())
alert = Alert(driver)
# 获取信息交互对话框的文本
print(alert.text)
time.sleep(1)
alert.send_keys("Selenium Alerts")
time.sleep(1)
# accept()方法相当于单击"确定"按钮
alert.accept()
```

重点解析：

• 在上面的代码中，获取信息文本、单击"确定""取消"按钮与前面的代码相同。
  信息交互对话框与前面两种提示框不同，该对话框需要用户输入文本，对话框对象
  的获取方法通过 Alert 类实例化来实现。

• alert.send_keys("Selenium Alerts")方法实现向对话框中输入文本内容。

执行上述代码，观察信息交互对话框接收用户输入的过程。

🔔注意：由于标准弹出层对话框样式简陋、美观度不高，很多 Web 项目会使用一些预定
义的 UI 框架，通过前端编码实现个性化的弹出层对话框，这些对话框本质上就
是网页元素，与本小节所学习的标准弹出层对话框是不一样的，要注意区分。

☎提示：本小节的源代码路径是 ch6/6_5_3_Prompt.py。

6.6　页面加载策略

如果页面出现内容庞大、逻辑复杂或者包含大量需要缓存和下载的元素，则需要关注页面加载策略的问题。例如，我们想要获取一个视频网站中某个页面的标题，而这个页面中包含大量的视频、图片或者其他需要异步载入的网页元素资源，我们要获取的标题实际上已经可以通过元素定位方法获取到，而在网页其他元素没有加载完成之前，默认情况下WebDriver 会一直等待，这种情况有可能会降低整个测试的执行效率，白白浪费了大量的时间来等待我们不需要的内容。这时我们可以通过指定的"页面载入策略"改变 WebDriver的默认工作方式来提升脚本执行效率，减少不必要的等待时间。

下面来看一个例子，该例的目标是打开 QQ 邮箱登录页面，获取文本 "QQ 邮箱，常联系！"，如图 6.14 所示。

图 6.14　QQ 邮箱登录页面

创建测试脚本 6_6_LoadStrategy.py 如下：

```python
import time
from selenium import webdriver

driver = webdriver.Chrome()
start = time.time()
driver.get("https://mail.qq.com")
print(time.time() - start)                       # 记录页面载入时间
print(driver.find_element_by_class_name('login_pictures_title').text)
```

执行以上脚本打开 QQ 邮箱页面并获取页面中的一段静态文本，其中加入的时间计算代码用于查看整个页面加载过程的耗时。脚本输出结果如下：

```
17.32304286956787
```
QQ 邮箱，常联系！

在 6.3 节提过，get()方法有默认的加载方式，在默认情况下，get()载入页面的时间达到了 17s，这样一个简单的业务，等待了这么久显然是不划算的，我们要获取的静态文本早就加载完毕并在浏览器中已显示，而脚本只能等待其他资源加载完成后才会定位元素，但其他的资源又是我们不需要的。想要解决这个问题，就需要理解 get()方法在调用过程中涉及的一个 Selenium 技术——页面加载策略。Selenium 在 get()或者 navigate_to()方法触发页面载入时提供了 3 种载入策略，分别是 normal、eager 和 none。

6.6.1　normal 策略

normal 策略可以理解为一般的策略或者默认策略，改造前面的代码如下：

```
import time
from selenium import webdriver

options = webdriver.ChromeOptions()
options.set_capability("pageLoadStrategy", "normal")

driver = webdriver.Chrome(options=options)
start = time.time()
driver.get("https://mail.qq.com")

print(time.time() - start)
print(driver.find_element_by_class_name('login_pictures_title').text)
```

在创建 WebDriver 对象之前，先获取 options 对象，这个对象与浏览器相关，谷歌浏览器通过 ChromeOptions()来获得。通过 options 对象的 set_capability()方法为 WebDriver 设置了一种页面加载策略，并指定策略为 normal。

再次执行脚本，控制台输出内容与前面没有区别：

```
16.90483069419861
```
QQ 邮箱，常联系！

因此，normal 策略是默认策略，也就是说，当我们不指定载入策略的时候，使用的就是 normal。normal 策略会等页面的所有资源加载完毕后才结束，包括 HTML 文档本身、相关的图片、CSS 样式表、JavaScript 脚本和视频链接等。在这个例子中，我们需要获取的静态文本元素是 HTML 文档的一部分，最先被页面加载完毕，因此完全没有必要等待其他资源的加载时间，必须更换其他加载策略来解决时间消耗问题。

6.6.2　eager 策略

eager 从字面翻译为"渴望的，盼望的"，修改上述代码中的策略为 eager：

```
options.set_capability("pageLoadStrategy", "eager")
```

执行脚本，控制台得到如下执行时间：

```
0.9404633045196533
QQ 邮箱，常联系！
```

怎么样，改变了载入策略之后，这一次只用了不到 1s 的时间。

eager 策略与 normal 策略有明显的区别，eager 策略是只要 DOM 加载完毕就结束，不会等待相关联的其他资源加载，也就是说，如果想要获取页面中的静态文本内容，使用 eager 策略会得到更高的执行效率。

既然 eager 策略这么优秀，何必还要用 normal 策略呢？原因其实很简单，现在的网页有时候会有动态效果，JavaScript 脚本可以在执行过程中动态改变 HTML 网页的 DOM 结构，如果一味使用 eager 策略，可能得不到正确的结果，这是要提醒大家注意的地方。

6.6.3　none 策略

none 的意思是没有，因此 none 策略代表"无策略"，即 get()方法将不做任何等待，包括 HTML DOM 本身。例如，将上例中的脚本策略修改为 none：

```
options.set_capability("pageLoadStrategy", "none")
```

执行脚本，控制台得到如下执行时间：

```
0.0029976367950439453
Traceback (most recent call last):
  File "F:/PycharmProjects/SeleniumTest/ch6/6_6_LoadStrategy.py", line
32, in <module>
    print(driver.find_element_by_class_name('login_pictures_title').text)
  File "F:\PycharmProjects\SeleniumTest\venv\lib\site-packages\selenium\
webdriver\remote\webdriver.py", line 564, in find_element_by_class_name
    return self.find_element(by=By.CLASS_NAME, value=name)
  File "F:\PycharmProjects\SeleniumTest\venv\lib\site-packages\selenium\
webdriver\remote\webdriver.py", line 976, in find_element
    return self.execute(Command.FIND_ELEMENT, {
  File "F:\PycharmProjects\SeleniumTest\venv\lib\site-packages\selenium\
webdriver\remote\webdriver.py", line 321, in execute
    self.error_handler.check_response(response)
  File "F:\PycharmProjects\SeleniumTest\venv\lib\site-packages\selenium\
webdriver\remote\errorhandler.py", line 242, in check_response
    raise exception_class(message, screen, stacktrace)
selenium.common.exceptions.NoSuchElementException: Message: no such
element: Unable to locate element: {"method":"css selector","selector":
".login_pictures_title"}
  (Session info: chrome=96.0.4664.45)
```

在 none 策略下，get()方法的执行时间非常短，不到 3ms，但是元素定位出现了 NoSuch-ElementException 异常，定位失败了。因为在 none 策略下，get()方法连 DOM 都没有等待就去定位元素，当然会失败。那么，none 策略有什么用呢？如果你善于总结学过的知识，结合三大等待方法来思考一下解决办法就可以想到，none 策略实际上将 get()方法等待策略清空，这样 get()方法就可以像 click()方法一样不用顾忌页面的载入消耗，同样我们也可以加入适当的等待方法：

```
driver.implicitly_wait(5)
```

加入隐式等待代码后，再次执行代码，结果如下：

```
0.008994817733764648
QQ 邮箱，常联系！
```

怎么样？8ms 的成绩是不是很优秀！none 策略配合等待方法是解决此类问题的最佳选择。当然，除了隐式等待以外，也可以使用显式等待和强制等待，这需要根据实际项目测试场景合理选择。

🔊注意：在学习初期，如果读者对三大等待方式、页面加载策略还不是特别清楚，可以直接使用"隐式等待+默认策略"的方法，如果遇到复杂页面使用默认策略过于耗时，则可以改成 none 策略。

☎提示：本小节的源代码路径是 ch6/6_6_LoadStrategy.py。

6.7　验证码识别实战

为了防范暴力破解攻击和脚本攻击，很多 Web 网站在用户登录等页面中加入了图形验证码，要求用户将验证码图片中的文本或数字跟随参数一起提交给服务器进行验证。验证的形式也越来越丰富，从简单的数字图形验证到滑块验证再到复杂的行为验证，防范手段越来越高明。相信很多读者都使用过"12306 购票网站"，为防止抢票软件过度泛滥，该网站可谓"煞费苦心"，就算是人工操作也有很大概率会通不过验证。本节我们尝试识别两种验证码来复习一下所学的知识。

6.7.1　简单的图形验证码

图形验证码是非常常见的，也是容易使用脚本识别的一种验证码，在我们的测试目标项目登录页面中也增加了图形验证码，如图 6.15 所示。

图形内容识别有很多开放的 API 供我们选择，这里使用百度开放平台提供的 OCR 识别 API 完成图片识别工作。先分析一下解决问题的步骤：

图 6.15　演示项目登录

（1）下载验证码图片。

（2）使用百度平台 API 识别图片中的数字。

首先获取验证码图片，创建测试脚本 6_7_1_NumberRandCode.py 如下：

```python
import os
from selenium import webdriver

driver = webdriver.Chrome()
driver.get("http://127.0.0.1:8001/login/")
driver.implicitly_wait(5)

if not os.path.exists("images"):
    os.mkdir("images")
driver.find_element_by_id('LAY-user-get-vercode').screenshot("images/randCode.png")
```

创建一个 images 目录，通过图片 WebElement 对象的 screenshot() 方法将验证码图片的截图保存到该目录下。

如何识别图片内容呢？我们打开百度开放平台的官方主页 cloud.baidu.com，通过顶部菜单"产品｜人工智能｜OCR 文字识别｜通用场景文字识别"，如图 6.16 所示，进入主题页面，然后单击"技术文档"按钮，在文档左侧的导航栏中列出了所有 OCR 文本识别接口，每个接口有特定的作用，通读文档，了解 API 接口的使用方法和示例代码。我们选择"数字识别"接口。

图 6.16　百度智能云产品列表

⚐注意：文档内容很多，可以直接复制 Python 示例代码并按要求填写身份信息即可。

创建 API 脚本文件 baidu_api.py，编写百度 API 接口调用相关方法：

```python
import time

import requests
import base64
from PIL import Image

Api_key = "填写你的 AK"
Secret_key = "填写你的 SK"

def fetch_token():
    # client_id 为官网获取的 AK，client_secret 为官网获取的 SK
    host = f'https://aip.baidubce.com/oauth/2.0/token?grant_type=client_credentials&client_id={Api_key}&client_secret={Secret_key}'
    response = requests.get(host)
    if response:
        print(response.json())
    return response.json().get("access_token") if response.status_code == 200 else None

def ocr_numbers(img_path):
    """
    数字识别
    """
    request_url = "https://aip.baidubce.com/rest/2.0/ocr/v1/numbers"
    # 以二进制方式打开图片文件
    f = open(img_path, 'rb')
    img = base64.b64encode(f.read())

    params = {"image": img}
    access_token = fetch_token()
    request_url = request_url + "?access_token=" + access_token
    headers = {'content-type': 'application/x-www-form-urlencoded'}
    response = requests.post(request_url, data=params, headers=headers)
    if response:
        print(response.json())
    return response.json()['words_result'][0]['words']
```

数字识别 API 接口需要验证百度平台注册用户的身份，Token 身份验证机制通过"Access Token 获取"接口进行查看，该接口同样有 Python 示例代码可以参考。有了以上数字识别方法，在 6_7_1_NumberRandCode.py 测试脚本中增加数字识别功能如下：

```python
randCode = ocr_numbers("images/
randCode.png")
driver.find_element_by_id('LAY-user-
login-vercode').send_keys(randCode)
```

使用 ocr_numbers() 方法前需要导入：

```python
from baidu_api import *
```

执行测试脚本，图片中的数字已经被输入文本框中，如图 6.17 所示。

图 6.17 识别验证码结果

☎提示：本小节的源代码路径是 ch6/6_7_1_NumberRandCode.py 和 baidu_api.py。

6.7.2　行为验证码

通过上一个识别图形验证码的例子，相信读者已经能够体会到 Selenium 框架和百度开放平台 API 接口结合使用所发挥出的作用。图形验证码是验证码系列方案中比较容易识别的，还有很多验证码方案非常复杂，本小节我们尝试模拟一个行为验证码。前面在讲述元素组合操作时我们使用携程旅行网用户注册页面作为例子，当模拟鼠标拖曳操作后，弹出了一个文字识别与鼠标单击相结合的行为验证码输入框，这个验证码要复杂很多，不仅是识别图片中的数字和文字那么简单，打开网址 https://passport.ctrip.com/user/reg/home，可以看到如图 6.18 所示的验证码。

图 6.18　携程网行为验证码

验证码分为两个区域，上方给出了 5 个有顺序的汉字，要求用户根据汉字的顺序和位置依次单击这些汉字完成验证，如图 6.19 所示。

这样的验证码一般是为了防止有人使用脚本来操作网站，因此用脚本来模拟这个过程是不太容易的，我们来分析一下解决这个问题的思路。

（1）既然需要按顺序识别文字及其位置，首先要获得文字的排列顺序。在弹出的验证码输入框中有一大一小两张图片，其中，小图片给出了 5 个有顺序的汉字，我们可以通过小图片来识别这些汉字，然后分割出有顺序的数据结构并进行存储，如图 6.20 所示。

（2）分别识别出每个汉字在大图片中的位置（相对大图片左上角定点的坐标偏移量）。通过 Selenium 文档可知，Selenium 提供了鼠标指针移动到元素并带有相对偏移量的方法，如图 6.21 所示。

图 6.19　验证码识别结果

图 6.20　文字顺序

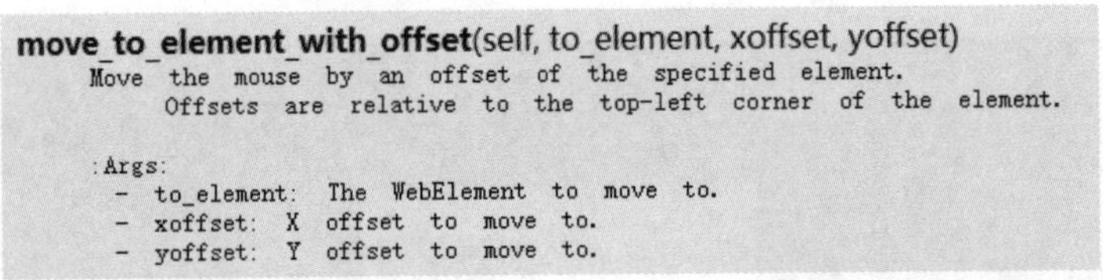

```
move_to_element_with_offset(self, to_element, xoffset, yoffset)
    Move the mouse by an offset of the specified element.
        Offsets are relative to the top-left corner of the element.

    :Args:
     - to_element: The WebElement to move to.
     - xoffset: X offset to move to.
     - yoffset: Y offset to move to.
```

图 6.21　Selenium API 文档

在这个场景中，鼠标移动的目标元素（to_element 参数定位的元素）就是验证码中的大图片，偏移量（xoffset 和 yoffset 参数）就是汉字相对大图片左上角定点坐标的偏移量。因此，只要获取每个汉字的坐标位置，就可以使用上述方法完成鼠标的移动和单击操作，如图 6.22 所示。

（3）根据每个汉字的位置信息，按顺序移动鼠标并单击，提交验证。

在以上三步中，关键一步就是识别大图片中的文字和位置。再次查阅百度开放平台人工智能

图 6.22　识别大图片中的文字及其位置

OCR 通用文字识别相关文档可以发现，除了前面我们用过的数字识别接口外，API 还有另外两个接口，即通用文字识别和通用文字识别（含位置版）接口，有了这两个接口我们就找到了解决问题的办法。

在 baidu_api.py 模块中加入 ocr_text()函数完成通用文字识别功能：

```
def ocr_text(img_path):
    """
    通用文字识别
    """
    request_url = "https://aip.baidubce.com/rest/2.0/ocr/v1/general_basic"
    # 以二进制方式打开图片文件
```

```
f = open(img_path, 'rb')
img = base64.b64encode(f.read())

params = {"image": img}
access_token = fetch_token()
request_url = request_url + "?access_token=" + access_token
headers = {'content-type': 'application/x-www-form-urlencoded'}
response = requests.post(request_url, data=params, headers=headers)
if response:
    print(response.json())
return response.json()['words_result'][0]['words']
```

通过 ocr_text()函数，可以识别小图中的文字并按顺序将其输出。

接下来参考"通用文字识别（含位置版）"的文档编写 ocr_text_with_location()函数代码：

```
def ocr_text_with_location(img_path):
    request_url = "https://aip.baidubce.com/rest/2.0/ocr/v1/general"
    # 以二进制方式打开图片文件
    f = open(img_path, 'rb')
    img = base64.b64encode(f.read())

    time.sleep(0.2)
    params = {"image": img}
    access_token = fetch_token()
    request_url = request_url + "?access_token=" + access_token
    headers = {'content-type': 'application/x-www-form-urlencoded'}
    response = requests.post(request_url, data=params, headers=headers)
    if response:
        print(response.json())
    return response.json()
```

ocr_text_with_location()函数可以识别图片中的文字并带有位置信息。

此时难点来了，百度提供的 API 识别要求汉字在同一行上，现在，图片中的 5 个汉字的位置是随机的，不可能一次识别成功，需要想一个办法让每个汉字以最快的速度被识别出来，因此需要逐步对图片进行分割，如图 6.23 所示。

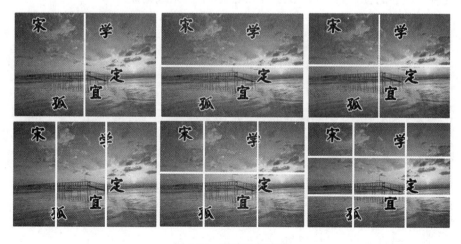

图 6.23　图片分割方案

　　分割的目的是让每个汉字总能在某一次分割方案中可以通过识别接口将其位置识别出来，然后再按照分割后的小图位置，计算出这个汉字相对于大图的位置：

```python
def cut_image(img_path, x_count=2, y_count=2):
    """
    图片分割方法
    :param img_path: 图片路径
    :param x_count: 水平份数
    :param y_count: 垂直份数
    :return:
    """
    image = Image.open(img_path)
    width, height = image.size

    item_width = width // x_count
    item_height = height // y_count

    box_list = []
    for i in range(0, y_count):
        for j in range(0, x_count):
            box = (j * item_width, i * item_height, (j+1)*item_width,
(i+1)*item_height)
            box_list.append(box)

    image_list = [{"image": image.crop(box), "box": box} for box in box_list]

    index = 1
    res = []
    for im in image_list:
        image_name = "images/"+str(index)+".png"
        im['image'].save(image_name, "PNG")
        index += 1
        res.append({"image": image_name, "box": im['box']})
    return res
```

得到每个汉字的位置后，按顺序单击这些汉字，完成验证：

```python
for word in wl:
    word_offset = wd[word]
    print("单击:", word, word_offset)

    # 移动鼠标完成单击操作
    if word_offset:
        action = ActionChains(driver)
        action.move_to_element_with_offset(big_image, word_offset['left']
+ 15, word_offset['top']+15)
        action.click()
        action.perform()
```

执行上述脚本，可以从控制台观察执行过程和识别的结果：

```
单击: 咖 {'top': 64, 'left': 74, 'width': 39, 'height': 29}
单击: 唇 {'top': 74, 'left': 184, 'width': 39, 'height': 34}
单击: 哥 {'top': 20, 'left': 161, 'width': 43, 'height': 41}
```

```
单击：哲 {'top': 123, 'left': 24, 'width': 189, 'height': 44}
单击：哈 {'top': 16, 'left': 97, 'width': 33, 'height': 33}
```

行为验证码识别结果如图 6.24 所示。

图 6.24 行为验证码识别结果

🔔**注意**：本例是为了整合 Selenium 学习过的知识，回顾和总结 Selenium 技术方法，本例比前面的基础实例复杂一些，汉字识别和位置识别可能会识别失败。多运行几次，体验 Selenium 的功能是本例的根本目的。测试工作和爬虫相关技术很多都是互通的，最大的区别在于：测试工作测的是自己的网站，而爬虫爬的是别人的网站。如果在测试工作中遇到复杂的验证码，在自动化脚本执行之前可以让开发人员关闭验证码检查功能。

☎**提示**：本小节的源代码路径是 ch6/6_7_2_ActionRandCode.py 和 baidu_api.py。

6.8 小　　结

本章我们对 Selenium 框架中的重点和难点问题进行了一一讲解，介绍了两种高级元素的定位方法。说它们高级，是因为这两种定位方法涉及的 CSS 和 XPath 都是单独的编程语言，内容较多，需要平时多积累。三大等待方法和页面加载策略是 Selenium 框架必须要掌握的知识点。

下一章我们以测试目标项目为例，给出基于 Selenium 框架相对完整的测试脚本，并介绍新版本 Selenium 4.0 的新特性和学习方法。

第 7 章　Selenium 项目实战

前面两章我们按照知识点的难易程度分别介绍了 Selenium 的基础知识和进阶应用，结合实际的使用场景，针对每个重要的知识点给出了一些典型应用的代码。学习 Selenium 是为了自动化测试服务，本章我们专门来介绍 Selenium 框架在测试工作中的实际使用方式。

本章的主要内容如下：

- Selenium WebDriver 测试项目实战；
- Selenium 4.0 版本新特性。

7.1　用户登录功能测试实战

本节以测试演示项目 testProject 为目标，结合前面讲过的 Selenium 相关技术，编写用户登录和需求申请两个场景的测试脚本，对前面所学的知识进行总结和梳理。运行 testProject 项目后，创建脚本目录 7_1_testProject_ui_demo。

我们看第一个测试场景——用户登录场景，创建用户登录测试脚本 test_login.py 如下：

```
class LoginTestCase:
    def __init__(self):
        self.count = 0
        self.success = 0
        self.driver = webdriver.Chrome()
        self.driver.get("http://127.0.0.1:8001/login/")

    def tearDown(self):
        time.sleep(2)
        self.driver.quit()
```

我们将用户登录测试用例封装成一个类 LoginTestCase，在构造函数中定义 count 和 succes 两个变量，记录测试用例的个数和测试成功的用例个数，为后面输出一个简单的测试报告准备数据。构造方法中同步完成登录页面载入。在用例执行结束后调用 tearDown() 方法，释放 Driver 占用的系统资源并关闭浏览器窗口。

用户登录操作过程包含用户名、密码和验证码的输入，以及登录按钮单击几个步骤，而所有的测试用例，不论正例还是反例，都需要用到这个过程，因此我们将操作过程封装到一个成员方法中：

```
    def login_action(self, username, password):
        if username is not None:
            self.driver.find_element_by_id('LAY-user-login-username').
send_keys(username)
        if password is not None:
            self.driver.find_element_by_id('LAY-user-login-password').
send_keys(password)
        self.driver.find_element_by_id('LAY-user-login-vercode').
send_keys('1111')
        time.sleep(speed)
        self.driver.find_element_by_id('loginButton').click()
```

login_action()方法用于接收用户名和密码两个参数，并执行网页元素的定位操作，完成登录。

🔔注意：默认情况下，testProject 项目无须检查验证码，如果遇到验证码错误提示，可以找到 testProject 项目的 testAction.py 代码，注释掉第 52～56 行代码。

编写用户登录正例脚本如下：

```
    def test_normal(self, username, password):
        print("登录测试正例:", username, password, end="...")
        try:
            self.login_action(username, password)

            # 增加断言
            WebDriverWait(self.driver, 5).until(EC.title_contains("自动化
测试"))
            print("Success")
            self.success += 1
        except Exception as e:
            print("Fail: ", str(e))
        finally:
            self.driver.back()
            self.driver.refresh()
            self.count += 1
```

重点解析：

- test_normal()方法封装了用户登录场景正例的测试逻辑，调用 self.login_action()方法完成用户登录操作。
- 测试脚本与普通脚本的区别就在于有测试断言代码。在正例中我们期望用户名和密码是正确的，并且能够成功登录系统主页面，如果使用显式等待方法等待的页面标题包含"自动化测试"文字，则代表登录成功，反之则代表登录失败。
- 变量 count 和 success 用于增加计数。
- 显式等待方法超时会抛出异常，当测试脚本执行每一个用例时，一般不希望发生用例异常从而打断程序的执行。例如我们有 20 个用例，第 11 个用例执行出现异常时不能影响第 12～20 个用例的执行，因此需要使用 try...except...finally 捕获并处理异常。

- 在 finally 语句块中，每次测试用例执行完成后退回上页并刷新进入下一个测试用
  例。这里只是一个示例，在实际工作中这样处理不够严谨，后面学习了 Unittest 测
  试管理框架后，会有更好的解决方法。

有了测试用例类，编写测试执行脚本代码如下：

```python
if __name__ == '__main__':
    testCase = LoginTestCase()
    user_datas = [("admin", "123456"), ("sniper", "111111")]
    for _username, _password in user_datas:
        testCase.test_normal(_username, _password)

    print(f"执行完成, 共执行用例{testCase.count}个, 成功{testCase.success}个,
失败{testCase.count - testCase.success}个")
    # 用例执行结束后不要忘了释放资源
    testCase.tearDown()
```

在上面这段测试代码中，以列表方式定义了两组测试数据，在正例中使用正确的用户
名和密码，testProject 提供的基础用户有 sniper 和 admin。用例执行完毕后输出了一个简易
的测试报告，给出了用例总数、成功数和失败数。

注意：执行用例、增加断言、输出测试报告是每个测试脚本的必备环节。

对于反例脚本，需要给出反例执行处理逻辑代码：

```python
    def test_error(self, username, password, expected_text):
        print("登录测试反例:", username, password, expected_text, end="...")
        try:
            self.login_action(username, password)
            # 增加断言
            # 自定义一个显式等待的方法 presence_of_messagebox(), 等待对话框出现然
                后断言对话框内容是否和预期的一致
            element = WebDriverWait(self.driver, 5).until(MYEC.presence_
of_messagebox())
            msg = element.text
            if msg == expected_text:
                print("Success")
                self.success += 1
            else:
                print(f"Fail: {msg} != {expected_text}")
        except Exception as e:
            print("Fail: ", str(e))
        finally:
            time.sleep(speed)
            self.driver.refresh()
            self.count += 1
```

重点解析：

- test_error()方法封装了反例交易执行的处理逻辑，整体与正例类似。
- 在代码中我们自定义了一个显式等待方法 presence_of_messagebox()，用于等待对话
  框的出现并断言对话框的显示内容是否与期望的一致。

- test_error()有接收用户名、密码和期望错误提示 3 个参数，其中，期望错误提示是作为断言测试结果的依据。

前面我们学过的显式等待方式使用的是 selenium.webdriver.support.expected_conditions 类中预定义的等待条件作为检索依据，这里我们同样可以根据实际项目需要定义自己的等待条件。在用户登录反例场景中，如果输入错误的用户名或者密码，系统则会弹出消息框提示"用户名或密码错误"，如图 7.1 所示。

图 7.1　登录错误提示

这个消息框并非标准的弹出层，因此必须用代码来获取消息框中的内容，我们定义一个与 expected_conditions 等价的模块来给出自定义的等待方法代码，创建模块 my_expected_conditions.py：

```python
import time
from selenium.common.exceptions import NoSuchElementException,
WebDriverException

class presence_of_messagebox(object):
    """
    找到提示信息的容器元素
    """
    def __call__(self, driver):
        # 自定义显式等待条件的类 2 个必要条件
        # 1.要有__call__方法
        # 2.__call__方法需要有一个 driver 参数
        return _find_element(driver)

def _find_element(driver):
    """
    1.先找#layui_layer1
    2.如果#layui_layer1 的 text 内容为空，就再找#layui_layer2
    """
    try:
        element = driver.find_element_by_css_selector("#layui-layer1 .
layui-layer-content")
        if not element.text:
            time.sleep(0.2)
            element = driver.find_element_by_css_selector("#layui-layer2 .
layui-layer-content")
        return element
    except NoSuchElementException as e:
        raise e
    except WebDriverException as e:
        raise e
```

　　以上代码定义了一个内部定位元素的处理逻辑，通过开发工具分析，服务器返回的错误信息存在于 layui-layer1 或 layui-layer2 样式的元素文本中，通过内部方法 _find_element() 定位元素并返回元素的文本就可以得到这个错误信息，这样我们就达到了显式等待的目的。同样，由于方法 __call__() 具有返回值，所以我们会将显式等待成功后定位的元素传递给测试脚本，测试脚本通过返回值的 text 属性获取消息框中的元素文本内容，从而得到服务器给出的错误信息。

　　接下来完善测试执行代码，增加反例数据和执行逻辑，测试脚本的完整代码如下：

```python
import time

from selenium import webdriver
from selenium.webdriver.support.wait import WebDriverWait
import selenium.webdriver.support.expected_conditions as EC
import my_expected_conditions as MYEC
speed = 0.5


class LoginTestCase:
    def __init__(self):
        self.count = 0
        self.success = 0
        self.driver = webdriver.Chrome()
        self.driver.get("http://localhost:8001/login/")

    def login_action(self, username, password):
        if username is not None:
            self.driver.find_element_by_id('LAY-user-login-username').
send_keys(username)
        if password is not None:
            self.driver.find_element_by_id('LAY-user-login-password').
send_keys(password)
        self.driver.find_element_by_id('LAY-user-login-vercode').
send_keys('1111')
        time.sleep(speed)
        self.driver.find_element_by_id('loginButton').click()

    def test_normal(self, username, password):
        print("登录测试正例:", username, password, end="...")
        try:
            self.login_action(username, password)

            # 增加断言
            WebDriverWait(self.driver, 5).until(EC.title_contains("自动化
测试"))
            print("Success")
            self.success += 1
        except Exception as e:
            print("Fail: ", str(e))
        finally:
            self.driver.back()
            self.driver.refresh()
```

```python
            self.count += 1

    def test_error(self, username, password, expected_text):
        print("登录测试反例:", username, password, expected_text, end="...")
        try:
            self.login_action(username, password)
            # 增加断言
            # 自定义一个显式等待的方法
            element = WebDriverWait(self.driver, 5).until(MYEC.presence_
of_messagebox())
            msg = element.text
            if msg == expected_text:
                print("Success")
                self.success += 1
            else:
                print(f"Fail: {msg} != {expected_text}")
        except Exception as e:
            print("Fail: ", str(e))
        finally:
            time.sleep(speed)
            self.driver.refresh()
            self.count += 1

    def tearDown(self):
        time.sleep(2)
        self.driver.quit()


if __name__ == '__main__':
    testCase = LoginTestCase()

    # 正例
    user_datas = [("admin", "123456"), ("sniper", "111111")]
    for _username, _password in user_datas:
        testCase.test_normal(_username, _password)


    # 反例
    user_error_datas = [
        (None, None, "请输入用户名和密码"),
        ("admin", None, "请输入用户名和密码"),
        (None, "123456", "请输入用户名和密码"),
        ("sniper", "123456", "用户名或密码错误"),
        ("ad%&%", "123456", "输入非法字符"),
    ]
    for _username, _password, _expected_text in user_error_datas:
        testCase.test_error(username=_username, password=_password, expected_
text=_expected_text)

    print(f"执行完成, 共执行用例{testCase.count}个, 成功{testCase.success}个,
失败{testCase.count - testCase.success}个")
    # 用例执行结束后不要忘了释放资源
    testCase.tearDown()
```

　　执行 test_logn.py 脚本，观察一个测试用例的执行过程，可以体会到自动化测试带来的便捷。执行结束后，可以从控制台查看到一个简易版本的测试报告：

```
登录测试正例：admin 123456...Success
登录测试正例：sniper 111111...Success
登录测试反例：None None 请输入用户名和密码...Success
登录测试反例：admin None 请输入用户名和密码...Success
登录测试反例：None 123456 请输入用户名和密码...Success
登录测试反例：sniper 123456 用户名或密码错误...Success
登录测试反例：ad%&% 123456 输入非法字符...Fail:用户名或密码错误 != 输入非法字符
执行完成，共执行用例7个，成功6个，失败1个
```

7.2　需求申请功能测试实战

　　需求申请操作流程比用户登录稍微复杂一些，需要处理更多的表单元素输入。登录成功后进入需求申请表单才能完成需求申请操作，如图 7.2 所示。

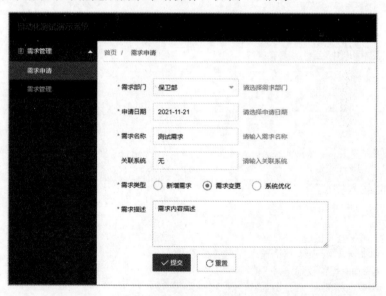

图 7.2　需求申请表单

　　创建需求申请测试脚本 test_apply.py，定义 ApplyTestCase 类：

```python
class ApplyTestCase:
    def __init__(self):
        self.count = 0
        self.success = 0
        self.driver = webdriver.Chrome()
        self.driver.get("http://127.0.0.1:8001/login/")
        self.login_action("admin", "123456")
```

```
    def login_action(self, username, password):
        if username is not None:
            self.driver.find_element_by_id('LAY-user-login-username').
send_keys(username)
        if password is not None:
            self.driver.find_element_by_id('LAY-user-login-password').
send_keys(password)
        self.driver.find_element_by_id('LAY-user-login-vercode').
send_keys('1111')
        time.sleep(speed)
        self.driver.find_element_by_id('loginButton').click()

    def tearDown(self):
        time.sleep(2)
        self.driver.quit()
```

脚本中的构造函数及 tear_down()方法的功能与登录测试脚本一样，我们还保留了 login_action()方法，在该方法调用中完成用户登录操作。

接下来定义一个操作左侧菜单进入需求申请页面的操作方法：

```
    def open_menu(self):
        # 等待登录成功
        WebDriverWait(self.driver, 5).until(EC.title_contains("自动化测试"))
        # 单击菜单，打开需求申请功能页面
        self.driver.find_element_by_css_selector('ul.layui-nav-tree > li >
a').click()
        time.sleep(speed)
        self.driver.find_element_by_link_text('需求申请').click()
        # 切换 iframe
        self.driver.switch_to.frame(self.driver.find_element_by_id
('mainframe'))
        time.sleep(speed)
```

等待页面载入完成后，打开菜单文件夹“需求管理”，单击子菜单“需求申请”，弹出新的窗口然后切换到 iframe 窗口，这些内容在前面已经介绍过，不再赘述。

apply_action()方法封装了处理表单的业务逻辑，该方法接收一个 params 参数字典，包含表单中需要的数据：

```
    def apply_action(self, params):
        # 要选择的部门
        if 'dept' in params:
            self.driver.find_element_by_css_selector(".layui-select-title
input").click()
            time.sleep(speed)

            elements = self.driver.find_elements(By.CSS_SELECTOR, "dl > dd")
            for element in elements:
                if element.text == params['dept']:
                    element.click()
                    break
            time.sleep(speed)
```

```
        # 输入日期
        if "date" in params:
            self.driver.find_element_by_id('order_date').send_keys(params
['date'])
            time.sleep(speed)
            self.driver.find_element_by_css_selector(".layui-form-item:
nth-child(2) label").click()
            time.sleep(speed)

        # 处理 3 个输入文本
        if "name" in params:
            self.driver.find_element_by_id('order_name').send_keys(params
['name'])
        if "refersys" in params:
            self.driver.find_element_by_id('order_sys').send_keys(params
['refersys'])
        if "desc" in params:
            self.driver.find_element_by_id('order_desc').send_keys(params
['desc'])

        apply_types = ["新增需求", "需求变更", "系统优化"]
        if "type" in params:
            # 单选按钮，需求类型
            seqno = apply_types.index(params['type']) + 1
            self.driver.find_element_by_xpath('//*[@id="addForm"]/div[5]/
div/div[%d]/i' % seqno).click()
            time.sleep(speed)

        # 提交表单
        self.driver.find_element_by_id('submitBtn').click()
```

重点解析：

- apply_action()方法将参数传入的部门（dept）、名称（name）、日期（date）和类型（type）等参数封装成入口参数，然后操作表单元素完成录入并提交表单。其中，名称、描述和关联系统属于基本的文本输入，"日期"选择框可以用 send_keys()方法直接赋值，需要重点关注的只有"部门""类型"两个输入区域。
- "部门"是使用 Layui 装饰后的选择列表，不能使用标准的 Select 操作方式，必须定位选择列表元素并单击后才能显示各选项，在所有选项中遍历并比较文本内容，然后找到要选择的部门。
- "类型"为使用 Layui 装饰后的单选按钮，用于定义 apply_types 数据建立索引对照关系，并使下标与单选按钮定位的 XPath 表达式建立变量映射关系。

完成基础功能的相关操作方法定义后，使用 test()方法完成测试：

```
    def test(self, params):
        print(f"需求申请{params.get('case')}:", str(params), end="...")

        try:
            # 先打开菜单
            self.open_menu()
```

```
        # 再输入表单操作
        self.apply_action(params)

        # 增加断言
        element = WebDriverWait(self.driver, 5).until(MYEC.presence_
of_messagebox())
        msg = element.text
        expect_msg = params.get("expected_text", "需求登记成功。")
        if msg == expect_msg:
            print("Success")
            self.success += 1
        else:
            print(f"Fail: {msg} != {expect_msg}")
    except Exception as e:
        print("Fail: ", str(e))
    finally:
        time.sleep(speed)
        self.driver.refresh()
        self.count += 1
```

重点解析：

- 这次没有将测试正例和反例分开编写，因为在这个场景中，正例和反例的操作逻辑完全一致，只是消息框中的内容不同。
- 通过自定义的显式等待方法得到的元素的 text 文本即为服务器返回的提示信息，params 参数中的 expected_text 表示测试数据期望的结果，使用断言判断二者是否相等。

测试执行代码如下：

```
if __name__ == '__main__':
    testCase = ApplyTestCase()
    apply_datas = [{
        "case": "正例",
        "dept": "综合办公室",
        "date": datetime.datetime.today().strftime("%Y-%m-%d"),
        "name": "测试需求名称",
        "refersys": "关联的应用系统",
        "type": "系统优化",
        "desc": "测试需求描述内容",
    }, {
        "case": "正例",
        "dept": "人力部门",
        "date": datetime.datetime.today().strftime("%Y-%m-%d"),
        "name": "测试需求名称",
        "refersys": "关联的应用系统",
        "type": "系统优化",
        "desc": "测试需求描述内容",
    }, {
        "case": "正例",
        "dept": "保卫部",
        "date": datetime.datetime.today().strftime("%Y-%m-%d"),
```

```
        "name": "测试需求名称",
        "refersys": "关联的应用系统",
        "type": "系统优化",
        "desc": "测试需求描述内容",
    }, {
        "case": "正例",
        "dept": "科技部",
        "date": datetime.datetime.today().strftime("%Y-%m-%d"),
        "name": "测试需求名称",
        "refersys": "关联的应用系统",
        "type": "系统优化",
        "desc": "测试需求描述内容",
    }, {
        "case": "正例",
        "dept": "科技部",
        "date": datetime.datetime.today().strftime("%Y-%m-%d"),
        "name": "测试需求名称",
        "refersys": "关联的应用系统",
        "type": "需求变更",
        "desc": "测试需求描述内容",
    }, {
        "case": "正例",
        "dept": "科技部",
        "date": datetime.datetime.today().strftime("%Y-%m-%d"),
        "name": "测试需求名称",
        "refersys": "关联的应用系统",
        "type": "新增需求",
        "desc": "测试需求描述内容",
    }, {
        "case": "正例",
        "dept": "科技部",
        "date": (datetime.date.today() + datetime.timedelta(days=1)).
strftime("%Y-%m-%d"),
        "name": "测试需求名称",
        "refersys": "关联的应用系统",
        "type": "新增需求",
        "desc": "测试需求描述内容",
    }, {
        "case": "正例",
        "dept": "科技部",
        "date": (datetime.date.today() + datetime.timedelta(days=6)).
strftime("%Y-%m-%d"),
        "name": "测试需求名称",
        "refersys": "关联的应用系统",
        "type": "新增需求",
        "desc": "测试需求描述内容",
    }, {
        "case": "反例",
        # "dept": "科技部",
        "date": datetime.datetime.today().strftime("%Y-%m-%d"),
```

```
        "name": "测试需求名称",
        "refersys": "关联的应用系统",
        "type": "新增需求",
        "desc": "测试需求描述内容",
        "expected_text": "选择部门",
    }, {
        "case": "反例",
        "dept": "科技部",
        # "date": datetime.datetime.today().strftime("%Y-%m-%d"),
        "name": "测试需求名称",
        "refersys": "关联的应用系统",
        "type": "新增需求",
        "desc": "测试需求描述内容",
        "expected_text": "申请日期必输入",
    }, {
        "case": "反例",
        "dept": "科技部",
        "date": (datetime.date.today() + datetime.timedelta(days=10)).
strftime("%Y-%m-%d"),
        "name": "测试需求名称",
        "refersys": "关联的应用系统",
        "type": "新增需求",
        "desc": "测试需求描述内容",
        "expected_text": "日期不在允许范围内",
    }]

    for apply_data in apply_datas:
        testCase.test(apply_data)

    print(f"执行完成，共执行用例{testCase.count}个，成功{testCase.success}个，
失败{testCase.count - testCase.success}个")
    # 用例执行结束后不要忘了释放资源
    testCase.tearDown()
```

datetime 标准库可以帮助我们解决日期格式化问题，每次都使用当前日期作为参数，而不需要修改代码。以上代码虽然很长，但大部分是定义测试数据，目的是铺垫数据驱动测试（DDT），与生成日期的逻辑代码是一样的，不同的数据，不同的期望结果，测试用例不同，也就是说，我们可以通过扩展数据的方式来达到快速编写测试用例的目的。

执行代码，观察自动化测试过程，在控制台可以查看建议的测试报告：

```
需求申请正例: {'case': '正例', 'dept': '综合办公室', 'date': '2021-11-21',
'name': '测试需求名称', 'refersys': '关联的应用系统', 'type': '系统优化',
'desc': '测试需求描述内容'}...Success
需求申请正例: {'case': '正例', 'dept': '人力部门', 'date': '2021-11-21',
'name': '测试需求名称', 'refersys': '关联的应用系统', 'type': '系统优化',
'desc': '测试需求描述内容'}...Success
需求申请正例: {'case': '正例', 'dept': '保卫部', 'date': '2021-11-21', 'name':
'测试需求名称', 'refersys': '关联的应用系统', 'type': '系统优化', 'desc': '测
试需求描述内容'}...Success
```

需求申请正例：{'case': '正例', 'dept': '科技部', 'date': '2021-11-21', 'name':
'测试需求名称', 'refersys': '关联的应用系统', 'type': '系统优化', 'desc': '测
试需求描述内容'}...Success
需求申请正例：{'case': '正例', 'dept': '科技部', 'date': '2021-11-21', 'name':
'测试需求名称', 'refersys': '关联的应用系统', 'type': '需求变更', 'desc': '测
试需求描述内容'}...Success
需求申请正例：{'case': '正例', 'dept': '科技部', 'date': '2021-11-21', 'name':
'测试需求名称', 'refersys': '关联的应用系统', 'type': '新增需求', 'desc': '测
试需求描述内容'}...Success
需求申请正例：{'case': '正例', 'dept': '科技部', 'date': '2021-11-22', 'name':
'测试需求名称', 'refersys': '关联的应用系统', 'type': '新增需求', 'desc': '测
试需求描述内容'}...Success
需求申请正例：{'case': '正例', 'dept': '科技部', 'date': '2021-11-27', 'name':
'测试需求名称', 'refersys': '关联的应用系统', 'type': '新增需求', 'desc': '测
试需求描述内容'}...Success
需求申请反例：{'case': '反例', 'date': '2021-11-21', 'name': '测试需求名称',
'refersys': '关联的应用系统', 'type': '新增需求', 'desc': '测试需求描述内容',
'expected_text': '选择部门'}...Success
需求申请反例：{'case': '反例', 'dept': '科技部', 'name': '测试需求名称',
 'refersys': '关联的应用系统', 'type': '新增需求', 'desc': '测试需求描述内容',
'expected_text': '申请日期必须输入'}...Success
需求申请反例：{'case': '反例', 'dept': '科技部', 'date': '2021-12-01', 'name':
'测试需求名称', 'refersys': '关联的应用系统', 'type': '新增需求', 'desc': '测
试需求描述内容', 'expected_text': '日期不在允许范围内'}...Success
执行完成，共执行用例 11 个，成功 11 个，失败 0 个

至此，我们给出了测试场景"用户登录""需求申请"的基础测试脚本，读者可以根据前面所学的知识将自动化脚本落地，从中体会自动化的好处。代码有了，每次想要执行时可以重复使用，一次编写，多次执行，是不是比手工测试轻松许多？本节给出的练习代码实际上属于"线性代码"，学习可以，但不能用于实际工作，因为可维护性和可读性都不高。后面我们会学习测试管理框架 Unittest、数据驱动测试（DDT）及详细、美观的测试报告的生成方法，然后我们再对以上代码进行优化和重构，并讲解关键字驱动和 PO 设计模式。

☎提示：本节的源代码路径是 ch7/7_1_testProject_ui_demo。

7.3　Selenium 4.0 的新特性

本书完稿时，恰逢期待已久的 Selenium 4.0 正式版本发布，笔者第一时间阅读了 Selenium 4.0 相关发布文档和源码，对比了 Selenium 4.0 和 Selenium 3 版本之间的差异。总体来说，Selenium 4.0 没有本质性的变化，之前学习的 Selenium 3 的大部分功能在 Selenium 4.0 版本中都可以直接使用。

接下来创建一个新的项目 Selenium4Demo，安装 Selenium 的最新版本：

```
pip install selenium
```

默认情况下会直接安装 Selenium 4.0，安装过程如下：

```
Collecting selenium
  Using cached selenium-4.0.0-py3-none-any.whl (954 KB)
Collecting trio-websocket~=0.9
  Using cached trio_websocket-0.9.2-py3-none-any.whl (16 KB)
Collecting urllib3[secure]~=1.26
  Using cached urllib3-1.26.7-py2.py3-none-any.whl (138 KB)
Collecting trio~=0.17
  Using cached trio-0.19.0-py3-none-any.whl (356 KB)
Collecting cffi>=1.14
  Using cached cffi-1.15.0-cp38-cp38-win_amd64.whl (179 KB)
Collecting sniffio
  Using cached sniffio-1.2.0-py3-none-any.whl (10 KB)
Collecting idna
  Using cached idna-3.3-py3-none-any.whl (61 KB)
Collecting outcome
  Using cached outcome-1.1.0-py2.py3-none-any.whl (9.7 KB)
Collecting async-generator>=1.9
  Using cached async_generator-1.10-py3-none-any.whl (18 KB)
Collecting sortedcontainers
  Using cached sortedcontainers-2.4.0-py2.py3-none-any.whl (29 KB)
Collecting attrs>=19.2.0
  Using cached attrs-21.2.0-py2.py3-none-any.whl (53 KB)
Collecting pycparser
  Downloading pycparser-2.21-py2.py3-none-any.whl (118 KB)
     |████████████████████████████████| 118 kB 364 KB/s
Collecting wsproto>=0.14
  Using cached wsproto-1.0.0-py3-none-any.whl (24 KB)
Collecting pyOpenSSL>=0.14
  Using cached pyOpenSSL-21.0.0-py2.py3-none-any.whl (55 KB)
Collecting certifi
  Using cached certifi-2021.10.8-py2.py3-none-any.whl (149 KB)
Collecting cryptography>=1.3.4
  Using cached cryptography-35.0.0-cp36-abi3-win_amd64.whl (2.1 MB)
Collecting six>=1.5.2
  Using cached six-1.16.0-py2.py3-none-any.whl (11 KB)
Collecting h11<1,>=0.9.0
  Using cached h11-0.12.0-py3-none-any.whl (54 KB)
Installing collected packages: pycparser, cffi, attrs, sortedcontainers,
sniffio, six, outcome, idna, h11, cryptography, async-generator, wsproto,
urllib3, trio, pyOpenSSL, certifi, trio-websocket, selenium
Successfully installed async-generator-1.10 attrs-21.2.0 certifi-2021.
10.8 cffi-1.15.0 cryptography-35.0.0 h11-0.12.0 idna-3.3 outcome-1.1.0
pyOpenSSL-21.0.0 pycparser-2.21 selenium-4.0.0 six-1.16.0 sniffio-1.2.0
sortedcontainers-2.4.0
  trio-0.19.0 trio-websocket-0.9.2 urllib3-1.26.7 wsproto-1.0.0
```

可以看出，Selenium 4.0 依赖的库多了不少。通过 pip list 指令，可以详细列出 Selenium 4.0
依赖的所有第三方库，具体如下：

```
PS F:\PycharmProjects\Selenium4Demo> pip list
```

```
Package           Version
----------------- ----------
async-generator   1.10
attrs             21.2.0
certifi           2021.10.8
cffi              1.15.0
cryptography      35.0.0
h11               0.12.0
idna              3.3
outcome           1.1.0
pip               21.1.2
pycparser         2.21
pyOpenSSL         21.0.0
selenium          4.0.0
setuptools        57.0.0
six               1.16.0
sniffio           1.2.0
sortedcontainers  2.4.0
trio              0.19.0
trio-websocket    0.9.2
urllib3           1.26.7
wheel             0.36.2
wsproto           1.0.0
```

7.3.1　find_element(s)_by_xxx()方法被弃用

在 Selenium 4.0 中，不再推荐使用 find_element_by_id()等系列方法，但是还没有彻底移除，未来应该会停用，如果我们依旧使用这些元素定位方法，会收到提示警告。创建测试脚本 7_3_1_Demo_locator.py：

```python
from selenium import webdriver

driver = webdriver.Chrome()
driver.get("https://www.baidu.com/")

driver.find_element_by_id('kw').send_keys("Selenium 4.0")
print(len(driver.find_elements_by_tag_name('input')))
```

在上面的代码中，笔者随便写了两个元素定位方法,如果使用以前的方法,在 Selenium 4.0 中会被打上横线，代表该方法已经不推荐使用，将会在未来版本中移除。运行这两个方法虽然不影响实际使用，但是控制台会输出警告信息：

```
F:/PycharmProjects/Selenium4Demo/Demo.py:13: DeprecationWarning: find_
element_by_* commands are deprecated. Please use find_element() instead
  driver.find_element_by_id('kw').send_keys("Selenium 4.0")
F:/PycharmProjects/Selenium4Demo/Demo.py:14: DeprecationWarning: find_
elements_by_* commands are deprecated. Please use find_elements() instead
  print(len(driver.find_elements_by_tag_name('input')))
18
```

这其实是对定位方法的一种兼容考虑，新版本升级需要一个过程，也要给 Selenium 广大使用者一个进行优化的时间。那么，在 Selenium 4.0 版本中该如何使用元素定位呢？

其实，如果读过 Selenium 3 版本的源码可以知道，find_element_by_id()等定位方法是在基础定位方法 find_element()上的二次封装。Selenium 3.14 版的 WebDriver 类的 find_element_by_id()方法源码如下：

```
def find_element_by_id(self, id_):
    """Finds an element by id.

    :Args:
    - id\_ - The id of the element to be found.

    :Returns:
    - WebElement - the element if it was found

    :Raises:
    - NoSuchElementException - if the element wasn't found

    :Usage:
        element = driver.find_element_by_id('foo')
    """
    return self.find_element(by=By.ID, value=id_)
```

Selenium 4.0 版 WebDriver 类的源码如下：

```
def find_element_by_id(self, id_) -> WebElement:
    """Finds an element by id.

    :Args:
    - id\\_ - The id of the element to be found.

    :Returns:
    - WebElement - the element if it was found

    :Raises:
    - NoSuchElementException - if the element wasn't found

    :Usage:
        ::

            element = driver.find_element_by_id('foo')
    """
    warnings.warn(
        "find_element_by_* commands are deprecated. Please use find_
element() instead",
        DeprecationWarning,
        stacklevel=2,
    )
    return self.find_element(by=By.ID, value=id_)
```

对比两段源码可以看出没有本质上的变化，只是在 Selenium 4.0 版的源码中加入了 warnings 警告提示，让我们直接使用 find_element(s)方法来完成元素定位，而在 Selenium 3.141 版的 find_element_by_id()方法内部也是调用 find_element()方法来定位元素的。修改 7_3_1_Demo_locator.py 如下：

```
from selenium import webdriver
from selenium.webdriver.common.by import By
```

```
driver = webdriver.Chrome()
driver.get("https://www.baidu.com/")

# driver.find_element_by_id('kw').send_keys("Selenium 4.0")
# print(len(driver.find_elements_by_tag_name('input')))
driver.find_element(By.ID, "kw").send_keys("Selenium 4.0")
print(len(driver.find_elements(By.TAG_NAME, 'input')))
```

By 是一个类，定义了 8 种定位方法标识的常量，不要忘了导入。执行脚本，控制台不再有警告信息。

18

8 种定位方法都遵守新的特性，不再一一列出。

后面在学习测试开发框架的搭建时也会使用 find_element()方法来编写代码。

☎提示：本小节的源代码路径是 ch7/7_3_1_Demo_locator.py，本例的代码需要在 Selenium 4.0 环境中运行。

7.3.2　相对定位方法

期盼已久的相对定位方法终于来了，在 Selenium 4.0 中引入了一种使用相对定位器在页面上定位 Web 元素的便捷方法。我们知道，百度首页导航栏包含新闻、hao123、地图、直播、视频和学术等分类链接，如图 7.3 所示。

图 7.3　百度首页导航条

利用之前学过的知识，我们可以定位某一个或者全部的链接，如果我只想定位直播链接左边的新闻、hao123 和地图 3 个链接应该怎么做呢？按照之前的方法，只能获取全部导航内容后再选择前 3 个，这种方法很麻烦，程序代码较多而且容易出问题，Selenium 4.0 的相对定位方法提供了新的定位方式。创建测试脚本 7_3_2_Demo_relative.py 如下：

```
from selenium import webdriver
from selenium.webdriver.common.by import By
from selenium.webdriver.support.relative_locator import locate_with

driver = webdriver.Chrome()
driver.get("https://www.baidu.com/")
```

```
mapElement = driver.find_element(By.LINK_TEXT, '地图')
elements = driver.find_elements(locate_with(By.CLASS_NAME, 'mnav').
to_left_of(mapElement))
for ele in elements:
    print(ele.text)
```

首先定位"地图"链接，然后按照 class 定位方法在"地图"元素的左边定位 class 值是 mnav 的所有元素，执行代码，输出结果如下：

```
hao123
新闻
```

通过这种新的相对定位方式，定位"新闻"和"hao123"链接真的方便很多，也符合面向对象的思维逻辑。相对定位的核心类是 selenium.webdriver.support.relative_locator 打开源码查看其内容，除了 to_left_of()方法以外，还有其他方法可以使用：

- to_left_of()：在…的左边；
- to_right_of()：在…的右边；
- above()：在…的上面；
- below()：在…的下面；
- near()：在…的附近。

使用以上相对定位方法的前提是要找到一个相对的目标元素，在本例中我们使用"地图"作为相对目标元素，此外还需要指定定位方式，locate_with()方法的定位语法与 find_elements()一样，不再赘述。

☎提示：本小节的源代码路径是 ch7/7_3_2_Demo_relative.py，本例的代码需要在 Selenium 4.0 环境中运行。

7.3.3　主动创建新窗口

在 Selenium 3 之前的版本中，开发者没有办法打开新窗口完成一些多页面分离的操作，只能创建新的 WebDriver 对象来达到创建新窗口的目的。Selenium 4.0 的 new_Window()方法可以让用户简单地创建新窗口或在各选项卡之间进行切换。创建测试脚本 7_3_3_Demo_newWindow.py 如下：

```
from selenium import webdriver

driver = webdriver.Chrome()
driver.get("https://www.baidu.com/")

driver.switch_to.new_window("window")
driver.get("https://www.sina.com.cn/")
```

执行脚本，首先打开百度首页，然后创建一个新窗口并载入新浪网页，如图 7.4 所示。

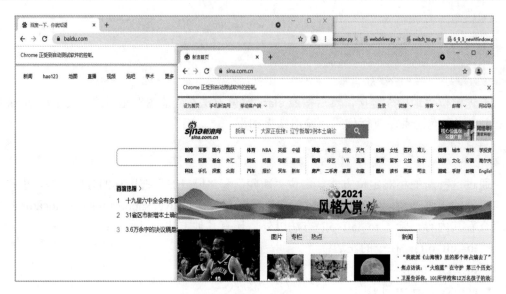

图 7.4　创建新窗口

如果不想打开新窗口而是在新的标签页中展示新浪网，可以将 new_window()方法的参数改为 tab，如图 7.5 所示。

图 7.5　新标签页

☎提示：本小节的源代码路径是 ch7/7_3_3_Demo_newWindow.py，本例的代码需要在 Selenium 4.0 环境中运行。

7.3.4　通过 Options 类管理浏览器选项

Selenium 4.0 提供了一种新的管理浏览器选项的方式，即通过 Options 类及其属性管理浏览器选项。这些选项是专属于浏览器的，用户必须创建一个符合测试环境要求的选项对象并将其传递给 WebDriver。

回顾 6.6 节页面加载策略的代码，给 WebDriver 设定加载策略的代码如下：

```
from selenium import webdriver

options = webdriver.ChromeOptions()
options.set_capability("pageLoadStrategy", "eager")
driver = webdriver.Chrome(options=options)
```

上述代码可以正常运行。为了让代码更直观、可读性更强，Selenium 4.0 对以上代码进行了优化，创建测试脚本 7_3_4_Demo_options.py 如下：

```
import time
from selenium import webdriver
from selenium.webdriver.common.by import By
from selenium.webdriver.chrome.options import Options

browser_options = Options()
browser_options.page_load_strategy = "eager"

driver = webdriver.Chrome(options=browser_options)
start = time.time()
driver.get("https://mail.qq.com")

driver.implicitly_wait(5)

print(time.time() - start)
print(driver.find_element(By.CLASS_NAME, 'login_pictures_title').text)
```

在上面的代码中，通过 Options 类实例化得到的 browser_options 对象的属性赋值来代替原有的 set_capability()方法赋值。执行脚本，得到与 6.6 节示例代码一样的执行结果。

🔔注意：目前看来 Selenium 4.0 对浏览器选项的改变只是表现在语法层面，实际运行原理并没有改变。Options 类的属性还有很多，可以查看源码或文档逐步学习。

☎提示：本小节的源代码路径是 ch7/7_3_4_Demo_options.py，本例的代码需要在 Selenium 4.0 环境中运行。

7.4　小　　结

本章对 Selenium 框架进行了总结，并针对测试项目 testProject 进行了整合实战。

2021 年 10 月 13 日，Selenium 4.0 第一个正式版本发布，本章也对 Selenium 4.0 新版本的特性进行了实例演示。

虽然 Selenium 4.0 正式版本已经发布，但是不推荐读者直接学习，应该从 Selenium 3.141 版本学起，原因如下：

- Selenium 4.0 尚不稳定，4.0.0 是第一个版本，可能还存在问题；
- Selenium 3.141 已经稳定运行多年，企业中的大多数测试框架和项目是在这个版本中实施的，如果直接学习 Selenium 4.0，可能会在实际工作中发生错误。

- Selenium 4.0 完全兼容 Selenium 3.141，也就是说就算我们不用 Selenium 4.0 的新特性，Selenium 3 的代码依然可以在 Selenium 4.0 中成功执行，只是会有一些警告信息。如果将编写的 Selenium 4.0 版本的代码代入 Selenium 3.141 环境中，则代码可能不会执行。

因此，学习 Selenium 4.0，建议先学习稳定性强、应用广泛、资料丰富的 Selenium 3.141，然后再补充学习新版本特性，这样就可以完全掌握 Selenium 4.0。

第 8 章　Unittest 基础知识

谈到测试类框架，如果你学习过 Java，那么一定使用过或者听说过大名鼎鼎的 Junit 单元测试框架，而 Unittest 测试框架实际上就是 Python 版的 JUnit。前面我们学习了 Selenium 框架，它可以操作浏览器、定位元素和控制元素，在后面章节中讲到接口测试时还会学习 Requests 第三方库，它可以模拟接口请求、解析响应。而在接下来的几章中我们要学习的 Unittest 测试框架是专门为测试而生的，它负责创建和管理测试用例（TestCase）、组织和调用测试套件（TestSuite）并生成测试报告（TestReport）。Unittest 与 Selenium 和 Requests 等结合在一起完成自动化测试工作。

各种自动化测试相关技术及框架的关系，如图 8.1 所示。

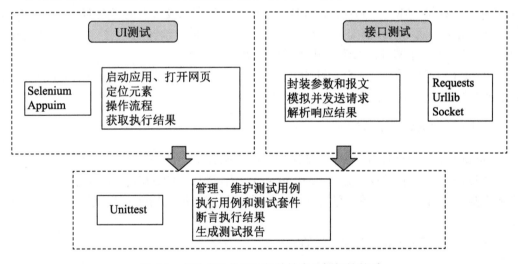

图 8.1　各种自动化测试相关技术及框架的关系

本章的主要内容如下：
- Unittest 测试框架简介；
- Unittest 测试框架的组成；
- Unittest 测试框架的价值和作用；
- Unittest 测试框架的基础语法。

8.1　Unittest 简介

Unittest 单元测试框架是受到 JUnit 的启发，与其他编程语言中的主流单元测试框架有着相似的风格，支持测试自动化、配置共享和关联代码测试，支持将测试样例聚合到测试集中，并将测试与报告框架独立。Unittest 是 Python 的一个标准库，也是免费、开源的，开发者可以很方便地查看框架源代码。Unittest 的前身是 PyUnit，是 UNIT 家族中的一员，正是受到大名鼎鼎的 JUnit 测试框架的影响而发展起来的。

注意：在学习和使用 Unittest 测试框架时，由于 Unittest 在设计层面完全基于面向对象的设计思维，所以很多方法和语法都需要面向对象编程技术的支持，需要学习者掌握一定的面向对象编程方法，如成员属性、类属性、成员方法和类方法之间的区别和联系，以及装饰器的一些基础知识等。

Python 语言中的测试框架非常多，除了 Unittest 以外，常见的还有 Testtools、Subunit、Coverage、Pytest、Mock、Fixtures 和 Discover 等，其中比较著名的当属 Unittest 和 Pytest 两大测试框架，而 Pytest 框架是在 Unittest 基础上进行的二次封装，它们的原理都是互通的，学习 Unittest 是基础，对学习其他测试框架非常有帮助。

Unittest 测试框架官方文档地址为 https://docs.python.org/zh-cn/3.9/library/unittest.html，很多技术细节可以查阅文档。

1．Unittest测试框架的构成

Unittest 框架的核心组件包括：测试用例（TestCase）、测试夹具（TestFixture）、测试套件（TestSuite）、测试执行器（TestRunner）、测试报告（TestReport）和加载测试用例的装载器（TestLoader）。我们学习 Unittest 也是按照从测试用例到测试报告的顺序逐步展开的。

图 8.2 展示了 Unittest 组件之间的关系。

2．Unittest测试框架的价值

自动化测试工作的核心不仅是"自动"，而是如何正确、合理地通过"自动化"提升效率，节约成本。不论提升团队协作效率和测试脚本执行效率，还是提升测试脚本可维护性和可扩展性，都离不开 Unittest 这类测试框架的支持。

Unittest 框架在自动化测试领域的核心价值体现在以下几方面：

- 帮助测试人员更容易、更快速地定义和维护测试用例；
- 支持测试用例复用，使代码维护性和扩展能力得到了提升；
- 提供丰富的断言方法，支持测试脚本的执行；

- 对数据驱动测试（DDT）和 YAML 格式的数据有着完美的支持；
- 测试执行与测试报告分离，使开发者可以扩展自己的测试报告；
- 将测试用例、套件和执行器等程序脚本纳入版本管理体系，为后续迭代改进和成果积累提供支持。

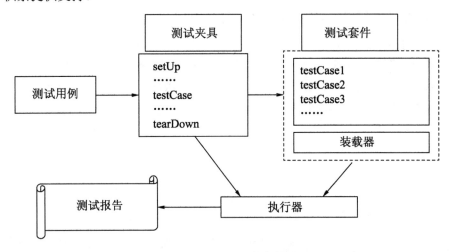

图 8.2　Unittest 组件的构成

8.2　测 试 用 例

测试用例是 Unittest 测试框架所有组件构成的基础，任何一个项目在实施过程中都要先设计和规划测试用例，然后一个个去实现，最后使用测试套件、执行器和装载器按场景和需求自动执行测试用例并生成测试报告。本节我们将按照 Unittest 测试框架规范编写一个测试用例的示例代码，并讲解测试用例的一些约定。

注意：Unittest 测试框架在 Python 3 中已经纳入标准库范畴，不需要像使用 Selenium 框架一样通过 pip 指令进行安装，直接在代码中导入即可使用。

8.2.1　第一个测试用例

Unittest 测试框架中的所有测试用例必须继承自 TestCase 父类，创建第一个测试用例程序脚本 8_2_TestCaseDemo.py 如下：

```
import unittest

class MyTestCase(unittest.TestCase):
```

```
def test_1(self):
    # 模拟测试的相关操作
    print("do test 1")
```

重点解析：

- Unittest 测试框架直接导入即可使用，不需要安装；
- 每个测试用例是一个继承自 TestCase 的类，本例将测试用例类命名为 MyTestCase，读者可根据需要自行命名；
- 在测试用例类中定义了一个测试方法 test_1()，用于模拟测试用例的执行。

测试用例是一个类，要执行测试用例，不能直接执行，需要调用 Unittest 测试框架提供的测试用例级执行方法 main()。

```
if __name__ == '__main__':
    unittest.main()
```

执行程序脚本，可以看到如下内容：

```
Testing started at 21:05 ...
Ran 1 test in 0.003s

OK
Launching unittests with arguments python -m unittest F:/PycharmProjects/
SeleniumTest/ch8/8_2_TestCaseDemo.py in F:\PycharmProjects\SeleniumTest\ch8

do test 1
```

结果不仅包含代码中 print 语句输出的内容，同时，Unittest 测试框架还输出了用例执行的时间，执行结果 OK 以及执行的程序脚本所在的位置。

本书的代码是在 PyCharm 开发工具中编写的，我们看到的不是控制台，而是 PyCharm 开发工具专门为 Unittest 测试框架提供的集成环境，如图 8.3 所示。

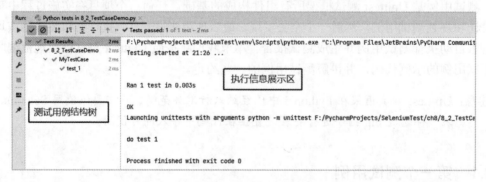

图 8.3　IDE 插件展示区

左侧部分展示了整个测试执行过程涵盖的所有测试脚本、测试用例和测试方法，本例的程序脚本为 8_2_TestCaseDemo，测试用例类为 MyTestCase，执行的测试方法为 test_1。右侧部分为过程信息展示区，与控制台输出区功能类似，执行过程中所有的输出内容都可以在这里查看。本例只有一个测试方法，更多的功能后面会陆续讲解。

8.2.2　扩展更多的测试方法和测试用例

8.2.1 小节定义了一个测试用例和一个测试方法，在实际工作中，一个测试用例可以包含多个测试方法，修改 8_2_TestCaseDemo.py 脚本，在其中增加更多的测试方法：

```python
class MyTestCase(unittest.TestCase):

    def test_1(self):
        # 模拟测试的相关操作
        print("do test 1")

    def test_2(self):
        # 模拟测试的相关操作
        print("do test 2")

    def test_3(self):
        # 模拟测试的相关操作
        print("do test 3")
```

在上面的代码中增加了两个测试方法，按照前面的方法执行测试用例，可以看到控制台输出内容如下：

```
Testing started at 21:37 ...
Launching unittests with arguments python -m unittest F:/PycharmProjects/
SeleniumTest/ch8/8_2_TestCaseDemo.py in F:\PycharmProjects\SeleniumTest\ch8


Ran 3 tests in 0.004s

OK
do test 1
do test 2
do test 3
```

从结果中可以看出，3 个方法都被执行成功。接下来我们添加第 4 个方法：

```python
    def demo(self):
        print("do demo")
```

重新执行测试用例，发现第 4 个方法 demo()并没有执行，输出结果中没有 do demo 内容。这里要强调第一个测试用例的约定：测试用例的命名必须以 test 为前缀，而 demo() 方法中的测试用例没有以 test 为前缀，因此不会作为测试方法纳入测试用例中被执行。类似 demo()这种方法叫作"一般方法"它可以被测试方法调用。例如，定义一个 test_4()方法调用 demo()方法：

```python
    def test_4(self):
        # 模拟测试的相关操作
        print("do test 4")
        self.demo()

    def demo(self):
        print("do demo")
```

执行测试用例，结果如下：

```
Testing started at 21:47 ...
Launching unittests with arguments python -m unittest F:/PycharmProjects/
SeleniumTest/ch8/8_2_TestCaseDemo.py in F:\PycharmProjects\SeleniumTest\ch8

Ran 4 tests in 0.004s

OK
do test 1
do test 2
do test 3
do test 4
do demo
```

这一次不但 4 个测试方法都被成功执行，被 test_4()测试方法调用的一般方法 demo()
也被成功执行了。

8.2.3　测试方法的执行顺序

如果一个测试用例包含多个测试方法，那么这些方法的调用顺序对测试过程至关重
要。Unittest 对测试方法的执行顺序是通过方法命名排序来定义的，我们将定义测试方法
的代码顺序打乱：

```python
class MyTestCase(unittest.TestCase):

    def test_2(self):
        # 模拟测试的相关操作
        print("do test 2")

    def test_4(self):
        # 模拟测试的相关操作
        print("do test 4")
        self.demo()

    def test_3(self):
        # 模拟测试的相关操作
        print("do test 3")

    def demo(self):
        print("do demo")

    def test_1(self):
        # 模拟测试的相关操作
        print("do test 1")
```

执行测试用例后，结果依然是按照 1234 的顺序执行，由此可知测试方法的执行顺序
只与命名排序有关，与定义的代码顺序无关。

🔔注意：如果详细分析 Unittest 的源码，会发现它包含很多面向对象的设计理念。本例
　　　　我们定义一个测试用例并写了 4 个测试方法，而在实际执行时，Unittest 测试
　　　　框架对测试用例封装了许多内部逻辑，每个测试方法都作为一个实例单独执
　　　　行。以面向对象思想来解释就是 Unittest 的执行过程是多例（Prototype）的，
　　　　它使用反射机制将测试方法动态封装并实例化成多个实例，然后按照命名顺序
　　　　单线程地执行。

一个测试用例包含多个测试方法，因此一个测试脚本（模块）同样可以包含多个测试
用例。我们在 8_2_TestCaseDemo.py 脚本中增加一个新的测试用例 MyTestCase1：

```python
class MyTestCase(unittest.TestCase):

    def test_1(self):
        # 模拟测试的相关操作
        print("do test 1")

    def test_2(self):
        # 模拟测试的相关操作
        print("do test 2")

    def test_3(self):
        # 模拟测试的相关操作
        print("do test 3")

    def test_4(self):
        # 模拟测试的相关操作
        print("do test 4")
        self.demo()

    def demo(self):
        print("do demo")


class MyTestCase1(unittest.TestCase):

    def testMethod(self):
        # 模拟测试的相关操作
        print("do test")
```

重新执行脚本可以看到，左侧树形展示区在程序脚本 8_2_TestCaseDemo 中包含两个
测试用例 MyTestCase 和 MyTestCase1，所有测试方法都按顺序成功执行，测试用例的执行
顺序与测试方法一样，是按照命名排序执行的，如图 8.4 所示。

🐚小技巧：单击左侧树形结构的叶子节点（测试方法），可以查看某个测试方法的执行
　　　　结果，也可以通过工具条上的快捷按钮筛选在测试结果中展示的用例和方法，
　　　　读者可以自己动手尝试一下。

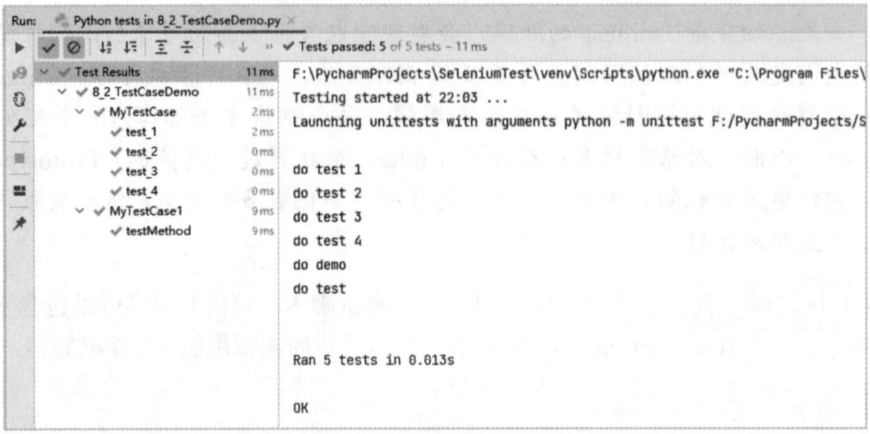

图 8.4　测试执行结果

8.2.4　异常捕获与报告

Unittest 测试框架的另外一个功能是可以处理测试方法中抛出的异常，不需要开发者自行编写 try…except 语句。例如，在 test_2()方法中增加一条语句，让方法执行时抛出异常：

```
def test_2(self):
    # 模拟测试的相关操作
    print("do test 2")
    a = 10/0
```

10 除以 0 的操作一定会报出除数为 0 的异常信息，执行测试用例，结果如下：

```
Testing started at 22:10 ...
Launching unittests with arguments python -m unittest F:/PycharmProjects/
SeleniumTest/ch8/8_2_TestCaseDemo.py in F:\PycharmProjects\SeleniumTest\ch8

do test 1
do test 2

Error
Traceback (most recent call last):
  File "F:\PycharmProjects\SeleniumTest\ch8\8_2_TestCaseDemo.py", line 28,
in test_2
    a = 10/0
ZeroDivisionError: division by zero

do test 3
do test 4
do demo
do test
Ran 5 tests in 0.009s

FAILED (errors=1)
```

　　测试过程出现了异常，代表执行过程中有方法执行失败，测试状态也由原来的 OK 变成了 FAILED (errors=1)，测试方法 test_2()出现了 ZeroDivisionError 异常，但是整个测试没有因为异常被打断，后面的方法 test_3()、test_4()以及 MyTestCase1()测试用依然成功执行，这就是 Unittest 提供的快速创建和管理测试用例的功能，可以让编写测试脚本的工程师能够专注于测试工作本身而不是处理各种异常。

　　因为执行时发生错误，所以左侧的树形展示区中，测试方法 test_2()前面的绿色 "√" 变成了黄色的 "⊗"，如图 8.5 所示。

　　在 Unittest 测试框架中编写测试用例时应注意以下几点：

- Unittest 是 Python 标准库，不需要安装，直接使用即可；
- 测试用例类必须继承 TestCase 父类；
- 测试方法必须以 test 开头；
- 测试方法的命名排序决定了测试方法的执行顺序，测试用例类同理；
- 一般方法可以被测试方法调用和执行；
- 编写测试用例时不需要主动捕获异常信息，除非测试逻辑需要。

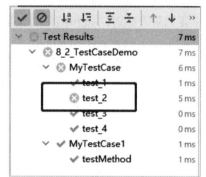

图 8.5　用例执行失败

☎提示：本小节的源代码路径是 ch8/8_2_TestCaseDemo.py。

8.3　测 试 夹 具

　　测试夹具（TestFixture）是包裹在测试用例之上的一系列工具方法的集合，有些资料也将 TestFixture 翻译为测试装置或测试脚手架。本节通过示例来演示测试夹具的作用，创建测试脚本 8_3_TestFixtureDemo.py 如下：

```python
import unittest

class MyTestCase(unittest.TestCase):

    def test_1(self):
        # 模拟测试的相关操作
        print("do test 1")

    def test_2(self):
        # 模拟测试的相关操作
        print("do test 2")
```

```
if __name__ == '__main__':
    unittest.main()
```

我们删掉 8.2 节示例中的多余内容，保留 1 个测试用例和 2 个测试方法。

8.3.1　方法级夹具

测试夹具可以帮我们在编写测试方法时实现一些通用的功能。例如，2 个测试方法都需要记录开始时间戳和结束时间戳，或者需要在每个测试方法执行结束后注销 Session、刷新 Token 或者关闭 Selenium 浏览器驱动对象 Driver。如果类似的通用需求在每一个测试方法中都重复编写，则会造成大量的冗余代码，对代码的可读性和维护性都是非常不利的。我们可以借助测试夹具提供的 setUp()和 tearDown()方法在每个测试方法开始和结束时调用固定的功能，代码如下：

```
def setUp(self):
    print("----setUp-----")
    # 打开测试的地址
    # 获取登录的 Session
    # 记录用例开始时间

def tearDown(self) -> None:
    print("----tearDown-----")
    # 网页刷新
    # 重置 Token
    # 注销 Session
    # 计算方法执行的时间
```

执行测试用例，结果如下：

```
----setUp-----
do test 1
----tearDown-----
----setUp-----
do test 2
----tearDown-----
```

在脚本中，setUp()和 tearDown()方法的 print()函数只定义了一次，但是在每个测试方法执行前后都成功执行了该函数。setUp()被称作前置方法，在测试方法执行之前先执行，tearDown()方法称作后置方法，在测试方法执行后才会执行。

8.3.2　用例级夹具

8.3.1 小节介绍的 setUp()和 tearDown()方法叫作方法级夹具，是作用在测试用例中的每个测试方法层面的"切面"方法。对于每个测试用例的类，同样也有用例级的测试夹具。

很多时候测试脚本需要访问 MySQL、Oracle 等数据库来查询结果或者进行数据级测试断言。对于数据库的连接创建和释放，我们希望每个测试用例不论包含多少测试方法，都使用同一个连接来访问数据库，在所有方法执行完成之后再将其释放；在使用 Selenium 创建浏览器驱动对象 driver 时，希望每个测试用例仅创建一次浏览器驱动 driver 对象，这样可以节省很多不必要的资源开销。

下面为测试脚本添加用例级夹具方法 setUpClass() 和 tearDownClass()：

```python
@classmethod
def setUpClass(cls) -> None:
    print("----setUpClass-----")
    # 获取连接数据库
    # 获取 Selenium 驱动
    # 载入一些测试的公共参数


@classmethod
def tearDownClass(cls) -> None:
    print("----tearDownClass-----")
    # 关闭连接数据库
    # 退出 Selenium 驱动
```

重新执行测试用例，结果如下：

```
----setUpClass-----
----setUp-----
do test 1
----tearDown-----
----setUp-----
do test 2
----tearDown-----
----tearDownClass-----
```

setUpClass() 和 tearDownClass() 在测试用例开始执行和执行结束时被调用，因此叫作用例级测试夹具。与方法级夹具的区别是，用例级夹具方法是两个类方法，需要用 @classmethod 装饰器修饰。

8.3.3 方法传参

在使用夹具的时候重要的一点就是方法传参，有时候需要在前置方法、后置方法和测试方法之间传递数据和共享参数。首先来看方法级夹具如何传递参数。修改测试脚本，为 setUp() 方法增加参数赋值并在测试方法 1 中获取：

```python
def setUp(self) -> None:
    print("----setUp-----")
    # 打开测试的地址
    # 获取登录 Session
    # 记录用例开始时间
    self.file = "C:\\params.json"
    print("open params.json 参数文件")


def tearDown(self) -> None:
```

```
            print("----tearDown-----")
            # 网页刷新
            # 重置 Token
            # 注销 Session
            # 计算方法执行的时间
print(self.file, "资源释放!")

    def test_1(self):
        # 模拟测试的相关操作
        print("do test 1")
        print("测试方法 1 获取参数: ", self.file)

    def test_2(self):
        # 模拟测试的相关操作
        print("do test 2")
        print("测试方法 2 获取参数: ", self.file)
```

在 setUp()方法中模拟打开了一个参数文件并将参数封装在一个成员属性 self.file 中，在测试方法 test_1()和 test_2()中可以直接使用成员属性来获取参数文件 self.file，执行测试脚本，结果如下：

```
----setUpClass-----
----setUp-----
open params.json 参数文件
do test 1
测试方法 1 获取参数:  C:\params.json
----tearDown-----
C:\params.json 资源释放!
----setUp-----
open params.json 参数文件
do test 2
测试方法 2 获取参数:  C:\params.json
----tearDown-----
C:\params.json 资源释放!
----tearDownClass-----
```

可以看出，获取一次文件资源，可以被所有测试方法共享。方法级参数传递比较简单，直接使用成员变量即可，同样，夹具方法和测试方法也可以直接使用成员方法。

注意，用例级测试夹具方法传递参数相比方法级稍有不同。修改测试脚本的 setUpClass()和 tearDownClass()方法，增加数据库链接和释放的模拟代码：

```
    @classmethod
    def setUpClass(cls) -> None:
        print("----setUpClass-----")
        # 获取连接数据库
        # 获取 Selenium 驱动
        # 载入一些测试的公共参数
        cls.mysql_conn = "127.0.0.1:3306:demo"
        print("open database: ", cls.mysql_conn)

    @classmethod
```

```
def tearDownClass(cls) -> None:
    print("----tearDownClass-----")
    # 关闭连接数据库
    # 退出 Selenium 驱动
    print(cls.mysql_conn, "关闭连接的数据库！")
```

由于 setUpClass()和 tearDownClass()方法是类方法，所以不能操作 self 对象来定义成员属性，只能通过 cls 参数来定义类属性，cls.mysql_conn 模拟了一个数据库连接对象。

测试方法想要使用这个数据库链接有两种方式，第一种是使用"类名.属性名"直接访问类属性：

```
def test_1(self):
    # 模拟测试的相关操作
    print("do test 1")
    print("测试方法 1 获取参数: ", self.file)
    print("测试方法 1 获取连接的数据库: ", MyTestCase.mysql_conn)
```

第二种是利用 Python 语言的特性直接访问同名成员属性，前提是不存在同名的成员属性 self.mysql_conn：

```
def test_2(self):
    # 模拟测试的相关操作
    print("do test 2")
    print("测试方法 2 获取参数: ", self.file)
    print("测试方法 2 获取连接的数据库: ", self.mysql_conn)
```

执行测试用例，结果如下：

```
----setUpClass-----
open database: 127.0.0.1:3306:demo
----setUp-----
open params.json 参数文件
do test 1
测试方法 1 获取参数: C:\params.json
测试方法 1 获取连接的数据库: 127.0.0.1:3306:demo
----tearDown-----
C:\params.json 资源释放！
----setUp-----
open params.json 参数文件
do test 2
测试方法 2 获取参数: C:\params.json
测试方法 2 获取连接的数据库: 127.0.0.1:3306:demo
----tearDown-----
C:\params.json 资源释放！
----tearDownClass-----
127.0.0.1:3306:demo 关闭连接的数据库！
```

从结果中可以看到，两种访问方式都可以获取连接的数据库 mysql_conn，但是从 Python 编程语法角度来看还是有区别的。

🔔注意：Unittest 测试框架以"约定大于编码"的设计理念为基础，运用了较多的面向对象的编程思想，重点理解类、对象、成员属性、成员方法、类属性、类方法、方法重写和继承等概念。如果读者现在对面向对象还不是特别熟悉，也可以先将语法记住。

8.3.4　测试夹具使用总结

setUp()、tearDown()、setUpClass()和 tearDownClass()这 4 个夹具方法经常使用，在使用时需要记住如下规则：

- 方法名称不能改变。

4 个方法的名称不能随便改动，查看父类 unittest.TestCase 的源码可以看到 4 个同名的空方法：

```
def setUp(self):
    "Hook method for setting up the test fixture before exercising it."
    pass

def tearDown(self):
    "Hook method for deconstructing the test fixture after testing it."
    pass

@classmethod
def setUpClass(cls):
    "Hook method for setting up class fixture before running tests in
the class."

@classmethod
def tearDownClass(cls):
    "Hook method for deconstructing the class fixture after running all
tests in the class."
```

也就是说，即使我们的测试用例没有定义任何夹具方法，Unittest 也会使用以上 4 个父类定义的空方法来装饰测试用例的执行过程。因此，我们定义的夹具方法，本质上是重写（Override）了父类同名方法。

- 方法不能带有返回值。

在前面的例子中，定义夹具方法的代码如下：

```
def setUp(self) -> None:
```

其中，None 代表方法无须"返回值"。其实这也很好理解，夹具方法在测试方法或者测试用例的前后都被 Unittest 框架所调用，并不需要开发者自行创建实例，所以返回值自然没有"用武之地"。

- 用例级夹具方法不要忘记@classmethod 装饰器。

从语法上讲，用例级夹具方法 setUpClass()和 tearDownClass()是两个类方法，因此在Python 3 语法中必须使用@classmethod 装饰器加以修饰：

```
@classmethod
def setUpClass(cls) -> None:
    print("----setUpClass-----")

@classmethod
def tearDownClass(cls) -> None:
    print("----tearDownClass-----")
```

以上是对测试夹具（TestFixture）语法层面的一些总结。

☎提示：本小节的源代码路径是 ch8/8_3_TestFixtureDemo.py。

8.4　测试用例断言

测试用例之所以叫作"测试"用例，区别于普通自动化脚本的根本原因是其有明确的"断言"。断言是测试工作的灵魂，是判定测试结果的重要手段，是生成测试报告的依据。Unittest 测试框架提供了丰富的断言方法，不需要开发者自行编写各种判定代码。Unittest 内置的断言方法已经足够丰富，可以满足大多数情况下的测试断言需求，同时它还支持自定义扩展，允许在特殊情况下编写自己的断言方法。接下来通过一些例子看一下 Unittest 提供的断言方法。

8.4.1　比较断言——assertEqual 和 assertNotEqual

比较两个对象是否相等是最常用的一种断言，例如下面的脚本：

```
import unittest

class MyTestCase(unittest.TestCase):

    # 比较相等的断言
    def test_assertEqual(self):
        a = 11
        b = 9 + 2
        self.assertEqual(a, b, "期望 a 和 b 相等")
```

重点解析：

- 上面的代码定义了一个测试用例 MyTestCase 和一个测试方法 test_assertEqual()，构造两个变量 a 和 b。
- Unittest 所有内置的断言方法都是 unittest.TestCase 父类的成员方法，我们的测试用例是 TestCase 的子类，直接调用成员方法即可。
- assertEqual()用来断言两个对象是否相等，其包含 3 个常用参数，第一个参数为期望值，第二个参数为实际结果，第三个参数可选，用于定义断言说明。

执行测试用例，从结果中看不到任何内容，与执行一个普通的脚本没有区别，这是因为断言成功，即测试过程正常执行，如果修改一下 b，让它的结果不等于 11：

```
def test_assertEqual(self):
    a = 11
    b = 2 - 1
    self.assertEqual(a, b, "期望 a 和 b 相等")
```

这一次由于断言执行失败，在执行结果中输出了断言结果并且将其标注为红色：

```
Ran 1 test in 0.008s

FAILED (failures=1)

期望 a 和 b 相等
1 != 11

Expected :11
Actual   :1
<Click to see difference>

Traceback (most recent call last):
  File "F:\PycharmProjects\SeleniumTest\ch8\8_4_TestAssertsDemo.py", line
21, in test_assertEqual
    self.assertEqual(a, b, "期望 a 和 b 相等")
AssertionError: 11 != 1 : 期望 a 和 b 相等
```

从结果中可以看到，我们期望 a 和 b 相等，但实际上 1！=11，期望值 a=11，实际值 b=1，并且抛出 AssertionError 异常。同样，在 Pycharm 执行结果左侧的树形展示区中，对应的测试方法被标记为执行失败，如图 8.6 所示。

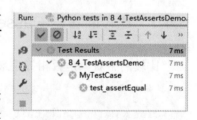

图 8.6 测试方法执行失败

有相等断言，自然就有不相等断言，不相等断言方法为 assertNotEqual()，语法和相等断言类似，但是判定逻辑相反，读者可以自己动手尝试一下：

```
# 比较不相等的断言
def test_assertNotEqual(self):
    a = 11
    b = 2 - 1
    self.assertNotEqual(a, b, "期望 a 和 b 不相等")
```

8.4.2 布尔断言——assertTrue 和 assertFalse

在 Python 语言中，布尔类型的变量包含两个值，即 True 和 False，此外，Python 也提供了很多的隐式类型转换。例如，我们尝试用 True 和 1 进行逻辑与（and）运算是可以成功执行的并且结果是 True。平时我们经常会遇到一些布尔表达式的判定，此时就可以使用布尔断言来给出测试结论：

```
def test_assertTrue(self):
    bool_var = True and 1
    self.assertTrue(bool_var)
```

这一次获得一个变量 bool_var，使用 assertTrue()方法可以断言它是 True，或者使用 assertFalse()方法断言他是 False。同样，可以断言一个布尔表达式：

```
def test_assertTrue(self):
    a = 11
    b = 20 - 1
    self.assertTrue(a > b, "期望 a 大于 b")
```

模拟两个变量 a 和 b，将布尔表达式"a>b"作为 assertTrue()的第一个参数传入，执行表达式的结果会被断言，assertFalse()断言同理。与比较断言一样，如果断言成功，那么在输出结果中无任何内容，如果断言失败，则会抛出 AssertionError 异常。

注意：在 Unittest 断言方法中没有提供大于和小于等断言方法，必须转换为布尔断言才能得到结果。

8.4.3　包含断言——assertIn 和 assertNotIn

包含断言也是经常用到的，如判断某个字母或子串是否出现在某个字符串中，判断列表、集合中是否存在等价对象，字典是否包含指定的键值等。包含断言方法 assertIn()和 assertNotIn()实际上就是包含操作 in 的逻辑判断：

```
# 包含的断言 in
def test_assertIn(self):
    x = 'py'
    y = "python"
    # 列表元素的操作，字典键值的判断都可以使用 in
    self.assertIn(x, y)
```

上述代码断言 y="python"中包含子串 x="py"。

```
def test_assertIn(self):
    x = 1
    y = [1, 2, 3]
    self.assertIn(x, y)
```

上述代码断言 x=1 在列表 y=[1,2,3]的元素中。与 in 相反，assertNotIn()方法断言不包含判定逻辑。

8.4.4　异常断言——assertRaises

前面几个断言方法要么断言相等，要么断言真假，要么断言是否包含，理解起来比较容易，异常断言可能稍有不同。有时我们期望测试的代码片段或者功能，在设定的测试场景下要抛出一个指定的异常，也就是说，虽然程序执行有异常从而导致执行失败，但这恰恰是期望的测试结果，此时就需要用到异常断言 assertRaises()。来看下面的例子：

```
def myDiv(self, a, b):
    return a / b

# 期望异常的断言
def test_assertRaises(self):
    self.assertRaises(ZeroDivisionError, self.myDiv, 3, 0)
```

这里我们定义了一个普通方法 myDiv()用于模拟一个简单的除法运算操作，结果返回两个数的商。这里很常见一个错误场景就是除数是 0 的情况。使用 assertRaises()断言异常，在调用 self.myDiv()成员方法时，我们设定的条件是 a=3，b=0，即除数是 0，我们期望执行时抛出 ZeroDivisionError 异常。执行测试脚本，结果如图 8.7 所示。

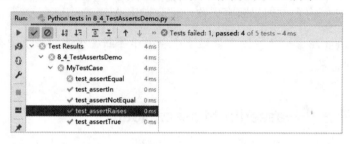

图 8.7　异常断言判定

test_assertRaises()方法成功执行并且没有任何异常出现。如果将除数 b 改成 2，结果将会与前面一样抛出 AssertionError 异常，如图 8.8 所示。

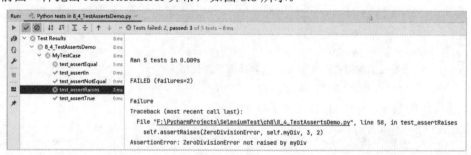

图 8.8　异常断言判定失败

注意：assertRasies()方法的第一个参数是期望的异常类，第二个参数是要执行的方法或函数对象，该函数对象不能包含"（）"和参数，参数作为可变参数在函数对象后面传递。

8.4.5　组合断言

绝大多数情况下，断言不可能一次完成，需要多条断言语句组合完成整个用例断言。例如：

```python
def test_multiAssert(self):
    x = [1, 2, 3, 4, 5]
    y = [x for x in range(1, 6)]
    self.assertListEqual(x, y)
    a = 1
    b = 2 - 1
    self.assertEqual(1, a)
    self.assertEqual(2, b)
    self.assertNotEqual(a, b, "期望 a 和 b 不相等")
```

在这段代码中，我们多次使用了 assert 断言的相关方法，而且在不同的位置使用。在实际工作中编写测试脚本时可以随时增加断言，而不是必须要放在测试方法执行的最后。如果断言成功，则脚本会继续执行，如果断言不成功，那么后续脚本片段将会被跳过，前面的断言失败，后面的代码执行也没有任何意义了。

8.4.6　查看更多的断言方法

Unittest 内置的断言方法有很多，它们都定义在 unittest.TestCase 父类的成员方法中。运行 Python 的离线文档 python -m pydoc -p 1234，查看 TestCase 类的 API 文档可以看到全部的断言方法，也可以直接查看 TestCase 类的源码，如图 8.9 所示，这两种方式可灵活选择。

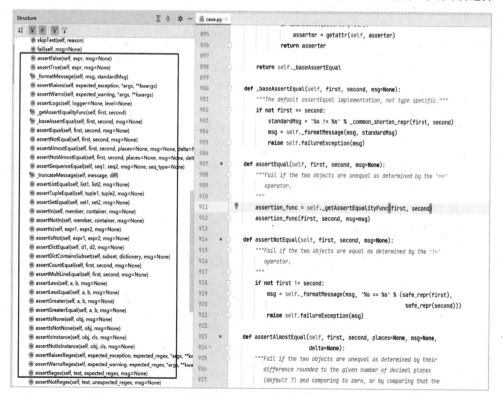

图 8.9　Test Case 类源代码分析

8.4.7 扩展自定义的断言方法

如果遇到特殊情况，Unittest 框架提供的内置断言方法无法满足要求或者实现起来比较烦琐，那么我们可以定义和封装自己的断言逻辑：

```python
# 模拟检查用户的合法性
def assertUserLegal(self, user):
    print("这是一个自定义断言方法")
    differing = None
    if user.get("id", 0) == 0:
        differing = "用户的唯一编号不能是 0"

    if differing is None:
        # 假设按照 id 从数据中找到对应的用户信息或者没找到
        local_user = {"id": 13, "name": "admin"}
        if user.get("name", None) != local_user['name']:
            differing = "用户信息 %s != %s" % (user.get("name", None),
local_user['name'])

    if differing is not None:
        # 断言失败，使用 self.fail() 方法告诉 Unittest 这是一次失败的断言
        self.fail(differing)

# 自定义断言方法
def test_assert_user(self):
    user = {"id": 13, "name": "sniper"}
    self.assertUserLegal(user)
```

重点解析：

- assertUserLegal()断言方法用于判定用户信息的合法性，首先检查用户 id，然后在用户 id 检查通过的基础上，检查用户信息是否与 local 一致。
- 自定义断言方法能够集成到 Unittest 框架中完成断言工作，是因为如果断言失败，则会调用 self.fail()方法将错误信息回馈给框架，然后可以像调用其他内置断言方法一样调用 assertuserLegel()完成用例断言。

上述代码的执行过程请读者自行尝试。

☎提示：本小节的源代码路径是 ch8/8_4_TestAssertsDemo.py。

8.5　方　法　跳　过

前面讲解了测试用例的创建方式、测试夹具的作用及测试断言的方法，一个测试用例可以包含多个方法，实际项目中可能有很多方法。如果在一个测试用例中，由于需求变动、

测试场景要求，可能需要其中的某些方法不执行（跳过，Skip），应该怎么解决呢？创建本节的测试脚本 8_5_TestMethodSkip.py 如下：

```python
import unittest


class MyTestCase(unittest.TestCase):

    def test_1(self):
        print("do test 1")

    def test_2(self):
        print("do test 2")

    def test_3(self):
        print("do test 3")


if __name__ == '__main__':
    unittest.main()
```

脚本中定义了一个测试用例和三个测试方法，执行测试用例得到的结果如图 8.10 所示。

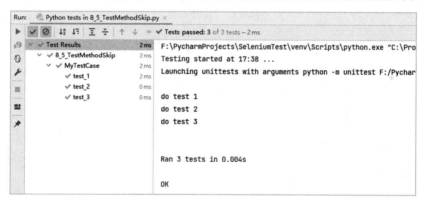

图 8.10　测试用例的执行结果

可以看到，三个测试方法按顺序执行成功。

8.5.1　无条件跳过

如果现在的需求是不执行 test_1()方法，只需要执行后面两个方法，相信很多读者的做法是注释掉 test_1()的代码：

```python
class MyTestCase(unittest.TestCase):

    # def test_1(self):
    #     print("do test 1")

    def test_2(self):
```

```
        print("do test 2")

    def test_3(self):
        print("do test 3")


if __name__ == '__main__':
    unittest.main()
```

执行测试用例，test 1 不会出现在执行结果中，如图 8.11 所示。

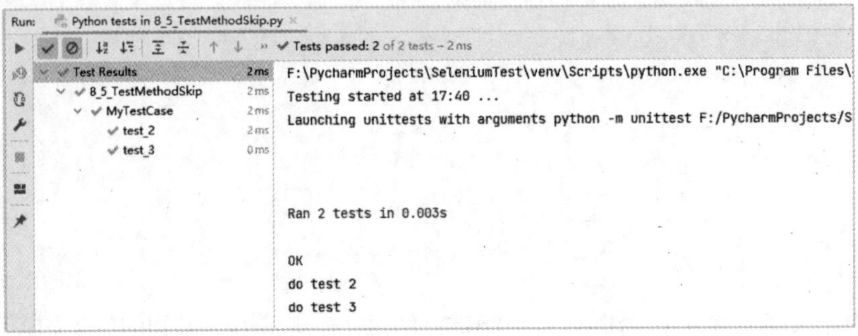

图 8.11　执行结果

但上面的方法并不是最优的解决方法，Unittest 框架提供的 skip 装饰器可以解决方法跳过的需求，来看下面的代码：

```
class MyTestCase(unittest.TestCase):

    @unittest.skip
    def test_1(self):
        print("do test 1")

    def test_2(self):
        print("do test 2")

    def test_3(self):
        print("do test 3")


if __name__ == '__main__':
    unittest.main()
```

在上面的代码中我们并没有注释掉 test_1()方法，而是在 test_1()方法前面加上了 @unittest.skip 装饰器，告诉 Unittest 框架这个方法不需要执行。再次执行测试用例，观察执行结果，如图 8.12 所示。

比较两种方式的差异，采用注释代码方式后，在代码层面和左侧的树形展示区域中都不再有 test_1()方法，而采用装饰器方式后，test_1()方法仍然在测试用例的测试方法列表中，只是没有被执行而已，这是有本质区别的。首先，开发者很难忘记得注释过多少个测试方法，更不要说在需要时将方法再次执行。而使用装饰器方式，test_1()方法虽然被标记为 Skipped，但是开发者依然知道它的存在，在测试报告中也会包含被标记为 Skipped 的 test_1()方法。因此，建议读者一定要使用装饰器跳过方法，不要直接注释代码，除非这个方法真的被删除并不再使用。

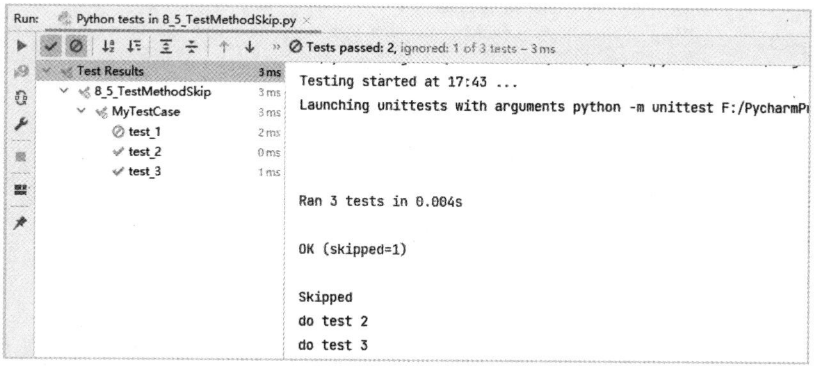

图 8.12　方法被无条件跳过

8.5.2　条件跳过

装饰器@unittest.skip 表示无条件跳过，test_1()方法将不会执行。在 Unittest 测试框架中除了无条件跳过之外还提供了两个条件判断跳过装饰器 skipIf 和 skipUnless，示例代码如下：

```python
class MyTestCase(unittest.TestCase):

    @unittest.skip
    def test_1(self):
        print("do test 1")

    @unittest.skipIf(True, "条件成立，我被跳过了！")
    def test_2(self):
        print("do test 2")

    @unittest.skipUnless(False, "条件不成立，我被跳过了！")
    def test_3(self):
        print("do test 3")
```

执行测试用例，结果如图 8.13 所示。

其中：

- test_1()：无条件跳过。
- test_2()：使用 skipIf 装饰器，第一个参数为布尔表达式，代表判定条件，当条件成立，被装饰的方法将会跳过，可以理解为如果条件满足，则方法被跳过。
- test_3()：使用 skipUnless 装饰器，第一个参数为判定条件，当条件不成立时，会跳过被装饰的方法，可以理解为除非条件满足，否则方法将被跳过。

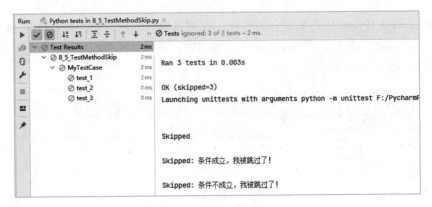

图 8.13　条件跳过执行结果

注意：对比 skipIf 和 skipUnless 装饰器不难发现，它们是互为相反的两种使用方式，在实际工作中使用一种即可。笔者很少直接使用 skipUnless，一般是将 skipIf 判定条件反转来替代 skipUnless。

8.5.3　条件传参

在 8.5.2 小节的例子中，skipIf 装饰器的第一个参数是常量 True 或者 False，只是为了说明条件判定的使用方法，类似的写法还有很多，例如：

```
@unittest.skipIf(True, "skipIf true")
@unittest.skipIf(2 > 1, "skipIf true")
@unittest.skipIf(100, "skipIf true")
@unittest.skipIf([], "skipIf true")
```

以上列出的条件表达式可以被隐式转换成布尔表达式,从而得到 True 或 False 的结果,但是它们依旧都是常量。这样的写法和无条件跳过没有任何区别,因此很多时候我们需要在条件表达式中加入变量,达到动态控制跳过与执行的目的,来看下面的写法：

```
def test_1(self):
    self.step = 100
    print("do test 1")


# 有条件的方法跳过
# 成员属性不能作为跳过条件里的变量
@unittest.skipIf(self.step == 100, "skipIf true")
def test_2(self):
    print("do test 2")
```

很多初学者尝试使用成员属性作为判定条件的变量，这样做程序从语法层面就会提示错误。同样，动态创建的类属性也不能作为判定条件的变量，例如：

```
def test_1(self):
    MyTestCase.step = 100
    print("do test 1")
```

```
    @unittest.skipIf(MyTestCase.step == 100, "条件成立，我被跳过了！")
    def test_2(self):
        print("do test 2")
```

正确的方式应该是使用静态类属性（预定义类属性）来定义条件变量：

```
class MyTestCase(unittest.TestCase):
    step = 100

    def test_1(self):
        print("do test 1")

    @unittest.skipIf(step == 100, "条件成立，我被跳过了！")
    def test_2(self):
        print("do test 2")
```

执行测试用例，这一次没有报语法错误，结果如图 8.14 所示。

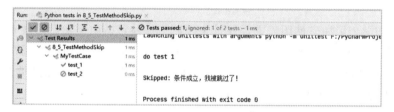

图 8.14 执行结果

可以看到，test_2()方法被跳过了。由此可知，必须使用预定义的类属性才能完成条件参数的传递。

注意：这一部分知识涉及 Python 面向对象编程中类的相关内容，读者可以对比每段代码，找出它们的异同之处来帮助理解。

这样的结果要归结于 Unittest 对测试用例的装饰。我们将代码修改一下：

```
class MyTestCase(unittest.TestCase):
    step = 100

    def test_1(self):
        print("do test 1")

    # 有条件的方法跳过
    @unittest.skipIf(print("step do"), "条件成立，我被跳过了！")
    def test_2(self):
        print("do test 2")
```

上面的代码使用一个 print()函数替代条件表达式，不要奇怪，Python 就是这么神奇，它依然可以被隐式转换成布尔表达式，我们看下执行结果中 step do 的执行顺序：

```
step do
do test 1
do test 2
```

从结果中看到，step do 出现在所有测试方法的前面，也就是在 test_1()执行之前先进行条件判断，因此前面在 test_1()方法中定义的成员属性 self.step 和类属性 MyTestCase.step 都不能作为 test_2()测试方法的条件表达式，因为条件表达式是在测试方法之前执行。

🔖注意：实际上条件表达式执行的时候是 Unittest 进行动态多例化的过程，Unittest 在执行每一个测试方法的时候进行了多重实例化，分别执行。这个过程有些复杂，我们只要了解由于执行顺序的原因必须使用预定义的类属性即可。

☎提示：本小节的源代码路径是 ch8/8_5_TestMethodSkip.py。

8.6　方法关联与动态控制

8.5 节我们学会了如何使用静态类属性来控制方法跳过，如果我们期望 test_1()的执行结果能够动态控制 test_2()测试方法的执行或者跳过该方法，应该如何做呢？在 test_1()中修改静态类属性 step 的值会对 test_2()方法的跳过判定产生影响吗？遇到类似问题时不要猜测，写段代码测试一下就知道答案了。

```python
class MyTestCase(unittest.TestCase):
    step = 100

    def test_1(self):
        MyTestCase.step = 200
        print("do test 1")

    @unittest.skipIf(step == 200, "条件成立，跳过执行.")
    def test_2(self):
        print("do test 2")


if __name__ == '__main__':
    unittest.main()
```

我们在 test_1()中尝试通过修改类属性的值为 200 来控制 test_2()方法的执行条件，但是失败了，这和前面例子演示的条件执行顺序类似，条件判定在测试方法执行之前就结束了，因此在后续方法执行过程中即使改变了变量 step 的值也不会发生任何作用。

因此，要达到动态控制测试方法的执行的目的，必须要放弃 skip 注解，通过编码方式来实现：

```python
class MyTestCase(unittest.TestCase):
    result = {"step": 100}

    def test_1(self):
        MyTestCase.result['step'] = 200
        print("do test 1")
```

```
    def test_2(self):
        if MyTestCase.result['step'] == 200:
print("skipped test 2")
            return
        print("do test 2")
```

先来看一下代码执行结果是不是达到了控制 test_2()方法执行的目的，如图 8.15 所示。

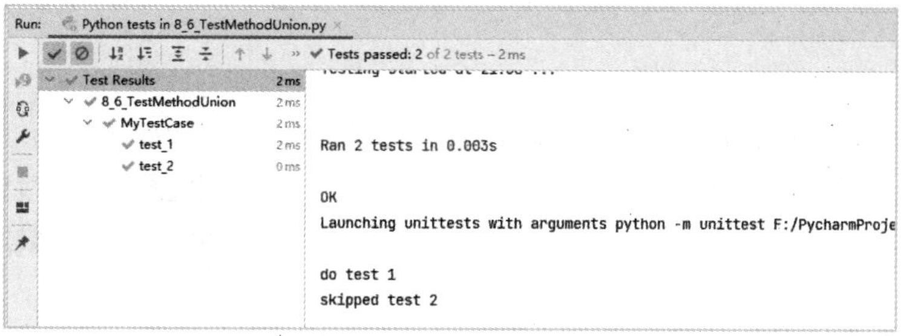

图 8.15　方法动态控制

上面这段代码已经超出了我们目前所学的知识范畴，但是在实际项目中经常遇到。虽然 test_2()方法的内部逻辑代码没有被执行，但这是通过编程语法实现的，而非 Unittest 框架的功能。在左侧树状展示区中，test_2()方法依然被认为是执行成功的。

注意：控制变量 step 必须被定义在字典对象或者其他引用类型的静态类属性中，不能写成值类型的类属性。Python 语言的值类型包括 str、int 和 bool 等，常用的引用类型有 dict、list、set 和自定义的类 class。

提示：本节的源代码路径是 ch8/8_6_TestMethodUnion.py。

8.7　小　　结

本章首先介绍了 Unittest 框架的基础知识及其在自动化测试领域中的作用和地位，然后介绍了如何创建测试用例、如何使用测试夹具和测试用例断言。这些知识是学习 Unittest 的基础，书中例子比较简单，主要是为了讲解 Unittest 语法的核心，避免一些复杂的代码给初学者带来困扰。最后，本章介绍了方法跳过、方法关联与动态传参的技巧，这些在实际工作中是非常实用的技术。

Unittest 测试框架不论与 Selenium 一起完成 UI 自动化测试还是结合 Requests、HTML 和 Json 进行接口自动化测试，都是整个测试代码和测试框架中最重要的部分。第 9 章我们将继续学习 Unittest 测试框架，讲解测试领域非常重要的一个概念：数据驱动测试，并且结合实际代码来演示如何在 Unittest 框架中完成数据驱动操作。

第 9 章　Unittest 数据驱动测试

数据驱动测试（Data Drive Test，DDT）是自动化测试领域比较主流的一种设计模式，也是高级自动化测试工程师和测试开发人员必备的技能之一。数据驱动的目的是让相同的业务逻辑脚本在不同的数据输入前提下完成用例测试，这样可以让测试数据和测试行为（代码）完全分离，便于对测试框架和数据的维护与扩展。

数据与代码分离是自动化测试追求的目标，数据与代码分离的优势如下：
- 让开发者更加专注于眼前的核心问题，不会让数据和业务逻辑相互干扰。
- 数据和业务分离后，业务流程相对数据来说发生变化的可能性不大，而数据是经常变化的，不会因为修改和维护测试数据导致业务逻辑引入新的缺陷，从而提高测试脚本的可维护性和稳定性。
- 以拓展测试数据的方式来提高测试覆盖率，快速构建可执行的测试用例脚本，比传统的线性代码效率高得多，提高了测试脚本的扩展性。

优秀的测试框架支持各种形式的测试数据，如 Python 语言的列表或字典对象、持久化存储的文件对象（CSV、Excel、JSON、TXT、YAML 等格式的数据文件）或者直接从数据库中获取的测试数据，都可以用来完成数据驱动测试。Unittest 测试框架支持任意格式和类型的测试数据，同时与 DDT 库结合对当下比较流行的 YAML 数据提供了完美的支持。在任何一个测试框架中，数据驱动都是最核心、最重要的技术，因此笔者将用一整章的篇幅详细讲解如何在 Unittest 框架上完成数据驱动测试工作。

本章的主要内容如下：
- DDT 简介及其作用；
- 代码级数据驱动测试；
- 文件级数据驱动测试；
- YAML 数据格式；
- 使用 YAML 格式完成数据驱动。

9.1　没有数据驱动的测试代码

我们先思考第一个测试场景——用户登录场景，打开登录页面，输入用户名和密码，提交后断言结果，即可完成一个用户登录场景的测试用例。创建测试脚本，模拟用户登录测试，代码如下：

```python
import unittest

class LoginTestCase(unittest.TestCase):

    def test_1(self):
        """模拟一个用户登录的测试方法"""
        username = "admin"
        password = "123456"

        # 不论用 Selenium、Requests、UI 还是接口，模拟得到的测试结果
        print(f"使用用户名{username},密码{password}，进行登录测试...")

        result = "登录成功"
        # 断言测试结果
        self.assertEqual("登录成功", result)
```

上面的代码使用用户名 admin 和密码 123456 登录网站，得到"登录成功"的结果并给出一个断言。如果使用其他用户名进行测试，如用户名为 sniper，密码是 111111，在我们不会使用 DDT 技术的时候，很可能会创建一个测试方法 test_2()：

```python
class LoginTestCase(unittest.TestCase):

    def test_1(self):
        """模拟一个用户登录的测试方法"""
        username = "admin"
        password = "123456"

        # 不论用 Selenium、Requests、UI 还是接口，模拟得到的测试结果
        print(f"使用用户名{username},密码{password}，进行登录测试...")

        result = "登录成功"
        # 断言测试结果
        self.assertEqual("登录成功", result)

    def test_2(self):
        """模拟一个用户登录的测试方法"""
        username = "sniper"
        password = "111111"

        # 不论用 Selenium、Requests、UI 还是接口，模拟得到的测试结果
        print(f"使用用户名{username},密码{password}，进行登录测试...")

        result = "登录成功"
        # 断言测试结果
        self.assertEqual("登录成功", result)
```

在测试用例 LoginTestCase 中包含两个测试方法 test_1()和 test_2()，这两个方法除了用户名和密码两个参数不同以外，其他的业务逻辑（模拟用户登录的过程）和断言方法完全一样，从而使代码冗余度非常高。如果业务逻辑发生改变，需要同时修改所有相关的测试

方法，此处只有两个用户还可以很快地完成，如果测试用户有 100 个呢？可以想象，代码基本是不可维护的。

除了创建不同的测试方法这个方案以外，有的测试人员可能会编写如下的代码：

```
def test_3(self):
    """模拟一个用户登录的测试方法"""
    # 使用列表封装多组用户数据
    userdatas = [("admin", "123456"), ("sniper", "111111")]

    # 遍历数据、执行测试
    for username, password in userdatas:
        # 不论用 Selenium、Requests、UI 或者接口，模拟得到的测试结果
        print(f"使用用户名{username},密码{password}，进行登录测试...")

        result = "登录成功"
        # 断言测试结果
        self.assertEqual("登录成功", result)
```

在这个测试方法中，使用列表（List）封装多组测试数据，然后遍历执行。这看起来似乎比前一个方案好了不少，但是依然不能用在实际项目工作中，原因是，如果测试数据变多，代码可维护性也会变得非常差。

📖注意：本节代码为"反例"，是不使用 DDT 的时候勉强编写的多组用户登录用例，不推荐开发者按照这样的方式定义测试用例脚本。

再次强调一下数据驱动的价值和目标：
- 实现数据与代码分离；
- 减少冗余代码；
- 同一个业务逻辑可以复用多组数据；
- 维护数据不影响业务逻辑代码。

☎提示：本节的源代码路径是 ch9/9_1_userlogin.py。

9.2　代码级数据驱动

我们先来看一个单个参数的测试场景，很多网站都提供使用手机号登录或进行注册的功能，下面的代码模拟使用手机号进行用户注册的测试过程：

```
import unittest

class LoginTestCase(unittest.TestCase):

    # 单一测试参数
    def test_1(self):
```

```
    """模拟一个用户登录的测试方法"""
    phone = "17700001111"

    # 手机号注册的场景
    # 得到一个测试结果
    print(f"使用手机号{phone}进行注册...")

    result = "注册成功"
    # 断言测试结果
    self.assertEqual("注册成功", result)
```

以上代码模拟使用手机号完成注册并给出断言结果。如果要提高测试用例覆盖度，至少要用覆盖三大运营商的手机号进行测试，如果想要更完善一些，需要使用三大运营商的所有手机号段（如 133/131/155/177/189/186…）进行测试或者需要覆盖本地和外地的手机号等。要用到的手机号码非常多，如果像 9.1 节那样创建许多的测试方法或者在测试方法中使用列表封装若干手机号，然后再进行遍历可以吗？针对这个问题，Unittest 测试框架集成了 DDT 数据驱动第三方库给出了具体的解决方案。

接下来安装 DDT 第三方库：

```
PS F:\PycharmProjects\SeleniumTest> pip install ddt
Collecting ddt
  Downloading ddt-1.4.4-py2.py3-none-any.whl (6.3 kB)
Installing collected packages: ddt
Successfully installed ddt-1.4.4
```

安装成功后修改测试代码如下：

```
import unittest
import ddt

# 代码级的数据驱动实现
@ddt.ddt
class LoginTestCase(unittest.TestCase):

    # 单一测试参数
    # 使用 data 装饰器传入参数
    @ddt.data("17700001111", "13566667777", "13566662222", "13512347777")
    def test_1(self, phone):
        """模拟一个用户登录的测试方法"""
        # 手机号注册的场景
        # 得到一个测试结果
        print(f"使用手机号{phone}进行注册...")

        result = "注册成功"
        # 断言测试结果
        self.assertEqual("注册成功", result)
```

重点解析：

• 首先导入 DDT 第三方库，在测试用例类之前添加@ddt.ddt 装饰器，声明这个测试用例将要使用数据驱动。在测试方法前面添加@ddt.data 装饰器，@ddt.data 带有一个可变参数，本例子中的每个参数是一个手机号。

- 以上两个装饰器是 Unittest 使用数据驱动 DDT 的标准语法。在测试方法中，原来定义手机号的变量 phone 变为测试方法的形参。

执行测试用例，结果如图 9.1 所示。

图 9.1　单一参数代码级数据驱动

从结果中可以发现，我们只写了一个测试方法，而在树形展示区却看到有 4 个测试方法被执行，这就是数据驱动 DDT 带来的好处。在@ddt.data 装饰器参数中传入了 4 个手机号码，Unittest 按照定义的参数，使用每个手机号码作为测试方法 test_1()的入口参数，并且执行了 4 次。测试方法的命名也发生了改变，变为"方法名_序号_入口参数"。使用 Unittest 结合 DDT 的数据驱动代码是不是看起来"高大上"了很多？

接下来我们回到用户登录场景，编写 test_2()方法模拟用户登录过程：

```python
def test_2(self):
    """模拟一个用户登录的测试方法"""
    username = "admin"
    password = "123456"

    # 不论用 Selenium、Requests、UI 或者接口，模拟得到的测试结果
    print(f"使用用户名{username},密码{password}，进行登录测试...")

    result = "登录成功"
    # 断言测试结果
    self.assertEqual("登录成功", result)
```

手机号是一个单一参数的例子，用户登录需要用户名和密码两个入口参数：

```python
@ddt.data(["admin", "123456"], ["sniper", "111111"])
@ddt.unpack
def test_2(self, username, password):
    """模拟一个用户登录的测试方法"""

    # 不论用 Selenium、Requests、UI 或者接口，模拟得到的测试结果
    print(f"使用用户名{username},密码{password}，进行登录测试...")
```

```
result = "登录成功"
# 断言测试结果
self.assertEqual("登录成功", result)
```

重点解析：

- 本段代码结构与手机号注册场景代码类似，区别在于在本段代码中需要两个入口参数 username 和 password。
- @ddt.data 装饰器的参数由简单的字符串换成了列表，每个列表中的第一个元素是用户名，第二个元素是密码。
- @ddt.unpack 装饰器的作用是让 Unittest 将列表参数"[用户名,密码]"进行自动解包，将第一个参数作为测试方法入口参数 username 传入，第二个参数作为 password 参数传入。

执行测试用例，结果如图 9.2 所示。

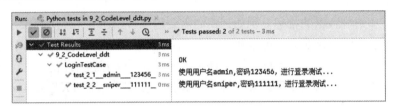

图 9.2　多参数代码级数据驱动

同样，测试方法 test_2() 被执行了两次，每次使用 @ddt.data 传入一组参数。测试方法的命名也遵循"方法名_序号_入口参数"的规定，其包含两个参数用户名和密码。

现在我们来对比一下数据驱动带来的好处：

@ddt.data 装饰器提供的数据驱动方式叫作代码级数据驱动，即将测试数据从测试方法的业务逻辑代码中分离出来，如果需要扩展更多的手机号或者用户数据，在数据维度增加新数据即可，不会影响已经写好的业务逻辑代码。同样，修改业务逻辑时可以专注于业务代码本身而不受数据的干扰。

但是，现在的数据依然存在于 Python 脚本代码文件中，如果数据数量过多，则会增加代码维护的难度。由此可见，代码级数据驱动适用于测试数据量不多的情况。在后面的章节中我们将学习如何将测试数据从 Python 代码中彻底分离，以独立的数据文件进行管理和维护，即文件级数据驱动。

☎ 提示：本节的源代码路径是 ch9/9_2_CodeLevel_ddt.py。

9.3　文件级数据驱动

代码级数据驱动可以将测试数据与代码脚本分离，随着测试数据的增多，如果仅用代码级数据驱动方式，则数据的易维护性会越来越差。因此，在实际工作中测试框架都会集成文件级数据驱动模式，将测试数据以独立的文件方式进行保存，彻底从程序代码中分离出来。

常见的数据文件包含以下几类：

- 文本文件：CSV 格式的数据文件和 TXT 完全自定义格式的数据文件；
- 格式文件：遵循 XML、JSON 和 YAML 等标准语法定义的具有自描述特性的数据文件；
- Excel 文件：一般用来描述测试数据。

9.3.1　文本数据文件

使用文本类型来描述数据是最简单也最基本的方式，使用起来简单、方便，但是不利于对大型数据和结构数据的描述。例如，我们需要构建一组手机号码作为测试脚本的测试数据，使用文本类型的数据文件可以快速地达到目的。如果我们需要的测试数据是一组用户信息，包含姓名、身份证、手机号、住址和电子信箱等多维度的信息，虽然使用文本格式依旧能够完成，但是比较烦琐。常用的文本数据类型文件包括 TXT 文本文件和 CSV 格式文件。

1．单参数数据驱动

我们以 TXT 文本文件为例，以单个参数的数据驱动方式创建一个手机号的数据文件 datas/phones.txt：

```
17711112222
13588889999
18612345555
```

💭注意：TXT 文本文件是完全自定义的数据文件，包括文件格式和编码方式等都可以根据实际需要自行定义。这里是将三个手机号以每个号码独占一行的方式进行定义，也可以将所有手机号写在一行内并用逗号","分隔。

```
17711112222,13588889999,18612345555
```

对数据驱动的使用与前面没有区别，只是读取和解析文件的代码稍有不同。接下来创建测试脚本 9_3_FileLevel_ddt.py：

```python
def read_phones_txt(file_name):
    li = []
    # 读取文件
    # TODO

    # 读取文件之后，必须返回一个带数据参数的列表
    return li
```

```
@ddt.ddt
class LoginTestCase(unittest.TestCase):

    # 单一测试参数
    @ddt.data(read_phones_txt("datas/phones.txt"))
    def test_1(self, phone):
        """模拟一个用户登录的测试方法"""
        # 手机号注册的场景
        # 得到一个测试结果
        print(f"使用手机号{phone}进行注册...")

        result = "注册成功"
        # 断言测试结果
        self.assertEqual("注册成功", result)
```

其中，测试方法 test_1()的内部逻辑与前面的例子一致，代码的重点在于使用@ddt.data 装饰器时不是直接传送多个手机号作为参数，而是调用了一个自定义的方法 read_phones_txt()并将刚才定义的文件作为入口参数。

定义 read_phones_txt()方法从文件中读取测试数据，然后将其加工成需要的数据格式作为返回值传入@ddt.data 装饰器。该方法现在缺少数据加工的代码，我们重点关注的是返回数据的格式和类型，对比代码级数据驱动时的入口参数：

```
@ddt.data("17700001111", "13566667777", "13566662222", "13512347777")
```

虽然使用了可变参数的语法，但是可变参数本质上就是一个列表，因此 read_phones_txt()的返回值应该是包含三个手机号的列表：

```
['17711112222', '13588889999', '18612345555']
```

接下来我们要做的就是完善 read_phones_txt()部分的代码，将文件读取的数据加工成列表结构。读取 datas/phone.txt 并完成结构转换：

```
def read_phones_txt(file_name):
    li = []
    # 读取文件
    with open(file_name, "r", encoding="utf-8") as rf:
        for line in rf.readlines():
            li.append(line.strip("\n"))

    # 读取文件之后，必须返回一个带数据参数的列表
    return li
```

strip()方法可以将每行结尾的换行符（\n）去掉。

执行测试用例，结果如图 9.3 所示。

这个结果与我们想要的结果不一样，三个手机号码作为一个整体传入测试方法，测试方法只执行了一次，而我们期望的结果应该是分别传入手机号码，测试方法执行 3 次。原因还是在参数传递方面，read_phones_txt()的返回值是列表，应该在 read_phones_txt()调用语句前面加上一个"*"（可变参数*args 的知识请参阅第 16 章）：

```
@ddt.data(*read_phones_txt("datas/phones.txt"))
```

重新执行测试用例，此时可以得到我们期望的结果，如图 9.4 所示。

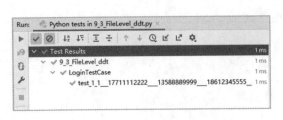

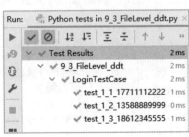

图 9.3　执行结果　　　　　　　　图 9.4　单参数文件级数据驱动

单个参数的文件级数据驱动的内容虽然简单，但是通过这个例子我们了解到文件读取函数的返回值类型和可变参数时传参时需要注意的"*"语法。这也是后面多参数传递时要遵循的基本规则。

2. 多参数数据驱动

学会了单个参数的文件驱动后，再来看用户登录场景。定义数据文件 datas/userdatas.txt，将前面的两组测试数据写入数据文件：

```
admin,123456
sniper,111111
```

此时测试数据包含用户名和密码两个字段，将每组数据单独占一行并用逗号","分隔用户名和密码。在代码中创建 test_2()测试方法：

```python
@ddt.data(*read_userdatas_txt("datas/userdatas.txt"))
@ddt.unpack
def test_2(self, username, password):
    """模拟一个用户登录的测试方法"""

    # 不论用 Selenium、Requests、UI 或者接口，模拟得到的测试结果
    print(f"使用用户名{username},密码{password}，进行登录测试...")

    result = "登录成功"
    # 断言测试结果
    self.assertEqual("登录成功", result)
```

代码与前面代码级数据驱动基本相同，区别依旧是数据驱动装饰器参数，定义 read_userdatas_txt()来读取文件并加工测试数据：

```python
def read_userdatas_txt(file_name):
    li = []
    # 读取文件
    with open(file_name, "r", encoding="utf-8") as rf:
        for line in rf.readlines():
            # 第一种，将用户名和密码封装成列表
            li.append(line.strip("\n").split(","))
```

```
    # 读取文件之后，必须返回一个带着数据参数的列表
    return li
```

按照前面所学的知识，对比代码级数据驱动示例中用户登录测试方法@ddt.data 装饰器参数：

```
@ddt.data(["admin", "123456"], ["sniper", "111111"])
```

read_userdatas_txt()的返回值是一个包含两组数据的列表，每组数据由用户名和密码组成：

```
[['admin', '123456'], ['sniper', '111111']]
```

执行测试用例，观察 test_2()测试方法的执行结果，如图 9.5 所示。

在多参数数据驱动场景中，按照上面的方法将文件内容解析成列表对象是第一种处理方式，多参数数据中的每组数据可以看作一个数据对象，大多数情况下用于描述有语义的数据，因此可以将每组数据解析成字典并与参数名一一对应。修改 read_userdatas_txt()，以字典形式返回数据：

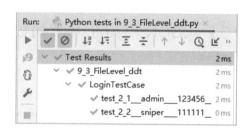

图 9.5　多参数文件级数据驱动

```
def read_userdatas_txt(file_name):
    li = []
    # 读取文件
    with open(file_name, "r", encoding="utf-8") as rf:
        for line in rf.readlines():
            # 第二种，将用户数据封装成字典
            user = line.strip("\n").split(",")
            li.append({
                "username": user[0],
                "password": user[1]
            })
    # 读取文件之后，必须返回一个带着数据参数的列表
    return li
```

加工后的数据结构如下：

```
[{'username': 'admin', 'password': '123456'}, {'username': 'sniper',
'password': '111111'}]
```

再次执行测试用例，查看执行结果如图 9.6 所示。

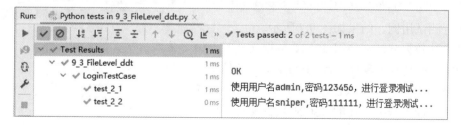

图 9.6　多参数字典形式定义

Unittest 框架对列表类型的参数和字典类型的参数的处理方式稍有不同，在树形展示区中这一次用例执行时没有参数提示，不过结果是一样的，都完成了多参数数据驱动的执行过程。

注意：本小节的例子虽然简单，但是涉及函数参数传递的 Python 基础语法知识，初学者很容易被这些传参技巧难住，可以参考 16 章的内容来学习函数参数传递的知识，如固定参数、可变参数、默认值参数和动态参数等，在后面的章节中还会涉及。

9.3.2　JSON 和 XML 格式的数据文件

JSON 和 XML 格式数据的特点是具备自我描述性，常用于描述各种信息，在数据驱动领域也很常见。相比 XML 格式的数据，JSON 具有更加轻量化的优点，使用更加便捷。

了解了文本类型数据驱动后，JSON 格式的数据驱动仅仅是语法上的区别。首先定义一个描述手机号码的 JSON 数据文件 datas/phones.json：

```
[
  "17711112222",
  "13588889999",
  "13588889999",
  "13588889999",
  "18612345555"
]
```

定义文件读取加工函数 read_json()：

```
def read_json(file_name):
    print("读取 JSON 文件数据")
    return json.load(open(file_name, "r"))
```

JSON 是 Python 语言的一个标准库，专门用来处理 JSON 格式的数据，使用起来非常方便，只用一行代码就完成了对 JSON 数据文件的读取和内容加工，得到一个包含手机号码的列表对象。

注意：json 标准库无须安装，可以直接导入使用。

修改数据驱动装饰器参数：

```
@ddt.data(*read_json("datas/phones.json"))
```

执行测试用例，结果如图 9.7 所示。

多参数数据驱动在使用 JSON 数据文件时，由于 JSON 数据具有自我描述性，JSON 文件的结构可以与 Python 语言的列表（List）和字典（Dict）直接进行转换，而多数据描述的 JSON 数据文件可以描述成数组（Array）或者对象（Object）：

图 9.7　JSON 数据单参数数据驱动

```
[
  [
    "admin",
    "123456"
  ], [
    "sniper",
    "111111"
  ]
]
```

对象描述方式如下：

```
[
  {
    "username": "admin",
    "password": "123456"
  }, {
    "username": "sniper",
    "password": "111111"
  }
]
```

上面两种描述数据的格式在 Unittest 测试框架中都是支持的，它们会被解析成列表和字典，修改 test_2()方法数据驱动装饰器：

```
@ddt.data(*read_json("datas/userdatas.json"))
```

JSON 文件解析代码与前面一致，直接复用手机号用例 JSON 解析函数即可。

执行测试用例，结果如图 9.8 所示。

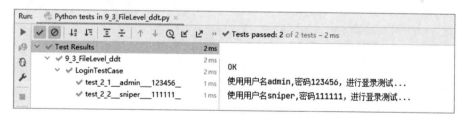

图 9.8　JSON 数据多参数数据驱动

结果与文本类型数据驱动是一样的。

9.3.3　Excel 格式的数据文件

前面介绍的 TXT、CSV、JSON 和 XML 数据文件本质上都是文本文件，可以用普通文本编辑器打开并进行编辑，Excel 文件是数据表格文件，以二进制形式存储，不能用普通文本编辑器直接编辑。要解析 Excel 文件，不能像解析普通文本文件一样使用 open()函数，需要使用能够完成 Excel 读写的相关库。在 Python 中能够处理 Excel 表格文件的库有很多，如 xlrd、xlwt、openpyxl、pandas、xlutils 和 xlwings 等，使用哪个库都可以完成对 Excel 文件的读取。接下来以 openpyxl 第三方库为例，演示如何以 Excel 表格文件完成数据驱动功能。

要使用 openpyxl 第三方库，必须先安装该库：

```
PS F:\PycharmProjects\SeleniumTest> pip install openpyxl
Collecting openpyxl
  Downloading openpyxl-3.0.9-py2.py3-none-any.whl (242 kB)
     |████████████████████████████| 242 kB 9.1 kB/s
Collecting et-xmlfile
  Downloading et_xmlfile-1.1.0-py3-none-any.whl (4.7 kB)
Installing collected packages: et-xmlfile, openpyxl
Successfully installed et-xmlfile-1.1.0 openpyxl-3.0.9
```

安装成功后，我们首先创建 Excel 表格数据文件 datas/userdatas.xlsx，内容如图 9.9 所示。

◢	A	B	C	D	E	F
1	SEQNO	USERNAME	PASSWORD			
2	1	sniperzxl	111111			
3	2	admin	123456			
4						
5						
6						

图 9.9　Excel 表格文件

其中包含 1 行表头和 2 组用户信息测试数据，在测试用例脚本中添加 read_excel() 方法，完成对 Excel 表格内容的读取，然后将其加工成数据驱动需要的列表结构：

```python
def read_excel(file_name):
    # 打开excel文件
    excel = openpyxl.load_workbook(file_name)

    # 选定第一个sheet
    sheet = excel.worksheets[0]
    li = []

    # 读取每行数据并转换成列表
    for line in sheet.values:
        if line[0] == 'SEQNO':
            continue
        li.append({
            "username": line[1],
            "password": line[2]
        })

    return li
```

直接以字典对象描述用户数据，数据转换结果如下：

```
[{'username': 'sniperzxl', 'password': 111111}, {'username': 'admin',
'password': 123456}]
```

然后修改数据驱动装饰器参数：

```python
@ddt.data(*read_excel("datas/userdatas.xlsx"))
```

再次执行测试用例，查看测试方法 test_2()的测试结果，如图 9.10 所示。

图 9.10　Excel 文件驱动的测试结果

　　至此，我们讲解了文本格式数据驱动文件、JSON 格式数据驱动文件、Excel 表格数据驱动文件的使用方法，细心学习的读者可能已经发现，不同类型的数据文件在 Unittest 测试框架中的区别在于读取数据文件的方式不同，普通文本使用 open()函数来读取，JSON 数据使用 json 库解析，Excel 表格文件需要使用第三方库来读取内容，而本质上通过 read_xxx 方法将文件内容转换成数据列表才是数据驱动学习的重点。

　　以上几种格式的数据文件需要开发者自己编写代码，完成数据的读取和转换，然后与 @ddt.data 装饰器配合，完成测试方法的数据驱动测试。在自动化测试领域有一种非常流行的数据描述格式 YAML，Unittest 测试框架也完美集成了 YAML 数据文件的解析能力。使用 YAML 数据文件在语法上比以上格式的数据文件更加简单，而且很多的测试框架都是基于 YAML 格式数据完成数据驱动的。下一节我们将会学习 YAML 数据格式的相关内容。

📞提示：本小节的源代码路径是 ch9/9_3_FileLevel_ddt.py。

9.4　YAML 的语法规范

　　YAML 是 YAML Ain't a Markup Language（YAML 不是一种标记语言）的递归缩写。在开发这种语言时，YAML 的意思其实是：Yet Another Markup Language（仍是一种标记语言）。YAML 的语法和其他高级语言类似，包含纯量（不可再分的元素，如一个字符串）、数组和对象 3 种数据类型。YAML 非常适合用来描述数据结构和各种配置文件，风格与 Python 非常接近。

9.4.1　YAML 的特点

　　YAML 语言具有如下特点：
- 与 JSON 和 XML 都是用来描述数据类似，YAML 不但能够描述数据，而且其引用和锚点等语法可以完成更多的上下文语义定义和逻辑关系定义。

- 与 JSON 和 XML 一样，YAML 格式的数据文件具有"自我描述性"，这是它区别于普通文本文件的重要特性，简单说就是不借助其他工具，从文件内容中可以直接理解数据的结构和相互关系。
- YAML 有自我格式化的特点，语法风格与 Python 语言非常接近，其简单、整洁和优雅的特点使 YAML 逐渐被开发者接受。
- YAML 在自动化测试领域的应用非常广泛，被 Unittest 等测试框架完美支持。

9.4.2　YAML 的基础语法

.yaml 是一种很直观的能够被计算机识别的数据序列化格式，从语法结构来看，JSON 比 XML 简单，YAML 比 JSON 简单。YAML 的用途非常广泛，不仅在数据驱动测试领域可以描述测试数据，在很多应用系统和框架中也使用 YAML 作为配置文件。

学习 YAML 语法的最好方式就是对比 JSON 的语法，下面来看一组 JSON 格式的数据：

```json
{
    "name": "Sniper",
    "age": 31,
    "sites": [{
        "tag": "Skills",
        "info": ["Python", "Java", "Selenium"]
    }, {
        "tag": "Phones",
        "info": ["17744443333", "18612345678"]
    }, {
        "tag": "Hobby",
        "info": ["读书", "音乐", "篮球"]
    }
    ]
}
```

用 YAML 重新定义上述数据：

```yaml
name: Sniper
age: 31
sites:
  - tag: Skills
    info:
      - Python
      - Java
      - Selenium
  - tag: Phones
    info:
      - 17744443333
      - 18612345678
  - tag: Hobby
    info:
      - 读书
      - 音乐
      - 篮球
```

从视觉上来看，YAML 格式比 JSON 格式更整洁、更简单。

YAML 的语法要求如下：

- 大小写敏感；
- 缩进时不允许使用 Tab 制表符，只允许使用空格进行缩进；
- 缩进的空格数量没有限制，只要同级元素左侧对齐即可；
- YAML 缩进表示层级关系，相同的层级元素左对齐；
- 符号 "#" 表示注释内容，这与 Python 语言的注释语法完全一致；
- YAML 使用可以打印的 Unicode 字符，建议使用 UTF-8 编码；
- YAML 数据文件以.yaml 或.yml 作为文件扩展名；
- 列表成员以单行表示，并且以 "减号+空格"（- ）起始；
- 描述对象属性和值采用键值对形式，以 "冒号+空格" 分隔键和值；
- 字符串一般不使用引号，必要时也可以用引号修饰。

9.4.3 YAML 的数据类型

YAML 所描述的数据分为纯量、数组和对象三类，如图 9.11 所示。

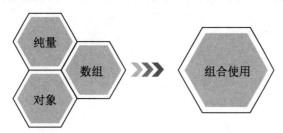

| 纯量： | 数值、小数、文本、空值、真与假 | ⟹ | 整数、浮点数、字符串、None、布尔 |

| 数组： | 多个单个值或对象的排列 | ⟹ | List列表 |

| 对象： | 键-值驿表示标签与属性值 | ⟹ | Dict字典 |

图 9.11 YAML 数据与 Python 数据的映射关系

YAML 是不依赖于任何一种编程语言的，不论 Java 或者 Python 都可以将 YAML 作为数据描述语言。但是，编程语言在使用 YAML 数据时需要定义自身的数据类型与 YAML 数据类型的转换关系。在 Python 语言中，YAML 数据类型与 Python 数据类型的转换关系如表 9.1 所示。

表 9.1　YAML数据类型与Python数据类型的转换关系

数 据 分 类	YAML类型	Python类型
纯量	数值型	整数
	小数	浮点型
	文本	字符串
	空值	None
	真与假	布尔类型
数组	数组对象	列表List
对象	键值对形式描述的对象	字典Dict

YAML 描述列表时使用"-"（横线） + 单个空格来表示单个列表项，同级别的列表数据必须左侧对齐：

```
# 表示同级的单项列表
- 17712345555
- 18677775555
- 13000000000
```

数据项内的组合列表可以使用"[ ]"，这与 JSON 语法一致：

```
# 单项内部的列表数据可以使用中括号[]
- 17712345555
- [red, yellow, blue]
- [f, m]
- [1, 2, 3]
```

YAML 描述对象时使用"："冒号 + 空格来表示单个键值对：

```
# 使用冒号: + 空格表示单个键值对
no: 1234
date: 2021-12-20
customer: Sniper
phone: 17704315555
item: cpu
price: ¥800.00
```

YAML 使用"{}"表示一个键值表，这也与 JSON 语法一致：

```
# 使用大括号{}表示一组键值表
no: 1234
date: 2021-12-20
customer: {name: Sniper, phone: 17704315555}
item: {description: cpu, price: ¥800.00}
```

将纯量、数组和对象组合在一起，可以描述复杂的数据结构：

```
# 组合使用
- no: 1234
  date: 2021-12-20
  price: $2,400.00
  customer:
```

```
    name: Sniper
    phone: [17704315555, 13877776666]
  item:
    - {description: cpu, price: $800.00}
    - {description: screem, price: $1,800.00}
- no: 5678
  date: 2021-12-20
  price: $3,200.00
  customer:
    name: Nancy
    phone: 18612345656
  item:
    - {description: memory, price: $300.00}
    - {description: disc, price: $2,900.00}
```

对比上述基础语法可以发现，似乎 YAML 已经兼容了 JSON 的语法，的确，JSON 语法是 YAML 语法的子集，格式良好的 JSON 数据可以直接被 YAML 解析器所解析，这个特点也是 YAML 被广泛应用的一个因素。毕竟，可以把原有的 JSON 格式的配置文件和数据文件平稳切换到 YAML 上，对很多项目来说是非常重要的。

📖注意：YAML 被称作 YAML Ain't a Markup Language（YAML 不是一种标记语言）的用意是告诉使用者，YAML 不仅可以像 HTML、JSON 和 XML 一样标记数据，而且 YAML 的高级语法功能还可以进行语义表达和逻辑控制，这些功能在自动化测试领域并不常用，本书也没有列举，想要了解的读者可以查找相关资料。

9.5　YAML 格式的数据驱动

下面我们来看如何在 Unittest 框架中使用 YAML 格式的数据完成测试工作，本节的内容可以与前面介绍的文本、JSON 和 Excel 数据文件使用方式对比学习。

9.5.1　单参数 YAML 数据驱动

先从单一参数的电话号码场景开始，我们创建一个 YAML 格式的数据文件 datas/phones.yaml：

```
- 17711112222
- 13588889999
- 18612345555
```

解析 YAML 格式数据需要使用 PyYAML 第三方库：

```
PS F:\PycharmProjects\SeleniumTest> pip install pyyaml
Collecting pyyaml
  Downloading PyYAML-6.0-cp38-cp38-win_amd64.whl (155 kB)
     |████████████████████████████████| 155 kB 33 kB/s
```

```
Installing collected packages: pyyaml
Successfully installed pyyaml-6.0
```

虽然在后面的程序代码中我们不会直接使用 PyYAML 这个库来编写测试层面的代码，但是 DDT 库内部在解析 YAML 数据文件时会调用 PyYAML 库的方法。

创建测试脚本 9_5_Yaml_ddt.py 如下：

```python
import unittest
import ddt

# YAML 数据驱动
@ddt.ddt
class LoginTestCase(unittest.TestCase):

    # 单一测试参数
    @ddt.file_data("datas/phones.yaml")
    def test_1(self, phone):
        # 手机号注册的场景
        # 得到一个测试结果
        print(f"使用手机号{phone}进行注册...")

        result = "注册成功"
        # 断言测试结果
        self.assertEqual("注册成功", result)

if __name__ == '__main__':
    unittest.main()
```

重点解析：

- 解析 YAML 文件必须安装 PyYAML 第三方库；
- test_1()测试方法与前面的用法没有任何区别，这也体现出数据与逻辑分离的好处，在这几个示例中我们一直在修改数据，但测试逻辑代码从未修改过；
- 本例代码最重要的变化是我们不需要自己编写任何数据解析和加工函数，直接使用 @ddt.file_data 装饰器，DDT 库会自动读取 YAML 文件并加工成测试方法需要的结构。

对比 TXT、JSON 和 Excel 的例子，本例代码是不是更整洁了呢？因此，在自动化测试领域，YAML 数据驱动测试是主流。

执行测试脚本，结果如图 9.12 所示。

图 9.12　单一参数 YAML 数据驱动

9.5.2　多参数 YAML 数据驱动

再来看用户注册场景的多参数数据驱动如何来实现。YAML 描述用户名和密码这种多参数数据时，可以有很多种语法，先来看列表形式的数据文件。创建测试数据文件 datas/userdatas.yaml：

```
-
  - admin
  - 123456
-
  - sniper
  - 111111
```

在 YAML 语法中，同级别数据"-"左对齐，因此在数据文件中我们定义了两组数据，每组数据包含两个参数，以列表形式定义，其中，第一个是用户名、第二个是密码。

在测试用例中增加 test_2()并仿照 test_1()场景使用@ddt.file_data 装饰器测试方法，解析 userdatas.yaml 数据文件：

```
@ddt.file_data("datas/userdatas.yaml")
    def test_2(self, username, password):
        """模拟一个用户登录的测试方法"""

        # 不论用 Selenium、Requests、UI 或者接口，模拟得到的测试结果
        print(f"使用用户名{username},密码{password}，进行登录测试...")

        result = "登录成功"
        # 断言测试结果
        self.assertEqual("登录成功", result)
```

执行 test_2()测试方法，看到如下错误提示：

```
Traceback (most recent call last):
  File "F:\PycharmProjects\SeleniumTest\venv\lib\site-packages\ddt.py",
line 191, in wrapper
    return func(self, *args, **kwargs)
TypeError: test_2() missing 1 required positional argument: 'password'
```

代码提示 text_2()方法缺少一个 password 参数，我们加上@ddt.unpack 装饰器，期望 DDT 库能够自动解包也没有成功。由此可知，@ddt.unpack 装饰器只能与@ddt.data 装饰器配合使用，在@ddt.file_data 解析 YAML 数据时使用不会起任何作用。

虽然我们有办法解决这个问题，但是这里笔者想要强调的是，这种以列表方式定义多参数的语法，在自动化测试框架中是非常不推荐的，原因是不利于参数维护，如果每组参数的数量达到几十个或者更多，还能清楚地知道哪个是用户名哪个是密码吗？YAML 数据与 JSON 数据一样，具有自我描述的特性，但以列表方式排列的多参数将会失去自我描述性的特征，因此即使 JSON 也不推荐用数组来定义多参数。

我们将 YAML 数据文件修改一下，创建 userdatas1.yaml：

```
  -
    username: admin
    password: 123456
  -
    username: sniper
    password: 111111
```

现在使用键值对的语法格式，以对象形式定义每组测试数据，每个参数的名字非常清晰，将数据文件改成 userdatas1.yaml：

```
@ddt.file_data("datas/userdatas1.yaml")
def test_2(self, username, password):
    """模拟一个用户登录的测试方法"""

    # 不论用 Selenium、Requests、UI 或者接口，模拟得到的测试结果
    print(f"使用用户名{username},密码{password}，进行登录测试...")

    result = "登录成功"
    # 断言测试结果
    self.assertEqual("登录成功", result)
```

执行 test_2()测试方法，结果如图 9.13 所示。

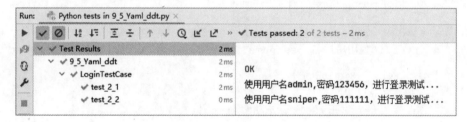

图 9.13　多参数 YAML 数据驱动

因此，以对象方式描述的多参数数据，才是自动化测试领域推荐的定义方式。

🔔注意：细心的读者已经发现，YAML 数据文件中的 key 被定义为 username 和 password，与 test_2()方法的入口形参完全一致，这样做可以让 Unittest 框架在执行时自动将同名的参数进行匹配，将 YAML 数据中心 username 对应的值 admin 传递给方法的入口参数 username，password 参数传递同理。

读者可以自行尝试一下将数据文件中的 key 改成和方法形参不一样的数据，看看有什么结果。

📖多学一点：使用 YAML 数据完成数据驱动测试工作，体现了在当下各种流行框架中非常重要的一种设计理念，即"约定大于编码"。通常，约定好一些规则后，框架会自动完成绝大部分工作，不是每一个细节都需要开发者编写代码来实现。

9.5.3　可变参数 YAML 数据驱动

我们来思考两个问题：如果我们无法保证数据的 key 与方法的形参名字一样；或者每组数据中的参数变得很多，如每组参数有 100 个，难道我们要在方法形参中增加 100 个对应的参数吗？这肯定是不可取的。此时我们需要使用可变参数的方式将 YAML 数据文件内容传递给测试方法。

创建一个新的数据文件 userdatas2.yaml：

```
-
  name: admin
  pwd: 123456
  age: 18
  sex: M
-
  name: sniper
  pwd: 111111
  age: 23
  sex: F
```

现在，参数的 key 已经不是方法参数的 username 和 password 了，并且我们在每组数据中增加了 age 和 sex 参数。下面先给出 test_3()方法的代码：

```python
@ddt.file_data("datas/userdatas2.yaml")
    def test_3(self, **userdata):
        """模拟一个用户登录的测试方法"""
        print(userdata)
        username = userdata['name']
        password = userdata['pwd']
        age = userdata['age']
        sex = userdata['sex']
        # 不论用 Selenium、Requests、UI 或者接口，模拟得到的测试结果
        print(f"使用用户名{username},密码{password}, 年龄{age}, 性别{sex}")

        result = "登录成功"
        # 断言测试结果
        self.assertEqual("登录成功", result)
```

重点解析：
- 将 test_3()测试方法的入口参数定义为 userdata，"**"的语法是将字典映射为关键字参数。
- userdata 的值是一个包含一组参数键值对的字典，以操作字典取值的方式可以获取 userdata 中的用户名、密码、年龄和性别等参数。

执行测试用例，结果如图 9.14 所示。

🔔注意：本例的重点在于如何让一组参数以可变参数方式传递给测试方法，涉及 Python 基础语法中函数和参数传递的相关知识。如果读者不理解，需要找资料补充一下

Python 语法中关于 "*args" 和 "**kwargs" 的相关知识。

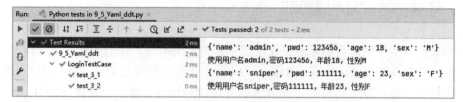

图 9.14　可变参数 YAML 数据驱动

YAML 格式数据文件和前面学习的 TXT、JSON 和 Excel 相比，显著的差别是 Unittest 框架对 YAML 的支持更完善，@ddt.file_data 装饰器可以帮助开发者快速解析 YAML 格式数据，不必自己编写各种 read()函数。既然 YAML 数据这么方便，我们前面学习的 3 种文件解析方法是否浪费时间了呢？当然不是，在实际项目中可能出现如下情况：

数据文件不是我们自己编写的，可能由其他系统导出或者通过其他途径得到的，那么很有可能文件本身就是 Excel 或者 JSON 格式的数据。虽然我们可以将 Excel 或者 JSON 数据转换成 YAML，但是这样做的代价可能比写一个 read()函数要大得多。也或者数据文件参数量巨大，与其进行数据格式转换，不如用一个 read()函数就可以解决。因此，只有掌握更多的技术，遇到实际问题时才能更加快速地解决。

☎提示：本小节的源代码路径是 ch9/9_5_Yaml_ddt.py。

9.6　小　　结

本章是 Unittest 测试框架和自动化测试知识中的核心内容，其中，YAML 格式的数据使用和 DDT 实现方式是本章的重点。可以说，没有一个测试框架不使用数据驱动技术，作为一名合格的测试人员，应该能够利用各种格式的测试数据，使用合适的测试方法来解决数据驱动问题。

第 10 章　Unittest 测试套件和报告

前面几章我们学习了 Unittest 测试用例级的基础语法知识，了解了用例的编写、测试夹具的使用原理及自动化测试领域最重要的数据驱动测试（DDT），这些都属于测试用例范畴。当一个项目的测试代码中包含许多用例时，就需要借助测试套件来高效管理多个测试用例，在不同的测试需求场景下，选择不同范围的测试用例，可以方便测试人员批量执行。所有测试的脚本编写、测试用例和套件的执行，最终目的都是要生成测试报告，测试报告是整个测试工作最重要的产物之一，依据测试报告，测试人员可以有效与项目相关人员进行沟通、分析问题、解决缺陷，一个内容完善、合理的测试报告在测试人员与开发人员、项目管理者和客户的沟通过程中起着非常重要的纽带作用。如图 10.1 所示为 Unittest 各组件构成。

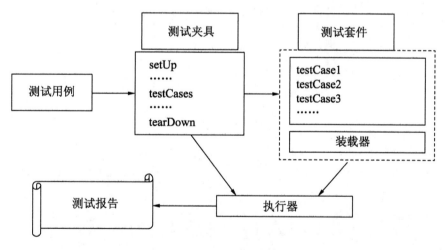

图 10.1　Unittest 组件的构成

本章我们来学习在 Unittest 测试框架中，如何使用装载器（TestLoader）来构建测试套件（TestSuite）并生成可视化的测试报告（TestReport）。

本章的主要内容如下：

- 用例级测试报告介绍；
- 构建测试套件；
- 如何通过 HTMLTestRunner 生成测试报告。

10.1　用例级测试报告

在还没有学习测试套件和项目级测试报告之前，如果测试场景只有一个，测试用例也不多，那么在测试用例层面，能否呈现可视化的测试结果呢？我们可以借助 PyCharm 开发工具对 Unittest 测试框架的支持，使用插件的功能来解决用例执行结果展示问题。

我们复制第 9 章的 YAML 数据驱动示例代码 9_3_Yaml_dde.py 及 datas 文件夹下的相关测试数据文件，然后将其修改一下：

```python
import unittest
import ddt


@ddt.ddt
class LoginTestCase(unittest.TestCase):

    @ddt.file_data("datas/phones.yaml")
    def test_1(self, phone):
        # 手机号注册的场景
        # 得到一个测试结果
        print(f"使用手机号{phone}进行注册...")

        result = "注册成功"
        # 断言测试结果
        self.assertEqual("注册成功", result)

    @ddt.file_data("datas/userdatas.yaml")
    def test_2(self, username, password):
        """模拟一个用户登录的测试方法"""

        # 不论用 Selenium、Requests、UI 或者接口，模拟得到的测试结果
        print(f"使用用户名{username},密码{password}，进行登录测试...")

        result = "登录成功"
        # 断言测试结果
        self.assertEqual("登录成功", result)

    @ddt.file_data("datas/userdatas2.yaml")
    def test_3(self, **userdata):
        """模拟一个用户登录的测试方法"""
        print(userdata)
        username = userdata['name']
        password = userdata['pwd']
        age = userdata['age']
        sex = userdata['sex']
        # 不论用 Selenium、Requests、UI 或者接口，模拟得到的测试结果
        print(f"使用用户名{username},密码{password}，年龄{age}，性别{sex}")
```

```
    result = "登录成功"
    # 断言测试结果
    self.assertEqual("登录成功", result)


if __name__ == '__main__':
    unittest.main()
```

让上面的三个测试方法都能执行，执行结果如图 10.2 所示。

图 10.2　用例执行结果

在前面的示例中，我们都是通过图 10.2 右侧所示的控制台来调试脚本的，这种方式在开发和调试过程中没有问题，但这样的展示结果不利于与他人沟通。在 PyCharm 提供的 Unittest 插件功能中，除了以树形方式展示测试用例并提供筛选功能以外，在上方工具条中有一个 Export Test Results 按钮，可以导出测试结果，如图 10.3 所示。

使用导出功能，可以将测试用例的执行结果生成描述文件，即用例级的测试结果报告。单击 Export Test Results 按钮，如图 10.4 所示。

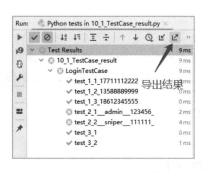

图 10.3　导出用例级报告 1

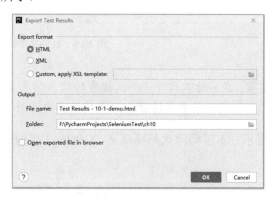

图 10.4　导出用例级报告 2

可以导出 3 种类型的测试报告，分别是 HTML、XML 和 Custom，用于生成网页的、XML 结构和自定义模板的测试报告。最常用的是 HTML 类型测试报告，其作为网页文件，便于与他人共享。选择 HTML，填写报告名称并选择输出目录后，单击 OK 按钮，可以看到在项目根目录下生成了一个测试报告网页文件，如图 10.5 所示。

使用浏览器打开这个 HTML 网页文件，可以查看报告内容，如图 10.6 所示。

其中包括：

- 测试方法的执行总数、失败数和通过数；
- 测试方法的执行时间及测试用例的整体执行时间；
- 测试用例的名称和测试方法的名称；
- 测试方法的执行状态；
- 测试方法中所有 print() 函数输出的信息；
- 失败的测试方法，异常提示信息（标红）。

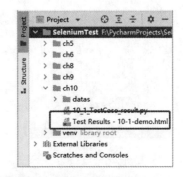

图 10.5　HTML 网页版测试报告

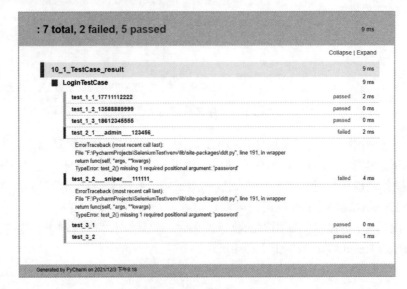

图 10.6　HTML 网页版测试报告

⚠ **注意**：在实际工作中，测试报告的输出信息是要经过严格设计的，这部分内容在后续实战项目中再讲解，当前的报告内容并不规范，这里主要学习生成报告的方法。

☎ **提示**：本节的源代码路径是 ch10/10_1_TestCase_result.py。

10.2　测　试　套　件

当测试用例和测试方法增多，需要一次执行指定的测试方法或者将多个测试用例中的指定方法一起执行时，就需要构造测试套件（TestSuite）。为了演示测试套件的构造过程，我们先编写两个测试用例。

创建测试用例 MyTestCase1 并编写 4 个测试方法：

```python
import unittest


class TestCase1(unittest.TestCase):

    def test_1(self):
        print("TestCase1 test_1")

    def test_2(self):
        print("TestCase1 test_2")

    def test_3(self):
        print("TestCase1 test_3")
        a = 1
        b = 2
        self.assertEqual(a, b)

    def test_4(self):
        print("TestCase1 test_4")


if __name__ == '__main__':
    unittest.main()
```

为了更接近实际项目，在第三个测试方法中增加一个必定失败的断言。

接着编写测试用例 MyTestCase2 和 4 个测试方法：

```python
import unittest


class TestCase2(unittest.TestCase):

    def test_1(self):
        print("TestCase2 test_1")

    def test_2(self):
        print("TestCase2 test_2")

    def test_3(self):
        print("TestCase2 test_3")

    def test_4(self):
        print("TestCase2 test_4")


if __name__ == '__main__':
    unittest.main()
```

现在思考一下，如果我们的需求是执行 MyTestCase1 用例中的测试方法 test_1()和 test_2()以及 MyTestCase2 用例中的测试方法 test_3()和 test_4()，应该如何做呢？应用前面所学的知识好像无法满足这个需求，此时就要用到测试套件（TestSuite）。

10.2.1 方法级装载器

构造测试套件有 4 种方式，我们先来看第一种。使用 addTest()方法可以将测试方法逐个添加至测试套件中，创建测试脚本 10_2_TestSuite_Runner.py：

```
import unittest
from MyTestCase1 import TestCase1
from MyTestCase2 import TestCase2

# 实例化一个测试套件
suite = unittest.TestSuite()
# 增加测试方法
# 第一种装载器：添加单个测试方法
suite.addTest(TestCase1("test_1"))
suite.addTest(TestCase1("test_2"))
suite.addTest(TestCase2("test_3"))
suite.addTest(TestCase2("test_4"))
```

重点解析：
- 首先导入两个已经定义好的测试用例 TestCase1 和 TestCase2。
- unittest.TestSuite()用于实例化测试套件对象，就像一个容器，但现在它里面是空的。
- 套件对象的 addTest 方法用于接收一个测试方法对象并将其作为参数向测试套件中增加单个测试方法，TestCase()参数为方法名实例化测试方法对象。
- 调用 addTest()方法向套件中添加 4 个测试方法。
- addTest 是第一种测试用例装载方法。

现在我们已经有了测试套件并添加了 4 个测试方法，执行测试套件需要使用测试执行器，添加如下代码：

```
# 实例化测试执行器
runner = unittest.TextTestRunner()
runner.run(suite)
```

实例化执行器对象 runner，TextTestRunner 是 Unittest 提供的一种基础执行器，将以文本形式输出测试结果，调用 run()方法并将测试套件作为参数然后执行测试套件，运行整个测试脚本，得到执行结果如下：

```
TestCase1 test_1
TestCase1 test_2
TestCase2 test_3
TestCase2 test_4
....
-------------------------------------------------------------
Ran 4 tests in 0.000s

OK
```

套件对象的 addTest()方法是第一种装载器，我们称其为方法装载器每次向测试套件中添加一个测试方法，如果方法多了，则 addTest 方法需要编写多次，因此该方法适用于要构建的测试套件中的测试方法相对较少的情况。

注意：这里要特别强调一下，测试套件必须编写单独的脚本，如果试图将 TestSuite 实例化在某个测试用例脚本代码中，则不会有任何作用，例如，修改 MyTestCase1.py：

```python
if __name__ == '__main__':
    # unittest.main()
    suite = unittest.TestSuite()
    suite.addTest(TestCase1("test_1"))
    suite.addTest(TestCase1("test_2"))
    runner = unittest.TextTestRunner()
    runner.run(suite)
```

我们的本意是想通过测试套件来执行前两个测试方法，可是执行用例的结果与我们的设想完全不同，依然与 main()方法的执行结果一样。这是 Unittest 的一种约定，要求开发者将套件代码与业务逻辑代码分离。

10.2.2　方法级批量装载器

在每次调用 addTest 装载器添加测试方法时，如果需要执行的方法比较多，那么代码重复度就很高，同时也不利于代码维护。现在我们使用第二种装载器——方法级批量装载器，代码如下：

```python
import unittest
from MyTestCase1 import TestCase1
from MyTestCase2 import TestCase2

# 实例化一个测试套件
suite = unittest.TestSuite()

# 第二种装载器：批量添加多个测试方法
cases = [
    TestCase1("test_1"),
    TestCase1("test_2"),
    TestCase2("test_3"),
    TestCase2("test_4")
]
suite.addTests(cases)

# 实例化测试执行器
runner = unittest.TextTestRunner()
runner.run(suite)
```

重点解析：

- 我们将测试方法构造成一个列表对象，其包含 4 个元素（测试方法对象）；
- 套件对象的 addTests()方法用于接收一组测试方法的集合，可以一次性将测试方法全部添加到测试套件中；

- 方法级批量装载器和单个装载器的区别不仅表现在语法上，测试用例变多后，批量装载器也有一定的调优性能，推荐使用。

执行测试脚本，结果如下：

```
....
----------------------------------------------------------------------
Ran 4 tests in 0.000s

OK
TestCase1 test_1
TestCase1 test_2
TestCase2 test_3
TestCase2 test_4
```

注意：封装一组测试方法可以使用列表也可以使用元组或者集合。

10.2.3　用例级装载器

如果需要全部执行 TestCase1 和 TestCase2 中的 8 个测试方法，就需要从测试用例维度将全部方法一次性装入测试套件。下面我们使用第三种装载器——用例级装载器，代码如下：

```
import unittest
from MyTestCase1 import TestCase1
from MyTestCase2 import TestCase2

# 实例化一个测试套件
suite = unittest.TestSuite()

# 第三种装载器：按照测试用例的级别来添加
suite.addTests(unittest.TestLoader().loadTestsFromTestCase(TestCase2))
suite.addTests(unittest.TestLoader().loadTestsFromTestCase(TestCase1))

# 实例化测试执行器
runner = unittest.TextTestRunner()
runner.run(suite)
```

重点解析：

- 实例化 TestLoader 对象，调用 loadTestsFromTestCase()方法从用例中获取全部可执行的测试方法，然后将套件对象的 addTests()方法添加到测试套件中，其他语法与前面一致。

执行测试脚本，得到如下执行结果：

```
......F.
======================================================================
FAIL: test_3 (MyTestCase1.TestCase1)
----------------------------------------------------------------------
Traceback (most recent call last):
```

```
    File "F:\PycharmProjects\SeleniumTest\ch10\MyTestCase1.py", line 23, in
test_3
    self.assertEqual(a, b)
AssertionError: 1 != 2

----------------------------------------------------------------------
Ran 8 tests in 0.001s

FAILED (failures=1)
TestCase2 test_1
TestCase2 test_2
TestCase2 test_3
TestCase2 test_4
TestCase1 test_1
TestCase1 test_2
TestCase1 test_3
TestCase1 test_4
```

从结果中可以看到，这次执行了 8 个测试方法，并且顺序与添加在测试用例中的顺序一致，先执行 TestCase2，再执行 TestCase1，测试方法执行顺序遵循命名排序规则。

注意：这里使用的是 TextTestRunner 文本类型执行器，虽然输出结果比较简单，但是也有状态标注，看到横线上方的 "......F." 了吗？这就是 8 个测试方法的执行结果，其中包含 7 个 "." 和一个 F，顺序与执行方法顺序一致，"." 代表 Pass 测试通过，F 代表 Fail 测试失败，还有一种 E，代表 Error 脚本有异常。

除了使用 loadTestsFromTestCase()方法可以获取用例中的所有测试方法以外，还可以使用 loadTestsFromName()方法来装载指定的测试用例：

```
loadTestsFromName("MyTestCase1.TestCase1")
loadTestsFromNames(["MyTestCase1.TestCase1", "MyTestCase2.TestCase2"])
```

从方法名称中可以看出，上面两个方法的区别是装载用例的数量不同，但都是通过用例名称反射用例对象，然后再获取用例中所有的测试方法。

10.2.4　模块级装载器

比测试用例范围再大一级就是脚本模块，接下来学习第四种装载器——模块级装载器。先创建一个包含 TestCase3 和 TestCase4 两个测试用例的代码模块（Module），创建测试脚本 MyTestCaseModule.py：

```
import unittest


class TestCase3(unittest.TestCase):

    def test_1(self):
        print("TestCase3 test_1")

    def test_2(self):
```

```
        print("TestCase3 test_2")

    def test_3(self):
        print("TestCase3 test_3")
        a = 10
        b = 0
        print(a/b)

    def test_4(self):
        print("TestCase3 test_4")


class TestCase4(unittest.TestCase):

    def test_1(self):
        print("TestCase4 test_1")
        a = 1
        b = 2
        self.assertEqual(a, b)

    def test_2(self):
        print("TestCase4 test_2")

    def test_3(self):
        print("TestCase4 test_3")

    def test_4(self):
        print("TestCase4 test_4")


if __name__ == '__main__':
    unittest.main()
```

现在这个模块中包含两个测试用例，我们可以通过如下方法一次性将这两个测试用例中的 8 个测试方法全部载入测试套件：

```
import unittest
from MyTestCase1 import TestCase1
from MyTestCase2 import TestCase2

# 实例化一个测试套件
suite = unittest.TestSuite()

# 第四种装载器：按照代码模块的级别来添加测试用例
suite.addTests(unittest.TestLoader().loadTestsFromModule(MyTestCaseModule))

# 实例化测试执行器
runner = unittest.TextTestRunner()
runner.run(suite)
```

loadTestsFromModule()方法将模块中测试用的所有可执行测试方法（未被 Skip 装饰）全部加入测试套件，执行测试脚本，结果如下：

```
..E.F...
=================================================================
```

```
ERROR: test_3 (MyTestCaseModule.TestCase3)
----------------------------------------------------------------------
Traceback (most recent call last):
  File "F:\PycharmProjects\SeleniumTest\ch10\MyTestCaseModule.py", line
23, in test_3
    print(a/b)
ZeroDivisionError: division by zero

======================================================================
FAIL: test_1 (MyTestCaseModule.TestCase4)
----------------------------------------------------------------------
Traceback (most recent call last):
  File "F:\PycharmProjects\SeleniumTest\ch10\MyTestCaseModule.py", line
35, in test_1
    self.assertEqual(a, b)
AssertionError: 1 != 2

----------------------------------------------------------------------
Ran 8 tests in 0.002s

FAILED (failures=1, errors=1)
TestCase3 test_1
TestCase3 test_2
TestCase3 test_3
TestCase3 test_4
TestCase4 test_1
TestCase4 test_2
TestCase4 test_3
TestCase4 test_4
```

第一行的..E.F...是全部用例的执行结果，其中，一个测试断言失败，一个执行时抛出异常。

10.2.5　目录级装载器

比模块范围更大一级的是文件系统目录，Unittest 测试框架同样提供了按照目录遍历指定模块并执行全部可执行方法的装载器——目录级装载器。

回忆一下前面构造的测试用例模块 MyTestCase1.py、MyTestCase2.py 和 MyTestCase-Module.py，这三个代码模块在命名的时候特意增加了相同的前缀 MyTestCase，下面我们就以这个共同点为基础，将三个模块中的所有用例和方法一起执行：

```
# 第五种装载器：遍历目录，获取所有的测试模块和测试方法
discorver = unittest.defaultTestLoader.discover(start_dir="./", pattern=
"MyTest*.py")
runner = unittest.TextTestRunner()
runner.run(discorver)
```

创建一个 discorver 对象，用于遍历指定目录（start_dir）包含的所有模块代码，按照指定规则（Pattern）筛选并进行匹配后执行程序模块中所有可执行的测试方法。

⚲ **注意**：遍历目录的方法实际上并没有使用测试套件（TestSuite），但是 discorver 和 Suite 对象的作用和原理是互通的，遍历器 discorver 负责遍历目录中所有名称匹配的模块，然后执行模块中所有可执行的测试方法。

执行测试脚本，结果如下：

```
..F.......E.F...
======================================================================
ERROR: test_3 (MyTestCaseModule.TestCase3)
----------------------------------------------------------------------
Traceback (most recent call last):
  File "F:\PycharmProjects\SeleniumTest\ch10\MyTestCaseModule.py", line
23, in test_3
    print(a/b)
ZeroDivisionError: division by zero


======================================================================
FAIL: test_3 (MyTestCase1.TestCase1)
----------------------------------------------------------------------
Traceback (most recent call last):
  File "F:\PycharmProjects\SeleniumTest\ch10\MyTestCase1.py", line 23, in
test_3
    self.assertEqual(a, b)
AssertionError: 1 != 2


======================================================================
FAIL: test_1 (MyTestCaseModule.TestCase4)
----------------------------------------------------------------------
Traceback (most recent call last):
  File "F:\PycharmProjects\SeleniumTest\ch10\MyTestCaseModule.py", line
35, in test_1
    self.assertEqual(a, b)
AssertionError: 1 != 2


----------------------------------------------------------------------
Ran 16 tests in 0.009s

FAILED (failures=2, errors=1)
TestCase1 test_1
TestCase1 test_2
TestCase1 test_3
TestCase1 test_4
TestCase2 test_1
TestCase2 test_2
TestCase2 test_3
TestCase2 test_4
TestCase3 test_1
TestCase3 test_2
TestCase3 test_3
TestCase3 test_4
TestCase4 test_1
TestCase4 test_2
TestCase4 test_3
TestCase4 test_4
```

现在将三个模块中的四个测试用例的所有测试方法一起执行,感受一下装载器和测试套件带来的便利吧。

代码执行逻辑和业务逻辑再次分离,提升了脚本代码的可维护性。

☎提示:本小节的源代码路径是 ch10/10_2_TestSuite_Runner.py。

10.3　测　试　报　告

Unittest 等测试框架在测试报告生成模块上都做了比较强的扩展能力,下面介绍几种工作中常用的测试报告生成方法。

前面示例中使用的 TextTestRunner 的执行结果是一种文本形式的测试报告,这种测试报告多数在测试工程师调试脚本时使用,如果是与相关人员进行沟通,就显得有些简陋和不方便了。

🔔注意:下面介绍的几种测试报告都是基于 HTML 网页进行展示的,网页类型的测试报告被公认为是最方便沟通的,它可以使用浏览器直接访问,不需要专门的浏览工具,并且可以依赖 JavaScript 添加动态效果,让测试报告以分层形式展示。这几种 HTML 类型的测试报告名称或者模块名都叫 HTMLTestRuner,学习时注意区分,虽然它们的名称十分接近但是不是同一个模块。

10.3.1　html-testrunner 第三方库

第一种生成 HTML 测试报告的方法是使用一个叫作 html-testrunner 的第三方库,先来安装这个库:

```
PS F:\PycharmProjects\SeleniumTest> pip install html-testrunner
Collecting html-testrunner
  Downloading html_testRunner-1.2.1-py2.py3-none-any.whl (11 KB)
Collecting Jinja2>=2.10.1
  Downloading Jinja2-3.0.3-py3-none-any.whl (133 KB)
     |████████████████████████████████| 133 kB 11 KB/s
Collecting MarkupSafe>=2.0
  Downloading MarkupSafe-2.0.1-cp38-cp38-win_amd64.whl (14 KB)
Installing collected packages: MarkupSafe, Jinja2, html-testrunner
Successfully installed Jinja2-3.0.3 MarkupSafe-2.0.1 html-testrunner-1.2.1
```

安装时使用的第三方库名称虽然是 html-testrunner,但是在程序中需要使用的模块名称是 HtmlTestRunner,注意大小写区分。创建测试脚本 10_3_1_html-testrunner.py:

```
import unittest
from HtmlTestRunner import HTMLTestRunner

# 第一种:html-testrunner 第三方库
```

```
discorver = unittest.defaultTestLoader.discover(start_dir="./", pattern=
"MyTest*.py")
runner = HTMLTestRunner()
runner.run(discorver)
```

遍历目录下以 MyTest 开头的所有模块代码，执行可执行的所有测试方法，前面使用的文本测试执行器为 TextTestRunner，现在替换为 HTMLTestRunner，执行测试脚本，结果如下：

```
Running tests...
--------------------------------------------------------------------------
 test_1 (MyTestCase1.TestCase1) ... OK (0.000000)s
 test_2 (MyTestCase1.TestCase1) ... OK (0.000000)s
 test_3 (MyTestCase1.TestCase1) ... FAIL (0.001000)s
 test_4 (MyTestCase1.TestCase1) ... OK (0.000000)s
 test_1 (MyTestCase2.TestCase2) ... OK (0.000000)s
 test_2 (MyTestCase2.TestCase2) ... OK (0.000000)s
 test_3 (MyTestCase2.TestCase2) ... OK (0.000000)s
 test_4 (MyTestCase2.TestCase2) ... OK (0.000000)s
 test_1 (MyTestCaseModule.TestCase3) ... OK (0.000000)s
 test_2 (MyTestCaseModule.TestCase3) ... OK (0.000000)s
 test_3 (MyTestCaseModule.TestCase3) ... ERROR (0.001000)s
 test_4 (MyTestCaseModule.TestCase3) ... OK (0.000000)s
 test_1 (MyTestCaseModule.TestCase4) ... FAIL (0.000000)s
 test_2 (MyTestCaseModule.TestCase4) ... OK (0.000000)s
 test_3 (MyTestCaseModule.TestCase4) ... OK (0.000000)s
 test_4 (MyTestCaseModule.TestCase4) ... OK (0.000000)s


==========================================================================
ERROR [0.001000s]: MyTestCaseModule.TestCase3.test_3
--------------------------------------------------------------------------
Traceback (most recent call last):
  File "F:\PycharmProjects\SeleniumTest\ch10\MyTestCaseModule.py", line
23, in test_3
    print(a/b)
ZeroDivisionError: division by zero


==========================================================================
FAIL [0.001000s]: MyTestCase1.TestCase1.test_3
--------------------------------------------------------------------------
Traceback (most recent call last):
  File "F:\PycharmProjects\SeleniumTest\ch10\MyTestCase1.py", line 23, in
test_3
    self.assertEqual(a, b)
AssertionError: 1 != 2


==========================================================================
FAIL [0.000000s]: MyTestCaseModule.TestCase4.test_1
--------------------------------------------------------------------------
Traceback (most recent call last):
  File "F:\PycharmProjects\SeleniumTest\ch10\MyTestCaseModule.py", line
35, in test_1
    self.assertEqual(a, b)
AssertionError: 1 != 2
```

```
--------------------------------------------------------------------
Ran 16 tests in 0:00:00

FAILED
 (Failures=2, Errors=1)

Generating HTML reports...
reports\TestResults_MyTestCase1.TestCase1_2021-12-04_21-36-24.html
reports\TestResults_MyTestCase2.TestCase2_2021-12-04_21-36-24.html
reports\TestResults_MyTestCaseModule.TestCase3_2021-12-04_21-36-24.html
reports\TestResults_MyTestCaseModule.TestCase4_2021-12-04_21-36-24.html
```

除了在控制台输出文本类型的测试过程以外，我们发现在代码目录下多了一个 reports 目录，其中有 4 个网页文件，使用任意浏览器打开，可以看到一个网页版本的测试报告，这是默认情况下 HTMLTestRunner 生成的测试报告，报告名称、报告内容和标题等都使用了默认设置，按照 4 个测试模块分别给出了 4 个测试报告文件，如图 10.7 所示。

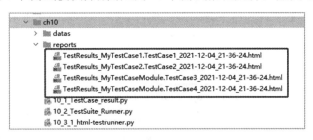

图 10.7　按照模块生成的测试报告

使用浏览器打开测试报告，内容如图 10.8 所示。

Unittest Results

Start Time: 2021-12-04 21:36:24

Duration: 0 ms

Summary: Total: 4, Pass: 3, Fail: 1

MyTestCaseModule.TestCase4	Status	
test_1	Fail	View
test_2	Pass	View
test_3	Pass	View
test_4	Pass	View

Total: 4, Pass: 3, Fail: 1 -- Duration: 0 ms

图 10.8　测试报告

如果想要将所有执行的测试方法的结果输出到一个文件中，或者要修改测试报告的标题和网页文件的名字，就需要给 HTMLTestRunner 实例化过程增加一些参数：

```
discorver = unittest.defaultTestLoader.discover(start_dir="./", pattern=
"MyTest*.py")
```

```
runner = HTMLTestRunner(
    output="htmlreports",
    combine_reports=True,
    report_title="测试报告的演示实例",
    report_name="Unittest_report",
    add_timestamp=False
)
runner.run(discorver)
```

重点解析：

- output 用于定义报告的存放目录；
- combine_reports 参数用于指定将所有测试用例生成统一的测试报告；
- report_title 用于定义测试报告的标题；
- report_name 用于定义测试报告的网页文件名称；
- add_timestemp 用于定义是否需要给测试报告增加时间戳。

执行测试脚本，可以看到如下新的测试报告文件，如图 10.9 所示。

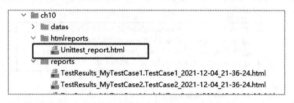

图 10.9　新的测试报告文件

将所有测试用例的执行结果都写入同一个文件中，这一步非常必要。使用浏览器打开 Unittest_report.html，如图 10.10 所示。

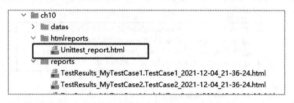

图 10.10　报告显示中文编码异常

可以看到，文件内容出现了中文乱码，并且所有的按钮无法使用，我们需要修改一下第三方库的模板文件。先查看安装的第三方库文件内容，HtmlTestRunner第三方库的源码位置如图10.11所示。

在 template 目录下有一个模板文件，Unittest_report.html 就是按照此模板生成的测试报告，这里需要修改两处内容：

- 第 5 行：将字符编码 utf-8 改为 gbk；
- 第 142 行：将原来的 jQuery 地址 https://ajax.googleapis.com/ajax/libs/jquery/2.2.4/jquery.min.js 修改为 https://code.jquery.com/jquery-2.2.4.min.js，这是 jQuery 官方提供的 2.2.4 版本的

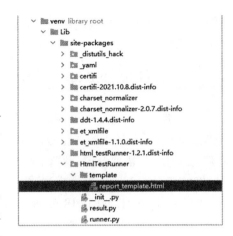

图 10.11　报告模板

下载地址，读者也可以使用现有的地址或者直接将 jquery-2.2.4. min.js 文件下载到本地。

注意：由于这是 html-testrunner 第三方库安装的源代码文件，在修改时 PyCharm 会提示，防止误操作，确认修改即可。

重新执行测试用例，可以看到这一次中文显示正常，并且所有的 View 按钮都可以正常使用，单击相应按钮可以展示每个测试用例输出的具体内容，如图 10.12 所示。

测试报告的演示实例

Start Time: 2021-12-04 21:57:41

Duration: 1 ms

Summary: Total: 16, Pass: 13, Fail: 2, Error: 1

MyTestCase1.TestCase1		Status	
test_1		Pass	Hide

TestCase1 test_1

test_2		Pass	View
test_3		Fail	Hide

TestCase1 test_3

AssertionError: 1 != 2

Traceback (most recent call last): File "F:\PycharmProjects\SeleniumTest\ch10\MyTestCase1.py", line 23, in test_3 self.assertEqual(a, b)
AssertionError: 1 != 2

test_4		Pass	View

Total: 4, Pass: 3, Fail: 1 - Duration: 0 ms

MyTestCase2.TestCase2		Status	
test_1		Pass	View
test_2		Pass	View
test_3		Pass	View
test_4		Pass	View

Total: 4, Pass: 4 -- Duration: 0 ms

图 10.12　修正编码后的报告内容

☎提示：本小节的源代码路径是 ch10/10_3_1_html-testrunner.py。

10.3.2　HTMLTestRunner 模块

有很多自动化测试的高手和热爱者提供了许多功能更加强大的测试报告生成库，其中 HTMLTestRunner 测试报告生成库应用非常广泛，从 Python 2 开始其就被自动化测试开发者广泛使用，但需要修改一些代码才能将其应用在 Python 3 中。下面来讲解如何配置和使用 HTMLTestRunner 库来生成测试报告。

这里所说的 HTMLTestRunner 和前面的模块名 HtmlTestRunner 不同，虽然从字面上看二者只有大小写的区别但是不要混淆。HTMLTestRunner 是发布于 PyPi 网站的一个项目，项目网址为 https://pypi.org/project/HTMLTestRunner/，HTMLTestRunner 是对 Python 标准库 Unittest 的扩展，提供更加简单的方法来使用 HTML 格式的测试报告。从项目的发布历史来看，HTMLTestRunner 项目发布于 2006 年 5 月 2 日，虽然至今为止该项目没有太多的更新和维护，但是很多自动化测试框架一直使用 HTMLTestRunner 来生成测试报告，如图 10.13 所示。

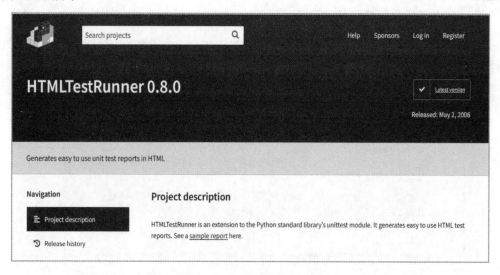

图 10.13　HTMLTestRunner 项目主页

进入下载（Download）页面，目前 HTMLTestRunner 的最新发布版本依旧是 0.8.2，下载后得到文件 HTMLTestRunner.py，将该文件复制到项目的当前目录下或者放在第三方库安装目录 venv/Lib/ite-packages 下。HTMLTestRunner 0.8.2 版本是适配于 Python 2 版本的，当前我们使用的是 Python 3.8 版本，必须做一些修改才能使用，以下是修改内容：

- 第 94 行：将 import StringIO 改为 import io；
- 第 539 行：将 self.outputBuffer = StringIO.StringIO()改为 self.outputBuffer = io.BytesIO()；

- 第 642 行：将 if not rmap.has_key(cls): 改为 if not cls in rmap:；
- 第 772 行：将 ue = e.decode('latin-1') 改为 ue = e；
- 第 766 行：将 uo = o.decode ('latin-1') 改为 uo=o；
- 第 768 行：将 uo = o 改为 uo = o.decode('utf-8')；
- 第 774 行：将 ue = e 改为 ue = e.decode('utf-8')；
- 第 631 行：将 print >>sys.stderr, '\nTime Elapsed: %s' % (self.stopTime-self.startTime) 改为 print('\nTime Elapsed: %s' % (self.stopTime-self.startTime),file=sys.stderr)；
- 第 118 行：将 self.fp.write(s) 改为 self.fp.write(bytes(s,'UTF-8'))。

按照如上步骤修改后，创建本小节的测试脚本 10_3_2_HTMLTestRunner.py：

```
import unittest
import os
from HTMLTestRunner import HTMLTestRunner

# 使用 HTMLTestRunner 库生成测试报告

report_path = "./htmlreports/"
report_file = report_path + "html_report.html"

with open(report_file, "wb") as reportFile:
    discorver = unittest.defaultTestLoader.discover(start_dir="./",
pattern="MyTest*.py")
    runner = HTMLTestRunner(title="演示测试报告", description="描述一下测试场
景和环境", stream=reportFile)
    runner.run(discorver)
```

重点解析：
- 这里导入 HTMLTestRunner 执行器的模块也是 HTMLTestRunner，与前面的 HtmlTestRunner 要注意区分，二者的名称虽然很相似，但哪个是模块名，哪个是类名，一定要清楚；
- report_path 用于设置将报告生成到 htmlreports 目录下；
- report_file 用于定义报告文件名为 html_report.html；
- 依旧使用之前的 discorver()遍历方法，这次执行器换成了新的 HTMLTestRunner，title 参数用于定义报告名称，description 用于定义报告描述的内容，stream 用于设定报告文件的目录和名称。

执行上述脚本，控制台输出内容如下：

```
..F.......E.F...
Time Elapsed: 0:00:00.025985

Process finished with exit code 0
```

同时，在 htmlreports 目录下生成了一个新的测试报告 html_report.html，如图 10.14 所示。

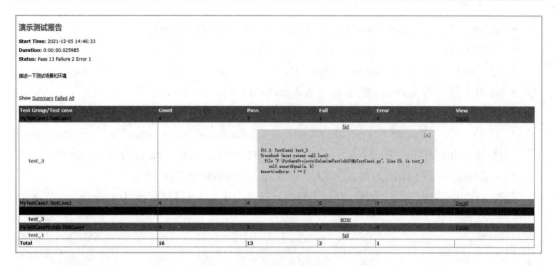

图 10.14　HTMLTestRunner 测试报告

使用 HTMLTestRunner 生成的报告，层级更加清楚，内容更加丰富，统计信息、描述项和运行时间等都包含在内，并且还可以查看每个测试方法的执行过程，因此HTMLTestRunner 一直被自动化测试项目和框架沿用至今。

10.3.3　自定义格式的测试报告

查看 HTMLTestRunner 源码可以分析出，Unittest 对外提供了一些类和方法来支持外部应用与 Unittest 的集成，HTMLTestRunner 源码中的 run()方法的源代码如下：

```
def run(self, test):
    "Run the given test case or test suite."
    result = _TestResult(self.verbosity)
    test(result)
    self.stopTime = datetime.datetime.now()
    self.generateReport(test, result)
    print('\nTime Elapsed: %s' % (self.stopTime-self.startTime),
file=sys.stderr)
    return result
```

实例化_TestResult 对象，_TestResult 继承自 unittest.TestResult，入口参数 test 是被执行的测试套件或者测试用例，执行结果保存在_TestResult 对象中，后面的 generateReport方法将结果格式化为一个网页，就得到了 HTML 类型的测试报告。

因此，如果项目需要，我们完全可以按照这样的结构来构建自己的测试执行器并获得自定义的任何形式的测试报告。实际上，基于这种结构的扩展开源项目有很多，在百度搜索 HTMLTestRunner，可以找到很多项目，我们来看一个比较新的 HTML 测试报告范本。这个项目的名字叫作 HTMLTestRunnerCN，发布于 GitHub，如图 10.15 所示，网址为 https://github.com/findyou/HTMLTestRunnerCN。

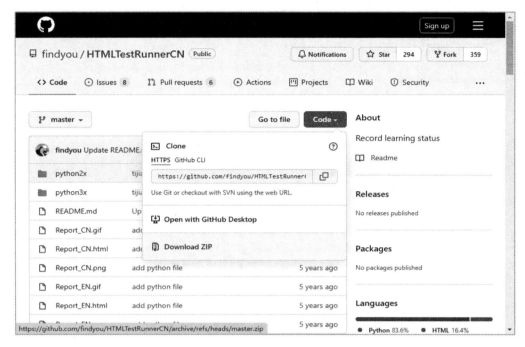

图 10.15　HTMLTestRunnerCN 项目主页

本项目的作者是 findyou，本示例仅用于学习交流使用。

下载后得到 HTMLTestReportCN.py，将该文件复制到项目目录下，创建测试脚本 10_3_3_HTMLTestReportCN.py：

```python
import unittest
from HTMLTestReportCN import HTMLTestRunner


report_path = "./htmlreports/"
report_file = report_path + "html_report_cn.html"


with open(report_file, "wb") as reportFile:
    discorver = unittest.defaultTestLoader.discover(start_dir="./",
pattern="MyTest*.py")
    runner = HTMLTestRunner(title="演示测试报告", description="描述一下测试场
景和环境", stream=reportFile, tester="sniperzxl")
runner.run(discorver)
```

本项目是在 HTMLTestRunner 基础之上进行的优化，使用方法与它没有区别。执行测试用例，将会看到一个经过美化后的测试报告，更符合现在 Web 网页的审美，如图 10.16 所示。

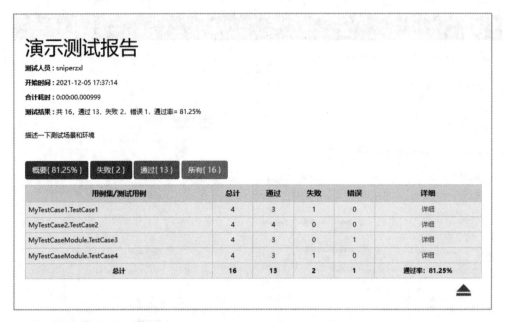

图 10.16　HTMLTestRunnerCN 测试报告样式

如果有能力的开发者可以自己尝试优化 HTMLTestRunner，制作符合企业和项目需要的测试报告，甚至可以生成除 HTML 网页版本之外如 Word 和 PDF 版本的测试报告。

10.4　小　　结

测试套件可以按照测试者的需要将编写好的测试方法自由组合，本章介绍了 5 个层级的测试装载器，即方法级、批量级、用例级、模块级和目录级，所有的装载器都是为了让开发者能够方便、快速地构建测试套件，执行测试用例。

测试套件执行后的结果要生成测试报告。本章还介绍了用例级测试报告和项目级测试报告的生成方法，讲解了三种生成项目级测试报告的方式：html-testrunner 第三方库、HTMLTestRunner 项目，以及在此基础上二次开发的 HTMLTestRunnerCN 项目。

第3篇
接口自动化测试

第 11 章　接口与接口测试

前面两篇我们学习了测试的理论知识，以及 Selenium 和 Unittest 两个框架，从 UI 开始步入自动化测试的学习。从本章开始，我们将开启接口测试的新篇章，毫不夸张地说，接口测试是自动化测试人员晋升高级之路的一道门槛，也是测试人员水平划分的一道分水岭，能不能正确理解接口，并用适当的方法与工具将接口自动化测试落实到实际工作中，是考量一个测试人员水平的关键。

当然，与 UI 自动化 Selenium 相比，接口测试对测试人员要求更高，接口测试也不再是模拟用户行为、操作浏览器完成测试这么直接，而是要求测试人员不论使用接口测试工具还是编写程序脚本，首先要从用户需求出发，分析接口文档和系统架构，正确执行接口测试工作，对接口、网络协议、编程语言有更深层次的理解，才能把接口测试工作做好。

本章的主要内容如下：

- 软件测试的重要性；
- 理解接口的含义；
- 接口测试的能力和价值；
- 接口测试的原理和工作流程；
- 接口测试的必备技能。

⚠️注意：再次强调，手工、UI 和接口是自动化测试领域密不可分的三个组成部分，不是说学会了自动化以后手工测试就毫无价值，也不是说有了接口测试就可以完全替代 UI 测试，接口测试可以完成手工测试和 UI 测试无法完成或很难完成的工作，同样对于界面、审美交互等方面的测试，依然需要依靠手工测试和 UI 测试方法来完成，因此，学习自动化的关键一点，就是正确、适当地使用各种测试手段来完成测试工作。

11.1　再谈软件测试的重要性

自从测试岗位诞生以来，测试工程师就被赋予了重要的使命，测试岗位在软件研发团队中也越来越重要，是团队产品质量的评价师和把控者。近年来，随着科技的蓬勃发展，软件行业已经今非昔比，各种应用系统、小程序、App 已经覆盖我们生活的各个角落，每一个产品的推出，对用户来说是体验良好、功能完备、运行稳定，还是操作烦琐、上手困难、经常无法使用，这些都与测试工程师的水平密不可分。因此，测试工作也面临诸多挑战，如何又快又好地实施测试工作，不论自动化测试要求还是接口测试的必要性，都是为软件质量这个最终目标服务的。

目前，在大多数测试工程师认可的软件测试分层理论中，将测试分为单元测试、接口测试和 UI 测试三个层面，单元测试大多由研发工程师自行完成，而从接口测试开始，不论功能还是性能要求都需要测试工程师来完成，如图 11.1 所示。

图 11.1　分层测试金字塔

下面分享 4 个案例，了解一下如果测试人员工作不到位，软件质量不过关，存在隐藏 Bug 时会带来多么严重的后果。

1. 宰赫兰导弹事件

在 1991 年的第一次海湾战争中，伊拉克的一枚飞毛腿导弹精准地击中美军基地，当场炸死 28 名美军士兵，炸伤 100 多人。事件后果十分严重，以美国当年的军事实力，拦截飞毛腿导弹已经是家常便饭，为什么会出现如此事故呢？究其原因正是由于导弹系统存在缺陷导致的。导弹拦截系统当时计算时间的精度是小数点后 24 位，但是由于软件系统长时间运行，让看起来微乎其微的误差累积起来达到了 0.33s，正是这 0.33s 让很多人受伤甚至失去生命。

2. 火星气候探测者号失联

美国于 1997 年发射了"火星气候探测者号"，用来研究火星地表气候，但是这项耗资 3 亿美元的任务未能完成，探测者号在太空待了几个月后失联。当时，3 亿美元是一笔相当大的财富，损失惨重的原因背后是软件系统存在问题，从而导致探测者号失踪甚至解体。事后分析表明，这个错误可能在现在看来是非常低级的，是因为指挥中心向探测者号发送的指令单位是"英尺"，而探测者号执行指令使用的单位是"公尺"，这样的错误怎么能让探测者号"活"下来呢。

3. 丰田汽车意外加速

随着汽车行业的发展，车载电气系统一直是汽车领域的关键组成部分，控制着汽车的各种部件的协同操作，完成各种指令。早在 1992 年，丰田汽车的车主就报告他们的汽车会出现意外加速的情况，最终导致 52 人在车祸中丧生。这些都是由于电气系统中的软件存在问题所导致的后果。

4．金融行业精度问题

最后这个案例是笔者亲身经历的，至今让我记忆犹新。那是 2005 年的时候，我带领团队开发一款特色金融产品，其实产品本身并不复杂，核心业务就是将用户卡内活期资金转为定期。项目历时半年的时间，也经过了严格的测试和验收，本以为万事大吉，就在上线投产前一天，一位有经验的测试人员抱着怀疑的态度开立了一张 5000 万元的存单，这时问题出现了，用户卡内的资金仅仅被扣除了 2147 万元，经项目组紧急排查问题发现，开户接口显示金额采用的是以分为单位，5000 万元的金额在报文中表示为'5000000000'，由于开发人员经验不足，使用整数（Integer）变量来存储金额，在 32 位的 JDK 1.6 版本中，Integer 能够表示的最大整数是 2147483647，通过强制类型转换，导致金额丢失，50,000,000.00 元变成了 21,474,836.47 元。通过紧急修复和回归测试，项目正常投产，事后，项目组开发人员和测试人员也进行了深刻总结。试想，如果项目投产后发生这样的问题，可能给企业带来的不仅是资金损失，还会带来严重的负面影响。

通过上面几个案例，从另一个角度展现了测试工作的重要性，软件测试行业才兴起不到十年而已，未来发展空间是非常大的，各大企业都越来越重视测试工作。从案例中也能看出，有些系统存在的问题可能并不复杂，也没那么高深，可能是非常基本的错误，这时就体现出测试人员的价值了。我们学习自动化测试，是要将测试工作的效率最大化地提升，可以有更多时间去思考更复杂的业务场景，进一步提高测试覆盖度和软件完善度，让软件质量真正有一个质的飞跃，让软件系统更加可靠、稳定。

11.2　测试工作能力阶段划分

测试工作是一个循序渐进的过程，依据测试人员自身能力的提升，可以完成测试的方法和手段是截然不同的，测试工作由低到高可以分为 6 个阶段，如图 11.2 所示。

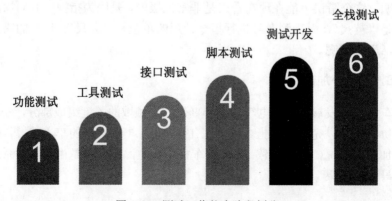

图 11.2　测试工作能力阶段划分

1．功能测试阶段

在功能测试阶段，工作的目的是验证产品是否符合用户需求。测试人员大多是初级人员，绝大多数停留在手工测试阶段，执行测试用例、反馈测试报告、验证修复的 Bug，是这个阶段测试人员的主要工作内容。

2．工具测试阶段

在工具测试阶段，测试人员可以使用各种测试工具或者在测试开发人员搭建的既定测试框架上完成部分的自动化测试工作。但是测试人员对各种测试框架和测试工具依然停留在使用层面，对网络原理、性能调优等尚不具备分析能力。

3．接口测试阶段

严格来说接口测试阶段和工具测试阶段的划分并不清晰，因为测试人员还需要考虑如何摆脱前端界面，直接面向接口进行测试，此时就不得不使用测试工具了。这个很好理解。在 UI 测试阶段我们通过手工方式测试一个功能，基本流程是打开浏览器，输入对应网址，然后选择目标菜单，在新页面中输入准备好的测试参数，然后提交表单，最后比较结果与预期期望值，得出测试结论。然而，接口测试需要模拟请求并接收响应，这和以前的工作流程截然不同，测试人员必须掌握必要的工具和技术才能完成接口测试。

4．脚本测试阶段

在脚本测试阶段，测试人员已经具备一定的编程能力，至少掌握 Python 或 Java 等一门编程语言，能够在测试开发人员提供的测试框架上编写测试脚本和数据驱动的文件参数，真正步入自动化测试的行列，测试工作的效率明显提升，测试覆盖率明显增加。

5．测试开发阶段

处于测试开发阶段的测试人员，严格意义上说已经是一名技术"大咖"，精通测试方法论、编程语言、设计模式、面向对象思维，能够结合企业实际项目情况，设计适合的测试框架并实现，为整个测试团队的能力和效率提升提供技术支持，并能洞察测试框架不足而不断迭代优化。

6．全栈测试阶段

处于全栈测试阶段的测试工作者已经不仅仅是一个测试人员了，他需要具备很强的管理能力、分析能力，至少是某个领域的专家，能够按照项目的具体情况，带领团队采用恰当的测试手段和工具高效地完成测试工作。他的价值不仅在于自身的能力，更多的是为团队提供决策和分析能力。他不但专注功能性测试，对性能测试、并发测试、架构测试和回归测试等也有整体规划，同时，对企业测试平台或测试框架可以提供指导性要求，带领测试开发人员不断迭代和提升。

🔔 **注意**：以上六个测试阶段的划分只是为了说明每个阶段测试人员应当具备的能力，而接口测试就是从初级测试工作向高级测试工作迈进的一道分水岭。能够实施接口测试，需要测试人员具备较高的技术功底，需要掌握较多的理论知识，如接口的概念、网络协议、HTTP、WebSocket 协议和 Socket 网络编程等。

11.3　理解接口的含义

要做接口测试，就要模拟接口请求，首先我们要知道接口是什么，有哪些形式，如何获取与接口相关的信息，了解这些内容后，才能真正理解并掌握接口测试。

那么接口是什么呢？

接口（Interface）泛指实体把自己提供给外界的一种抽象，以便由内部操作分离出外部沟通的方法，修改内部不影响外部实体与其交互的方式。

接口的定义十分抽象并难以理解，我们只需要记得，只要实体（不论人还是物）与其他外部实体有交互，就会涉及接口，标准的接口可以让交互过程更通用、更广泛，因此生产硬盘的厂家按照 M.2 接口生产硬盘，生产主板的厂家按照 M.2 接口在主板上提供接口位置即可。

1．生活中的接口

接口不仅指软件层面，其实接口的概念在生活中随处可见，生活中常见的接口如图 11.3 所示。

电源接口再常见不过了，每个人的家里都有，不论电视、冰箱还是其他电器设备，都需要通过插座和插头供电，插座和插头就是两个互相连接的"实体"，用来交互"电"的传输。HDMI 高清视频接口就是用来连接计算机与显示屏设备的接口，用来交互视频和音频。高速 M.2 接口，用来在固态 SSD 硬盘和主板之间传输数据。网线接口用来在路由器或 HUB 与计算机设备之间传输数字信号。

电源接口

HDMI接口

M.2接口

网线接口

图 11.3　生活中的接口

2．计算机中的接口

在计算机中对接口的定义是软件或计算机系统对外提供服务的一种能力。接口通常定义了标准和规则，让服务提供方和请求接入方按照统一的标准来协同工作，而不需要关心其系统内部的实现细节。

在上面的定义中我们要关注几个关键词：

- 对外：接口是对外提供服务的，系统或软件内部实现不在接口讨论范围之内。
- 规则和标准：交互是双方或多方参与的，因此大家必须达成一定的共识，也就是要制定统一的标准。其实，生活中所接触的接口也是如此，就拿电源接口来说，插头与插座的尺寸，触点之间的间距，传输电压是 220V 还是 110V，这些都必须明确规定，否则就会带来安全隐患。同样，在计算机接口中，双方交互数据的格式、编码方式、连接协议、超时时间，这些就是规则和标准。如果我给对方传送一个 'm'，对方不知道这代表 '男性' 的意思，那么双方系统就不可能正常地协同工作。

我们平时经常会使用一些软件或者 App，接口的场景随处可见，只是我们以前作为普通的用户使用这些软件时并没有在意，如果换作软件开发者或者测试人员，这些应用软件中的接口应该如何来理解呢？我们看下面几个场景。

（1）购物网站与物流平台

我们平时经常使用京东、淘宝和拼多多等购物平台购买商品，各大购物网站都会提供物流查询功能，通过"查看物流"链接，可以知道我们购买的商品到达了哪个位置，甚至还可以通过大数据等手段，预测快递将会在哪一天送达。这些物流数据并不是购物网站提供的，我们之所以能够通过购物网站查询物流信息，实质上是各大物流平台提供了对外的数据查询接口，购物网站通过"物流公司+快递单号"从接口中获取物流信息，并展示给用户。这就是建立在双方基础上的物流信息的交互。

（2）支付网站与银行系统

我们平时经常使用移动支付，如微信支付、支付宝和云闪付等，我们使用微信能够直接通过绑定的银行卡支付消费，这是微信提供的功能吗？其实是各大银行都对外提供了银行卡支付接口，微信、支付宝和云闪付与各大银行对接，通过接口将银行卡号、姓名、金额等支付信息传递给银行系统，由银行系统完成的最终支付和结算。这也是建立在双方基础上的金融信息的交互。

（3）微信公众号和腾讯服务器

微信公众号相信大家都不陌生，微信公众号提供的各种信息查询和咨询，图文介绍，支付结算等功能，实际上是按照腾讯公众号开发规范，对接微信公众号服务器后台接口后实现的各种功能。

（4）浏览器和 Web 服务器

浏览器和 Web 服务器是一种通用的场景，我们平时使用浏览器来访问各大网站，如百度网、新浪网和搜狐网，实际上这也是一种接口，只是比较通用，我们使用一个浏览器，不论 Chrome、FireFox 还是 Edge 和 IE，可以直接访问任何一个基于 B/S 架构的 Web 网站，这是因为它们都遵从 HTTP 规范，将客户端统一成为浏览器，方便用户使用。

接口的特征总结如下：

- 双方或多方参与：接口是实体或服务端（Server）对外提供服务的能力，必须由客户端（Client）调用来获取响应结果。
- 交换与传输内容：任何一个接口的存在都是为了交互内容，如水管接口传输水，电源接口传输电，银行支付接口传输支付信息。
- 对外提供服务的能力：我们现在研究的接口是系统或者实体对外提供服务的能力，系统内部的实现逻辑不需要关心，这是接口存在的价值。例如，调用短信发送接口将短信发送到客户的手机上，需要关心运营商是如何实现这个功能的吗？需要了解这条短信是通过多少个基站、进行了多少次路由转发才发送给目标手机的吗？当然没必要，我们只需要管理好自己的业务系统逻辑并正确按照协议和规范调用运营商提供的短信发送接口即可，至于短信是怎么发送到手机上的，运营商系统内部会解决。

11.4　接口的分类

不同场景下不同应用范围的接口也有不同的定义，按照接口提供服务的范围来划分，接口分为系统间的接口、模块间的接口和函数间的接口。按照接口对外提供的服务形式不同，接口划分为应用程序接口（Application Program Interface，API）和图形用户接口（Graphic User Interface，GUI）接口。在软件测试领域我们更多关注的是系统与系统间的 API 接口，这也是后面章节学习的重点。

系统与系统间的 API 接口包含如下两类。

1．系统间的后台接口

系统间的后台接口是一种常见的接口形式，例如，支付宝会调用各大银行系统提供的对外接口，完成余额查询和资金划转等功能，12306 购票网站也会调用微信、支付宝和云闪付等三方支付平台完成火车票订单的支付。这些接口有些遵从 HTTP + JSON 协议，有些可能是基于 Socket+XML 协议或者任何自定义的协议。

2．B/S架构Web网站

浏览器（Browser）本质上就是一个通用的客户端（Client），只要遵循 B/S 架构，基于 HTTP 提供对外服务的 Web 网站都可以通过浏览器来访问。

注意：学习自动化测试尤其是接口自动化，熟练掌握网络协议相关知识，深刻理解 HTTP 等主流网络协议，是进行技术开发的前提，这样才能熟练地模拟 HTTP 请求并解析响应信息，后面的章节会针对这些内容有详细的介绍。

11.5　理解接口测试的概念

理解了接口的含义并明确其分类之后，从图 11.4 中我们可以看出接口测试与 UI 测试的区别。UI 测试是依托浏览器、客户端或者 App，模拟用户在客户端上的操作行为，如鼠标单击和移动，文本输入，表单提交等进行测试的方法；接口测试则是抛弃客户端，直接面向服务器对外提供的接口进行测试，此时的测试更加接近服务器，由于不再依赖客户端，因此一些只在前端进行的检查将会失效，可能会暴露出更多服务端接口的缺陷。

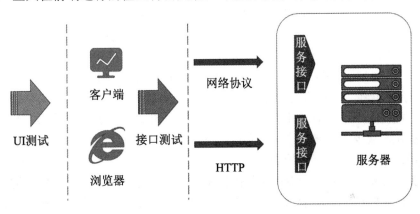

图 11.4　接口测试与 UI 测试

如何理解上面这段话呢？举个例子，我们经常在淘宝网站上购买商品，我们模拟这样一个场景，客户从淘宝商品列表页面搜索一部 iPhone 手机并进入商品详情页，单击立即购买后完成支付操作，购买成功，客户支付了 8000 元购买手机。如果使用 UI 测试的方法模拟客户购买行为的操作流程，则不会有问题。但是，如果你是一个有经验的测试人员应该知道，客户在提交购买订单后，实际上是从客户端向服务器发送了一个支付订单的请求，该请求包含以下内容：

- 商品：iPhone 手机。
- 价格：8000 元，需要从用户指定的银行卡或者支付宝中扣除 8000 元购买手机。
- 其他：收货地址、客户信息等。

服务器接到请求后，相关处理如下：

- 检查 iPhone 商品库存，如果库存充足，则继续下一步处理，如果库存不足，则提示客户无货。
- 从客户指定的支付渠道中扣款，如果扣款成功则继续下一步处理，如果扣款失败，则对客户给予提示。
- 更新 iPhone 商品库存和订单并通知卖家发货。

- 其他流程暂时忽略。

以上流程可能存在很多问题。正常情况下，客户在网站或者 App 上完成下单和支付操作，在客户端发送给服务端的请求中，金额为 8000 元。如果是一个攻击者，他会绕过客户端来模拟接口请求，将购买 iPhone 手机的请求金额改成 1 元，如果服务器端没有对 iPhone 商品的价格进行检查，那么很有可能攻击者将会以 1 元钱购买一部 iPhone 手机，商家将因此遭受损失。

当然，上面的例子只是一个假设，在实际的商城购物中这种问题几乎不存在，而出现类似问题的原因是服务端接口不健壮导致的。

再说一个场景，某网站用户注册页面要输入一个手机号作为用户注册的依据，如何检查用户输入的是否一个正确的手机号？用户少输入一位数字或者手机号码存在明显错误时，系统能否给出正确提示呢？针对这些检查工作，开发人员往往会在前端 JavaScript 或者框架中进行判断，从而经常忽略对服务器端的检查。读者可能会问，这有什么关系呢？不就是一个手机号吗？客户端检查和服务器端检查有很大区别吗？如果你是一个有经验的 IT 人员就会知道，它们的区别是很大的：

- 客户端检查：目的是提升用户体验，如手机号的检查不必提交到后端就能给出友好的提示，减少了网络通信次数和用户等待时间，提升了用户体验度。客户端检查是从用户使用角度进行的检查。
- 服务器端检查：服务器端是系统的根本，如果不进行检查，就会被恶意的攻击者利用，他会模拟客户端请求，完全绕过前端验证直接将请求发送至服务器端，轻则会造成大量垃圾数据，严重的会产生一些安全隐患，如利用发送字段进行 SQL 注入攻击等。这些基于安全性和完整性的验证，一定要在服务器端进行，因此服务器端检查是从安全角度进行的检查。

小技巧：如果是运行在内网的管理系统，校验检查可能不是测试的重点，重点应该是功能性的测试。如果你的系统是运行在互联网上的对客系统，那么除了功能性测试以外，对安全性的测试更加重要。测试的最终目的，是用有限的时间尽可能发现系统中存在的缺陷，在实际工作中，一定要明确每个测试项目的重点和测试的核心。

1. 接口测试的概念

通过与 UI 测试的对比，我们来看接口测试的概念：

接口测试就是通过程序或工具模拟客户端、浏览器和外部系统，对服务器提供的程序接口进行的一种测试方式。

例如，通过用户登录页面（输入用户名和密码，单击"登录"按钮）进行的手工测试，其实最终都会被组装成一个 HTTP 请求发送给后台服务器，服务器根据请求进行实际处理并返回执行的结果（登录成功或者失败）。通过工具或者程序模拟浏览器发送的请求，能够更快速地完成测试，这就是接口测试的核心。

接口测试与 UI 测试的唯一区别在于调用登录的方式不一样，但最终服务器执行的都是同一段代码。不论是模拟 UI 界面测试过程的 Selenium，还是直接模拟 HTTP 请求的 Postman，或者是使用 Python 程序直接生成 HTTP 请求与服务器交互，它们只是调用方式不一样。自动化测试能够将测试的脚本和程序保存下来，为以后的回归测试提供依据，提升测试效率，这就是自动化测试被越来越重视的根本原因。直接面向服务器接口的接口测试与 UI 测试相比，由于接口相对稳定，测试代码不需要经常改动，所以被越来越多的企业所推行。接口测试已经成为测试人员必备的核心技能，也是普通的自动化测试人员想要迈向测试开发工程师必须掌握的技术。

🔔注意：很多书籍或资料都说接口是稳定的、不易变动的，这只是相对于 UI 测试依赖的客户端和前端页面而言，这里要提醒读者注意，稳定只是相对的，不是说系统接口不可能发生改变，不论 UI 测试还是接口测试，接口的相对稳定性可以为项目后续迭代的回归与冒烟测试提供更多的依据，这是越来越多企业推崇接口自动化测试的根本原因。

2．接口测试是灰盒测试

在早期的测试理论中将测试方法划分为黑盒测试和白盒测试两种，对于这两种测试技术这里就不过多地展开讲解了，见表 11.1。

表 11.1　黑白盒测试总结

	白盒测试	黑盒测试
测试规划	根据程序内部结构，如语句控制、模块之间的控制、参数逻辑和内部结构进行测试	根据用户的需求说明，即针对命令、信息和报表的用户界面，体验输入数据与输出数据间的对应关系
优点	能够针对程序内部特定部位进行覆盖测试	更贴近用户立场的测试
缺点	无法识别程序的外部特性	无法保证测试覆盖度
测试方法举例	语句覆盖 条件覆盖 判定覆盖 循环覆盖 基本路径覆盖	基于图的测试 等价类划分 边界值划分 比较测试

- 白盒测试：贴近代码层面，需要测试人员了解程序的内部结构，甚至能读懂源代码，测试的依据是需求文档、设计文档和数据库文档。现实中测试人员很难达到白盒测试的要求，而真正的白盒测试一般由开发人员直接主导，如单元测试就是真正意义上的白盒测试。

- 黑盒测试：更接近用户使用层面，测试人员依据需求说明书所列出的功能性和非功能性需求来验证产品是否满足用户要求。手工测试绝大多数情况属于黑盒测试。

- 灰盒测试：自从有了自动化测试，尤其是接口自动化测试，不论使用 Postman 等测试工具还是使用 Python 编写测试脚本，都对测试人员提出了更高的要求，测试人员不但要关心表象，同时要关心程序的内部逻辑和实现方法，依托输入与输出的关系来验证系统的质量。虽然测试人员不必像开发人员一样读懂程序的源代码，但是，参考设计文档给出正确和恰当的测试脚本，是当下对测试人员提出的新的挑战。

🔔注意：我们说接口测试是一种"灰盒测试"，并不是说它介于黑盒测试和白盒测试之间，而是要求测试人员能够熟练掌握黑盒测试和白盒测试技术，并融会贯通，形成即要关心外部表象（输入与输出），又要关心内部逻辑的测试方法，这才是灰盒测试。

11.6　测试阶段与测试方法

软件测试工作按照阶段可以划分为单元测试、集成测试（联调测试）、系统测试和验收测试四个阶段，每个阶段都有不同的测试方法和技术，如表 11.2 所示。

表 11.2　单元测试、集成测试、系统测试、验收测试的测试方法和技术

	单元测试	集成测试	系统测试	验收测试
测试人员	开发人员主导	开发和测试	测试人员主导	用户
测试技术	白盒测试	白盒+灰盒	灰盒测试为主	黑盒测试
测试方法	编写专项测试代码	接口测试为主	接口+UI+手工	手工测试

1. 单元测试阶段

在单元测试阶段，代码仍然处于研发期，产品各个模块和系统还不能协同工作。单元测试工作基本上是由研发团队自主完成，一般采用代码审查、测试代码、交叉测试等手段完成纯粹的白盒测试。

2. 集成测试阶段

在集成测试阶段，开发人员和测试人员一起进行联调测试工作，各个系统和模块将会逐步集成并完成相应功能，但是系统存在大量的问题，因此测试人员必须要进行接口测试。

3. 系统测试阶段

从系统测试开始，测试人员将成为测试工作的主力军，测试工作包括功能性、非功能性的测试，系统缺陷的跟踪与管理等，接口测试技术采用灰盒测试为主，加上 UI 测试与

手工测试的配合，这样才能真正达到测试效果，提升软件质量。

4．验收测试阶段

经过软件研发团队的努力，系统已经能够正常工作，而验收测试是由系统的最终用户来完成，由用户来验证产出的产品是否符合要求。由于用户一般是非技术人员，因此基于黑盒的手工测试是这个阶段的主要测试方法。

🔔**注意**：之所以要强调各个阶段和测试方法之间的关系，主要是让测试人员知道接口测试技术的重要性，能够使用接口测试技术完成软件测试，以尽早介入测试工作。当下的软件开发工作大多数是前后端分离的，面向服务端接口的测试工作可以在页面尚未开发完成，并不具备手工测试和 UI 测试的条件下提前开始，让问题尽早暴露，这是提升整个团队工作效率的关键。

11.7　接口测试的作用

本节我们梳理一下接口测试的价值，基于接口的概念，测试方法和阶段匹配，接口测试和接口自动化测试工作的作用有哪些呢？

1．提高工作效率，节约开发成本

不论 UI 测试还是接口测试，测试人员可以使用工具和编程技术将以往手工测试的部分编写成可以重复执行的测试脚本和代码，在软件迭代过程中重复使用，这无疑提高了测试人员的工作效率，并且节约了开发成本。

2．为尽早进入测试打下基础

如 11.6 节所述，掌握了接口自动化测试相关技术，能够让原本在系统测试阶段才能开展的测试工作提前至集成测试阶段甚至单元测试阶段，显然，越早进入测试，越早发现系统缺陷，所花费的成本就越低。

3．发现UI测试不能发现的问题

UI 测试依赖于客户端和浏览器，很多情况下无法发现接口层面的问题，因此必须借助接口测试相关技术加大软件测试覆盖度，从而提升软件质量，让产出的产品更稳定、更健壮、更安全。

4．接口测试更接近服务端，更稳定

企业在进行自动化测试的过程中会遇到很多问题，其中大部分是由于需求变动导致测

试脚本连带被修改，从而衍生出大量的对测试脚本的维护工作，这让不少企业一度对自动化测试是否应该继续下去产生了疑问。这些变动在 UI 自动化脚本中尤为明显，相比 UI 自动化测试，接口的相对稳定性让企业在自动化测试工作中建立起信心，这也是接口自动化测试工作的核心价值。

5．接口测试技术是性能测试和安全测试的前提

谈到性能测试，包括压力测试、负载测试和并发测试等，如果没有接口测试技术的支持，单纯地依靠手工 UI 测试，是无法将性能测试真正落实的。如果要进行负载测试，难道要找 200 个测试人员同时以手工方式操作系统吗？即使能找到这么多人，也不如计算机模拟的负载更稳定和可信。安全测试更要依赖接口技术，因为测试人员模拟攻击手段进行的安全性测试是以接口测试技术为基础展开的。

11.8　接口测试的工作流程

想要了解接口测试的工作流程，就要先理解接口调用的过程，如图 11.5 所示为客户端和服务器接口调用过程。

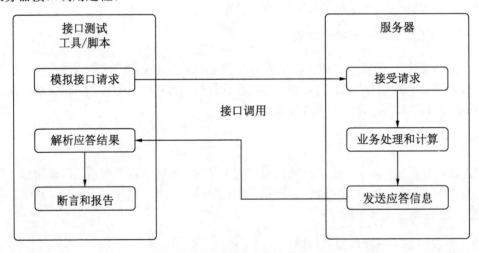

图 11.5　接口调用过程

不论使用接口测试工具还是采用编码方式形成的测试脚本代码，其目的就是从模拟接口请求开始，通过接口调用得到响应并断言，步骤如下：

（1）客户端按照双方认可的规范和标准将请求报文发送给服务器。

（2）服务器接受请求并解析请求数据，然后按照请求指令完成业务处理和计算，并生成处理结果。

（3）服务器端将处理结果同样按照双方认可的规范和标准生成响应报文并返回。

（4）客户端接收响应报文并解析响应结果，然后根据测试目标和场景，断言测试结论，生成测试报告。

模拟接口请求来完成接口测试是学习接口自动化测试技术的重点，但并不是全部，我们还要知道，测试工作与研发工作一样，有严格的阶段和流程划分，测试工作按照阶段划分可以分为测试分析阶段、测试设计阶段、测试实现阶段和测试执行阶段。

1．测试分析阶段

测试分析阶段是测试工作的开端，很多测试人员有一个误区，认为只有项目进入系统测试阶段才开始测试工作，而之前的分析、设计和研发阶段跟测试没有关系，这也是很多项目的测试工作不够全面，产品不符合用户需求的关键原因。测试人员尽早介入有利于整个项目质量的提升，测试人员从严格意义上来说属于客户序列，应该在需求创建的初期与项目经理和架构师一起收集和分析客户需求，这样才能保证在项目实施过程中对需求的理解与客户一致。测试分析工作应该从需求阶段就开始，一直持续到系统设计阶段。

2．测试设计阶段

大多数研发团队的软件设计层面做得都不错，研发序列严格按照软件质量管理标准进行设计和开发。在需求基本稳定以后，研发人员开始进行架构设计、概要设计、详细设计和数据模型设计工作，此时，测试人员同样需要在对需求理解一致的前提下，开始测试框架选型、测试分析和设计工作，规划测试点、测试场景和测试用例的实现方式。例如，哪些测试点需要添加到测试脚本以自动化方式实现，哪些测试点必须辅以手工测试方式，压力测试关注的指标阈值是多少，预计测试硬件性能指标是多少等，这些都需要在这个阶段给出明确的结论，以保证后续的测试工作有计划地按时完成。

3．测试实现阶段

对测试工作做好规划和设计之后，按照既定的测试方法编写测试脚本和测试用例，准备测试所需要的软件和硬件环境是这个阶段的主要工作。后面的章节将会对测试开发工作所需要具备的技能进行详细讲解。

4．测试执行阶段

测试执行阶段对应软件开发的测试阶段，此时测试团队基本完成了测试用例的编写和脚本调试，可以在既定的测试环境中开始测试工作，发现系统缺陷并协助研发团队解决问题，直到整个项目产品达到测试标准。测试报告是测试执行阶段的产物。

🔔注意：测试工作不仅包含软件产品本身及一套可以执行的程序代码或者 App 客户端软件，还应当包含交付给客户的所有产品，项目文档是其中非常重要的组成部分，测试工作除了关注软件功能和性能方面之外，还应该结合实际项目情况对交付的文档进行测试，保证文档的正确性、适用性和全面性。

11.9　接口测试必备技能

当测试人员从手工测试向自动化测试甚至测试开发转型的时候，表示从一个普通的系统使用者转向为一名 IT 技术人员，想要正确地实施自动化测试工作，必须要掌握如下几方面的知识：

- 至少精通一门编程语言，Python 是首选；
- 数据库相关知识（Oracle、MySQL、SQLServer、MongoDB 等）；
- Web 前端三大核心技能（HTML、CSS 和 JavaScript）；
- 系统网络架构（B/S、C/S）；
- 主流网络协议（HTTP、TCP、IP、DNS、Socket、WebService 等）；
- 负载均衡策略、分布式架构、微服务和持续集成知识；
- 操作系统的相关知识（Windows、macOS、Linux、Android、iOS、HarmonyOS）。

只有掌握了以上这些必要的技术能力，才能够在实际工作中对项目和产品有深刻的理解，采用恰当和正确的测试方法与手段，完成高质量的软件测试工作。试想，如果一个测试人员要模拟 Web 请求来进行接口自动化测试，而对 HTTP 和网络协议一无所知；或者接到了对系统做压力测试的工作任务，而不了解性能测试相关的各项指标和评价方法，那么他肯定无法按要求完成高质量的软件测试工作。

🔔注意：在本节所提到的各种技能中，编程能力是困扰大多数想要走向测试开发人员的最大难题，像一座大山一样挡在面前。很多测试人员都是由手工测试转型为自动化测试和测试开发，对编程语言技术可能是零基础，本书后面章节，将会以 Python 语言为基础进行测试开发的学习，需要大家掌握一些基础的 Python 语法和编程思维。编程语言的学习没有捷径，只有多动手、多练习、多积累，才能带来质的飞跃。

11.10　小　　结

本章重点介绍了接口的定义和概念，帮助读者理解接口存在的价值。在此基础上我们学习了接口测试的相关方法、阶段划分、工作流程和必备技能，多次强调了接口测试在整个自动化测试工作中的重要地位和作用，只有掌握接口测试相关技术，才能将自动化测试工作落实，也是进阶高级测试工程师必须具备的能力。从第 12 章开始，我们将学习接口测试工作的网络协议。

第 12 章　计算机网络与协议

我们在第 11 章学习了接口和接口测试的相关知识。谈到接口和接口测试，就离不开计算机网络，所有的接口调用、数据通信和指令发送都是在网络上传输的，要想让通信双方能够一致理解通信内容，就要按照一定的标准，遵循一定的协议。本章我们将学习计算机网络和通信协议的相关知识，了解一些常用的网络协议。

计算机网络也称计算机通信网。关于计算机网络的最简单的定义是：一些相互连接、以共享资源为目的、自治的计算机的集合。另外，从逻辑功能上看，计算机网络是以传输信息为基础目的，用通信线路将多个计算机连接起来的计算机系统的集合，一个计算机网络由传输介质和通信设备组成。关于计算机网络的学习，可以分为硬件和软件两个方面，我们学习的是软件和协议层面的网络知识。理解网络中常用的几个核心协议是接口自动化测试学习的基础，协议不理解，后面在模拟网络请求时将会遇到很大障碍。

本章的主要内容如下：

- 网络编程的基本概念；
- 协议（Protocol）简介；
- 协议的分类；
- 几个重要的协议和网络服务。

12.1　网络编程的基本概念

谈到计算机网络，可能会涉及许多一时难以理解的概念。例如：网络分为局域网、城域网、广域网和无线网等；网络拓扑分为线性、环形和星型等；网络性能指标包含速率、带宽、吞吐量和延时等；网络物理介质包括交换机、路由器和网线（双绞线、光纤等）。作为测试人员，对于这些概念是很难理解的，我们换一个角度，从编程开发的视角尝试了解要使用的网络。首先要明确，不论哪种计算机网络，它的作用是传输信息，共享数据，完成双方或多方通信。

12.1.1　网络编程模型

建立在计算机网络上的系统应用我们一般称之为网络应用或者 Web 应用，如电商的商城系统、微信和 QQ 之类的聊天系统，以及企业的 ERP 管理系统等，都是建立在局域网或广域网上的网络应用，如图 12.1 所示为网络系统基础通信模型，这里重点介绍网络编程领域的四个概念：客户端（Client）、服务器（Server）、请求（Request）和响应（Response）。

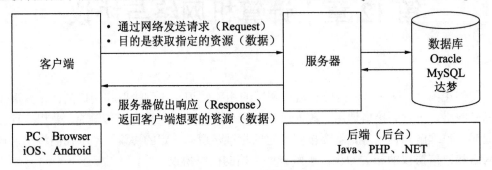

图 12.1　网络编程模型

- 客户端：顾名思义，客户端是为客户提供系统交互、信息展示的应用端。例如，我们使用微信或 QQ 时需要先安装一个应用软件，这个应用就是我们所说的客户端。客户端的种类很多，不论 PC 端的 Windows 和 macOS 系统，还是移动端的 Android、iOS 和鸿蒙系统，都可以在此之上安装客户端应用软件。

🔔注意：我们平时上网经常使用的 FireFox、Chrome、IE 和 Edge 浏览器是按照统一标准和协议构建的通用客户端。基于通用的 HTTP、HTML、CSS、JavaScript 等前端开发技术，可以很方便地使用任何一种浏览器访问百度、谷歌、新浪等网站，浏览器是一种特殊的客户端，它的出现为使用者和开发者快速构建 Web 应用系统奠定了基础。

- 服务器：服务器是整个网络编程模型的核心和服务提供者，对外通过接口或服务提供各种功能。服务器承载着系统的应用业务逻辑，完成系统的业务处理、输入检查、安全监控和数据加工等工作，同时配合数据库服务器对应用数据（Datas）进行持久化存储。如果是研发人员，后端开发者会使用 Java、PHP 或.NET 作为开发语言搭建 Web 系统的服务端，测试人员不需要详细学习这些后端开发技能，但是对于服务器对外提供服务能力的接口需要熟知。
- 请求：所有的网络通信都是由客户端发起的，客户端首先向服务端发送消息，表明指令意图，告诉服务器客户端需要什么样的数据或资源，这个指令叫作请求。模拟网络请求是接口自动化测试首先要解决的问题，也是接口自动化测试所要掌握的技术之一，测试人员能够正确模拟各种网络请求，是进行接口自动化测试工作的前提。Request 这个单词在后面的实战编码中会经常看到，它包含请求目标、请求内容和各种请求参数。
- 响应：服务器在收到客户端的请求以后，根据双方约定的协议（Protocol，协议的内容将在后面小节中详细介绍）和标准，理解客户端请求意图并给出相应的处理，然后把处理结果返回给客户端，这个返回信息就是响应。在接口自动化测试技术中，与模拟请求同样重要的另一个技术就是接收服务端响应内容并解析，然后根据解析内容断言测试结论。Response 代表响应的含义，在代码中同样会经常看到。

📖注意：协议不同，响应信息的内容也不同，HTTP 的响应内容可能是 HTML 网页文档、JSON 格式的数据和图片等二进制数据，WebSocket 协议的响应内容大多是 XML 格式的数据。

📖多学一点：现今，网络应用由于硬件的发展有了长足进步，网络带宽和服务器性能都是以往无法相比的，基于 TCP 的可靠传输成为网络交互的主流，TCP 下的请求和响应是成对出现的，客户端发起请求，服务端做出响应。只有请求没有响应的场景大多出现在 UDP 的网络应用中。什么是协议？协议的作用有哪些？常用的协议有哪些？这些问题将在后面章节详细介绍。

12.1.2　C/S 和 B/S 应用架构

在网络应用和网络编程领域经常会提到 C/S 架构和 B/S 架构，理解和掌握这两种网络编程架构，对学习接口自动化测试是非常重要的。不同的系统架构需要采用不同的技术手段、使用不同的测试工具才能实施自动化测试工作。

1．C/S架构

这里所说的 C 代表 Client（客户端），S 代表 Server（服务端），客户端安装在客户的计算机或者手机上，服务端部署在云端服务器上，系统开发人员需要在开发服务端的同时开发客户端。相比 B/S 架构，C/S 架构的开发工作和维护工作相对较多，但是，C/S 架构不受浏览器限制，在客户端能够开发出一些相对细致和复杂的功能，解决客户的特定需求。同时 C/S 架构的安全性较高，大多数情况会采用私有协议完成客户端和服务端的数据交互。

2．B/S架构

前面讲过，浏览器是一种通用的客户端，B 代表 Browser（浏览器），S 代表 Server（服务端）。实际上，B/S 架构本质上也是一种 C/S 架构，只是客户端采用通用的浏览器。B/S 架构应用的出现，让开发者可以更加专注于服务端的核心业务，基于 HTTP 和 HTML、CSS 和 JavaScript 等前端开发技术，快速构建 Web 应用。相比 C/S 架构应用，大家一直对 B/S 架构尤其是通用的 HTTP 的安全性存在质疑，然而随着多年的发展，基于 HTTP 基础上的 HTTPS 及 Session、Token 和数字证书等技术的日趋成熟，推动了基于 HTTP 的 B/S

架构 Web 应用的蓬勃发展。我们学习自动化测试，应该先从应用最广泛的 B/S 架构应用开始。

注意：HTTP 作为当前绝大多数网络应用的数据传输协议，应用非常广泛，甚至可以说随处可见，不论上网、聊天，还是视频、购物，都有 HTTP 的影子。后面章节会详细讲解 HTTP 的请求头部（Headers）、状态码（StatusCode）和报文实体（Entity）等内容。

12.2　协议简介

如果说计算机网络是提供数据交互的底层技术标准和支持，那么交互过程中的细节与规则，如何定位服务器的位置，如何让双方达到一致性的理解，服务端能够知道客户端请求的意图并做出正确的响应，则是协议（Protocol）的作用。简单说，协议是为了解决网络交互过程中请求发送到哪里去、如何发送、内容是什么这三个问题。

例如，我们平时浏览百度网站，在浏览器地址栏中输入网址（统一资源定位符 URL）发送请求，指定百度服务器为请求目标，使用 HTTP 组装传输的数据报文，百度服务器将网页文档作为响应报文体返回给浏览器，浏览器将网页内容展示给使用者。这个过程看似简单，实际上涉及很多的网络协议，如图 12.2 所示。

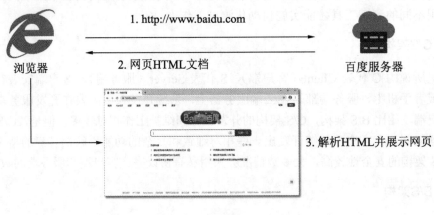

图 12.2　网页浏览过程

12.2.1　什么是协议

协议（Protocol）是网络协议的简称，网络协议是通信双方必须遵守的一组约定，如怎样建立连接、怎样互相识别等。只有遵守这个约定，计算机之间才能相互通信交流。为了使数据在网络上从源到达目的地，网络通信的参与方必须遵守相同的规则，这套规则称为协议，它最终体现为在网络上传输的数据包的格式。其实，生活中也存在很多协议，如签订一份租房合同，企业合作签订一份合作协议等。计算机领域的协议其实也来源于生活。不论何种协议，都包含目标、规则和内容三方面。

- 目标：协议的对手是谁，网络请求中的协议要明确信息交互的对手，请求发送到哪里去，要获取的资源或数据应该跟谁去请求。
- 内容：要请求的内容是什么？这部分内容是通过网页文档、图片、视频或者 JSON 描述的数据。
- 规则：使用什么格式描述整个请求内容，使用英文还是中文，超时时间是多少等。

举个例子，图 12.3 描述了电商网站与物流平台交互物流信息的场景，平时我们在网络购物中一定会用到快递查询这个功能，各大电商网站在订单中展示出物流信息并不存在于电商网站的数据库中，查询快递信息（订单号、物流明细、时间、状态）是各大物流网站提供的对外 API 接口服务，通过网络请求和协议被电商网站获取并展示给购物者。

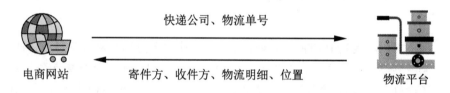

图 12.3　快递信息查询

在这个过程中，会遇到如下问题：

- 双方基于哪种网络进行通信？是专线还是互联网？TCP 还是 UDP？
- 请求和应答的内容以什么样的格式进行描述？是 JSON 还是 XML？或是简单排列的文本拼接？
- 汉字使用哪种编码方式进行编码？是 UTF-8 还是 GBK？
- 物流平台多长时间没有回复，就认为查询失败（超时）？
- 如果要查询顺丰快递，快递公司是输入汉字？还是转换成代表顺丰的编码 SF？
- 位置信息是谷歌地图的经纬度还是百度地图的经纬度？

协议就是建立在双方都认可的基础上，规定接口调用和信息通信的具体规则。

12.2.2　协议的分类

协议的分类其实非常复杂，可以按照网络分层将协议分为应用层协议、传输层协议、网络层协议和物理层协议等，在 OSI 七层模型和 TCP/IP 四层模型的映射关系中，包含 HTTP、DNS、FTP、TCP、UDP、IP、ARP 等著名的网络协议，如表 12.1 所示。

表 12.1　协议的分类

OSI七层模型		主要的网络协议	TCP/IP四层模型
7	应用层	HTTP、DNS、FTP TELNET、SMTP	应用层
6	表示层		
5	会话层		
4	传输层	TCP、UDP	传输层
3	网络层	IP、ARP	网际层
2	数据链路层	IEEE、PPP、RJ45	链路层
1	物理层		

作为测试人员，在入门阶段没有必要过度深究网络模型的内容，这里我们只需要知道协议的分类按照应用公开和应用广泛程度可以划分为公有协议和私有协议。

- 公有协议：指那些应用非常广泛，逐渐成为某一领域或者某个行业的标准，内容公开，任何人都可以使用的协议。常见的有 HTTP、FTP、SSL、WebSocket 和 TCP/IP 等。

注意：本小节多次提到 HTTP，有经验的测试人员对于 HTTP 应该不陌生，HTTP 是当今网络协议中最主流、应用最广泛的协议，我们后面章节将重点介绍它。HTTP 传输协议+JSON 数据表示方式已经成为当下网络应用 API 接口的主流标准。微信公众号后台接口、百度云等开放平台，都以 HTTP + JSON 标准来提供服务接口。HTTP 也是我们要重点讲解的协议。

- 私有协议：指某一公司或团体对内部系统信息交互定义的协议。私有协议涵盖内容很多，不同公司都可以定义不同的协议，这些协议可以基于 HTTP 等公有协议进行二次定义，也可以直接基于 Socket 套接字定义私有协议。私有协议顾名思义内容和规则都可以自行定义，因领域、企业和业务不同内容也不同。

注意：很多自动化测试资料仅把 HTTP 作为接口自动化测试的学习内容是非常片面的，HTTP 的应用十分广泛，但是也不能忽略私有协议的学习，在实战部分也会对私有协议进行讲解。

12.2.3　主要的网络协议

HTTP 是接口自动化测试学习的重要内容，它与 DNS 服务、TCP 和 IP 一起协同合作，构成了 HTTP 请求和响应模式的 Web 应用数据交互，是 Web 应用和网站实现的基础。接下来我们一起了解与 HTTP 相关的几个重要协议。如图 12.4 所示为 HTTP 网络请求和响应的工作模式。

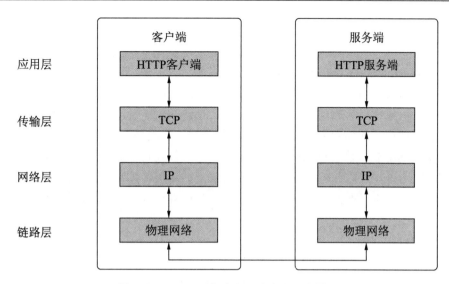

图 12.4　HTTP 网络请求和响应的工作模式

HTTP 是一个应用层协议，客户端按照 HTTP 定义的标准组成 HTTP 报文，基于 TCP 可靠传输协议经过网络层 IP 协议定位服务器位置，边路由边转发，通过物理网络送达服务端，服务端将处理结果作为响应报文原路返回。可以看出，HTTP 是在传输层 TCP 基础上构建的应用层协议，也与之前讲到的请求和响应模式一致，客户端发送请求，服务端做出响应。

网络协议有很多，其中重要的几个协议需要了解一下。

1. IP

IP（Internet Protocol，网际互连协议）在 TCP/IP 体系中位于网络层，负责将数据包传递给对方。任何一个连接到网络上的设备都会通过该协议为系统分配对应的 IP 地址。IP 地址相当于每一个系统或者服务器在网络中的身份 ID，在信息交互过程中通过 IP 地址来定位通信的"目标"。IP 地址是 IP 中的一个重要内容，但是 IP 和 IP 地址不是一回事。IP 主要包含三方面的内容：IP 编址方案、分组封装格式及分组转发规则。IP 地址需要转换成网卡的物理地址（MAC 地址）才能真正完成数据通信。实际上，网络中的数据传输是非常复杂的，几乎没有人能够完全跟踪整个传输过程，网络中的大小网络、广域网、城域网、局域网等嵌套工作，需要路由策略的支持，数据包才能真正传输到目的地。

我们经常看到 192.168.0.1 这样的数字组合，这就是 IP 地址。根据版本不同，IP 地址分为 IPv4 和 IPv6 两个版本，自从 1970 年 IPv4 问世以来，数据通信技术日新月异，发展迅速。虽然 IPv4 设计得很好，但其缺点也逐渐显露出来，简单说，IPv4 最大的问题在于其所表示的 IP 地址范围有限，已经无法满足当下网络设备数量的需求，IPv6 的出现很好地解决了这个问题，一个 IPv6 版本的地址类似于 EF:01:ED:0F:02:27。当然 IPv4 和 IPv6 的差异还有很多，如音频、视频传输延时要求，应用数据加密鉴别等。

2．TCP

TCP（Transmission Control Protocol，传输控制协议）是一种面向连接、可靠的、基于字节流的传输层通信协议，支持多网络应用的分层协议层次结构。TCP 将大的数据分割为报文段，并"可靠地"传输给对方。理解 TCP 的重点在于"可靠"这一特征。为了准确无误地将数据送达，通信双方依靠的是 TCP 著名的"三次握手"机制。

如果要达到可靠传输的目的，发送方和接收方必须在传输数据之前，具备发送数据和接收数据的能力，并且这种能力必须得到收发双方的认可，否则只有一方认可不能保证数据传输可靠性的要求。理解三次握手机制的过程与原理，对学习网络编程和接口测试非常有帮助。

三次握手过程如图 12.5 所示。

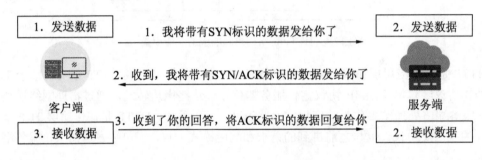

图 12.5　TCP 三次握手过程

- 第一次握手：客户端将信息加上 SYN 标识后发送给对方，服务端收到第一次握手信息后代表第一次握手完成，"客户端的发送数据能力"将得到双方一致认可。
- 第二次握手：服务端接到信息后，将数据加上 ACK 标识返回给客户端，客户端收到二次握手消息代表第二次握手成功，这时"服务端发送数据和接收数据"的能力得到双方一致认可。
- 第三次握手：客户端将收到的信息去掉 SYN 标识后再次发送给服务端，经过第三次握手，"客户端接收数据"的能力得到双方一致认可。

此时，经过三次握手，双方收发信息的能力达成共识，彼此信赖，这样就为可靠传输提供了基础保障。TCP 传输数据的可靠性，为网络发展提供了基础保障。

3．DNS域名解析服务

DNS（Domain Name System，域名系统）是互联网的一项服务，与 HTTP 一样位于网络分层的应用层，它作为将域名和 IP 地址相互映射的一个分布式数据库，能够使用户更方便地访问互联网。IP 地址就像手机号码一样难以记忆，为了更加容易地访问网络资源和服务，DNS 就像我们手机中的通讯录一样，为每个 IP 地址起了一个方便记忆的名字，这就是域名。我们要发送网络请求之前需要从 DNS 服务器获取域名背后的 IP 地址，就像在通讯录中找到某个联系人的电话号码一样，然后再基于 IP 地址完成网络请求。

常见的域名有 www.baidu.com 和 news.qq.com 等，域名被划分为根域名、二级域名和子域名。

- 根 域 名：com、cn、com.cn、org、tech、info 和 me；
- 二级域名：baidu.com、sina.com.cn、qq.com 和 12306.cn；
- 子 域 名：pic.baidu.com、sports.sina.com.cn 和 news.qq.com。

注意：域名并不等同于网址，更不是 URL，只是 URL 中与 IP 地址等价的组成部分，URL 的构成将在第 13 章中详细介绍。

12.2.4　网络协议合作关系

TCP、IP 和 DNS 服务是进入接口测试阶段需要了解的几个核心网络协议，我们并不是网络工程师，不需要精通协议的细枝末节，但是了解其中一些基础的内容对做好接口自动化测试是非常重要的。如图 12.6 所示为几个核心协议之间的协作关系。

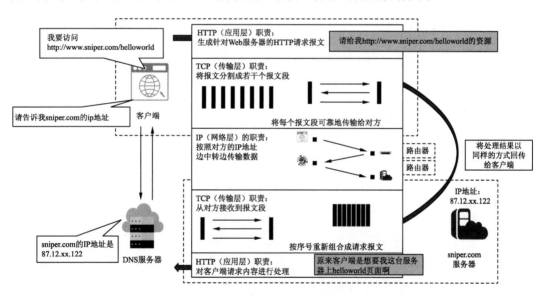

图 12.6　网络协议合作关系

再次回顾一下 HTTP 下网络请求传输过程中各个协议的职责。

（1）客户端或浏览器将网址中的域名通过 DNS 服务器解析成 IP 地址，应用层 HTTP 组装 HTTP 报文，指定请求的目的地址和请求内容，并将报文移交给传输层。

（2）传输层 TCP 将应用层报文分割成若干个报文段（数据段）并对报文段进行编号，依赖三次握手机制与对方建立可靠传输链路，以报文段为单位移交给网络层。

（3）网络层基于 IP 再次将报文段分割为数据包，边路由边转发直到所有数据发送给服务端。

（4）服务端网络传输层也遵循 TCP 协议规范，将收到的数据段进行重组和排序后重新组合成应用层 HTTP 报文。

（5）服务端应用层按照 HTTP 解析报文得到客户端请求意图，进行响应处理后将响应报文返回给客户端。

12.3　小　　结

本章介绍了协议的概念，理解接口和协议是做好接口自动化测试的基础，掌握主要的 HTTP、TCP、IP 和 DNS 域名解析服务是在后面的实战中模拟网络请求的前提。

HTTP 是网络协议中最核心的协议，不论电商、聊天还是网络游戏都会涉及 HTTP，第 13 章将详细介绍 HTTP。

第 13 章　HTTP 详解

前面几章我们学习了接口和接口测试及计算机网络和协议的相关内容，了解这些内容是从事接口自动化测试工作的基础。在众多的网络协议中，HTTP 占比高、应用广，已经成为绝大多数 Web 应用系统的传输协议，因此我们用一章的篇幅来重点介绍 HTTP。

通过浏览器访问各大网站的过程实际上就是万维网（WWW）的雏形，HTTP 是万维网三个构成部分之一，我们在没有学习过相关知识的时候，对于 http://www.baidu.com 这个网址（URL）可能不是非常了解，对整个网络传输过程、请求的报文结构、响应的网页 HTML 文档相关内容没有深刻理解，本章就带领大家更深层次地认识万维网和 HTTP，如图 13.1 所示。

图 13.1　百度首页

本章的主要内容如下：

- 万维网（WWW）及其构成；
- HTTP 的发展历程和版本差异；
- HTTP 的组成部分。

13.1　万　维　网

要想学习 HTTP，就不得不提万维网（World Wide Web，简称 WWW 或 3W）。1989

年 3 月，蒂姆·伯纳斯·李博士在一篇论文中提出了让远隔两地的研究者们共享知识的设想，他的最初理念是借助多文档之间的相互关联形成超文本（HyperText），连接成可以相互参阅的万维网（WWW）。与其说 WWW 是一种技术，倒不如说它是对信息的存储和获取进行组织的一种思维方式。

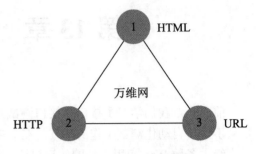

图 13.2　万维网的构成

在蒂姆·伯纳斯·李博士的论文中定义了万维网的三个构成部分：超文本标记语言（Hyper Text Markup Language，HTML）、超文本传输协议（Hypertext Transfer Protocol，HTTP）和统一资源定位符（Uniform Resource Locator，URL），如图 13.2 所示。

1．超文本标记语言

超文本标记语言是由 Tim Berners. Lee 和 Daniel W. Connolly 于 1990 年创立的一种标记语言（Makeup Language），它是标准通用化标记语言 SGML 的子集。用 HTML 编写的超文本文档称为 HTML 文档，它能独立于各种操作系统平台（如 UNIX 和 Windows 等）。使用 HTML，将所需要表达的信息按某种规则写成 HTML 文件，通过浏览器（Browser）来解析和展示，即现在所见到的网页。HTML 自 1990 年诞生以来就一直被用作万维网的信息表示语言，使用 HTML 描述的文件需要通过浏览器显示出效果。HTML 是一种建立网页文件的语言，通过标记式的指令（Tag），将影像、声音、图片、动画和影视等内容显示出来。在 WWW 的三个构成部分中，HTML 是用来描述内容的载体。

2．超文本传输协议

顾名思义，HTTP 提供了访问和传输超文本（HyperText）信息的能力，是浏览器和 Web 服务器之间的应用层通信协议，服务于分布式协作超文本信息系统，有很好的通用性和扩展能力。除了报文传输实体内容可扩展以外，头部信息、请求参数和状态码都可以根据使用者的需要自行扩展。万维网（WWW）使用 HTTP 传输各种超文本文档和数据。

HTTP 的会话过程包括 4 步：

（1）建立连接。客户端的浏览器向服务端发出建立连接的请求，服务端给出响应就可以建立连接了。

（2）发送请求。客户端按照协议要求通过连接向服务端发送自己的请求。

（3）给出应答。服务端按照客户端的要求给出应答，把结果（HTML 文件）返回给客户端。

（4）关闭连接：客户端接到应答后关闭连接。

📖多学一点：超文本（HyperText）的含义是"不仅仅是文本 Text"，基于 WWW 构建的
理想模型不仅可以传输文本类型的文档，而且支持图片、视频、音频和任意
格式的数据。这一点也体现了创造万维网的 Tim Berners.Lee 博士的高瞻远
瞩，几十年来，万维网从最初的设想发展到如今的互联网规模，这些研究者
的贡献巨大。

3. 统一资源定位符

在 WWW 中，任何一个信息资源都有统一的并且唯一的地址，这个地址就叫作 URL。
URL 也被称为网页地址，是因特网上标准的资源地址。它最初是由 Tim Berners.Lee 发明
用来作为万维网的地址，目前已经被万维网联盟编制为因特网标准 RFC1738。因特网上的
可用资源可以用简单的字符串来表示，URL 描述了这种字符串的语法和语义。而这些字
符串则被称为 URL。

网络上的协议多种多样，URL 能够定位的资源也并非 HTTP 专属，HTTP URL 方案是
应用最广的，同时还支持如 MAILTO、NEWS、FTP、NNTP 和通用方案。URL 的官方文
档涵盖内容很多，现阶段我们不要求理解每个 URL 的方案，但是要知道与接口测试相关
的 HTTP URL 方案的一些常用的规则，如下面这个 URL（网址）：

如图 13.3 所示为一个标准的网址（HTTP URL）示例，我们将网址拆分为若干个组成
部分，每个部分都有特殊的含义和作用，理解每个组成部分的含义，也就理解了整体 URL
的构成方案。

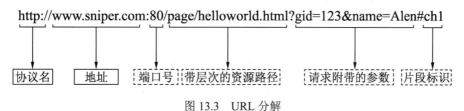

图 13.3　URL 分解

- 协议名：URL 是统一资源定位符，服务于各种协议，因此一个 URL 字符串以协议
名字开头，这里的协议可能是 HTTP、HTTPS、FTP、Telnent 等，我们上网用的网
址遵从 HTTP URL 方案，都是以 HTTP 或 HTTPS 开头，协议名字后面的"://"是
URL 中的第一个分隔符，没有具体含义，记住就好。
- 地址：指定某个接入网络的服务器或者虚拟机，前面章节也介绍过，接入网络的每
个应用服务器都需要配有唯一的 IP 地址来标注其在网络上的位置。地址可以理解
为 IP 地址或者域名，域名需要被 DNS 解析成 IP 地址后才能正常工作。
- 端口号：地址后面的"："是 URL 方案中的第二个分隔符，后面是端口号。如果地
址指定了应用服务器的位置，那么每个应用服务器不只部署了唯一一个应用，这时
端口号就代表这台服务器上某个应用对外提供服务接口的入口。如果 URL 上没有

端口号，则表示这个 URL 访问的端口号是所属协议的默认端口号。HTTP 默认的端口号为 80，HTTPS 默认的端口号是 443。

- 资源路径：在 URL 示例中，/page/helloworld.html 代表一个有层次结构的资源路径，很多初学者将其视为文件路径是不正确的，HTTP 是超文本传输协议，这里的资源路径是逻辑路径，可以被开发人员任意指定。

- 请求参数：请求资源时可以指定一组或多组请求参数，资源路径后的 "?" 是 URL 中的第 3 个分隔符，后面是多组键值对形式的请求参数，每组参数由 "&" 进行分割，由 "=" 进行连接，如 key1=value1&key2=value2。在图 13.3 中有两个请求参数，其中，gid 的值是 123，name 的值是 Alen。

- 片段标识："#" 是 URL 中的第 4 个分隔符，后面跟随的字符串称作片段标识或者锚点。有时候我们访问某个网页不是从最开头显示，而是直接跳转到我们关心的片段，这就是锚点的作用，可以指定网页资源中的某个位置。

有了以上对 URL 的分解，以后再见到网址是不是就能够更加清楚地理解网址的内容与含义了呢？例如百度首页的网址 https://www.baidu.com/，按照上面所讲，这个网址使用的协议是 HTTPS，地址是 www.baidu.com，访问的是默认的 443 端口，"/" 代表请求的是根路径也就是百度首页，没有参数，没有锚点。如果不能正确给出请求地址，接口请求也不会成功调用。

其实，万维网的三个构成部分体现了网络应用的三个方面：目标、内容和规则。在 WWW 构成中，URL 解决如何定位通信目标，即解决 "向谁请求" 的问题，HTML 用来描述通信内容，即解决 "请求内容" 的问题，HTTP 用来解决通信规则，即解决 "如何请求" 的问题。

13.2　HTTP 的发展历程

HTTP 从 20 世纪 90 年代诞生以来，经历了三十多年的蓬勃发展，在众多专家和科技领域的前辈们的共同努力下，在当下互联网时代 HTTP 已经占有非常重要的地位，应用广泛，无处不在。本节我们一起来了解一下 HTTP 的发展历史。

1. HTTP 0.9版本

20 世纪 90 年代诞生之初，HTTP 并没有马上流行起来，当时使用的是电话线和拨号 "猫" 上网，打开新浪网页可能要几分钟的时间，那时候上网的人群还是少数，HTTP 并没有形成正式的标准对外发布，很多使用者基于 HTTP 的初期设想构建了一些网络生态，每个团体和个人在使用 HTTP 的时候会有各种各样的差异，因此通常将 1.0 版本以前的 HTTP 版本称作 0.9 版本，有 HTTP 1.0 之前版本的意思。

2. HTTP 1.0版本

1996 年，HTTP 正式公布了第一个版本，这其实并不是一个标准，更像是资料整理或笔记，记载于 RFC1945。从这个版本开始，基于 B/S 架构的应用开始兴盛起来，各大厂商开始布局自己的基于浏览器的生态圈，由此 HTTP 逐渐被广泛使用。HTTP 1.0 是最重要的面向事务的应用层协议。该协议对每一次请求/响应建立一次连接。HTTP 1.0 的特点是简单、易于管理，因为它符合大家的需要，因此得到了广泛的应用。

3. HTTP 1.1版本

HTTP 1.1 是 1999 年发布的一个正式标准，是对 HTTP 1.0 版本的完善和补充，记载于 RFC2616，也是目前主流的 HTTP 版本，被广泛使用在各种 Web 服务器和网络应用中。现在虽然出现了 HTTP 2.0 甚至 HTTP 3.0 版本，但是 HTTP 1.1 版本依旧长盛不衰。虽然 HTTP 1.1 版本在传输状态、身份识别和数据安全上存在一些不足，但是后来通过各种手段得到了补充和优化，HTTP 1.1 版本至今已经有 20 多年的历史，一直被沿用至今，几乎没有较大更新，但是协议本身却被广泛使用，这源于 HTTP 在通用性和扩展性上的考虑，由此可见 HTTP 的制订者的高瞻远瞩。在 HTTP 1.1 中规定了连接方式和连接类型，这极大扩展了 HTTP 的领域，但需要注意的是，HTTP 1.1 对于互联网最重要的速度和效率并没有太多的规定。

4. HTTP 2.0和HTTP 3.0版本

近 10 年来，以谷歌为首的互联网巨头组成了工作组，开始制定 HTTP 2.0 标准，2004 年推出的 Chrome 浏览器，从多路复用、数据加密等多方面改善了 HTTP 1.1 版本中的不足，HTTP 2.0 协议的具体内容可以参考 RFC7540。HTTP 1.x 版本的流行程度可能远超每个人的想象，新版本不可能马上替代旧版本，但是可以预见，将来我们很可能会从 HTTP 1.0 直接进入 HTTP 3.0 时代。

注意：Request For Comments（RFC）是一系列以编号排定的文件，其中收集了互联网的相关信息，以及 UNIX 和互联网社区的软件文件。RFC 文件是由 Internet Society（ISOC）赞助发行。基本的互联网通信协议在 RFC 文件内都有详细说明。RFC 文件还额外加入了许多在标准内的论题，如对于互联网新开发的协议及所有记录。几乎所有的互联网标准都收录在 RFC 文件中。

随着时间的推移，HTTP 的内容和应用场景也发生了很大的变化，现在的 HTTP 不只存在于基于网页浏览的 B/S 网站，其变化和发展体现在以下几个方面：
- 场景：除了 B/S 网站，承载更多的互联网应用场景；
- 前端：不再依赖浏览器，可以是手机 App、客户端或者另一个服务器；
- 传输方式：AJAX 技术的兴起改变了原本的同步请求模式，提供了更好的客户体验；
- 传输内容：在 HTML 文档的基础上扩展二进制文件，也可以依靠 JSON 和 XML 等数据格式来描述更广泛的内容；

- 安全与验证：由 HTTP+SSL 组成的 HTTPS、Session 和 Token 等技术弥补了 HTTP 的不足。

13.3　HTTP 是什么

前面章节我们结合万维网（WWW）介绍了 HTTP 的由来，了解了 HTTP 的发展历程和版本，本节我们学习 HTTP 的核心内容。

1. HTTP是什么

HTTP 的全称为 HyperText Transfer Protocol，从其构成中我们来了解 HTTP 是什么。

- Protocol：协议，定义 HTTP 是一种协议，协议就是在双方或多方一致认可的基础上建立的参与数据交互的约定和规范。
- Transfer：传输，HTTP 是一种传输协议，是专门用来在两点之间传输内容的协议，协议描述的内容包括请求（Request）和响应（Response）。
- HyperText：超文本的含义指出 HTTP 传输的不仅仅是文本（Text）同样包含图片、音频、视频和二进制表示的各种数据。

2. HTTP不是什么

从 HTTP 的名称我们理解了 HTTP 是什么，然而在实际学习过程中，很多刚刚接触 HTTP 的人经常有一些理解上的误区，会与其他概念混淆，接下来我们看一下 HTTP 又不是什么。

- HTTP 不是浏览器：HTTP 最大的应用场景就是基于 B/S 架构的 Web 网站，我们通过浏览器访问网页时，浏览器与服务器之间使用 HTTP 作为传输协议，很多人接触 HTTP 也是从浏览器开始，但是 HTTP 不是浏览器，浏览器是一个客户端，基于这个客户端给服务器发送 HTTP 的请求后得到想要的资源，因此 HTTP 不是浏览器，只是浏览器与服务器之间传输网页并展示其内容的传输协议。
- HTTP 不是 HTML：很多初学者刚接触 HTTP 和 HTML 的时候容易将二者混淆，HTML 是超文本标记语言，用来描述网页内容，由很多标签构成一个完整的网页；而 HTTP 是超文本传输协议，用来传输数据。HTML 网页文档是 HTTP 传输的主要内容之一，虽然二者都有超文本的内容，但是一个是描述内容的标记语言，一个是传输内容的传输协议，要注意区分。
- HTTP 不是编程语言：HTTP 不是 Java、Python、Ruby 这类编程语言，但是我们可以使用各种编程语言来模拟 HTTP 请求来获取 HTTP 响应，这也是学习接口自动化测试的核心技术，理解编程语言和 HTTP 的关系，才能更好地编写语言测试脚本，满足接口自动化测试工作的要求。

本节从一个全新的视角让刚刚接触网络协议的测试人员能够从概念上区分 HTTP 的定义和作用。只有正确理解 HTTP，不被一些容易混淆的概念所困扰，后面继续学习 HTTP 的头部参数、请求方法和状态码等知识才能更加顺利。

13.4　HTTP 的报文结构

本节我们先从整体上了解一下 HTTP 请求报文的整体结构。例如，我们通过浏览器输入网址 http://www.sniper.com/page/helloworld.html，经过 13.1 节对 URL 的讲解，读者对这个 URL 已经很熟悉了，这时浏览器会向 sniper.com 服务器发送 HTTP 请求，服务器收到请求完成业务处理并将响应内容回传给浏览器。

1. HTTP请求报文结构

HTTP 请求报文结构如图 13.4 所示。

图 13.4　HTTP 请求报文结构

可以看到，HTTP 请求报文包含四个部分：请求行、请求头、空行和内容实体。每个 HTTP 请求报文都必须包含这四个部分，缺一不可。

- 请求行：包含请求方法、资源位置和协议版本。请求方法标识请求调用的方式，最常用的请求方法有 GET 和 POST，HTTP 的请求方法一共有 8 种。资源位置就是 URL 上的资源路径，是一个逻辑位置，标识请求方要请求的资源位置。协议版本指定客户端与服务器通信时使用的 HTTP 的版本号，在示例中使用 HTTP 1.1 版本。
- 请求头：定义 HTTP 支持的头部参数（headers），这些参数都有对应的含义并以键值对（key-value）的方式存在于请求头中。同时，HTTP 是可扩展的，头部参数可以根据使用者的需要自行添加。在图 13.4 中包含 4 个请求头部参数：
  ➢ Host：主机地址；

➢ Connection：连接方式，keep-alive 代表长连接；

➢ Content-Type：代表内容实体的类型；

➢ Content-Length：代表内容实体的大小。

头部参数还有很多，在后面的章节中会专门讲解头部参数。这里强调一下，Host 参数是必须要输入的请求头部参数，Host 代表主机地址，请求发送的前提就是要知道目标在哪里，往哪个服务器发送请求。

- 空行：是划分报文实体与头部参数的分界线，空行之后的内容可以与请求头相同也是键值对格式，这时空行就是用来划分请求头和内容实体的。

- 内容实体：包含本次请求的实际信息，即超文本内容，其可以是文本，也可以是任何数据。在本例中由于是 GET 请求，因此不包含任何内容，各种请求方法的应用场景，后面章节会详细介绍。

2．HTTP响应报文结构

HTTP 响应报文结构如图 13.5 所示。

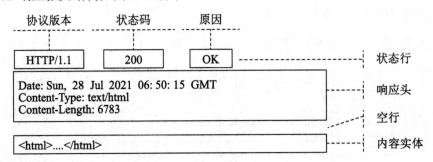

图 13.5　HTTP 响应报文结构

响应报文的内容实际上与请求报文类似，也包含四个部分：状态行、响应头、空行和内容实体。同样，响应报文结构也必须这四个部分，缺一不可。

- 状态行：与请求报文中的请求行不同，状态行用于描述响应结果的状态，是成功处理还是存在问题。状态行包含三个部分：协议版本、状态码和原因。其中，协议版本与请求头一致，状态码是一个三位数字，范围为 001～999，其中的一些状态码被赋予了预定含义，如 200 代表请求被成功处理。状态码 200 是最常用的状态码，表示 HTTP 请求过程已经被服务器正确处理。

- 响应头：从结构上来说与请求头一样，以键值对的形式定义头部参数，区别在于参数的内容和含义上，响应头用于标识服务器处理的信息和实体内容。在图 13.5 中，响应头包含 3 个参数：

➢ Date：服务器的处理时间；

➢ Content-Type：同请求头参数，text/html 代表实体内容为 HTML 网页文档；

➢ Content-Length：同请求头参数，内容实体长度为 6783 字节。

其中，Content-Type 和 Content-Length 用于描述内容实体的类型与大小，这样的参数在请求和响应头部中都会出现，也叫公共头部参数。

- 空行：与请求报文相同。
- 内容实体：在响应报文示例中，内容实体为一个 HTML 网页文档，实际上是请求时/page/helloworld.html 指定的资源内容。

💭注意：从结构来看请求和响应报文比较类似，区别在于首行内容不同。请求首行叫作请求行，包含请求方法和请求资源位置；响应首行叫作状态行，用于描述请求是否成功及其原因，以及包含的状态码。

我们学习 HTTP 报文结构是不是要自己拼接首行、头部、空行和内容实体发送网络请求呢？当然不是，我们用编程语言来模拟请求，HTTP 报文可以明确模拟请求背后发生了什么事。了解 HTTP 请求和响应报文的整体结构后，下面继续对报文中的每个部分进行详细介绍。

13.5　HTTP 的请求方法

HTTP 的请求方法一共有 8 种，最常用的两个请求方法是 GET 和 POST，除此之外还有 PUT、DELETE、HEAD、OPTIONS、TRACE 和 CONNECT。

1. GET和POST请求方法

GET 请求方法用来向服务器请求指定的资源，它是万维网中信息检索的主要方式。当服务器收到一个 GET 请求后，它会将所请求的资源内容放到响应报文实体中，客户端收到 GET 响应后，根据响应头部的一些信息对响应体进行解析，从而得到所需要的资源。GET 请求通常不包含内容实体，请求参数以键值对的形式拼接在 URL 中。

POST 请求方法用于将请求报文中的内容实体提交给服务器。POST 请求最常见的调用方式是提交网页上的 FORM 表单，HTML 中使用<form>与</form>标签定义与用户交互的表单，使用者可以在表单中录入信息（订单提交、用户注册等场景），然后通过 Submit 方法将表单内容作为 HTTP 请求的内容实体发送给服务端完成表单提交操作。在这个过程中，POST 请求通常不需要在 URL 中携带参数。除了 FORM 表单提交以外，对 POST 请求方法的使用已经衍生到很多场景，在内容实体中不仅可以包含表单数据，也可以包含任何想要交互的内容，如 HTML 文档、二进制表示的图片、视频和音频等。POST 请求目标资源对内容实体进行相应处理，这通常会导致服务器上的状态发生变化。

从字面意思上理解，GET 有获取、取得资源的意思，通常不应该对服务器上的资源进行修改；POST 是发送、传输的意思，通常会导致服务器端资源状态的变化，由此能够看出二者有明显的差别，主要体现在如下几个方面：

- 参数长度差异：HTTP 本身没有对请求参数长度和个数进行限制，但是由于 GET 请求参数是拼接在 URL 中，这会受到浏览器客户端具体实现的限制，毕竟地址栏不是无限长的。而 POST 请求参数包含在内容实体中，与 GET 请求相比可以包含更多的参数信息。
- 编码差异：如果要在 GET 请求参数中带有中文内容，那将是一件让人头疼的事情，因为 GET 请求 URL 中的参数必须采用 ASCII 编码，非 ASCII 编码必须转码传输。而 POST 请求参数存在于内容实体中，支持二进制传输，因此使用者可以根据需要自行编码参数。
- 安全性差异：GET 请求方法将所有参数拼接在 URL 中，不安全；POST 请求方法的参数包含在内容实体中，相比 GET 请求方法较为安全。
- 缓存差异：GET 请求方法请求在 URL 没有发生变化的前提下，响应内容都会被缓存，而基于 POST 请求的缓存机制目前尚不完善，大多数情况下 POST 请求方法的请求都会被服务端接收并重复处理，这也是有些不健壮的 FORM 表单提交造成重复处理的原因所在，需要借助其他技术手段来解决。

除了最常用的 GET 和 POST 请求方法，下面几种请求方法也需要了解。

2．PUT和DELETE请求方法

PUT 请求方法用于将请求报文中的内容实体提交给服务器，请求服务器创建一个新的目标资源，或者替换原先的目标资源。HTTP 对 PUT 请求的初衷是将某个资源提交到服务器上，让服务器新增或者修改指定的资源。DELETE 请求方法正好相反，请求资源会被移除或者解除关联。随着 HTTP 应用的发展，PUT 和 DELETE 请求方法的设计初衷显然与安全性相背离，服务器不愿意也不可能授权客户端随意更改客户端的资源，因此，目前大多数 Web 服务器都没有开通 PUT 和 DELETE 请求方法。

3．HEAD请求方法

HEAD 的本质和 GET 请求方法是一样的，但是在响应报文中不会包含内容实体，这样的好处是可以减少数据传输量，在有限的网速和带宽场景下，可以通过 HEAD 请求方法来检查资源或链接的有效性而不需要真正获取资源。

4．OPTIONS请求方法

OPTIONS 请求方法不是为了获取服务器资源或者发送资源，通过 OPTIONS 请求方法可以查看 HTTP 服务器支持的请求方法。例如，可以通过 OPTIONS 请求查看服务器是否支持 PUT 和 DELETE 请求方法，还是只支持 POST 请求方法。

5. TRACE和CONNECT请求方法

TRACE 请求方法客户端可以查看服务器收到的 HTTP 请求，主要用于诊断和调试；CONNECT请求方法在HTTP 1.1中为将连接改为管道方式的代理服务器创建一条特殊的连接通道，相当于把服务器作为跳板去访问其他网页，然后再将数据返回。出于安全性考虑，几乎所有的服务器都不会开放 TRACE 和 CONNECT 请求方法，防止服务器被恶意攻击。

注意：本书主要基于 GET 和 POST 请求方法实现测试脚本模拟接口请求，实际上，大多数服务器接口都是基于 POST 和 GET 请求方法实现的，极少用到 HEAD 和 OPTIONS 请求方法，因此简单了解即可。

13.6　HTTP 的状态码

在 HTTP 响应报文中，最核心的字段就是状态行中的状态码（Status Code），客户端在收到服务端请求后首先应该从状态行中读出状态码，判断请求执行结果状态，如果状态码是 200，则代表请求被服务器正确处理，这时再继续后面的操作才有意义。如果状态码是 500，则代表服务器内部出现错误，可能是由于程序缺陷导致服务器未能正确处理客户端的请求。如果状态码是 404，则代表客户端请求服务器无法处理，客户端需要调整请求内容，常见的情况是 URL 不能被服务端解析，找不到对应的资源。平时上网我们可以借助浏览器的开发者工具查看状态码，在 Chrome 浏览器中按 F12 键打开开发者工具，然后访问百度首页，可以在开发者工具的 Network 标签页中看到本次请求的状态码"200"，如图 13.6 所示。

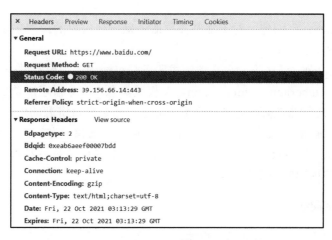

图 13.6　Chrome 浏览器开发者工具

除了 200、500、404 这三个最常见的状态码之外，HTTP 规定状态码由三位十进制数字构成，范围为 001～999，第一位数字代表状态码的分类，如表 13.1 所示。

表 13.1　HTTP规定的状态码

分　类	分　类 描　述	附 加 说 明	常见状态码
1**	Informational信息性状态码	请求正在处理中	100 101
2**	Success成功状态码	请求正常处理完毕	200 204 206
3**	Redirection重定向状态码	需要进行附加操作	301 302
4**	Client Error客户端错误状态码	服务器无法处理请求	400 403 404
5**	Server Error服务端错误状态码	服务器处理请求出错	500 502 503

1．1**（信息性状态码）

以 1 开头的状态码被约定为信息（Informational）性状态码，通常代表客户端请求服务器已经收到，但尚未处理完成或者需要后续请求者继续执行操作。常见的分类状态码如下：

- 100：Continue，代表客户端应继续请求；
- 101：Switching Protocols，服务器根据客户端的请求切换协议。只能切换到更高级的协议，如切换到 HTTP 的新版本协议。

2．2**（成功状态码）

以 2 开头的状态码被定义为成功类状态码，表示客户端请求已经被正常处理完毕，客户端发起请求时，这些请求通常都是成功的。服务器有一组用来表示成功的状态码，分别对应不同类型的请求。

- 200：请求成功。在 GET 和 POST 请求方法中，200 状态码表示请求已经被服务端处理完毕。
- 201：Created，已创建。对于那些需要服务器创建对象的请求来说，201 表示资源已创建完毕。
- 202：Accepted，已接收。客户端请求服务端已经受理，但是并未真正开始处理。
- 203：Non-Authoritative Information，非权威信息。服务器已成功处理事务，只是实体 Header 包含的信息不是来自原始服务器，而是来自资源的副本。
- 204：No Content，没有内容。响应报文中包含头部和状态行，但不包括内容实体。
- 206：Partial Content，部分内容。表示部分请求成功，服务器本次返回内容为客户端请求完整内容的一个片段。

3．3**（重定向状态码）

重定向状态码用来告诉浏览器客户端，它们访问的资源已被移动，Web 服务器发送一个重定向状态码和一个可选的头部参数 Location，告诉客户端新的资源地址在哪。浏览器客户端会自动用 Location 中提供的地址重新发送新的请求。这个过程对用户来说是透明的。重定向分为临时重定向和永久重定向，常见的此类状态码如下：

- 301：Moved Permanently，永久移除。请求的 URL 已被移除，响应报文头部中应该包含一个 Location 参数，指定资源的新地址。301 重定向是永久的，这可能会触发浏览器进行一些自动处理，如更新收藏夹中的网页地址。
- 302：Found，已找到。与状态码 301 类似，但这里的移除是临时的，过一段时间就会恢复。例如，系统维护时功能无法提供服务，将会重定向到一个维护提示页面，等维护结束后恢复。

⌂注意：301 状态码为永久重定向，302 则是临时重定向。

4．4**（客户端错误状态码）

以 4 开头的状态码是客户端错误状态码，表示请求没能被服务器成功执行，可能是由于客户端请求语法错误或发送了一个无法完成的请求。比较常见的是请求一个不存在的 URL，请求一个不存在的页面或者资源路径是服务器不支持的。例如，我们试图访问 https://www.baidu.com/hello.html 页面，百度服务器会返回一个 Not Found 页面，使用开发者工具可以查看响应状态码为 404，表示百度服务器没有 hello.html 页面，如图 13.7 所示。

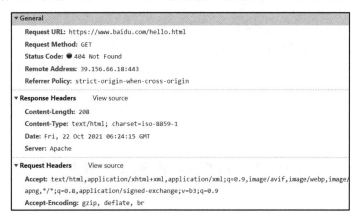

图 13.7　网页不存在 404 状态码

常见的客户端错误状态码如下：

- 400：Bad Request，错误的请求。服务器通过此状态码告诉客户端，它发送了一个错误的请求。
- 403：Forbidden，请求被禁止。可能是客户端访问了权限之外的资源，被服务器拒绝。
- 404：Not Found，资源未找到。404 是最常见的错误。

- 405：Method Not Allowed，不允许使用的请求方法。

如果在测试脚本的编写过程中遇到以 4 开头的客户端错误状态码，就需要查看接口文档等相关资料，检查代码模拟的 HTTP 请求的正确性，如 URL 是否有错误、头部参数是否满足等。

5．5**（服务器错误状态码）

以 5 开头的状态码是服务器错误状态码。例如，客户端发送了一条有效请求，Web 服务器在处理请求的过程中产生了错误。常见的服务器错误状态码如下：

- 500：Internal Server Error，服务器内部错误，无法完成请求。500 状态码是测试人员需要重点关注的，因为测试中的软件产品往往还不完善，经常会出现 500 状态码。大多数时候如果出现 500 状态码，就可以断定系统存在缺陷，需要反馈给开发人员进行分析和处理。
- 502：Bad Gateway，网关错误。作为网关或者代理工作的服务器尝试执行请求时，从远程服务器接收到了一个无效的响应。
- 503：Service Unavailable，未提供此服务。服务器目前无法为请求提供服务，但过一段时间就可以恢复服务。由于超载或系统维护，服务器暂时无法处理客户端的请求。503 状态码经常出现在访问请求过多，服务器由于资源有限或性能不足无法及时处理的场景，如一个产品秒杀功能。

⌂注意：作为测试工作入门，知晓以上常见的状态码已经可以满足现阶段的测试工作。但是 HTTP 现有状态码远不止以上列出的这些，还可以进一步学习。状态码是 HTTP 中的标准而非强制要求。同样，状态码的扩展性也是非常重要的。HTTP 规定的状态码范围是 001～999，在实际项目中如果遇到类似 050 或 800 的状态码也不要惊讶，这是系统自定义的状态码，开发团队可以根据项目需要扩展自己的状态码。

13.7　HTTP 的头部参数

HTTP 在发送请求和响应报文时规定必须包含一个请求首部或者请求头部，第一行叫作请求行或者状态行，后面跟着若干以 "：" 分割的键值对参数，这些参数叫作首部参数。HTTP 请求中可以包含很多首部参数，而且报文主体可以是空的。那么首部参数都有哪些呢？它们的作用都是什么呢？

我们尝试访问新浪网站 www.sina.com.cn，通过浏览器开发者工具可以查看请求和响应的首部参数，请求的首部参数（Request Headers）的主要内容如下：

```
:authority: www.sina.com.cn
:method: GET
```

```
:path: /
:scheme: https
accept: text/html,application/xhtml+xml,application/xml;accept-encoding:
gzip, deflate, br
accept-language: zh-CN,zh;q=0.9
cookie:UOR=www.sina.com,www.sina.com.cn,;SGUID=1615424577780_64859199;
user-agent: Mozilla/5.0 (Windows NT 10.0; Win64; x64) AppleWebKit/537.36
(KHTML, like Gecko) Chrome/94.0.4606.81 Safari/537.36
```

响应的首部参数（Response Headers）主要内容如下：

```
age: 59
cache-control: max-age=60
content-encoding: gzip
content-length: 147242
content-type: text/html
date: Sat, 23 Oct 2021 01:31:34 GMT
expires: Sat, 23 Oct 2021 01:32:10 GMT
server: Tengine
```

在实际应用中，首部参数包含的内容很多，测试人员没有必要一次性将所有参数都记住，但是对于一些主要的参数需要理解其含义。为了方便读者学习和记忆，我们再来看一下 HTTP 报文的格式和头部参数的分类，如图 13.8 所示。

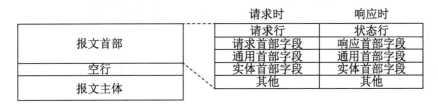

图 13.8　HTTP 报文头部结构

HTTP 报文包含报文首部和报文主体，中间以一个空行分割。在报文首部中，请求时和响应时的结构一致，但是内容不同，除了请求行和状态行的差别外，报文首部包含的参数也有差别，只出现在请求首部的字段称之为请求首部字段，只出现在响应首部的字段称之为响应首部字段，请求和响应中都会出现的字段称之为通用首部字段，描述报文实体内容的字段称之为实体首部字段。

1. 请求首部字段

请求首部字段只与请求相关，不会出现在响应首部中，定义了请求发送的服务器地址和端口、客户端能够接受和处理的媒体类型、能够接受的语言、能够接受的字符集和编码方式等，常见的请求首部参数如下：

- Host：主机名和端口，注意这是所有首部参数中唯一一个必须要有的字段。
- Accept：请求方或代理能处理的媒体类型，如 text/html, text/json, image/jpeg, video/mpeg, application/octet-stream。
- Accept-Language：请求方或代理支持的语言，如 zh-CN,zh;q=0.9。

- Accept-encoding：请求方或代理支持的编码方式，如 gzip, deflate, br。
- User-Agent：请求方浏览器和操作系统种类，如 Mozilla/5.0 (Windows NT 10.0。 Win64；x64) AppleWebKit/537.36 (KHTML, like Gecko) Chrome/94.0.4606.81 Safari/537.36。
- Cookie：操作 Cookie 的首部字段。

2．响应首部字段

顾名思义，响应首部字段只会出现在响应首部，定义了响应报文的相关信息，如服务器信息、重定向地址（配合重定向状态码使用）和 Cookie 信息等，常见的响应首部字段如下：

- Location：配合 3** 响应码，给出重定向资源地址。
- Server：服务端 HTTP 应用程序信息，如 Tomcat 或 Apache 等。一般情况下服务器不会真的给出服务器端的内容，防止被恶意利用。
- X-Frame-Options：限制网页内容在其他网站上的 Frame 标签的显示权限，防止网站被"单击劫持"。
- Set-Cookie：操作 Cookie 的首部字段，与请求首部字段中的 Cookie 配合使用。

3．通用首部字段

通用首部字段在请求和响应首部参数中都会出现，一般用于定义一些公共属性，如缓存机制、连接方式和日期等，常见的参数如下：

- Cache-Control：操作缓存工作机制，如 no-cache。
- Connection：管理持久连接，如 Keep-Alive。
- Date：创建 HTTP 报文的日期和时间，如 Thu, 11 Mar 2021 09:21:44 GMT。

4．实体首部字段

实体首部字段是用来描述报文主体（内容实体）部分的参数，如报文主体的媒体类型：网页文档、图片或者 CSS 代码，报文主体的语言、编码方式、长度及最后修改时间等。常见的实体首部字段如下：

- Content-Type：描述实体的媒体类型，如 text/html, text/css, image/jpeg。
- Content-Language：实体内容使用的语言。
- Content-Encoding：实体内容使用的编码方式。
- Content-Length：实体内容的长度（单位为字节）。
- Last-Modified：资源最后修改时间。

⏏注意：HTTP 的扩展性还体现在首部参数的扩展方面，开发团队可以根据实际需要定义自己的首部参数，还可以添加任意自定义的参数完成请求和响应功能。

13.8　HTTP 的不足

前面学习了 HTTP 的历史和其各个组成部分，了解了请求方法、状态码和头部参数，那么，HTTP 是完美的吗？当然不是，HTTP 自身也存在诸多不足，主要体现在以下几个方面：

1．公开的协议

HTTP 是一个公开的协议，任何人都可以随时了解协议的细节，HTTP 文档可以从网络直接获取，因此任何人都可以模仿、模拟甚至伪造 HTTP 请求获取服务端资源。对于测试人员来说，能够用程序代码模拟 HTTP 请求完成接口测试工作，也是基于 HTTP 的公开特性，但是这样就存在安全隐患，如果黑客利用伪造的 HTTP，就可能给服务器所有者带来损失。

2．网络上的协议

HTTP 是一个传输协议，其根本职责就是传输数据，因此网络上任何一个传输节点，包括代理、网关和路由器等，可以随时知道 HTTP 传输的内容。这一特性如果被利用，如劫持并篡改请求内容，将给服务器造成严重的后果。

3．明文传输

HTTP 在网络上传输数据，在 HTTP 1.1 及之前的版本协议中没有定义加密规则，在整个传输过程中报文内容是明文的，任何人都可以很容易看懂并理解报文内容，这给安全性带来不小的隐患。因此高级版的 HTTP 都为传输加密增加了新的约定。

虽然 HTTP 本身存在不足诸多之处，尤其在安全传输和身份验证方面，没有给出具体的解决方案，但是随着使用者的不断总结和实践，针对安全和验证也出现了一些行业通用的技术标准。在安全传输方面，结合 SSL（Secure Socket Layer）安全套接层/TLS（Transport Layer Security）安全传输层协议技术与 HTTP 相结合，产生了 HTTPS（HTTP Secure）超文本传输安全协议，相对于 HTTP 解决了一些安全性问题。在身份验证方面，各个研发团队也会为报文主体内容设计一些基于对称和非对称加密算法衍生的私有化安全机制。报文主体加密解决了明文传输带来的安全问题，但同时也增加了客户端和服务端开发团队的研发成本。

13.9　HTTP 是无状态协议

提到身份验证问题，不得不说一下 HTTP 的无状态特性。所谓无状态，是指在统一应用场景或业务处理中，前后两次 HTTP 请求之间没有关联，虽然客户端没有发生变化，但是服务器不知道客户端发送的上一次请求是什么以及做了什么样的处理。这种无状态减轻了服务器的压力，服务器不需要也不可能管理每一个客户端的身份信息。但是这样也带来一些问题，例如，某公司财务主管想要查看本季度的财务报表，他必须先完成用户登录和身份识别，然后在查看报表的请求中携带他的"合法身份"信息，服务器才能知道他是否有权力查看报表。HTTP 没有对用户身份信息存储的功能，后来逐步出现了 3 种技术：Cookie、Session 和 Token。

1．Cookie

服务端在响应报文下将 Cookie 发给客户端，客户端将其保存在本地，后续请求时将 Cookie 信息加入请求首部参数 Cookie 中一起发送给服务端。由于 Cookie 信息存储在客户端本地，因此是不安全的，任何应用程序都可以修改 Cookie 内容，但服务器却无法辨别 Cookie 内容的真伪及是否被篡改。

2．Session

Session 技术是客户端与服务端建立一个短暂的会话（Session），Session 信息存储在服务器上，服务端与客户端使用 Cookie 技术交互 Session 信息的唯一标识 Session ID，解决了 Cookie 信息被篡改的风险。一般来说 Session 信息在服务器端都是非持久化存储的，随着用户量的增加，Session 存储的信息会给服务器带来一定的负荷，即使给 Session 增加一些有效时间和销毁机制，也不能彻底解决服务器负荷大的问题。同时，Session 技术无法满足集群场景，Session 信息不能被集群中的其他服务器共享。

3．Token

Token 又叫作令牌，是现在较为主流的解决无状态特性的技术，尤其在一些公开的基于 HTTP 的 API 接口设计中都会采用 Token 技术。Token 是服务端经过加密计算出的口令串，再次请求时服务器可以对相关参数进行再次计算并与发送的原始令牌进行比对，验证访问者身份。Token 信息一般被客户端存储在 Local Storage 中，比 Cookie 更安全。与 Session 技术相比，服务器不存储或者不持久化存储 Token 信息，减轻了服务器负荷并可以在集群中被其他服务器共享。

13.10　小　　结

本章我们学习了接口测试中经常用到并且非常重要的超文本传输协议 HTTP，它负责约定客户端与服务端传输数据的规则。现在使用最广泛的 HTTP 版本是 HTTP 1.1，我们来总结一下 HTTP 1.1 的特点及优缺点。

HTTP 的特点：

- 灵活可扩展，首部、内容、状态码都可自定义；
- 可靠的传输协议、基于 TCP 保证数据传输的完整性；
- 是一个应用层协议，与 FTP、Smtp 相比应用更广泛；
- 采用请求应答通信模式完成客户端和服务端（C/S）的信息交互；
- 是一个无状态的协议；
- 实体数据可分段、可压缩，支持多语言，编码灵活。

HTTP 的优点：

- 简单、灵活、容易扩展；
- 应用广泛、不受编程语言、软件和硬件的约束；
- 无状态减轻了服务器的压力，更容易组成服务器集群；
- 明文传输让协议更容易理解，更直观，调试更容易。

HTTP 的缺点：

- 无状态，需要 Cookie 技术支持；
- 明文传输让数据毫无隐私可言，不安全；
- 没有客户身份验证，容易被伪装和篡改；
- 请求应答模式，对高并发网络传输有挑战。

　　本章讲解了 HTTP 的一些核心内容，伴随 HTTP 发展 CDN、WAF、多路复用、分布式与缓存等相关话题并没有展开，有兴趣的读者可以找专业资料继续学习。这些理论知识重在理解，在实际项目中需要多学多用才能真正掌握。

第 14 章 模拟 HTTP 请求

接口自动化测试的整体流程分为模拟请求、接收并解析响应、将断言结果生成测试报告三个阶段，再细化一下可以分为 5 个步骤，如图 14.1 所示。

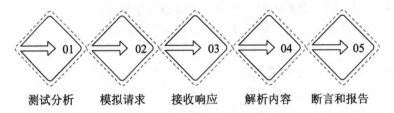

图 14.1 接口测试的步骤

接口测试的目的之一就是让测试人员尽早进入测试，测试工作应该从需求阶段开始，通过需求文档、设计文档和接口文档分析测试需求，依据测试分析结果指定合理的测试方案，包括测试计划、测试用例、执行要求和环境要求等。高质量的测试分析是高效执行测试工作的前提。接口测试技术环节的第一步就是模拟接口请求，设计好测试方案和案例之后，适合做自动化的接口需要编写测试脚本。目前可以进行自动化测试的语言不只有 Python + Requests，其他语言也可以实施接口自动化测试工作，如 Java + httpClient。模拟发送接口请求之后，测试脚本正确接收服务器的响应信息，对传输过程进行初步断言。例如，HTTP 接口接收请求后，首先要对状态码进行断言，给出初步测试结论。在服务端的响应信息中除了包含传输规则外，报文实体内容是整个测试的核心。报文实体内容可能是 HTML 文档、JSON、XML 或者其他自定义类型的数据。正确解析报文内容，转换成编程语言支持的数据结构，是进行断言和报告的前提。断言是测试工作的重点，同样的测试用例，经验丰富的测试人员写出的断言过程可能与新人截然不同，断言的完整度和准确度也与测试人员自身能力有关。不同的测试场景应该采取不同的断言方法，有的需要获取页面内容进行断言，有的需要访问数据库进行数据级断言。所有测试用例的断言结果将会被记录为测试报告，指导项目团队进行缺陷修复和迭代优化。

本章将对自动化测试中涉及的技术环节进行具体介绍，主要内容如下：

- 发送 HTTP 请求；
- 接收 HTTP 响应；
- 设置报文首部参数；

- 发送请求参数；
- 设置字符集与中文处理；
- 如何使用 Cookie、Session 和 Token。

14.1　模拟 GET 请求

GET 请求方法是 HTTP 中常用的请求方法，简单地理解，GET 请求方法相当于打开浏览器，在浏览器地址栏中输入网址后打开目标网页。这个过程实际上就是一个最基础的 HTTP 接口调用。例如，打开 Chrome 浏览器，按 F12 键打开开发者工具，然后选择 Network 标签页，输入网址 https://www.baidu.com，打开百度首页，如图 14.2 所示。

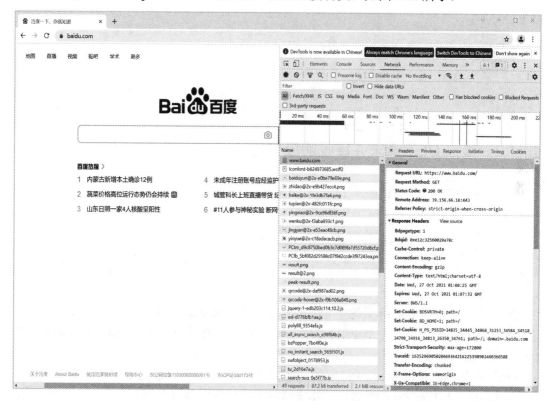

图 14.2　百度首页 GET 请求分析

在 Network 标签页中有很多 HTTP 请求，有 PNG 图片、JavaScript 脚本、CSS 代码等。其中，第一个请求 www.baidu.com 就是客户端发送的，其他请求都是在这个请求之后异步调用了网页中所需要的资源。

测试脚本实际上就是模拟手工测试过程，接下来我们使用 Python 语言来编写脚本，模拟刚才的请求过程，打开开发者工具 PyCharm 并创建项目 interfaceTest。

14.1.1　安装 Requests 第三方库

使用 Python 语言编写 HTTP 测试脚本时需要用到第三方库 Requests，使用如下命令进行安装：

```
pip install requests
```

安装成功后，使用 pip list 命令可以查看安装包，Requests 的安装版本为 2.26.0，同时其依赖的 Urllib 3 等几个第三方库也会被安装到项目中。

```
PS D:\PycharmProjects\interfaceTest> pip list
Package           Version
----------------- ----------
certifi           2021.10.8
charset-normalizer 2.0.7
idna              3.3
pip               21.3.1
requests          2.26.0
setuptools        57.0.0
urllib3           1.26.7
wheel             0.36.2
```

14.1.2　模拟 GET 请求并接收响应信息

接下来创建第一个测试脚本 14_1_SimGetRequest.py，并写入如下内容：

```
import requests

baidu_url = "https://www.baidu.com/"
requests.get(baidu_url)
```

重点解析：
- 在代码中使用 import 关键字导入刚才安装过的 Requests 第三方库。
- 第二行代码定义了一个变量 baidu_url，保存百度首页的网址，这和我们在浏览器中输入的网址是一样的。
- 第三行代码使用 Requests 库的 get()方法向百度服务器发送了一个 GET 请求。baidu_url 作为默认的参数用于指定请求的目标服务器和资源。

运行上面的代码，结果如下：

```
Process finished with exit code 0
```

其中，exit code 为 0 表示 Python 脚本成功执行，没有产生任何的错误和异常。但是，我们在浏览器中输入网址后会显示一个网页，在程序中如何获得这个网页呢？这时我们需要用一个变量 response 来接收 get()方法返回值作为响应内容，然后再通过这个变量获取响应中的具体信息。

```
response = requests.get(baidu_url)
print(response)
print(type(response))
```

重点解析：

- 变量 response 用于接收 reuqests 对象的 get()方法模拟 GET 请求的响应内容；
- 使用 print()内置函数打印 response 对象的内容和类型。

执行上述代码，结果如下：

```
<Response [200]>
<class 'requests.models.Response'>
```

其中，第一行输出内容包含 200，学习过 HTTP 的相关知识应该知道，这就是响应报文中的"状态码"，代表请求被服务端成功处理。

第二行输出了 response 的类型，它是 requests.models.Response 类的一个实例。

📖**多学一点**：第二行打印内容 requests.models.Response 代表一个类，找到它并查看源代码后，就可以知道 response 对象能够提供哪些属性、包含哪些方法，查看源码是提升编程水平最有效的方法，比查看任何文档要更有帮助。

14.1.3　读取响应信息中的主要内容

接下来，我们通过 response 对象，获取响应信息中所需要的内容，包括状态码和报文的实体内容（百度首页 HTML 文档）。

```
status_code = response.status_code
print("状态码:", status_code)

if status_code == 200:
    print(response.text)
```

重点解析：

- 通过 response 对象的 status_code 属性获得了状态码并输出。
- 在处理响应信息之前，必须要判断状态码是否是成功状态码，即"2**"，如果在整个通信过程中发生错误，得到的状态码是 404 或 500，那么后面对 response 的操作将毫无意义。
- 通过 response 对象的 text 属性得到百度首页（HTML 文档），text 是常用的属性，用于获取响应信息中的报文内容，但是 text 代表文本，因此能够获取的实体内容必须是文本类型如 HTML、JSON 或 XML，或者图片、视频等非文本内容需要其他的方式，后面章节讲解。

执行上述代码，结果如下：

```
状态码：200
<!DOCTYPE html>
<!--STATUS OK--><html> <head><meta http-equiv=content-type（省略）
```

通过 status_code 获取状态码是唯一的方法，200 代表服务器正确处理请求。输出的 text 属性内容（即百度首页的 HTML 文档），由于文档较多，这里就省略了。

🔔注意：在 response 对象中，text 是一个 "只读" 属性，如果尝试为其赋值或修改其内容，那么代码在执行时将会产生 AttributeError: can't set attribute 异常，这是因为修改响应信息的内容是没有意义的。

14.1.4　解决中文编码问题

通过 HTML 文档内容找到<title>标签会发现，现在输出的内容是乱码，这是什么原因呢？乱码问题实际上是困扰初学者的一个难题，很多初学者不清楚产生乱码的原因以及如何处理，简单地说，中文汉字的处理要依赖于编码方式（Encoding），出现中文乱码的原因就是源头编码与解析端编码不一致导致的，可以通过以下代码查看 response 对象现在的编码方式：

```
print(response.encoding)
```

结果如下：

```
ISO-8859-1
```

默认情况下，百度服务器使用 "ISO-8859-1" 编码，而 Python 脚本默认使用 UTF-8 进行解码，这就产生了中文乱码。使用 Requests 库模拟 HTTP 请求处理编码问题有两种方法。

第一种是隐式转换，代码如下：

```
response.encoding = 'UTF-8'
print(response.text)
```

第二种是显式转换，代码如下：

```
print(response.content.decode("utf-8"))
```

重点解析：
- 第一种方案实质是让 Requests 库帮助我们转换编码，修改编码为'UTF-8'；
- 第二种方案是使用 content 属性，以 bytes 数组的方式获取文本内容，然后再以 UTF-8 解码。

两种方法的执行结果都能够正确显示出中文，查看输出的 HTML 文档中<title>标签内容如下：

```
......<title>百度一下，你就知道</title>......
```

本小节通过访问百度首页的场景，使用 Python 代码模拟了手工输入网址并进入百度首页的过程，学习了模拟 GET 请求并接收响应信息的方法，从响应信息中获取状态码和报文实体中的 HTML 文档，并重点讲解了中文编码的处理方法。

在这个场景中，要模拟请求就需要先明确协议中的目标、内容和规则：

- 目　　标：百度网站；
- 内　　容：百度首页 HTML 网页文档；
- 规　　则：HTTP 的 GET 请求方法。

同样需要了解网络编程中的客户端、服务器、请求和响应的代表意义：

- 客户端：Python 程序代码；
- 服务器：百度服务器；
- 请　求：Requests 库模拟的请求报文；
- 响　应：get 方法的返回值，response 对象。

☎提示：本小节的源代码路径是 ch14/14_1_SimGetRequest.py。

14.2　获取头部参数

前面我们学习了模拟 GET 请求和接收响应，并且从响应信息中得到了状态码和报文实体内容。每一个 HTTP 接口的请求和响应中都会包含头部参数，很多时候我们必须正确设置请求头部参数才能得到服务器的认可，然后才能执行相关操作得到正确的响应结果。响应信息的头部参数中包含服务器对报文实体内容的各种定义。

14.2.1　响应头部参数

接下来学习如何查看响应（Response）的头部参数，创建测试脚本 14_1_getHeaders.py 如下：

```python
import requests

baidu_search_url = "https://www.baidu.com"
response = requests.get(baidu_search_url)

if response.status_code == 200:
    # 查看响应头
    print(response.headers)
    print(type(response.headers))
    print("Content-Type:", response.headers.get('Content-Type'))
```

```
        print("Date:", response.headers.get('Date'))
else:
        print("通信异常:", response.status_code)
```

执行上述代码，结果如下：

```
{'Cache-Control': 'private, no-cache, no-store, proxy-revalidate,
no-transform', 'Connection': 'keep-alive', 'Content-Encoding': 'gzip',
'Content-Type': 'text/html', 'Date': 'Wed, 27 Oct 2021 05:23:32 GMT',
'Last-Modified': 'Mon, 23 Jan 2017 13:23:55 GMT', 'Pragma': 'no-cache',
'Server': 'bfe/1.0.8.18', 'Set-Cookie': 'BDORZ=27315; max-age=86400;
domain=.baidu.com; path=/', 'Transfer-Encoding': 'chunked'}
<class 'requests.structures.CaseInsensitiveDict'>
Content-Type: text/html
Date: Wed, 27 Oct 2021 05:23:32 GMT
```

重点解析：

- 通过 response 对象的 headers 属性获得了响应头部参数的全部内容，headers 内容看起来像一个字典，头部参数都以键值对的形式展现。Python 使用字典结构来描述具体内容，使用 type()函数输出 headers 的类型，得到的结果是 requests.structures. CaseInsensitiveDict 类的一个对象，这个类是 Requests 第三方库封装的子类，通过后缀名或者查看源码可以知道，这个类继承自 Python 字典，因此可以像操作字典对象一样操作 headers 对象。

- 通过字典取值 get()方法获取其中的 Date 和 Content-Type 参数值，Content-Type 值是 text/html，说明报文实体是 HTML 文档。

- 头部参数中其他内容已介绍过，不再赘述。

由于头部参数 headers 对象继承自字典类，因此我们可以通过以下代码输出全部的头部参数：

```
# 查看所有的响应头
print("---------response headers------------")
for key in response.headers.keys():
    print(key, response.headers.get(key))
print("---------response headers------------")
```

输出结果如下：

```
---------response headers------------
Cache-Control private, no-cache, no-store, proxy-revalidate, no-transform
Connection keep-alive
Content-Encoding gzip
Content-Type text/html
Date Wed, 27 Oct 2021 05:33:54 GMT
Last-Modified Mon, 23 Jan 2017 13:23:55 GMT
Pragma no-cache
Server bfe/1.0.8.18
Set-Cookie BDORZ=27315; max-age=86400; domain=.baidu.com; path=/
Transfer-Encoding chunked
---------response headers------------
```

14.2.2　请求头部参数

响应信息的头部参数可以直接通过 response 对象的 headers 属性来获取，获取请求头部参数必须先得到请求对象 request，该对象同样被封装在 response 对象的属性中：

```
request = response.request
print(request)
print(type(request))
```

执行上述代码，结果如下：

```
<PreparedRequest [GET]>
<class 'requests.models.PreparedRequest'>
```

重点解析：

- 通过 response 对象的 request 属性获得请求对象，从输出内容<PreparedRequest [GET]>中可以看出，这是一个 GET 请求。
- request 对象是 requests.models.PreparedRequest 类的一个实例，可以查看源码了解 request 的属性和方法。

查看请求头部参数与响应头部一样，只是这一次从 request 对象中获取 headers 即可：

```
# 查看所有的请求头
print("---------request headers-----------")
for key in response.request.headers.keys():
    print(key, response.request.headers.get(key))
print("---------request headers-----------")
```

执行上述代码，结果如下：

```
---------request headers-----------
User-Agent python-requests/2.26.0
Accept-Encoding gzip, deflate
Accept */*
Connection keep-alive
---------request headers-----------
```

重点解析：

- 从语法层面看与响应头部参数没有区别，这里我们关注一下请求头部参数的内容。根据前面学习的知识，请求头部参数应该是我们在发送请求时指定的，在这段脚本中没有设置任何请求头部参数，但为什么会存在 4 个头部参数呢？这是 Requests 第三方库默认设置的请求参数。
- 我们需要关注 User-Agent 参数，现在的值是 python-requests/2.26.0，学习 HTTP 时讲过，User-Agent 代表客户端操作系统和浏览器的版本，当前默认的参数告诉百度服务器我们使用 Python-requests 库模拟发送的请求，百度首页并没有阻止我们的请求，但是其他应用系统接口就不一定了，可能会拒绝脚本模拟的请求连接。

- 如果要获取请求头部参数中指定的某个参数，如 Accept，获取方法同获取响应头一样。

☎提示：本小节的源代码路径是 ch14/14_2_GetHeaders.py。

14.3　设置请求的头部参数

我们访问百度首页的目的一般是用来搜索内容，在百度首页搜索框中输入要搜索的信息如"百度"，提交后跳转到搜索结果页面，这个过程实际上相当于在地址栏中输入"https://www.baidu.com/s?wd=百度"访问搜索引擎得到搜索结果，如图 14.3 所示。

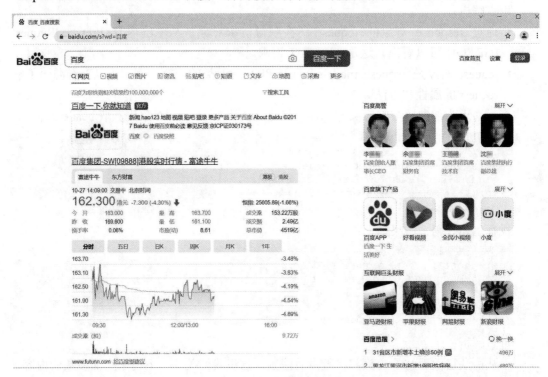

图 14.3　百度搜索结果

在响应页面中可以得到与关键字"百度"相关的资讯与搜索结果。

我们使用 Python 脚本模拟这一请求，创建测试脚本 14_3_SetRequestHeaders.py：

```python
import requests

baidu_search_url = "https://www.baidu.com/s?wd=百度"
response = requests.get(baidu_search_url)
```

```
if response.status_code == 200:
    # 将得到的结果写入 HTML 文件
    with open("temp_wd.html", "wb") as wf:
        wf.write(response.content)
else:
    print("通信异常:", response.status_code)
```

重点解析：

- 地址换成百度搜索页面 https://www.baidu.com/s，同时带有一个参数 wd，值是"百度"。

- 响应信息是一个 HTML 文档，通常比较大，将其写入文件可以方便查看与分析。

执行上述代码后，在程序脚本同一目录下会生成一个网页文件 temp_wd.html，内容如下：

```
<html>
<head>
    <script>
        location.replace(location.href.replace("https://","http://"));
    </script>
</head>
<body>
    <noscript><meta http-equiv="refresh" content="0;url=http://www.
baidu.com/"></noscript>
</body>
</html>
```

内容看起来是一个 HTML 网页，但是没有任何有价值的信息，这是为什么呢？我们在程序中加入如下代码，输出请求头部参数：

```
# 查看头部参数
print(response.request.headers)
```

输出结果如下：

```
{'User-Agent': 'python-requests/2.26.0', 'Accept-Encoding': 'gzip,
deflate', 'Accept': '*/*', 'Connection': 'keep-alive'}
```

从请求头部参数中看到，User-Agent 的值是 Requests 第三方库设置的默认值 python-requests/2.26.0，而我们这次访问的是百度搜索页面，这个页面需要使用搜索引擎得到的搜索结果，因此不像百度首页一样是一个静态页面。搜索页面对 User-Agent 头部参数进行了限制，防止 Requests 之类的自动化脚本模拟请求，但是，HTTP 是一个开放的协议，我们可以设置请求头部参数将脚本"伪装"成 Chrome 或其他浏览器。

打开 Chrome 浏览器，手工执行上述操作后，通过开发者工具得到请求头部中的 User-Agent 内容并复制到程序代码中。不同浏览器，User-Agent 的值也不同，更多浏览器大家可以自行尝试。

```
import requests
```

```
baidu_search_url = "https://www.baidu.com/s?wd=百度"
headers = {
    'User-Agent': 'Mozilla/5.0 (Windows NT 10.0; Win64; x64) AppleWebKit/
537.36 (KHTML, like Gecko) Chrome/90.0.4430.212 Safari/537.36'
}
response = requests.get(baidu_search_url, headers=headers)
if response.status_code == 200:
    # 查看头部参数
    print(response.request.headers)
    # 将得到的结果写入 HTML 文件
    with open("temp_wd.html", "wb") as wf:
        wf.write(response.content)
else:
    print("通信异常:", response.status_code)
```

重点解析：

- 在调用发送请求的 get()方法之前定义一个字典 headers，将要设置的 User-Agent 参数和值放入字典中。通过 headers 参数传入 get()方法，这一次在模拟请求时 User-Agent 头部参数就不是默认的 python-requests/2.26.0 了。

执行上述代码，结果如下：

```
{'User-Agent': 'Mozilla/5.0 (Windows NT 10.0; Win64; x64) AppleWebKit/
537.36 (KHTML, like Gecko) Chrome/90.0.4430.212 Safari/537.36', 'Accept-
Encoding': 'gzip, deflate', 'Accept': '*/*', 'Connection': 'keep-alive'}
```

请求头部参数已经成功修改，同时 temp_wd.html 也被重新生成，直接使用 PyCharm 打开该文件不利于分析，可以使用浏览器打开这个文件，如图 14.4 所示。

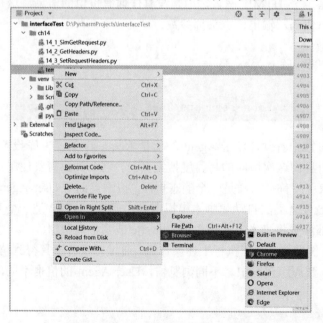

图 14.4　使用浏览器打开网页文件

浏览器中显示的模拟请求获取的网页内容与真实操作得到的内容是一样的，通过设置 User-Agent 参数，成功"伪装"了 Chrome 浏览器并得到了想要的结果。

🔔注意：请求头部参数有很多，在实际测试工作中需要按照接口文档和 HTTP 标准正确设置。设置请求头部参数的方法是一样的，如果需要设置多个请求参数，在 headers 字典中加入多个值即可。

📟提示：本节的源代码路径是 ch14/14_3_SetRequestHeaders.py。

14.4　GET 请求参数

在模拟接口请求的工作中，很多时候需要按照接口标准发送请求参数。例如，在 14.3 节的场景中，通过地址 https://www.baidu.com/s 访问百度搜索引擎时，需要告诉百度服务器要搜索的关键字是什么，因此带有一个参数 wd，值是"百度"，百度服务器收到请求后会将"百度"关键字搜索结果页面返回给客户端（浏览器）。GET 请求方法传递请求参数有两种方式，下面具体介绍。

14.4.1　URL 传参

我们将参数拼接在 URL 中，创建测试脚本 14_4_RequestParams.py：

```python
import requests

baidu_search_url = "https://www.baidu.com/s?wd=百度"
headers = {
    'User-Agent': 'Mozilla/5.0 (Windows NT 10.0; Win64; x64) AppleWebKit/
537.36 (KHTML, like Gecko) Chrome/90.0.4430.212 Safari/537.36'
}
response = requests.get(baidu_search_url, headers=headers)
if response.status_code == 200:
    with open("temp_wd.html", "wb") as wf:
        wf.write(response.content)
else:
    print("通信异常:", response.status_code)
```

重点解析：
- 在请求地址 baidu_search_url 中直接以"?"分割带有 key=value 形式的参数，多个参数以"&"分割的形式添加请求参数。
- User-Agent 将请求客户端"伪装"成 Chrome 浏览器。
- 响应实体以写入文件方式保存，便于查看和分析。

执行上述代码，查看得到的 HTML 文件，内容是正确的搜索结果。也可以修改搜索关键字为 Python，再次执行脚本，将会得到关键字 Python 的搜索结果页面。

14.4.2　请求方法调用传参

如果参数比较多，直接拼接和编辑 URL 字符串显然不是最好的选择。请求参数是键值对形式，Python 语言表示键值对的数据结构是字典，我们定义一个字典，包含所有要请求的参数，修改 14_4_RequestParams.py 脚本代码：

```python
import requests

baidu_search_url = "https://www.baidu.com/s"
headers = {
    'User-Agent': 'Mozilla/5.0 (Windows NT 10.0; Win64; x64) AppleWebKit/
537.36 (KHTML, like Gecko) Chrome/90.0.4430.212 Safari/537.36'
}
params = {
    "wd": "百度"
}
response = requests.get(baidu_search_url, params=params, headers=headers)

if response.status_code == 200:

    # 将得到的结果写入 HTML 文件
    with open("temp_wd.html", "wb") as wf:
        wf.write(response.content)
else:
    print("通信异常:", response.status_code)
```

重点解析：
- 在上面的代码中，我们将地址中"?"分隔符后面的参数去掉，只保留主机地址和资源路径；定义 params 字典，加入请求参数的 key 和 value。
- 发送请求时以 params 参数将包含实体参数的字典对象传递给 get()方法。

执行上述脚本，查看搜索结果，与 14.3 节的代码执行结果一致。

✏注意：本例主要讲解脚本代码语法，如果需要传递多个请求参数，在字典 params 中加入其他要传递的参数键值即可。

☎提示：本小节的源代码路径是 ch14/14_4_RequestParams.py。

14.5　模拟 POST 请求

GET 和 POST 是接口测试中最常见的两种请求方法，99%以上的接口都使用这两种请求方法。POST 请求在语法层面与 GET 非常接近，但是实际调用过程有本质的区别，POST 请求相对 GET 请求安全性更高，不会暴露参数内容。POST 请求与 GET 请求实际上都是在客户端和服务端之间传输数据，在模拟请求时应该注意二者的不同之处。

　　本节我们以测试 testProject 项目中的用户登录场景为例，先将之前部署的该项目运行起来，启动后看到如图 14.5 所示的提示内容。

```
启动Socket服务... ('127.0.0.1', 8888)
Performing system checks...

System check identified no issues (0 silenced).
October 28, 2021 - 08:52:26
Django version 3.1, using settings 'testProject.settings'
Starting development server at http://127.0.0.1:8001/
Quit the server with CTRL-BREAK.
```

图 14.5　testProject 成功启动

　　打开浏览器，输入地址 http://127.0.0.1:8001/login/，注意这里使用 8001 端口访问 testProject 项目的登录页面，这需要与部署项目时设定的端口一致，如图 14.6 所示。

　　现在要模拟的是 POST 请求前端网页，没有详细的接口文档，我们只能借助抓包工具或者浏览器的开发者工具来分析接口的相关参数。打开浏览器开发者工具，输入用户名、密码和验证码后单击"登入"按钮，调用登录验证接口请求，在开发者工具中可以看到请求地址为 http://127.0.0.1:8001/dologin/，请求方法为 POST 以及请求头部参数的 User-Agent 信息，如图 14.7 所示。

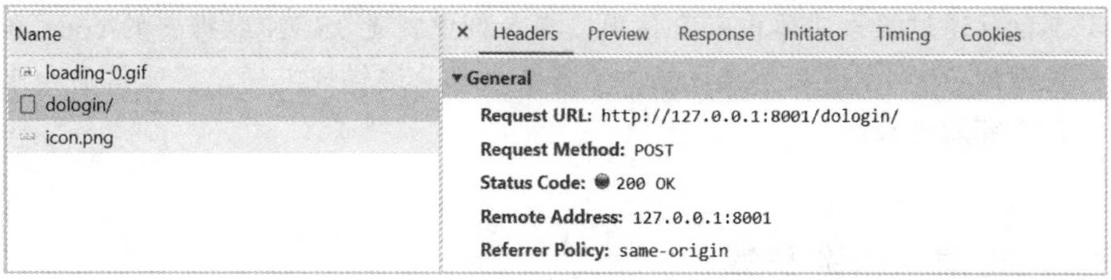

图 14.6　testProject 登录页面

图 14.7　请求地址和方法确认

⏰**注意**：用户登录页面地址 http://127.0.0.1:8001/login/和录入用户信息后提交的登录验证地址 http://127.0.0.1:8001/dologin/是不一样的。

14.5.1　调用 POST 请求方法

有了请求地址之后，我们尝试模拟用户登录验证请求，创建测试脚本 14_5_SimPost-Request.py：

```
import requests

login_url = "http://127.0.0.1:8001/dologin/"
response = requests.post(login_url)

if response.status_code == 200:
    print(response.text)
```

重点解析：
- 模拟 POST 请求其实很简单，就是把 get()方法换成 post()方法，将 url 作为第一个默认参数进行传递；
- 通过 response 对象的 status_code 属性判断状态码，与 get()方法一样；
- 通过 response 对象的 text 属性获取文本类型的报文实体信息，本例中的响应实体内容是 JSON 格式的数据，当前不用关心 JSON 数据的具体内容，后面会讲解 JSON 数据的解析方法。

执行上述代码，结果如下：

```
{"code": 10, "msg": "\u7528\u6237\u540d\u548c\u5bc6\u7801\u5fc5\u8f93."}
```

在执行结果中，msg 的中文被编码输出，这看起来不是特别友好，从 code 值是 10 猜测，这应该不是正确的执行结果，因为我们还没有设置请求参数和头部参数，因此服务器给出了一个登录失败的提示信息。

📖注意：虽然通过 HTTP 发送了请求并处理了响应，但是得到的状态码 "200" 只代表通信成功，而用户登录是否成功？用户是否存在？密码、验证码是否正确？这些信息往往通过报文实体内容来体现，在本例中就是 JSON 数据中的 code 参数，如果得到 '0' 才说明登录成功。很多接口都是这样规定的，将通信层和业务层进行了有效的分离。

14.5.2　设置请求头部参数

请求头部参数对不同请求方法没有任何区别，我们可以按照 GET 请求方式设定请求头部参数：

```
login_url = "http://127.0.0.1:8001/dologin/"
headers = {
    'User-Agent': 'Mozilla/5.0 (Windows NT 10.0; Win64; x64) AppleWebKit/
537.36 (KHTML, like Gecko) Chrome/90.0.4430.212 Safari/537.36'
```

```
}
response = requests.post(login_url, headers=headers)
```

💭 **注意**：虽然没有对客户端类型 User-Agent 进行检查，但是模拟接口请求时指定 User-Agent 的类型是一个好习惯。

14.5.3　POST 请求参数

用户登录验证接口需要把用户名、密码和验证码 3 个参数传递给服务器才能判断用户是否能够正常登录。POST 请求和 GET 请求最大的区别之一就是在参数传递的方式上，GET 请求方法将参数作为请求地址的一部分发送给服务器，而 POST 请求参数包含在报文实体内容中。通过开发者工具可以看到 Form data 包含的用户登录请求的 3 个参数，如图 14.8 所示。

作为对比，我们再次打开百度搜索页面，在开发者工具中可以看到，GET 请求参数被定义为 Query String Parameters，如图 14.9 所示。

图 14.8　POST 请求参数信息　　　　　图 14.9　GET 请求参数信息

增加如下代码，完成参数传递：

```
postData = {
    'username': 'admin',
    'pwd': '123123',
    'randomCode': '0585',
}

response = requests.post(login_url,data=postData, headers=headers)
```

重点解析：
- 在上面的代码中同样使用字典形式定义参数内容，将用户名、密码、验证码作为键值对定义在参数字典 postData 对象中。
- 调用 POST 请求方式时以参数 data 传递请求参数。

执行上述代码，结果如下：

```
{"code": 11, "msg": "\u7528\u6237\u540d\u6216\u5bc6\u7801\u9519\u8bef"}
```

虽然仍然没有得到 code 是 0 的成功登录结果，但是可以肯定的是我们发送的参数生效了。本小节重点讲解的是传递参数的语法，至于参数是否正确，能否成功登录，后面再慢慢完善。

☎ 提示：本小节的源代码路径是 ch14/14_5_SimPostRequest.py。

14.6　Cookie、Session 和 Token

HTTP 的无状态特性，意味着服务器无法记住客户端的各种状态。例如，在用户登录场景中，客户端首先调用登录接口完成用户登录，在访问系统其他功能接口时服务器默认情况下是无法知道客户端之前已经完成了登录验证并具备访问权限的，这时服务器会要求客户端重新登录，试想这样的情况下客户端将无法进行任何操作，会一直输入用户名和密码完成登录动作。显然，这样的 HTTP 没有任何实际价值，如何解决这个问题呢？就是使用 Cookie、Session 和 Token 这三种技术。很多刚刚接触 Web 网络应用的初学者，对于这三个技术不是特别了解甚至会混淆，下面将会简单介绍一下这三种技术的原理，对比它们的异同之处。

14.6.1　理解 Cookie、Session 和 Token

1. Cookie

Cookie 是客户端访问 Web 服务器某个资源时，由服务器生成并在 HTTP 响应头部中附带传递给客户端的一段数据，Web 服务器传递给各个客户端的数据可以是不同的。客户端可以决定是否存储这段数据，一旦客户端保存这段数据，那么在以后每次访问 Web 服务器的请求中都应该在 HTTP 请求头部参数中带着这段数据回传给 Web 服务器。Cookie 由服务器产生，是否发送 Cookie 及 Cookie 内容是什么完全由服务器决定。Cookie 被发送给客户端后，Web 服务器并没有存储其副本，Cookie 完全由客户端自行存储与管理，这就给攻击者带来了可乘之机，这也是 Cookie 安全性低的根本原因。

Cookie 的内容由 Web 服务器根据应用系统的业务需求来定制，通常包含用户信息，作为识别用户身份的依据，以解决 HTTP 无状态特性带来的问题。Cookie 数据内容最终将会在客户端存储。Cookie 内容的约定如下：

- 大小：4KB，通常 Cookie 内容限定在 4 KB 以内，这样可以减小网络通信压力，毕竟 Cookie 中没有必要包含大量的业务数据，只用于完成身份信息同步。
- 有效期：Cookie 必须设定有效期或者叫生存期，可以是"会话"级或者"永久"级。
- 访问权限：Cookie 中的 Domain/Path 属性用于限定访问权限，我们不可能允许新浪服务器的 Cookie 信息应用于百度服务器的交互中。

- 安全保护：Cookie 可以限制 HTTP 专属访问权限，防止脚本被恶意使用，或者指定仅在 HTTPS 安全传输协议中使用，保证数据通信的安全。

由于 Cookie 内容在服务器中没有记录，完全由客户端存储和管理，这让 Cookie 在使用过程中产生安全性问题：Cookie 内容可以被捕获、篡改和窃取，篡改后的 Cookie 可能包含恶意内容会对服务器产生威胁等。

📖说明：笔者一直将无状态视为一种特性而不是缺陷或者不足，前面也讲了 HTTP 无状态带来的问题，Cookie 技术本身也存在诸多安全隐患，但为什么 HTTP 几十年长盛不衰呢？这个问题要从 HTTP 的本质来思考。HTTP 是一个传输协议，传输的目标就是高效、安全、稳定和完整地将数据传输给对方，这才是传输的核心价值，而服务器如果存储客户端状态的话，会给服务器带来大量的管理开销和压力，必然会导致性能下降。试想，如果天猫服务器要保存每一个买家的客户端信息，那么服务器需要多大的空间？管理这些信息又需要多大的处理能力？鱼与熊掌不能兼得，为了保证传输层协议的核心能力，不得不舍弃一些业务层面的支持。

Cookie 在使用过程中依赖请求和响应头部参数中的 Cookie 字段和 Set-Cookie 字段，打开浏览器并登录百度后，我们可以通过开发者工具看到，在登录后的请求中，请求头部参数包含 Cookie 参数，如图 14.10 所示。

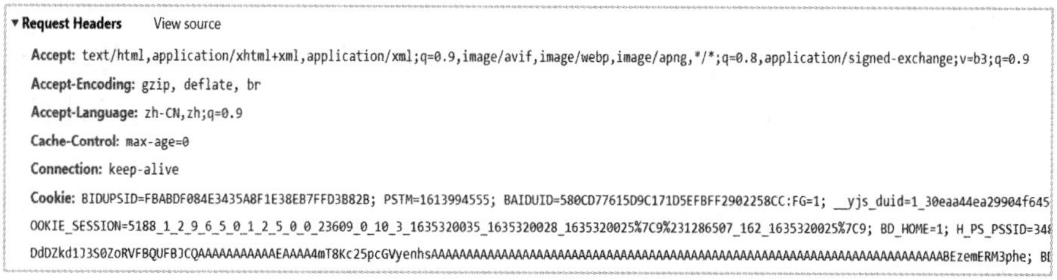

图 14.10　请求头部的 Cookie 参数

同样，在响应头部参数中可以看到 Set-Cookie 的内容。

2. Session

Session 会话存储技术和 Cookie 本质上是相同的，主要的区别是 Session 信息保存在服务器中。使用 Cookie 技术将关联信息内容的唯一标识 SessionID 下发给客户端，在客户端 Cookie 内容中只包含一个 SessionID。SessionID 通常为一串 32 位的十六进制数据，相当于 128 位的二进制数的 MD5 字符串形式，不容易被识别和记忆，只是客户端的身份表示而已。

Session 在一定程度上解决了一些安全问题，网络传输内容中减少了客户隐私内容传输的频率，降低了被窃取和篡改的可能性。但是 Session 对应的具体内容被 Web 服务器保存，这给服务器带来了一定的压力并且消耗了一定的存储空间。通过给 Session 内容增加有效时间，定期释放服务器资源可以解决这个问题。Session 的安全是相对的，如果其他客户端获取了别人的 SessionID，就可以利用这个 SessionID 来欺骗服务器，这是很危险的事情，也是不建议在公共场合保存登录状态的原因。

总结一下 Session 技术的特点：

- 以 SessionID 替代用户信息，降低了敏感信息暴露的可能性，实际上依然由 Cookie 机制维持 Session 会话；
- Session 与 Cookie 一样无法防范窃取与重放问题；
- Session 信息存储在服务器端，需要占用一定的系统资源；
- 最常见的应用就是保存用户登录状态；
- Session 与 Cookie 一样不能保存较大的、复杂的信息；
- 服务器对 Session 信息设置有效期来定期释放系统资源。

3. Token

Session 技术在使用过程中也遇到一些问题，如高并发场景下 Session 信息的存储和管理给服务器带来压力和资源消耗。Session 内容在服务器端是非持久化存储的，其会保存在内存中，因此 Session 的有效期一般较短，如果同时遇到高并发场景的服务器集群，各服务器上的 Session 信息是无法共享的，这时 Token 技术应运而生。

Token 技术的特点如下：

- Token 也叫作令牌，是服务器根据用户信息和设备信息等按照私有算法生成的一串字符串，与 SessionID 一样具有不易识别和记忆的特点。Token 是经过服务器计算的字符串，具备代码安全性。
- 一般情况下服务器会提供 Token 获取接口，客户端通过该接口完成身份验证并获得 Token 字符串。
- Token 也有有效期，但是比 Session 有效期长。
- Token 信息在服务器端以持久化方式存储，可以在服务器集群中共享。
- 客户端后续请求将 Token 再次发送给服务器，此时通信过程不再依赖 Cookie 机制，按照客户端和服务器的双方约定，将 Token 放在请求头部的自定义字段中或者作为报文内容的一部分加密传输，这在一定程度上解决了 Cookie 的安全问题。

在网络应用接口中，从 Cookie 技术到 Session 和 Token，是随着时代发展逐步演变的，服务器硬件的提升，网络带宽的改善都给这种演变提供了源动力。现今 Token 令牌技术已经被广泛应用，具体算法和机制也各有不同，百度开放 API、腾讯微信公众号接口等都使用 Token 技术来验证客户端身份，基于 Token 令牌完成接口调用。

14.6.2　使用 Cookies

接下来我们以测试 testProject 项目中需求申请功能为例，演示在测试脚本中如何使用

Cookie。运行项目并成功登录后单击"需求申请"标签进入申请页面,输入相关信息并提交后,可以在系统中添加一条需求信息数据,如图 14.11 所示。

通过浏览器开发者工具分析,请求地址为 http://127.0.0.1:8001/commit_order/,请求方法为 post 并且包含 6 个请求参数,如图 14.12 所示。

图 14.11 需求申请

图 14.12 需求申请的请求参数

创建测试脚本 14_6_UseCookies.py:

```python
import requests

apply_url = 'http://127.0.0.1:8001/commit_order/'
params = {
    'order_dep': '001',
    'order_date': '2021-10-28',
    'order_name': '测试需求名称',
    'order_sys': '其他关联系统',
    'order_type': 'change',
    'order_desc': '测试需求描述信息',
}

response = requests.post(apply_url, data=params)
print(response.text)
```

模拟需求申请的 POST 请求前面已经讲过了,定义好地址和参数,调用 post()方法获取响应结果 response 对象。

执行上述脚本,会得到一个 HTML 文档,分析其中内容:

```
(略)
<title>欢迎登录</title>
(略)
```

这个网页是系统的登录页面,说明请求发送到服务器上后被服务器验证为未登录状态，需要登录。这就是无状态特性的体现，在提交需求申请之前必须完成用户登录操作，在申请代码之前，需要在脚本中添加登录请求，代码如下：

```python
import requests

login_url = "http://127.0.0.1:8001/dologin/"
params = {
    'username': 'admin',
    'pwd': '123456',
    'randomCode': '3223'
}
response = requests.post(login_url, data=params)
cookies = response.cookies
if response.status_code == 200 and response.json()['code'] == 0:
    apply_url = 'http://127.0.0.1:8001/commit_order/'
    params = {
        'order_dep': '001',
        'order_date': '2021-10-28',
        'order_name': '测试需求名称',
        'order_sys': '其他关联系统',
        'order_type': 'change',
        'order_desc': '测试需求描述信息',
    }
    response = requests.post(apply_url, data=params, cookies=cookies)
    print(response.text)
```

重点解析：

- 在申请之前需要先完成登录接口的调用，并且确认传输的状态码为 200 且响应码是 0 才表示登录成功。
- testProject 项目默认暂时不检查验证码，输入任意四位数字即可，图形验证码的识别后面会专门介绍。
- 登录成功后，从登录响应信息的结果 response 中获取 cookies 对象，在需求申请 POST 请求方法中将其传递给 cookies 参数。这与在 Cookie 机制服务端下将 Cookie 发送给客户端，客户端在后续请求中发送 Cookie 完成身份验证的原理一致。

执行上述代码，结果如下：

```
{"code": 0, "order_id": 787}
```

控制台输出服务器响应内容，在 JSON 数据中，code 为 0 时代表需求申请处理成功，并且需求申请的唯一标识 ID 编号为 787，这个数字可能与你的执行结果不同。此时客户端不再要求客户端重新登录。说明 Cookie 中的用户身份信息已经被服务端确认并接收。

Cookie 的内容也是键值对格式，我们可以通过如下方法从 cookies 对象中获取这些内容：

```python
print(cookies)
print(type(cookies))
print(cookies.get('sessionid'))
print(cookies.list_domains())
print(cookies.list_paths())
print(cookies.get_dict())
```

重点解析：

- 前两行代码输出了 cookies 的信息和类型；
- 可以像操作字典一样操作 cookies 对象获取 cookies 内容，如 sessionid；
- list_domains()方法用于获取 cookies 限定的域名权限范围；
- list_paths()方法用于获取 cookies 限定的资源路径集合；
- get_dict()方法以字典形式返回所有键值对格式的 cookies 内容。

执行上述代码，结果如下：

```
<RequestsCookieJar[<Cookie sessionid=37khf219p05nmlv9s2je0qxn556rdota
for 127.0.0.1/>]>
<class 'requests.cookies.RequestsCookieJar'>
37khf219p05nmlv9s2je0qxn556rdota
['127.0.0.1']
['/']
{'sessionid': '37khf219p05nmlv9s2je0qxn556rdota'}
```

☎提示：本小节的源代码路径是 ch14/14_6_UseCookies.py。

14.6.3　使用 Session 会话

Session 会话本质上就是 Cookie 机制的演变，我们使用 Requests 第三方库可以很容易实现 Session 会话访问，创建测试脚本 14_6_UseSession.py：

```python
import requests

# 创建 Session 会话对象
session = requests.session()

login_url = "http://127.0.0.1:8001/dologin/"
params = {
    'username': 'admin',
    'pwd': '123456',
    'randomCode': '3223'
}
# 使用 Session 会话发送请求
response = session.post(login_url, data=params)

if response.status_code == 200 and response.json()['code'] == 0:
    apply_url = 'http://127.0.0.1:8001/commit_order/'
    params = {
        'order_dep': '001',
        'order_date': '2021-10-28',
        'order_name': '测试需求名称',
        'order_sys': '其他关联系统',
        'order_type': 'change',
        'order_desc': '测试需求描述信息',
    }
```

```
# 使用同一个 session 会话发送请求
response = session.post(apply_url, data=params)
print(response.text)
```

重点解析：

- 要使用 Session 会话保持登录状态，首先要创建 Session 会话对象；
- 确保用户登录和需求申请使用同一个 Session 会话发起。

执行上述代码，结果如下：

```
{"code": 0, "order_id": 789}
```

Requests 第三方库是对 Urllib 第三方库的二次封装，使用起来更加简单和方便。Session 会话场景不需要用户登录成功后保存 cookies 对象，后续再进行手工传参，而是使用 session 对象达到管理 cookie 的效果。

☎提示：本小节的源代码路径是 ch14/14_6_UseSession.py。

由于 Token 场景变化较多而且没有统一的技术标准，因此学习 Token 更应该关注算法和调用流程，后面会结合实际场景来讲解。

14.7　小　结

本章内容比较简单，需要重点学习各种请求方法的模拟和头部参数、编码方式的处理技术，其中，Cookie 和 Session 是模拟接口请求的难点所在。下一章我们将学习报文内容的解析方法，并且完成一些除 HTTP 之外的私有协议接口测试。

第 15 章　接口报文内容解析

前面几章我们一起学习了接口、协议、接口测试、HTTP 等相关的理论知识，以及如何使用 Python 来模拟 HTTP 请求，完成请求的发送和响应的接收。本章我们将结合一些应用场景，学习如何分析 HTTP 请求的报文内容。

在接口测试过程中遇到的协议并不只有 HTTP，像 WebService 这样的协议在接口测试中也会遇到。此外，有些企业和公司也会定义和约定企业内部的协议标准，这些标准通常是以 Socket 和 TCP 为基础。

本章的主要内容如下：

- 报文实体内容分类。
- 解析 JSON 格式响应报文实体。
- 发送 JSON 格式请求参数。
- BeautifulSoup 4 第三方库简介。
- 基于 BeautifulSoup 4 解析 HTML 网页文档。
- 更多格式的报文实体内容。

📋 **说明**：本章内容包含三个实例（天气数据查询、电影信息获取、图形验证码识别），更加贴近实际工作。

15.1　报文实体内容分类

在模拟 HTTP 的请求和响应过程中可能包含报文体（也叫作报文实体），如图 15.1 所示为一个 HTTP 请求通信的例子，报文实体位于空行之后，包含通信所要传输的实际内容。报文实体的内容到底有哪些？都是什么类型？请求报文实体和响应报文实体有何区别呢？本节我们就来解答这些问题。

1．JSON格式的数据

JSON 格式的报文是目前互联网应用中尤其是接口通信的数据报文描述中经常使用的格式，与 XML 一样，JSON 具有自我描述的特性，不需要过多的工具支持，可以很直观地看出数据描述的大致内容。同时，与 XML 相比，JSON 格式更加易读、易编写、易解析、易传输，因此 JSON 逐步取代 XML 成为当下数据描述的主流格式。本章将会对 JSON 格式数据的发送、接收和解析方法进行详细介绍。

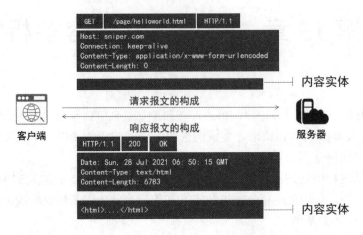

图 15.1　HTTP 请求通信示例

2．HTML网页文档

在接口测试过程中，模拟浏览器的请求内容进行更加贴近服务端的测试工作是必不可少的环节，在模拟浏览器请求和响应过程中，收到服务器响应的 HTML 网页文档，如何解析，如何从 HTML 文档中获取想要的数据和信息，进行后续的测试和断言，是我们必须要掌握的技术。

3．其他内容

除了 JSON、XML 和 HTML 格式以外，HTTP 允许传输任何格式的数据，包括二进制报文，如一张图片、一部电影、一个 PDF 文档等。

🔔注意：在 HTTP 中，通常情况下 HTML 文档只会出现在响应报文实体中，而 JSON 格式的数据在请求和响应中都会用到。

15.2　JSON 数据的请求与响应

JSON 是一种轻量级的数据交换格式，易于阅读和编写，同时也易于计算机解析和生成，能有效地提高网络传输速率。在当下的互联网应用中，HTTP＋JSON 格式的接口十分常见，如微信公众号的 API、百度云的接入 API 等，主流的应用服务对外提供的接口都是使用 HTTP 作为传输协议，以 JSON 格式来描述报文实体内部传输的内容。下面首先来看一下如何发送和接收 JSON 格式的数据。

15.2.1　解析响应报文中的 JSON 数据

第 14 章在模拟 HTTP 请求的例子中，我们学习了如何成功接收 HTTP 的响应内容，通过 text 属性输出了 JSON 格式的数据，运行测试演示项目 testProject，创建测试脚本 15_2_1_JsonResponse：

```
import requests

login_url = "http://127.0.0.1:8001/dologin/"
headers = {
    'User-Agent': 'Mozilla/5.0 (Windows NT 10.0; Win64; x64) AppleWebKit/
537.36 (KHTML, like Gecko) Chrome/90.0.4430.212 Safari/537.36'
}
postData = {
    'username': 'admin',
    'pwd': '123123',
    'randomCode': '0585',
}
response = requests.post(login_url,data=postData, headers=headers)
if response.status_code == 200:
    print(response.text)
```

执行上述代码，结果如下：

```
{"code": 11, "msg": "\u7528\u6237\u540d\u6216\u5bc6\u7801\u9519\u8bef"}
```

从输出结果中不能直接看出错误的原因，因为字符串中的中文部分被进行了 Unicode 编码。text 属性获取的内容是一个字符串对象，当然我们可以使用 Python 解释器的标准库 JSON 的 loads()方法将其解析成字典再进行分析，但是这样很不方便。Requests 库对 JSON 数据字符串解析提供了 json()方法，将响应内容以字典的形式直接返回，并且可以处理中文的编码转换问题，使用起来非常方便。通过 response 对象的 json()方法输出结果，可以查看报文内容：

```
print(response.json())
```

再次执行脚本将以字典形式输出响应内容，现在可以非常清楚地看到，登录失败的原因是用户名或密码错误。

```
{'code': 11, 'msg': '用户名或密码错误'}
```

本例的 JSON 数据比较简单，只有 code 和 msg 两个字段，如果字段多，元素较复杂，包含子元素和数组的时候，都在一行输出将会影响阅读，可以通过以下代码来格式化 JSON 数据，让它变得更加易读。

```
print(json.dumps(response.json(), indent=2, ensure_ascii=False))
```

标准库 JSON 提供的 dumps()方法将 Python 字典转换成 JSON 字符串，indent 参数定义了缩进的空格数量，我们以 2 个空格作为缩进标准生成 JSON 格式的字符串，ensure_ascii

参数可以在转换过程中直接输出中文而不必进行 ASCII 码转换，得到的 JSON 格式的内容如下：

```
{
  "code": 11,
  "msg": "用户名或密码错误"
}
```

💧注意：在使用 JSON 标准库之前需要先导入，篇幅原因这里没有介绍 JSON 标准库的语法，如果读者对 JSON 还不是特别了解，首先需要查阅相关资料，否则会影响后面的学习。

现在我们可以把 JSON 数据格式的报文内容成功转换成 Python 的字典对象，然后像操作字典一样来获取想要的数据内容了。如果 JSON 数据中包含数组对象，那么还需要用到列表操作方法。

```
print("{}: {}".format("响应码", response.json()['code']))
print("{}: {}".format("提示信息", response.json()['msg']))
```

执行上述代码，分别输出响应码和提示信息，具体内容如下：

```
响应码：11
提示信息：用户名或密码错误
```

📞提示：本小节的源代码路径是 ch15/15_2_1_JsonResponse.py。

15.2.2　模拟 JSON 请求数据

JSON 格式的数据不但可以出现在响应报文实体中，而且经常出现在请求报文实体中。尤其是在后台 API 接口中，经常要求我们发送 JSON 格式的数据，而不是 GET 或者 POST 请求的参数。

测试演示项目 testProject 也提供了一个基于 JSON 格式数据的 API 接口，我们可以从项目接口文档中获取以下主要内容：

```
请求方式：HTTP POST 请求
请求地址：http://127.0.0.1:8001/orderQueryApi/
请求数据：JSON POST 数据
请求报文示例：
{
  "page": 15,
  "limit": 30,
  "order_dep": "001",
  "order_type": "new",
  "order_date": "yyyy-MM-dd"
}
响应报文示例：
{
```

```json
  "code": 0,
  "msg": "查询成功",
  "count": 424,
  "data": [
    {
      "id": 3,
      "name": "21",
      "type": "change",
      "dep": "004",
      "date": "2020-09-03",
      "system": "12",
      "desc": "1212",
      "status": "0"
    },
    {
      "id": 60,
      "name": "需求名称",
      "type": "new",
      "dep": "001",
      "date": "2020-09-07",
      "system": "关联系统",
      "desc": "需求描述",
      "status": "0"
    }
  ]
}
```

接口文档的完整内容请查看 ch15/testProject 接口文档示例.docx。

文档中给出了请求方式、地址、数据格式和一个请求和响应报文的示例，我们可以按照文档约定的相关规范，创建测试脚本 15_2_2_JsonRequest.py：

```python
import requests
import json

query_url = 'http://127.0.0.1:8001/orderQueryApi/'

# 定义 JSON 数据参数
json_params = {
    "page": 1,
    "limit": 30,
    "order_dep": "001",
    "order_type": "change",
    "order_date": "2021-10-28"
}

# 指定 Content-type 为描述 JSON 格式的 applycation/json
headers = {
    "Content-Type": "applycation/json"
}
# 将参数字典转换成 JSON 字符串
response = requests.post(query_url, data=json.dumps(json_params), headers=headers)

print(json.dumps(response.json(), indent=2, ensure_ascii=False))
```

重点解析：

- JSON 格式的数据要以字典的形式定义。
- 请求方法必须使用 post()方法，因为 JSON 数据实际上是在报文实体中传输给服务端的，而 get()方法是不包含报文实体的。
- 请求头中的 Content-Type 参数说明报文实体内容为 JSON 格式的数据。
- post()方法的 json 参数用于接收一个 JSON 格式的字符串，JSON 标准库中的 dumps 方法将字典形式的数据转换成 JSON 格式的字符串。
- 参数中的日期和类型等需要根据数据库的内容进行调整，这样才能得到查询结果。

🔔注意：使用 post()方法时，如果要发送 JSON 参数，就必须设置 Content-Type 请求头部参数，否则将会作为 POST 请求 form data 传递给服务端，这样就不是一个 JSON 数据请求了。

以上代码编写完毕，执行后会得到与接口文档中的报文示例类似的结果，可能内容略有不同，但格式应该是一样的。可以通过不同的查询条件组合尝试进行分页查询：

```
{
  "code": 0,
  "msg": "查询成功",
  "count": 2,
  "data": [
    {
      "id": 784,
      "name": "测试需求名称",
      "type": "change",
      "dep": "001",
      "date": "2021-10-28",
      "system": "其他系统",
      "desc": "描述本次需求的内容信息",
      "status": "0"
    },
    {
      "id": 785,
      "name": "测试需求名称",
      "type": "change",
      "dep": "001",
      "date": "2021-10-28",
      "system": "其他关联系统",
      "desc": "需求内容描述信息",
      "status": "0"
    }
  ]
}
```

响应报文实体同样是 JSON 格式的数据，15.2.3 小节将结合实例详细介绍复杂的 JSON 格式数据的解析方法。读者可以尝试按照 15.2.1 小节讲解的方法，使用字典和列表操作，获取你想要的数据并将其输出。

☎ **提示**：本小节的源代码路径是 ch15/15_2_2_JsonRequest.py。

15.2.3　城市天气查询实战

学习了最基本的处理 JSON 数据请求和响应的方法，本小节我们看一个实际例子，对所学知识进行巩固。我们在很多应用网站、微信公众号或小程序上都见过提供城市天气信息的服务，十分方便。每一个应用都保存着全国各城市的天气数据吗？当然不是，那么这些是如何得到天气信息的呢？

中国天气网提供了一个对外服务的查询接口，调用者可以通过接口调用的方式来获取某个城市的天气信息，接口地址为 http://wthrcdn.etouch.cn/weather_mini。

接口可以通过参数 city 来指定调用者希望查询的城市，名字是中文，如上海、北京或深圳等。接下来我们模拟一个 HTTP 查询天气接口请求，创建测试脚本 15_2_3_weather.py：

```
url = "http://wthrcdn.etouch.cn/weather_mini"
params = {
    'city': "北京"
}
response = requests.get(url, params=params)
if response.status_code == 200:
    print(json.dumps(response.json(), indent=2, ensure_ascii=False))
```

执行代码将会得到如下 JSON 格式的数据：

```
{
  "data": {
    "yesterday": {
      "date": "28 日星期四",
      "high": "高温 19℃",
      "fx": "东北风",
      "low": "低温 7℃",
      "fl": "<![CDATA[1 级]]>",
      "type": "阴"
    },
    "city": "北京",
    "forecast": [
      {
        "date": "29 日星期五",
        "high": "高温 17℃",
        "fengli": "<![CDATA[1 级]]>",
        "low": "低温 6℃",
        "fengxiang": "东风",
        "type": "晴"
      },
      {
        "date": "30 日星期六",
        "high": "高温 20℃",
```

```
      "fengli": "<![CDATA[2 级]]>",
      "low": "低温 8℃",
      "fengxiang": "西北风",
      "type": "多云"
    },
    {
      "date": "31 日星期天",
      "high": "高温 16℃",
      "fengli": "<![CDATA[3 级]]>",
      "low": "低温 5℃",
      "fengxiang": "西北风",
      "type": "晴"
    },
    {
      "date": "1 日星期一",
      "high": "高温 15℃",
      "fengli": "<![CDATA[1 级]]>",
      "low": "低温 5℃",
      "fengxiang": "东南风",
      "type": "晴"
    },
    {
      "date": "2 日星期二",
      "high": "高温 12℃",
      "fengli": "<![CDATA[1 级]]>",
      "low": "低温 3℃",
      "fengxiang": "西南风",
      "type": "多云"
    }
  ],
  "ganmao": "感冒易发期，外出请适当调整衣物，注意补充水分。",
  "wendu": "11"
},
"status": 1000,
"desc": "OK"
}
```

对结果数据进行分析可以知道，status 表示查询结果的状态，1000 表示查询成功，desc 是对查询情况的说明。data 数据包含 yesterday、city 和 forecast 三部分内容，分别代表昨天天气、查询城市和未来 7 天天气的数组。

接下来先将数据转换成 JSON 格式数据对应的字典，然后采用操作字典和列表的方法获取我们想要的数据内容。

增加以下代码，对天气数据做适当解析并格式化输出：

```
print("查询到的状态码:", response.json()['status'])

rjson = response.json()
if response.json()['status'] == 1000:
    print("城市:", rjson['data']['city'])
```

```
        print("温度:", rjson['data']['wendu'], "℃")
        print("感冒提示:", rjson['data']['ganmao'])
        for day in rjson['data']['forecast']:
            print(f"{day['date']}: {day['type']}, 温度{day['high']}~{day
['low']}, 风力{day['fengli'][9:-3]}")
    else:
        print("查询失败:", rjson['status'], rjson['desc'])
```

重点解析：

- 调用 response.json() 得到字典格式的 JSON 响应数据。
- 获取 status 查询结果响应码，如果是 1000，则继续解析其他内容，否则可能查询的调用请求有错误。
- 如同操作字典对象一样从响应信息中得到 key 对应的 value 值，获得城市、温度和感冒指数等信息。
- 数据中的 forecast 代表七天内的天气信息，它是一个数组对象，转换成 Python 语言的列表格式，可以通过遍历的方式逐条解析。
- 风力字段 fengli 需要用字符串切片方法去掉多余的 CDATA 标签。

执行代码，格式化后的天气数据如下：

```
查询到的状态码: 1000
城市: 北京
温度: 30℃
感冒提示: 感冒低发期，天气舒适，请注意多吃蔬菜、水果，多喝水哦。
1 日星期天: 晴，温度高温 32℃~低温 23℃，风力 3 级
2 日星期一: 晴，温度高温 31℃~低温 23℃，风力 2 级
3 日星期二: 多云，温度高温 30℃~低温 24℃，风力 2 级
4 日星期三: 阴，温度高温 30℃~低温 24℃，风力 2 级
5 日星期四: 晴，温度高温 31℃~低温 23℃，风力 1 级
```

☎ 提示：本小节的源代码路径是 ch15/15_2_3_Weather.py。

15.3 HTML 网页文档解析

HTTP、HTML 和 URL 是构成万维网的核心要素，HTTP 和 HTML 经常结伴出现，万维网的诞生之初，正是以 HTTP 为传输协议，传输的内容就是 HTML（超文本标记语言）所描述的网页。因此，对 HTML 网页进行解析，获取测试工作所需要的数据，是测试开发人员必须具备的能力。

解析 HTML 网页内容的常用技术主要有两种：一是直接使用正则表达式来匹配要获取的数据；二是使用第三方库 BeautifulSoup 4（简写为 bs4），本节我们以 BeautifulSoup 4 为例，学习解析 HTML 网页文档的方法。

15.3.1　安装 BeautifulSoup 4

我们先安装 BeautifulSoup 4 第三方库，打开 Terminal 终端对话框，输入如下指令：

```
pip install beautifulsoup4
```

🔔**注意**：BeautifulSoup 这个框架由来已久，被广泛用于解析 XML 和 HTML 文档，其版本主要分为 3.0 和 4.0。如果在安装时使用 pip install beautifulsoup 命令忘记输入了版本号 4，那么很有可能会安装一个 3.0 版本的 BeautifulSoup 库，卸载后重新安装即可。本节代码使用的是 BeautifulSoup 4.0 库。

安装成功后可以使用以下命令查看安装的版本：

```
pip list
```

结果如下：

```
beautifulsoup4    4.10.0
```

笔者当前的版本是 4.10.0，如果你安装的最新版本跟我的不一样，可能由于版本已经更新，只要是 4.x 版本即可。

15.3.2　BeautifulSoup 4 实例化

安装完成后，可以尝试使用 BeautifulSoup 4 来解析一个 HTML 页面了。在此之前，我们需要了解一下 BeautifulSoup 4 的运行原理。在解析网页内容并获取元素数据的时候，BeautifulSoup 将会按如下顺序完成工作。首先，运行测试演示项目 testProject 并创建测试脚本 15_3_2_BeautifulSoup.py。

导入 BeautifulSoup 4 库：

```
from bs4 imort BeautifulSoup
```

🔔**注意**：安装 4.0 版本时虽然使用的是 BeautifulSoup 4 这个名字，但是在实际导入时包名应该写成 bs4，类名是单词首字母大写的 BeautifulSoup。

解析网页文件生成 soup 对象：

在使用 BeautifulSoup 这个类解析网页之前，需要为调试工作准备一个页面文件。BeautifulSoup 4 可以解析本地的 HTML 文件，也可以直接通过 HTTP 请求从服务器端获取的响应信息中取得 HTML 报文实体，在调试脚本时，好的习惯是尽可能不要与服务器进行多次通信，以防止被反爬或者防御系统拦截，通过一次请求将要解析的网页保存在本地，待调试成功后再改为联机模式。

把 testProject 的登录页面保存到本地：

```
import requests
from bs4 import BeautifulSoup

response = requests.get('http://127.0.0.1:8001/login/')
response.encoding = 'utf-8'
with open("test_login.html", "wb") as tf:
tf.write(response.content)}
```

重点解析：

- bs4 是 BeautifulSoup 4.0 版本的包名，导入时需要注意。
- 在 response 响应内容中设定编码方式为 UTF-8 格式才能正确显示中文信息。
- 调用 open()函数以二进制写入（wb）的方式打开文件 test_login.html，这个 HTML 文件将被保存在和当前脚本相同的目录下。
- 尝试用任何一个浏览器打开 test_login.html，将会看到与登录页面一样的网页。

有了网页文件 test_login.html 之后，可以将上述保存 HTML 网页的代码先注释掉，使用如下语句将网页解析成 soup 对象：

```
soup = BeautifulSoup(open('test_login.html', encoding='utf-8'), features=
'lxml')
```

重点解析：

- 上面这段代码实际是对 BeautifulSoup 类的实例化过程，得到 soup 对象，soup 只是一个变量名字，可以依据实际情况自行定义。
- test_login.html 就是要解析的网页，注意编码格式为 UTF-8，应该与保存文件时一致。
- features 参数指定了一个 XML 文件的解析器，BeautifulSoup 常用的解析器有两个，一个是 Python 解释器自带的 html.parser，另一个就是本例中使用的 lxml。相比之下，lxml 效率和适用性更高，对较大的 HTML 文档支持更好，因此我们的实战代码使用 lxml 作为解释器。

lxml 也是一个第三方库，必须要安装：

```
pip install lxml
```

可以看到，安装的 lxml 版本是 4.6.3。

```
lxml                4.6.3
```

🔔注意：如果你安装后的版本更高，直接使用即可。

现在，BeautifulSoup 类能够正确实例化了。运行脚本，如果未报任何异常或错误，则说明文档解析成功，BeautifulSoup 能够正常工作了。

15.3.3　BeautifulSoup 4 属性与方法

BeautifulSoup 4 在解析 HTML 网页文档的过程中会实例化 soup 对象，网页中的元素和元素属性会被动态生成为 soup 对象的属性，我们可以直接访问 soup 对象的相关属性和方法获取 HTML 网页内容。

1. 使用标签名获取网页元素

通过标签名称直接获取元素对象，下面尝试获取网页的标题元素（title 标签）并输出，代码如下：

```
print(soup.title)
```

执行后在控制台看到如下内容：

```
<title>欢迎登录</title>
```

这与在 HTML 网页中定义标题的元素是一样的。title 元素只有文本内容没有子标签，我们再看一下相对复杂一些的 head 元素：

```
print(soup.head.prettify())
```

head 元素相对 title 来说比较复杂，它包含很多子元素，如果直接输出未被格式化的 soup.head 结果则不利于阅读，可以使用 prettify()方法进行格式化输出，使其可读性更强。

```
<head>
 <link href="/static/images/favicon.ico" rel="shortcut icon" type="image/
x-icon"/>
 <meta charset="utf-8"/>
 <meta content="width=device-width, initial-scale=1.0, minimum-scale=1.0,
maximum-scale=1.0, user-scalable=0" name="viewport"/>
 <title>
  欢迎登录
 </title>
 <meta content="webkit" name="renderer"/>
 <link href="/static/layui/css/layui.css" rel="stylesheet"/>
 <link href="/static/css/login.css" rel="stylesheet"/>
 <script src="/static/js/jquery-3.5.1.min.js" type="text/javascript">
 </script>
 <script src="/static/layui/layui.js" type="text/javascript">
 </script>
 <script src="/static/js/login.js" type="text/javascript">
 </script>
 <script type="text/javascript">
  <!--        console.log(window.top.length)-->
      if(window.top.length > 0){
         window.top.location = window.location;
      }
 </script>
</head>
```

📖**注意：** 使用 tagname 标签来获取元素对于简单的场景如 title 元素比较适用，如果要获取 div、span 这些可能在网页中存在多个相同的标签元素时，结果只能得到第一个元素而不是全部元素。如果要获取多个元素，那么使用 tagname 就不能完成了，应该用 find_all()、select()方法获取一组元素。

2．相对查找

Soup 对象实际上就是网页的根对象，可以暂时理解为网页的 html 元素，前面通过 title 属性直接获取了 title 元素，也可以先获取 head，然后再通过 head 获取 title：

```
print(soup.head.title)
```

执行上述代码，可以在控制台看到如下内容：

```
<title>欢迎登录</title>
```

3．获取元素文本

如果要获取元素的文本内容，可以使用 text 属性：

```
print(soup.title.text)
```

执行上述代码，可以在控制台看到如下内容：

```
欢迎登录
```

也可以使用 string 属性：

```
print(soup.title.string)
```

执行上述代码，可以在控制台看到如下内容：

```
欢迎登录
```

从结果上看，在 title 元素中使用 text 和 string 属性没什么区别，我们用 head 元素试一下：

```
print(soup.head.text)
```

执行上述代码，可以在控制台看到 text 属性的内容如下：

```

欢迎登录

```

再输出 string 属性的内容：

```
print(soup.head.string)
```

执行上述代码，可以在控制台看到如下内容：

```
None
```

现在可以看出，text 和 string 对于 head 这种包含子元素的标签还是有区别的：
- string：获取元素的文本，不会递归到子孙元素，如果元素本身没有文本则返回 None。
- text：获取元素自身和所有子元素的文本，拼接成一个字符串返回。

text 属性的返回值是一个字符串，有时候字符串并不适合程序的加工和处理，bs4 提供的 strings 属性可以像 text 一样获取子元素文本，同时 strings 属性会返回一个生成器，可以迭代文本内容。

```
for s in soup.head.strings:
    print(s)
```

执行上述代码，可以在控制台看到如下内容：

欢迎登录

strings 看起来和 text 一样存在一个问题，就是包含所有的空行。如果想去掉空白行，可以使用 stripped_strings 属性，这样就可以自动过滤掉空行了。

```
for s in soup.head.stripped_strings:
    print(s)
```

执行上述代码，可以在控制台看到如下内容：

欢迎登录

注意：text、string、strings、stripped_strings 四个属性都可以获取元素的文本信息，学习时要清楚它们的区别，结合实际场景需求选择恰当的方式。

4．获取元素属性

html 元素除了包含文本内容外，还有属性元素。例如，一个 img 标签通常会使用 src 属性来表示图片的来源，我们可以使用 attrs 属性得到一个元素属性的字典，然后再从字典中得到想要的内容：

```
print(soup.img.attrs)
```

执行上述代码，可以在控制台看到如下内容：

```
{'src': '/rand_code/', 'class': ['layadmin-user-login-codeimg'], 'id':
'LAY-user-get-vercode', 'alt': '单击更换', 'onclick': 'this.src="/rand_
code/?_="+new Date().getTime();', 'style': 'cursor:pointer;'}
```

这是 img 图片元素的所有属性，soup.img 得到网页中的第一个图片，即唯一的一个验证码图片，从属性字典中获取 src 属性的值：

```
print(soup.img.attrs['src'])
```

执行上述代码，可以在控制台看到如下内容：

```
/rand_code/
```

注意：有些属性可能有多个值，如 class 属性，获取的结果是一个列表。

5．获取子元素

如果要获取 head 元素的所有子元素，可以使用 contents 或者 children 属性：

```
for cld in soup.head.children:
    if isinstance(cld, bs4.element.Tag):
        print(cld)
```

isinstance()方法用于判断获取的子元素是否为一个标签元素，是为了过滤空行，执行上述代码，可以在控制台看到如下内容：

```
<link href="/static/images/favicon.ico" rel="shortcut icon" type="image/
x-icon"/>
<meta charset="utf-8"/>
<meta content="width=device-width, initial-scale=1.0, minimum-scale=1.0,
maximum-scale=1.0, user-scalable=0" name="viewport"/>
<title>欢迎登录</title>
<meta content="webkit" name="renderer"/>
<link href="/static/layui/css/layui.css" rel="stylesheet"/>
（略）
```

把 children 换成 contents：

```
for cld in soup.head.contents:
    if isinstance(cld, bs4.element.Tag):
        print(cld)
```

重新执行以上代码，会看到与 children 相同的结果，那么 children 和 contents 之间有什么区别呢？我们使用 type()函数看一下 children 和 contents 属性的类型：

```
print(type(soup.head.children))
print(type(soup.head.contents))
```

执行结果如下：

```
<class 'list_iterator'>
<class 'list'>
```

children 属性的类型是 list_iterator（列表迭代器），而 contents 属性的类型是 list（列表），区别很明显：

- 如果子元素数量较多，使用 children 迭代器进行遍历更加高效，但是不能像列表一样获取指定位置的子元素。
- 如果子元素数量有限，使用 contents 会直接返回所有子元素的列表，使用更方便。

如果使用下标方式访问 head.children 的第二个元素：

```
print(type(soup.head.children[1]))
```

结果会抛出 TypeError 异常：

```
TypeError: 'list_iterator' object is not subscriptable
```

6. find()和find_all()方法

BeautifulSoup 库提供了两个非常灵活的查找元素的方法：find()和 find_all()。从名称上看，find()方法可以查找单一元素，而 find_all()方法可以查找一组元素。

（1）使用 find()方法查找元素

以下代码通过标签名称查找一个元素，这和前面讲过的使用 soup 对象属性获取元素的效果是一样的：

```
print(soup.find('title'))
```

执行上述代码，可以得到网页的 title 元素：

```
<title>欢迎登录</title>
```

在 HTML 网页中，元素的 id 属性代表唯一的标识，可以通过 id 属性来定位一个网页中的元素：

```
print(soup.find(id='LAY-user-login-password'))
```

与使用标签名称定位元素不同的是，元素的 id 属性值通过 id 参数传递给 find 方法，执行后得到密码输入框的 input 元素：

```
<input class="layui-input" id="LAY-user-login-password" lay-verify=
"required" name="pwd" placeholder="密码" type="password" value=""/>
```

（2）使用 find_all()方法查找一组元素

很多时候我们不只要从网页中获取单个元素，还需要使用 find_all()方法获取有相同属性或名称的一组元素。下面的代码可以获取全部的 div 元素：

```
for div in soup.find_all('div'):
    print(div.prettify())
```

执行上述代码，可以在控制台看到如下内容：

```
<div class="layui-form-item">
 ...
</div>
（略）
<div class="layui-form-item">
 ...
</div>
```

使用 find_all()方法获取 HTML 文档中具有相同 class 属性的元素集合，代码如下：

```
for dd in soup.find_all(class_='layui-icon'):
    print(dd.prettify())
```

执行上述代码，可以在控制台看到如下内容：

```
<label class="layadmin-user-login-icon layui-icon layui-icon-username"
for="LAY-user-login-username">
</label>

<label class="layadmin-user-login-icon layui-icon layui-icon-password"
for="LAY-user-login-password">
</label>

<label class="layadmin-user-login-icon layui-icon layui-icon-vercode"
for="LAY-user-login-vercode">
</label>
```

💭注意：使用 class 属性进行定位元素时，class 是 Python 语言的保留字，形参名称是 class_ 而不是直接使用 class。

7. 支持CSS选择器的select()方法

在 Web 前端三大开发技术中,CSS 选择器是非常重要的,很多框架在选择和定位元素时都遵循 CSS 选择器标准。BeautifulSoup 库的 select()方法对 CSS 选择器提供了完美的支持,例如通过 class 属性选择元素代码如下:

```
for dd in soup.select(".layui-icon"):
    print(dd.prettify())
```

运行代码后将得到与 find_all()方法同样的结果。在使用 select()方法时需要注意,如果通过 id 属性定位一个元素,虽然我们明确知道得到的结果是唯一的,但是 select()方法的返回值永远是一个集合,必须使用下标[0]获取第一个元素:

```
print(soup.select('title')[0])
```

📖说明:CSS 选择器有很多种语法,这里就不一一列出了。如果读者对 CSS 选择器还不熟悉,建议花些时间专门学习,很多技术都来源于 CSS 选择器的原理。我们在解析 HTML 文档时最常用的就是支持 CSS 选择器的 select()方法。

📞提示:本小节的源代码路径是 ch15/15_3_2_BeatutifulSoup4.py。

15.3.4 查询电影评分实战

15.3.3 小节介绍了 BeautifulSoup 4 第三方库的常用方法和属性,本小节我们通过实际例子将知识串起来。平时上网获取电影信息、电影评分内容时会登录猫眼电影网,本小节我们编写一个测试脚本,自动从猫眼电影网获取电影列表并解析 HTML 网页后进行结构化输出。

猫眼电影网站地址是 https://maoyan.com/films,使用浏览器打开这个网页可以看到最新的电影信息,接下来就以这个页面为实例,运用 BeautifulSoup 完成内容解析。通过开发者工具先分析网页的请求地址、头部参数和请求方法,然后创建测试脚本 15_3_4_Maoyan.py,为了调试方便并且不被网站拦截,将网页内容保存为本地文件:

```
import requests
from bs4 import BeautifulSoup

url = 'https://maoyan.com/films'
headers = {
    "User-Agent": "Mozilla/5.0 (Windows NT 10.0; Win64; x64) AppleWebKit/
537.36 (KHTML, like Gecko) Chrome/90.0.4430.212 Safari/537.36",
    "Cookie": "Cookie 内容较长,直接从开发者工具复制即可"
}
response = requests.get(url, headers=headers)
response.encoding = 'utf-8'
with open("maoyan.html", "wb") as wf:
wf.write(response.content)
```

重点解析：

- 请求地址是 https://maoyan.com/films。
- 请求方法是 GET 方法。
- 头部参数是 User-Agent 和 Cookie，其中，Cookie 头部参数必须要设置，如果不设置则会被网站反爬机制拦截。
- 将响应信息以 UTF-8 编码格式存储为网页文件。
- 使用浏览器打开本地网页文件 maoyan.html，可以看到电影列表页面的内容。

有了网页文件后，我们来实例化 BeautifulSoup 对象：

```
soup = BeautifulSoup(open("maoyan.html", encoding='utf-8'), features=
"lxml")
```

网页内容分为两部分，即电影分类信息和电影列表，如图 15.2 所示。

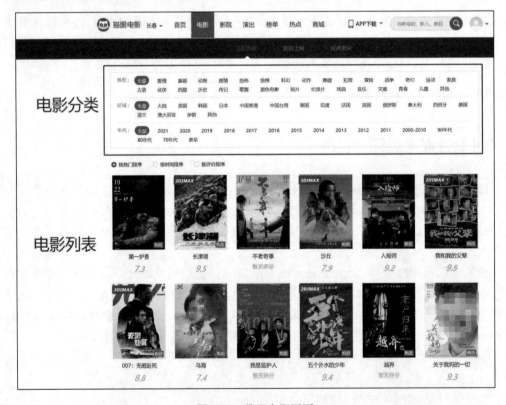

图 15.2　猫眼电影网页

我们先解析电影分类，从网页中获取准确的分类名称，使用开发者工具或者直接查看 maoyan.html 源码，电影分类的源码如下：

```
<div class="tags-panel">
    <ul class="tags-lines">
        <li class="tags-line" data-val="{tagTypeName:'cat'}">
```

```
          <div class="tags-title">类型 :</div>
          <ul class="tags">
            <li >
              <a data-act="tag-click" data-val="{TagName:'爱情'}"
                 href="?catId=3"
              >爱情</a>
            </li>
        （省略）
          </ul>
      </li>
      <li class="tags-line tags-line-border" data-val="{tagTypeName:'source'}">
          <div class="tags-title">区域 :</div>
          <ul class="tags">
            <li >
              <a data-act="tag-click" data-val="{TagName:'大陆'}"
                 href="?sourceId=2"
              >大陆</a>
            </li>
（省略）
          </ul>
      </li>
      <li class="tags-line tags-line-border" data-val="{tagTypeName:'year'}">
          <div class="tags-title">年代 :</div>
          <ul class="tags">
            <li >
              <a data-act="tag-click" data-val="{TagName:'2021'}"
                 href="?yearId=16"
              >2021</a>
            </li>
            （省略）
          </ul>
      </li>
    </ul>
  </div>
```

　　电影分类包含在一个 class 属性值为 tags-panel 的 div 容器中，并且包含三个子类，分别为类型、区域和年代，每个子类都在 class 属性值为 tags-lines 的 ul 列表元素中，子分类的名称在列表子元素 div 容器中且 class 属性值为 tags-title。列表项 li 是具体的标签，li 元素中的超链接元素的文本就是我们要获取的具体分类内容按照以上分析，获取分类标签的脚本如下：

```
# 解析标签区域
tags_div = soup.find(class_='tags-panel')
for line in tags_div.find_all(class_='tags-line'):
    print(line.find(class_='tags-title').text)
    for a_tag in line.find_all("a"):
        print(a_tag.text, end=" ")
    print()
```

重点解析：

- 首先通过 class 属性 tags-panel 获取电影分类的外层元素 div，再通过外层元素 div

获取 class 属性值为 tags-line 的子分类元素;

- 通过 class 属性值为 tags-title 元素的文本, 得到子分类的名称;
- 遍历子分类元素, 在内部找到所有的<a>超链接元素, 并输出它们的文本;
- 输出标签文本时, 使用 print()函数的 end 参数传入一个空格, 让所有标签文本在同一行输出。

执行上述代码, 控制台输出结果如下:

```
类型 :
全部 爱情 喜剧 动画 剧情 恐怖 惊悚 科幻 动作 悬疑 犯罪 冒险 战争 奇幻 运动 家庭 古装
武侠 西部 历史 传记 歌舞 黑色电影 短片 纪录片 戏曲 音乐 灾难 青春 儿童 其他
区域 :
全部 中国 美国 韩国 日本 泰国 印度 法国 英国 俄罗斯 意大利 西班牙 德国 波兰 澳大利亚
伊朗 其他
年代 :
全部 2021 2020 2019 2018 2017 2016 2015 2014 2013 2012 2011 2000-2010 90
年代 80 年代 70 年代 更早
```

现在我们已经从网页中得到想要的内容, 本例的目的是解析网页内容。

有了电影分类, 接下来解析电影列表中显示的电影名称、评分和海报图片。通过开发者工具或者分析网页源码可以看出, 所有的电影被封装在一个 class 属性是 movies-list 的 div 容器中, 如图 15.3 所示。

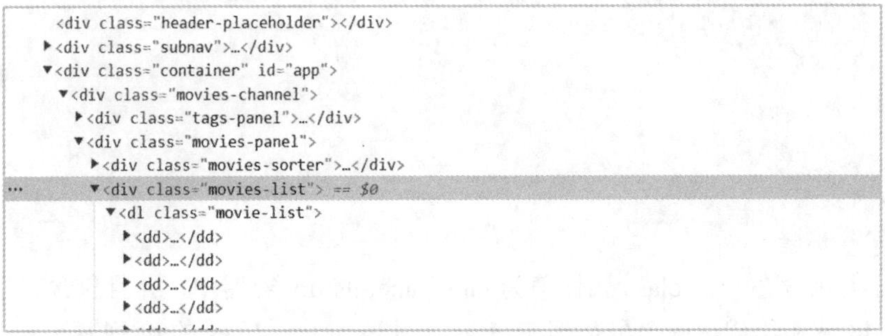

```
<div class="header-placeholder"></div>
▶<div class="subnav">…</div>
▼<div class="container" id="app">
  ▼<div class="movies-channel">
    ▶<div class="tags-panel">…</div>
    ▼<div class="movies-panel">
      ▶<div class="movies-sorter">…</div>
···   ▼<div class="movies-list"> == $0
        ▼<dl class="movie-list">
          ▶<dd>…</dd>
          ▶<dd>…</dd>
          ▶<dd>…</dd>
          ▶<dd>…</dd>
```

图 15.3　HTML 网页文件结构

在这个 div 容器元素内部包含每一部电影的具体内容,定义在 class 属性为 movie-item-hover 的容器中, 通过每部电影的 div 元素及其子元素, 我们可以获取电影的名称、类型、主演人员、年代和评分信息:

```
<div class="movie-item-hover">
  <a href="/films/1208123" target="_blank" data-act="movie-click" data-
val="{movieid:1208123}">
    <img class="movie-hover-img" src="https://p0.meituan.net/movie/
f403121a3e16b7d9e03c6e46b22e9c231730565.jpg@218w_300h_1e_1c" alt="第一炉香">
  <div class="movie-hover-info">
    <div class="movie-hover-title" title="第一炉香">
      <span class="name ">第一炉香</span>
```

```
            <span class="score channel-detail-orange"><i class="integer">
7.</i><i class="fraction">3</i></span>
        </div>
        <div class="movie-hover-title" title="第一炉香">
            <span class="hover-tag">类型:</span>
            爱情
        </div>
        <div class="movie-hover-title" title="第一炉香">
            <span class="hover-tag">主演:</span>
            马思纯 / 俞飞鸿 / 彭于晏
        </div>
        <div class="movie-hover-title movie-hover-brief" title="第一炉香">
            <span class="hover-tag">上映时间:</span>
            2021-10-22
        </div>
    </div>
  </a>
</div>
```

根据分析结果给出以下解析电影信息的脚本代码:

```python
# 解析电影内容
movies_div = soup.find(class_='movie-list')

for dd in movies_div.select("dd"):
    print("-"*50)
    print("电影名字:", dd.find("span", class_="name").text)
    for hover in dd.find(class_='movie-item-hover').find_all(class_=
'movie-hover-title'):
        tag = hover.find(class_='hover-tag')
        if tag:
            print(hover.find(class_='hover-tag').text, end=" ")
            print(hover.contents[2].strip())

    print("图片:", dd.find("img", class_='movie-hover-img').attrs['src'])
```

重点解析:

- 通过 class 属性 movies-list 定位所有电影元素的 div 容器,再通过这个容器获取 class 属性是 movie-item-hover 的子分类元素,就是每一部电影的具体详情;
- 通过 class="name"的 span 子元素得到电影名字;
- 通过 class='hover-tag'元素获取电影的类型和主演;
- 通过 class='movie-hover-img'的 img 图片元素 src 属性得到海报的链接。

执行上述代码,可以在控制台得到如下结果:

```
--------------------------------------------------
电影名字: 第一炉香
类型: 爱情
主演: 马思纯 / 俞飞鸿 / 彭于晏
上映时间: 2021-10-22
图片: https://p0.meituan.net/movie/f403121a3e16b7d9e03c6e46b22e9c231730
565.jpg@218w_300h_1e_1c
```

```
----------------------------------------------------
电影名字：乌海
类型：剧情
主演：黄轩 / 杨子姗 / 涂们
上映时间：2021-10-29
图片：https://p0.meituan.net/movie/5076e52b18bd576312012ba16b30e5891556
787.jpg@218w_300h_1e_1c
----------------------------------------------------
（略）
```

完成了脚本调试，我们需要修改一下网页来源，这一次我们直接使用 HTTP 请求猫眼网站获取的真实网页作为源文件：

```
url = 'https://maoyan.com/films'
headers = {
    "User-Agent": "（user-agent）",
    "Cookie": "（cookies）"
}
response = requests.get(url, headers=headers)
response.encoding = 'utf-8'
soup = BeautifulSoup(response.text, features="lxml")
```

重点解析：

- 直接将 response 对象的 text 属性作为 soup 实例化的第一个参数，替代读取本地 HTML 文件获取的内容。

以后每次执行脚本，都可以方便、快速地获取实时的最新电影：

```
类型：
全部 爱情 喜剧 动画 剧情 恐怖 惊悚 科幻 动作 悬疑 犯罪 冒险 战争 奇幻 运动 家庭 古装
武侠 西部 历史 传记 歌舞 黑色电影 短片 纪录片 戏曲 音乐 灾难 青春 儿童 其他
区域：
全部 中国 美国 韩国 日本 泰国 印度 法国 英国 俄罗斯 意大利 西班牙 德国 波兰 澳大利亚
伊朗 其他
年代：
全部 2021 2020 2019 2018 2017 2016 2015 2014 2013 2012 2011 2000-2010 90
年代 80 年代 70 年代 更早
----------------------------------------------------
电影名字：第一炉香
类型：爱情
主演：马思纯 / 俞飞鸿 / 彭于晏
上映时间：2021-10-22
图片：https://p0.meituan.net/movie/f403121a3e16b7d9e03c6e46b22e9c2317305
65.jpg@218w_300h_1e_1c
----------------------------------------------------
电影名字：乌海
类型：剧情
主演：黄轩 / 杨子姗 / 涂们
上映时间：2021-10-29
图片：https://p0.meituan.net/movie/5076e52b18bd576312012ba16b30e5891556
787.jpg@218w_300h_1e_1c
----------------------------------------------------
```

通过猫眼电影网页分析实例，使用 BeautifulSoup 4 库可以非常容易地解析 HTML 网页文档。本例还可以衍生更多的需求场景，读者可尝试实现如下要求：

- 按照类型、年代、区域筛选电影；
- 获取电影的评分；
- 按照评分进行排名。

本例重点讲解网页分析和代码实现过程，实现方式绝不只这一种。HTML 是 Web 前端三大技术中相对容易的一个，本例没有过多讲解 HTML，如果对这部分知识还不熟悉，需要快速了解一下，这是后面学习的基础。BeautifulSoup 实际上就是使用 HTML 网页标签的层级关系定位目标元素来获取其属性和文本的。

📖 **注意**：利用 BeautifulSoup 4 解析 HTML 网页文档只是一种方法，相比正则表达式而言，这种方法好理解也比较简单，正则表达式对于初学者而言比较难，本书作为入门书籍没有给出正则表达式的解决方法，有兴趣的读者可以查阅相关资料。

☎ **提示**：本小节的源代码路径是 ch15/15_3_4_Maoyan.py。

15.4　获取二进制内容

在 HTTP 报文中，内容实体除了可以是 JSON 格式的数据和 HTML 文本以外，也可以是二进制格式的图片和视频。访问百度首页时，浏览器从服务器端获取了很多图片，每个图片的<img>标签的 src 属性就代表该图片的资源位置。例如，打开开发者工具，找到百度首页中的 Logo 图片的请求信息，如图 15.4 所示，地址为 https://www.baidu.com/img/PCtm_d9c8750bed0b3c7d089fa7d55720d6cf.png。

在响应头部信息中，Content-Type：image/png 表示响应内容为 PNG 格式的图片。创建测试脚本 15_4_ImageResponse.py：

```python
import requests

url = "https://www.baidu.com/img/PCtm_d9c8750bed0b3c7d089fa7d55720d6cf.png"

response = requests.get(url)
print(response.text)
```

上述代码试图通过 text 属性来获取响应内容，但是，输出的内容我们看不懂，加入如下代码，输出响应报文实体类型：

```python
print(response.headers.get("Content-Type"))
```

输出结果如下：

```
image/png
```

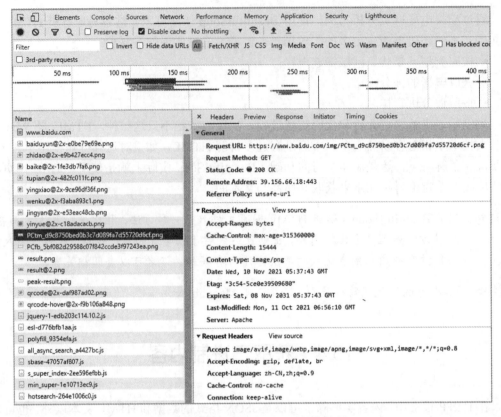

图 15.4　PNG 图片的 HTTP 请求分析

image/png 表示 PNG 格式的图片，其已经不是文本类型的数据，不能使用 text 属性直接展示，需要通过 content 属性获取字节流并保存为文件后，再使用系统图片查看软件展示出来：

```
with open("baidu.png", "wb") as bf:
    bf.write(response.content)
```

执行上述代码，我们会在脚本程序的同一目录下得到一张图片 baidu.png。

实际上，上述实例就是 HTTP 文件的下载方法，通过 Content-Type 可以知道文件的类型。回顾一下前面的实例，在 testProject 登录响应中，Content-Type 为 application/json，表示报文实体为 JSON 文本数据，在猫眼电影网响应中，Content-Type 为 text/html 表示内容为 HTML 文档。实际上，Conent-Type 在 Web 开发领域就是 MimeType（媒体类型），通常称为 Multipurpose Internet Mail Extensions 或 MIME 类型，用来表示文档、文件或字节流的格式。在 IETF RFC 6838 中进行了定义和标准化。除了以上三种类型之外还有很多类型，表 15.1 列出了常见的媒体类型供参考。

表 15.1　常见的媒体类型

类　　型	描　　述
text/css	CSS文档
text/html	HTML文档
text/javascript	JavaScript脚本
text/plain	普通文本
Application/json	JSON数据
application/msword	DOC文档
application/vnd.ms-excel	XLS文档
application/zip	ZIP压缩文件
application/pdf	PDF文件
image/gif	GIF 图片
image/jpeg	JPEG 图片
image/png	PNG 图片
image/svg+xml	SVG图片（矢量图）
video/mpeg	MPGE视频
video/quicktime	MOV视频
video/mp4	MP4视频

注意：MIME 类型就像文件扩展名一样代表内容实体的类型，我们完全可以在项目中根据实际需要扩展私有化的新类型，只要通信双方达成一致。

提示：本节的源代码路径是 ch15/15_4_ImageRes.py。

15.5　HTTP 请求文件上传

前面几节我们学习了处理响应报文实体内容的几种方法，对于 HTML 文档、JSON 数据和常见的二进制文件都有对应的处理方式。相应的，在请求报文实体中也有相关的数据传输需求，报文实体类型会定义在请求头部参数的 Content-Type 中以告诉服务器请求的类型。最常见的就是文件上传场景，HTTP 文件上传接口调用方法多种多样，接下来以测试演示项目 testProject 提供的文件上传接口为例，演示文件上传的方法。

运行 testProject 项目后，创建测试脚本 15_5_FileUpload.py：

```
import requests

url = "http://127.0.0.1:8001/fileUpload/"
```

```
files = {
    "baidu_logo": open("baidu.png", "rb")
}
# files 参数和 files 文件字典
response = requests.post(url, files=files)

response.encoding = 'utf-8'
print(response.json())
```

重点解析：

- testProject 项目提供的文件上传接口地址为 http://127.0.0.1:8001/fileUpload/；
- 打开本地文件 baidu.png（上节代码运行后在源码目录中自动生成）；
- 将文件流和文件名封装成一个文件字典 files，调用 POST 请求时使用 files 参数将文件字典参数传递给 post()方法。

运行上述代码，可以看到服务器接收文件后的响应信息：

```
{'code': 0, 'msg': '上传成功', 'size': 15444, 'name': 'baidu.png', 'field_
name': 'baidu_logo'}
```

服务器已经成功收到文件并计算出文件大小为 15444 字节。打开 testProject 项目目录，可以在 upload 子目录下看到上传的图片 baidu.png，如图 15.5 所示。

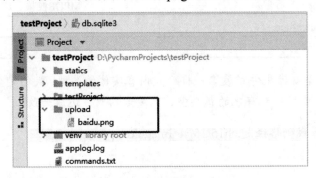

图 15.5　上传到服务器上的文件

☎提示：本节的源代码路径是 ch15/15_5_FileUpload.py。

15.6　HTTPS 的注意事项

百度首页地址 https//www.baidu.com 实际上使用的是 HTTP 安全传输协议，也就是 HTTPS，在脚本中 Requests 库已经多次使用 HTTPS 来模拟请求，而我们作为 Requests 库的使用者从来没有关注过协议的差别，这是因为 Requests 库帮助我们管理了大部分常用的 HTTPS 证书，通过 pip list 命令可以看到 Requests 库安装时同步安装了一个依赖库 Certifi：

```
Package              Version
-------------------- ---------
beautifulsoup4       4.10.0
certifi              2021.10.8
charset-normalizer   2.0.7
idna                 3.3
lxml                 4.6.4
pip                  21.3.1
requests             2.26.0
setuptools           57.0.0
soupsieve            2.3
urllib3              1.26.7
wheel                0.36.2
```

Certifi 库记录了常用的 HTTPS 版本证书，模拟请求地址协议为 HTTPS 时，大多数情况下我们不会感到任何差异，这也是推荐使用 Requests 库的优点之一。如果在使用 HTTPS 时遇到证书异常警告，可以先尝试升级 Requests 库和 Certifi 库为最新版本，如果还不能解决，可以在代码中增加忽略检查：

```
response = requests.get(url, varify=False)
```

另外需要注意 HTTPS 证书管理分为单向证书和双向证书两种，Requests 库能够帮助我们处理单向证书请求，对于双向证书需要增加额外的代码：

```
# 双向证书的请求方法
cert = ("证书的存放路径", "密钥文件存放位置")
# ssl 双向加密的算法，非对称加密
response = requests.get(url, cert=cert)
```

☎提示：本节的源代码路径是 ch15/15_6_HttpsRequest.py。

15.7 图形验证码识别实战

在第 7 章中，我们使用 Web UI 自动化测试技术完成了图形验证码的识别，接下来我们通过接口测试技术再次识别验证码，打开测试演示项目 testProject 并打开 Login 登录页面，如图 15.6 所示。

打开开发者工具并单击验证码图片完成刷新，在开发者工具的 Network 标签中可以看到验证码本身就是一个图片的 HTTP 请求，如图 15.7 所示。

图 15.6　testProject 登录时的图形验证码

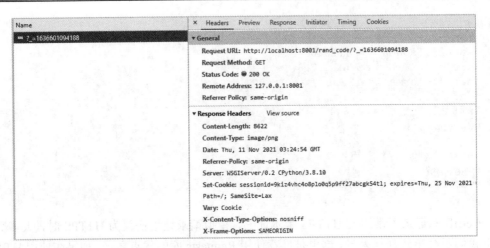

图 15.7　图形验证码请求分析

接下来创建测试脚本 15_7_randCode.py：

```
import requests
from baidu_api import *

# 要以会话 Session 的方式来处理验证码
session = requests.session()
# 获取验证码图片
url = "http://127.0.0.1:8001/rand_code/?_=1627803865002"
response = session.get(url)
with open("randCode.png", "wb") as rf:
    rf.write(response.content)
```

执行上述代码，可以在脚本同一目录下生成验证码图片，后面的工作就是用百度开放平台接口完成图片识别，这部分内容第 7 章已讲过，我们找到之前的 baidu_api.py 文件将它复制到代码目录中，然后安装 Pillow 库：

```
pip install pillow
```

安装好图形处理库 Pillow 并复制 baidu_api.py 后，增加图形识别代码：

```
# 识别图片内容
randCode = ocr_numbers("randCode.png")
print(randCode)
```

执行代码，可以看到控制台输出的识别结果，如果想知道识别结果是否正确，可以打开 randCode.png 文件对比一下。

有了验证码，接下来我们模拟登录请求，发送验证码进行登录：

```
# 发送带验证码的登录请求
login_url = "http://127.0.0.1:8001/dologin/"
params = {
    'username': 'admin',
    'pwd': '123456',
```

```
    'randomCode': randCode
}

response = session.post(login_url, data=params)

print(response.status_code)
print(response.json())
```

重点解析：

- 验证码获取和登录请求必须在一个会话中，因此发送请求应该使用会话方式 Session。
- 默认情况下 testProject 项目是不检查验证码的，我们需要按照第 7 章讲解的方法将图形验证码的校验代码打开并重新启动项目。

⚠️注意：百度开放平台 API 是应用比较多的图形识别 API，而且提供免费调用次数，非常适合学习，但它不是专为图形验证码设计的，相比一些验证码专项识别接口，其准确率并不高，如果遇到识别错误的情况，多试几次即可。如果需要提高识别准确率，可以尝试一些收费的专项图形识别接口。

☎️提示：本节的源代码路径是 ch15/15_7_randCode.py。

15.8　Socket 私有协议实战

HTTP 作为网络世界最流行的协议（没有之一），是测试人员和开发人员必须掌握的。那么除了 HTTP 之外，还有很多团队和企业制定出的私有化的、轻量化的协议，这些协议通常是基于基础的 Socket 网络编程技术提供的服务能力。

本书的测试演示项目也专门提供了一个基于 Socket 私有协议的后台 API 接口示例，从本章的源代码包中可以找到这个接口文档，从该文档中可以得到协议接口规范定义的报文的整体规则。报文结构分为两部分，即报文长度和报文体。

报文长度	报文体

- 字符编码：UTF-8；
- 报文长度：记录报文体的实际长度（字节长度），10 位数字不足左补 0。报文长度 = 报文体转字节流后的实际长度；
- 报文体：JSON 格式的报文内容。

从整体协议规则中得知，报文由报文长度和报文体两部分组成。报文长度包含报文体内容经过 UTF-8 编码后的实际长度，转换成字符串左补 0。报文体是 JSON 格式的数据。

同样，接口文档中也给出了请求和响应报文的示例，请求报文如下：

```
0000000127
{
    "service": "服务名，必输"
    "reqNo ": "请求流水号，无业务意义，保证全局唯一",
    "channelType": "渠道类型",
    "body": {
        "parentClientNo":"P00001"
    }
}
```

响应报文如下：

```
0000000145
{
    "code": "响应码",
    "msg": "交易说明",
    "data": {
    }
}
```

业务接口部分给出了需求申请接口请求，以及响应字段的类型、长度和描述信息，如表 15.2 所示。

表 15.2　需求申请接口请求和响应字段的描述信息

序　号	字段名称	数据类型	字段说明	是否必输	备　注
输入					
1	service	String	服务名	Y	createOrder
2	order_name	String	需求名称	Y	
3	order_dep	String	需求部门	Y	参考码表
4	order_type	String	需求类型	Y	参考码表
5	order_date	String	需求日期	Y	yyyy-MM-dd7天内
6	order_desc	String	需求说明	Y	200汉字以内
7	order_sys	String	关联系统	N	
输出					
1	code	String	响应码	Y	参考响应码列表
2	msg	String	响应信息	Y	
3	order_id	Integer	新记录编号	N	

文档最后给出了接口用到的码值及其说明，如表 15.3 所示。

表 15.3　码值及其说明

编码名称	码　值	说　明
	001	人力部
order_dep	002	保卫部
	003	办公室

（续）

编码名称	码 值	说 明
order_dep	004	党群部
	005	科技部
	006	财务部
order_type	new	新增需求
	change	需求变更
	upper	系统优化

响应码释义如表 15.4 所示。

表 15.4 响应码释义

响 应 码	说 明
000000	Success
500003	错误的service参数
500004	需求名称（必须输入）
500005	需求部门（必须输入）
500006	需求类型（必须输入）
500007	需求日期（必须输入）
500008	需求日期不在允许范围内
500009	需求日期格式错误
500010	需求说明超长
999999	统一返回系统错误

注意：以上内容是所有 API 接口文档的主要构成部分。测试人员需要先分析接口文档，再编写测试脚本，完成接口测试，因此，接口文档是测试的依据和基础。

根据接口文档中的内容，创建测试脚本 15_8_SocketApi.py：

```python
import socket
import json

# Socket 客户端连接服务器
serveraddr = ("127.0.0.1", 8888)
sk = socket.socket()
sk.connect(serveraddr)

params = {
    'service': 'createOrder',
    'order_dep': '001',
    'order_date': '2021-08-02',
    'order_name': '需求名称',
    'order_sys': 'sys',
```

```
        'order_type': 'change',
        'order_desc': '描述信息',
}

# 组装请求报文
# 按照文档中的接口协议约定设置 JSON 格式的请求参数
json_str = json.dumps(params)
send_str = "%010d%s" % (len(json_str.encode('utf-8')), json_str)
print(send_str)

# 发送请求数据
sk.sendall(send_str.encode('utf-8'))

# 解析响应中报文的长度
answer_len = int(sk.recv(10))
print("响应报文长度:", answer_len)

# 按照报文长度接收报文体数据
content = sk.recv(answer_len).decode('utf-8')
json_dict = json.loads(content)
print(json_dict)   # 解析后的字典

print("响应码:", json_dict['code'])
print("响应信息:", json_dict['msg'])
print("需求单编号:", json_dict['order_id'])

# 关闭 Socket
sk.close()
```

重点解析：

- Socket 标准库提供了 Python 网络编程的方法，本例将创建 Socket 客户端并连接 8888 端口；
- params 包含所有参数，将参数转换成 JSON 字符串后可以计算报文的长度；
- sendall() 方法将报文内容发送给服务器。接收报文时先获取前 10 个字节解析出报文长度，然后再根据长度接收报文体数据；
- 报文体为 JSON 格式数据，json.loads() 方法将字符串解析成字典，字典中包含响应码、响应信息和请求生成的新需求单编号。

🔔注意：本书默认读者已经掌握 Python 语言，因此没有详细介绍 Socket 编程方面的知识，这部分属于 Python 基础内容，如果不理解上述代码的含义，可以找资料学习 Socket 的相关内容。

运行上述代码，可以在控制台看到请求报文和响应内容的解析结果：

```
0000000202{"service": "createOrder", "order_dep": "001", "order_date":
"2021-08-02", "order_name": "\u9700\u6c42\u540d\u79f0", "order_sys":
"sys", "order_type": "change", "order_desc": "\u63cf\u8ff0\u4fe1\u606f"}
```

```
响应报文长度：53
{'code': '000000', 'msg': 'Success', 'order_id': 770}
响应码：000000
响应信息：Success
需求单编号：770
```

私有化的协议接口有很多，既然是私有的，就没有统一的标准，一般可以根据项目实际需要自行定义。除了 HTTP、Socket 协议之外，WebService 和 WebSocket 等协议类型的应用范围较小，本书没有专门介绍。总体来说，所有接口测试都离不开模拟请求、接收响应、解析报文、断言和报告几个基本环节。

☎ 提示：本节的源代码路径是 ch15/15_8_SocketApi.py。

15.9 小   结

本章学习了报文实体类型的分类，对常用的 JSON 格式数据、HTML 网页文档数据、二进制图片、文件上传等场景进行了专门讲解，并且给出了两个实战案例：图形验证码识别，Socket 私有协议接口的处理方式。本章没有将所有场景一一列出，学习接口测试除了开发语言，对于接口、协议、前端开发技术（HTML、CSS、JavaScript）的学习也十分重要。

第 4 篇
测试开发

- ▸▸ 第 16 章　测试开发必备技术

- ▸▸ 第 17 章　测试开发设计模式

- ▸▸ 第 18 章　企业级测试开发框架

第16章　测试开发必备技术

前面几章详细讲解了自动化测试相关的知识和技术，包括测试的基础理论、测试岗位人员和职业规划，UI 自动化和接口自动化技术的相关细节，以及以 Selenium、Unittest 和 Requests 三大框架为核心的自动化测试实战技巧，这些是编程自动化测试人员的核心技能，未来想要进阶测试开发岗位，需要进一步掌握 Python 编码技能。本书的编写目的是带领测试人员入门测试开发岗位，因此对于 Python 基础知识不会过多介绍。而测试开发岗位不仅需要测试人员掌握一些基础的 Python 语法，而且需要熟练运用各种编程语言和工具，编写出扩展性强、易维护的测试框架。

测试开发人员是整个测试团队的核心，关系着团队整体技术的更新迭代和效率提升，本章将学习测试开发岗位所涉及的一些高级编程技术。

本章的主要内容如下：
- 测试开发工作的目标；
- Python 时间与日期；
- Python 字符串格式化；
- Python 日志收集；
- Python 动态参数；
- Python 装饰器；
- Python 反射机制。

16.1　测试开发的目标

测试开发人员在测试团队中非常重要，他们需要精通测试理论，熟练使用各种测试工具，至少精通一门脚本语言并具备较高的编程技巧，能够创建、维护和迭代测试框架，为整个团队提供以技术为主的底层支持。因此测试开发岗位就像研发部门的系统架构师，规划测试框架、分析测试工作场景。

测试开发人员的首要工作就是搭建和维护企业的测试框架。优秀的测试框架对一个企业测试团队能起到至关重要的作用。测试框架的目标是提高工作效率，加强团队协作能力。测试框架通过底层平台抽象和封装，为测试用例的编写、维护和管理提供有利依据，让团队中的测试人员更加关注测试场景而非技术实现细节，降低测试人员入门门槛。优秀的测试框架会提供统一的测试执行方法，明确、清晰的测试报告，有利于测试团队、研发团队和管理人员之间的沟通协作，快速定位和分析问题。

测试开发工作的首要目标就是搭建高效的测试框架，对测试框架的具体要求如下：

- 提高工作效率。

自动化测试方法或者测试框架的核心价值就是提高测试工作的效率，为整个团队提供高质量的产品，降低开发成本。所以，测试框架必须从测试用例开发、管理、维护、执行和测试报告生成等多个方面提供底层支持。

- 提升团队协作能力。

测试框架不仅是一款软件产品，而且还要包括约束整个团队工作的制度与规范。包括编码规范、设计规范、架构规范、工程结构规范。让使用测试框架的所有测试人员具备统一的认知和理论，降低沟通、协作成本提升测试效率。测试框架应支持团队多人开发、多人执行并提供统一的测试报告规范和反馈流程规范。

- 设计合理，易扩展。

测试框架从设计层面应该具备良好的架构。测试数据、逻辑代码、测试脚本做到"松耦合"。测试报告内容清晰完整、样式友好、风格统一。应用设计模式能够快速构建测试框架。设计模式就是前辈对特定场景在编程技巧上经过总结和归纳提出的最佳实践，自动化测试常用设计模式包括关键字驱动和 POM 设计模式。

以 Python 语言为例，测试开发人员想要达到上述建设目标构建出优秀的测试框架，除了基础的编程语言知识外，也需要掌握平台底层开发相关的编程技术。精通面向对象思维、正则表达式、装饰器、动态参数等，这些技术可能一般的编程自动化人员工作中涉及很少，但却是测试开发人员的看家本领。本章后面将对重要的编程技术进行详细介绍。

16.2　Python 的日期与时间库

在实际项目中，不论日志处理、效率计时还是报告内容，经常会用到日期和时间，Python 语言中处理日期和时间的标准库是 datetime，其包含 4 个核心类，分别是 date、time、datetime 和 timedelta。

> 注意：时间日期标准库的名称为 datetime，其内部有一个类也叫作 datetime，用来处理带时间的日期，如"2021 年 12 月 11 日 12 时 35 分 24 秒"或者"2021-12-11 12:35:24"。

16.2.1　日期

首先来学习如何处理日期对象并与字符串进行转换。我们所使用的日期如"2021 年

12 月 11 日"或者"2021-12-11"输出到终端或者文件中都是字符串格式。如果我们要获取今天的日期，或者通过计算得到未来某一天的日期，不能直接在程序中以字符串方式"写死"。创建一个新的项目 PythonLibDemo 和本节测试脚本 16_2_date_time.py：

datetime 是 Python 的标准库，不需要安装直接导入即可：

```
import datetime
```

1. 创建日期对象

datetime 库的第一个类 date（日期）用于处理日期对象，date 类的对象实例化的常用方式有两种，第一种是指定年、月、日来实例化 date 对象，例如：

```
d = datetime.date(2022, 8, 24)
print(d, type(d))
```

date 对象的第一种实例化方式是传入 3 个整数，代表年、月和日，执行脚本，结果如下：

```
2022-08-24 <class 'datetime.date'>
```

从结果中可以看到，如果直接输入对象 d，得到默认格式的日期为 2022-08-24，但 d 不是一个字符串，输出它的类型得到 datetime.date 类，说明这是一个 date 类实例化后的对象。

date 对象的第二种实例化方式是直接获取今天的日期，例如：

```
d = datetime.date.today()
print(d, type(d))
```

执行脚本，看到如下内容：

```
2021-12-11 <class 'datetime.date'>
```

结果中的日期与实际执行时的日期一致。

2. 日期对象的属性和方法

有了日期对象，可以通过日期对象的属性反向获取年、月、日：

```
print(d.year)
print(d.month)
print(d.day)
```

执行结果如下：

```
2021
12
11
```

获取日期对应的周日期：

```
print(d.weekday())
print(d.isoweekday())
```

执行结果如下：

```
5
6
```

注意，weekday()方法得到的非 iso 格式的周日期以 0 开始，5 代表星期六，isoweekday()方法获得的 iso 格式的周日期从 1 开始，1 代表星期一、6 代表星期六。

获取默认格式"yyyy-MM-dd"的日期字符串：

```
print(d.isoformat())
```

执行结果如下：

```
2021-12-11
```

获取指定格式的日期字符串：

```
print(d.strftime("%Y 年%m 月%d 日 星期%w"))
```

执行结果如下：

```
2021 年 12 月 11 日 星期 6
```

其中，%Y 代表年，%m 代表月，%d 代表日，%w 代表 iso 格式的周日期。

3．date类的属性

除了通过实例属性和方法可以得到我们需要的信息以外，日期类还有一些常用的属性，如获取能够表示的最大日期和最小日期：

```
print(datetime.date.min)
print(datetime.date.max)
```

执行结果如下：

```
0001-01-01
9999-12-31
```

16.2.2　时间

datetime 库中的第二个类是 time（时间）类，专门用来处理时间对象，包含小时、分钟、秒、微秒几类。

1．创建时间对象

示例如下：

```
t = datetime.time(15, 10, 45, 888888)
print(t, type(t))
```

实例化 time 类需要 4 个参数，分别代表小时、分钟、秒和微秒，执行结果如下：

```
15:10:45.888888 <class 'datetime.time'>
```

2．时间对象的属性和方法

反向获取时、分、秒：

```
print(t.hour)
```

```
print(t.minute)
print(t.second)
print(t.microsecond)
```

执行结果如下：

```
15
10
45
888888
```

获取时间格式字符串：

```
print(t.isoformat())
print(t.strftime("%H 时%M 分%S 秒 %f 微秒"))
```

执行结果如下：

```
15:10:45.888888
15 时 10 分 45 秒 888888 微秒
```

3．time类的属性

获取 time 类所能表示的最大时间和最小时间：

```
print(datetime.time.min)
print(datetime.time.max)
```

执行结果如下：

```
00:00:00
23:59:59.999999
```

16.2.3　日期时间

date 类用来处理日期对象，time 类用来处理时间对象，datetime 库中常用的第三个类是 datetime（日期时间）类，其名称与库名称一样，datetime 类包含 date 和 time 类的全部功能。

1．创建datetime对象

datetime 对象实例化的方法与 date 和 time 类似，需要年、月、日、时、分、秒和微秒所有参数：

```
dt = datetime.datetime(2020, 8, 20, 13, 22, 34, 888888)
print(dt, type(dt))
```

执行结果如下：

```
2020-08-20 13:22:34.888888 <class 'datetime.datetime'>
```

获取当前日期与时间有 3 种方法：

```
dt = datetime.datetime.today()
print(dt, type(dt))
```

```
dt = datetime.datetime.now(tz=None)
print(dt, type(dt))
dt = datetime.datetime.fromtimestamp(time.time())
print(dt, type(dt))
```

执行结果如下：

```
2021-12-11 12:24:01.111658 <class 'datetime.datetime'>
2021-12-11 12:24:01.111658 <class 'datetime.datetime'>
2021-12-11 12:24:01.111658 <class 'datetime.datetime'>
```

获取世界统一时间（UTC）：

```
dt = datetime.datetime.utcnow()
print(dt, type(dt))
dt = datetime.datetime.utcfromtimestamp(time.time())
print(dt, type(dt))
```

执行结果如下：

```
2021-12-11 04:24:01.111658 <class 'datetime.datetime'>
2021-12-11 04:24:01.111658 <class 'datetime.datetime'>
```

获取日期时间格式化字符串：

```
print(dt.isoformat())
print(dt.strftime('%Y 年%m 月%d 日 %H 时%M 分%S 秒 %f 微秒'))
```

执行结果如下：

```
2021-12-11T04:29:52.704471
2021 年 12 月 11 日 04 时 29 分 52 秒 704471 微秒
```

既然 datetime 是 date 和 time 的组合，那么就可以使用 date 日期对象和一个 time 时间对象组合成 datetime 对象：

```
dt = datetime.datetime.combine(d, t)
print(dt, type(dt))
```

执行结果如下：

```
2021-12-11 15:10:45.888888 <class 'datetime.datetime'>
```

2. datetime对象的属性和方法

反向获取年、月、日、时、分、秒等属性内容：

```
print(dt.year)
print(dt.month)
print(dt.day)
print(dt.hour)
print(dt.minute)
print(dt.second)
print(dt.microsecond)
```

执行结果如下：

```
2021
12
11
```

```
15
10
45
888888
```

date 对象和 time 对象的相关方法在 datetime 对象中都有，不再一一列出。

3．datetime类属性

获取 datetime 对象所能表示的最大日期时间和最小日期时间：

```
print(dt.min)
print(dt.max)
```

执行结果如下：

```
0001-01-01 00:00:00
9999-12-31 23:59:59.999999
```

16.2.4　时间差与时间的计算

datetime 库包含三个表示时间和日期静态内容的 date、time 和 datetime 类，第四个类 timedelta 用来表示时间的动态属性，可以将 timedelta 理解为"时间差"，使用这个时间差可以计算日期时间，如今天之后的第五天日期，当前时间之前的 7 个小时等。

1．创建时间差对象

从 timedalta 类的构造方法中可以知道，timedelta 可以通过指定天、秒、毫秒、微秒、小时等参数来定义时间差，并且每一个参数可以是负数，表示之前的时间和日期：

```
class datetime.timedelta(days=0, seconds=0, microseconds=0, milliseconds=0, hours=0, weeks=0)
```

实际使用时可以根据需要使用部分参数：

```
td = datetime.timedelta(days=10)
td = datetime.timedelta(days=10, hours=5)
td = datetime.timedelta(days=-5)
td = datetime.timedelta(days=-5, hours=-8)
td = datetime.timedelta(hours=75)
td = datetime.timedelta(weeks=2)
```

2．计算目标时间

有了时间差对象，可以通过一个基准时间计算得到一个目标时间，例如：

```
dt = datetime.datetime.today()
print("现在是 {}".format(dt.strftime('%Y年%m月%d日 %H时%M分%S秒')))
delta = datetime.timedelta(days=10)
target = dt + delta
print("十天后是 {}".format(target.strftime('%Y年%m月%d日 %H时%M分%S秒')))
dt = datetime.datetime.today()
```

```
print("现在是 {}".format(dt.strftime('%Y 年%m 月%d 日 %H 时%M 分%S 秒')))
delta = datetime.timedelta(weeks=1)
target = dt + delta
print("一周后是 {}".format(target.strftime('%Y 年%m 月%d 日 %H 时%M 分%S 秒')))
dt = datetime.datetime.today()
print("现在是 {}".format(dt.strftime('%Y 年%m 月%d 日 %H 时%M 分%S 秒')))
delta = datetime.timedelta(hours=-5)
target = dt + delta
print("五小时之前是 {}".format(target.strftime('%Y 年%m 月%d 日 %H 时%M 分%S 秒')))
```

执行结果如下：

```
现在是 2021 年 12 月 11 日 12 时 36 分 14 秒
十天后是 2021 年 12 月 21 日 12 时 36 分 14 秒
现在是 2021 年 12 月 11 日 12 时 36 分 14 秒
一周后是 2021 年 12 月 18 日 12 时 36 分 14 秒
现在是 2021 年 12 月 11 日 12 时 36 分 14 秒
五小时之前是 2021 年 12 月 11 日 07 时 36 分 14 秒
```

3. 计算时间差

同样，也可以对两个时间对象使用"减法"操作得到二者的差值，例如：

```
dt1 = datetime.datetime.today()
dt2 = datetime.datetime.utcnow()
td = dt1 - dt2
print("我们与 utc 时间的差是：{:.0f}小时".format(td.seconds/3600))
```

执行结果如下：

```
我们与 utc 时间的差是：8 小时
```

☎提示：本小节的源代码路径是 ch16/16_2_date_time.py。

16.3　字符串格式化

Python 语言提供了 3 种字符串格式化的语法。在日志打印、字符串拼接和内容输出等场景，经常需要进行字符串格式化操作，本节我们将学习 Python 语言字符串格式化的 3 种语法：百分号（%）格式化、format()格式化和 fString 格式化。

16.3.1　百分号格式化

第一种格式化字符串的方法是使用百分号运算符，先来看一个简单的例子：

```
s = 'Python'
print("格式化的内容是：%s" % s)
```

定义一个变量 s，其值是字符串 Python，格式化字符串时使用一个%作为运算符，左侧叫作格式化模板，定义格式化结果的样式和内容，其中%s 叫作占位符，本例中的占位符将会被一个字符串类型的变量内容所替换。%右侧是替换占位符位置的变量或者常量。运行上述代码，输出结果如下：

```
格式化的内容是：Python
```

常用的占位符有以下几种：

- %s：字符串；
- %d：十进制数字；
- %x：十六进制数字；
- %o：八进制数字；
- %f：浮点小数。

1．整数进制格式化

不同的数字占位符可以以不同格式化形式输出，例如：

```
tempate = "格式化的数字是 %d"
print(tempate % 13)
tempate = "格式化的数字是 %x"
print(tempate % 13)
tempate = "格式化的数字是 %o"
print(tempate % 13)
```

分别以十进制、十六进制、八进制格式化 13 这个整数，执行结果如下：

```
格式化的数字是 13
格式化的数字是 d
格式化的数字是 15
```

2．小数格式化

如果是浮点类型的小数，则可以指定小数的位数，例如：

```
tempate = "格式化的数字是 |%f|"              # 默认有六位小数
print(tempate % 1234.5678)
tempate = "格式化的数字是 |%.2f|"
print(tempate % 1234.5678)                # 四舍五入
print(tempate % 1234.5)
print(tempate % 1234.123)
```

使用%f 格式化小数时，默认保留六位小数，不足时补 0。有时我们希望保留指定的小数位数，如%.2f 表示保留两位小数并且四舍五入，执行上述代码：

```
格式化的数字是 |1234.567800|
格式化的数字是 |1234.57|
格式化的数字是 |1234.50|
格式化的数字是 |1234.12|
```

3．金额千分位

在金融相关的应用场景中，表示金额时需要加上千分位标记：

```
tempate = '千分位格式化 %s'
print(tempate % format(12345.6789, ','))
```

输出金额千分位格式化的结果如下：

```
千分位格式化 12,345.6789
```

4．占位宽度与对齐方式

在%与占位符之间可以增加一个数字来指定占位符所使用的整体宽度。例如我们希望单词 Python 占 20 个字符的宽度：

```
tempate = "格式化的内容是 |%20s|"
print(tempate % 'Python')
```

执行结果如下：

```
格式化的内容是 |              Python|
```

在占位宽度之前使用"-"或"+"可以定义变量对齐方式，"-"表示左对齐，"+"表示右对齐：

```
tempate = "格式化的内容是 |%-20s|"
print(tempate % 'Python')

tempate = "格式化的内容是 |%+20s|"
print(tempate % 'Python')
```

执行结果如下：

```
格式化的内容是 |Python              |
格式化的内容是 |              Python|
```

如果占位符是数字，希望左补 0，则可以使用以下语法：

```
tempate = "格式化的内容是 |%020d|"
print(tempate % 1234)
```

输出结果如下：

```
格式化的内容是 |00000000000000001234|
```

🔔注意：左补 0 语法只能与数字占位符配合使用，如果使用在字符串占位符，则不会有任何效果。

占位宽度与对齐方式同样可以使用在小数占位符%f 中，例如：

```
tempate = "格式化的数字是 |%20.2f|"
print(tempate % 1234.5678)

tempate = "格式化的数字是 |%-20.2f|"
```

```
print(tempate % 1234.5678)

tempate = "格式化的数字是 |%+20.2f|"
print(tempate % 1234.5678)

tempate = "格式化的数字是 |%020.2f|"
print(tempate % 1234.5678)
```

执行结果如下：

```
格式化的数字是 |              1234.57|
格式化的数字是 |1234.57              |
格式化的数字是 |             +1234.57|
格式化的数字是 |00000000000001234.57|
```

5. 多占位符

"%" 除了支持单个占位符之外，还支持多参数格式化。例如在一个模板中包含不止一个占位符时，我们需要把参数变量封装成元组：

```
par = ('Sniper.ZH', 18, 'Python')
tempate = "我叫%s，今年%d 岁，我喜欢学%s"
print(tempate % par)
```

输出结果如下：

```
我叫 Sniper.ZH，今年 18 岁，我喜欢学 Python
```

多个占位符一起使用时，只是参数传递稍有不同，其他语法与单占位符完全一样。

☎提示：本小节的源代码路径是 ch16/16_3_1_strformat_%.py。

16.3.2　format()格式化

字符串类 str 包含一个专门用来格式化输出的方法 format()。先来看一个简单的例子：

```
template = '格式化的内容是 {}'
print(template.format('Python'))
```

执行结果如下：

```
格式化的内容是 Python
```

1. 占位符{}

format()方法统一使用大括号 "{}" 进行占位，不需要强制指定变量类型，可以直接以默认的方式格式化字符串、数字、小数和其他类型的变量：

```
print(template.format(100))
print(template.format(1234.56))
print(template.format(True))
```

执行结果如下：

```
格式化的内容是 100
格式化的内容是 1234.56
格式化的内容是 True
```

2．参数索引

前面学习"%"格式化语法时，有几个占位符就需要提供几个参数，并且参数顺序必须与占位符的顺序一致，而 format()方法更加灵活，来看下面的例子：

```
print("{} {} {}".format(1, 2, 3))
print("{0} {1} {0}".format(1, 2))
print("{2} {1} {0}".format(1, 2, 3))
```

执行结果如下：

```
1 2 3
1 2 1
3 2 1
```

format()方法可以在占位符中填写一个参数索引，指定使用第几个参数作为填充内容，这样的好处就是可以减少重复参数并且填充顺序与参数顺序无关。

3．占位宽度与对齐方式

默认情况下，占位宽度不指定，以参数的实际宽度为准：

```
print("{:s}".format('Python'))
```

现在{}中间增加了一个冒号和一个 s，冒号用来分隔参数索引与占位符，本例中只有一个参数，因此冒号左边的索引编号可以省略，s 表示字符串变量占位符，因此以上语法类似于：

```
print("{0:s}".format('Python'))
```

执行结果如下：

```
Python
```

在冒号和占位符中间可以填写一些可选参数，定义宽度和对齐方式，例如：

```
print("|{:20s}|".format('Python'))
```

其中，20 代表占位宽度为 20 个字符，如果不指定对齐方式则默认左对齐，执行结果如下：

```
|Python              |
```

对齐方式使用"<"">"和"^"，分别表示左对齐、右对齐和居中对齐。例如：

```
print("|{:20s}|".format('Python'))       # 默认左对齐
print("|{:<20s}|".format('Python'))      # 左对齐
print("|{:>20s}|".format('Python'))      # 右对齐
print("|{:^20s}|".format('Python'))      # 居中对齐
```

执行结果如下：

```
|Python              |
|Python              |
|              Python|
|       Python       |
```

4．符号填充

format()方法允许使用任意字符进行填充，在对齐符号左侧增加填充符号：

```
print("|{:-<20s}|".format('Python'))          # 左对齐以减号填充
print("|{:#>20s}|".format('Python'))          # 右对齐以井号填充
print("|{:*^20s}|".format('Python'))          # 居中对齐以星号填充
```

执行结果如下：

```
|Python--------------|
|##############Python|
|*******Python*******|
```

5．数字类型符号

很多时候对于数字类型的正数和负数我们需要在最初时就格式化符号位置，整数占位符为 d，format()方法提供了"+""-"和" "（空格）来定义符号占位：

```
print('|{:d}|{:d}|'.format(13, -13))          # 默认是正数无符号，负数带符号，同-
print('|{:+d}|{:+d}|'.format(13, -13))        # +表示正数和负数都带符号
print('|{:-d}|{:-d}|'.format(13, -13))        # -表示正数无符号，负数带符号
# 空格表示正数无符号，但是占位空格和负数带符号
print('|{: d}|{: d}|'.format(13, -13))
```

执行结果如下：

```
|13|-13|
|+13|-13|
|13|-13|
| 13|-13|
```

6．整数进制格式化

十进制整数格式化输出为二进制、八进制、十六进制的方法如下，"#"定义是否带有进制前缀符号 0b、0o 和 0x：

```
print("|{0:d}|{0:x}|{0:o}|{0:b}|".format(13))        # 不带进制前缀
print("|{0:d}|{0:#x}|{0:#o}|{0:#b}|".format(13))     # 带前缀
```

执行结果如下：

```
|13|d|15|1101|
|13|0xd|0o15|0b1101|
```

7. 浮点数格式化

浮点数占位符为 f，其他语法如占位宽度、参数索引、对齐方式和填充符号都与字符串一致，浮点数格式化关注的是小数位数，例如：

```
print('{:f}'.format(12345.6789))
print('{:.2f}'.format(12345.6789))
print('{:20.2f}'.format(12345.6789))
print('{:0>20.2f}'.format(12345.6789))
```

默认情况下小数保留 6 位，不足时补 0。使用 "." 加数字可以指定保留小数的位数，执行结果如下：

```
12345.678900
12345.68
            12345.68
00000000000012345.68
```

8. 金额千分位

format()同样提供了金额千分位格式化的方法：

```
print('{:,.2f}元'.format(12345.6789))
```

执行结果如下：

```
12,345.68 元
```

9. 关键字传参

在多参数场景下，除了按照索引顺序定义指定的参数外，format()方法可以像函数传参一样使用关键字来指定参数，这对于得到的参数是一个字典形式的场景非常有用，例如：

```
print("关键字传参：我叫{name}，今年{age}岁，我喜欢{language}".format(name=
"Sniper.ZH", age=18, language='Python'))
```

执行结果如下：

```
关键字传参：我叫 Sniper.ZH，今年 18 岁，我喜欢 Python
```

关键字 key 的作用与索引一样，可以结合前面讲过的语法与冒号 ":" 一起使用，例如：

```
print("关键字传参：我叫{name:->15s}，今年{age:010d}岁,我喜欢{language:*^8s}".
format(name="Sniper.ZH", age=18, language='Python'))
```

执行结果如下：

```
关键字传参：我叫------Sniper.ZH，今年 0000000018 岁，我喜欢*Python*
```

以上列出的是使用 format()方法进行格式化输出时的常用语法。实际上，format()方法的高级用法还有很多，如在占位符中同样可以使用变量，让程序开发更灵活，程序功能更强大。

☎提示：本小节的源代码路径是 ch16/16_3_2_strformat_format.py。

16.3.3　fStirng 格式化

在 Python 语法中，对字符串的定义有几个常见的转义符前缀，分别是 b、r 和 f，其中，f 前缀字符串可以拼接参数完成格式化输出工作，占位符语法兼容 format()方法的大部分功能，并且语法简单，使用方便。先来看一个例子：

```
name = 'Sniper.ZH'
age = 18
salary = 19992.21
print(f'我是{name} 我的年龄是{age}, 薪水{salary}元')
```

执行结果如下：

我是 Sniper.ZH 我的年龄是 18, 薪水 19992.21 元

fString 格式化方法兼容 format 方法的大部分能力，对比 format()方法关键字传参语法：

```
print(f'我是{name:-^13s} 我的年龄是{age:010d}, 薪水{salary:,.2f}元')
```

执行结果如下：

我是--Sniper.ZH-- 我的年龄是 0000000018, 薪水 19,992.21 元

更多的语法可参考 16.3.2 小节，这里不再赘述。

☎提示：本小节的源代码路径是 ch16/16_3_3_strformat_fstring.py。

16.4　日志收集

日志收集是每个平台化软件产品所支持的基础功能，在 Python 语言标准库，Logging 库提供了丰富的日志配置和输出功能。日志可以用来追踪软件运行过程所发生的事件。软件开发人员可以向代码中加入调用日志记录的方法来记录事情发生的经过和重要信息。事件可以用包含可选变量数据的消息来描述，并在标准输出、文件或任何网络位置上输出。此外，事件也有重要性的概念，这个重要性也可以称为严重性级别或日志级别（Level）。

优秀的软件日志收集非常重要，这可能不会体现在客户使用层，主要是为开发者或运维人员提供更多的解决问题的依据。测试框架也不例外，测试开发人员也需要通过对日志的整体规划为框架提供有力的日志收集能力。通过对日志的分析，可以方便相关人员了解系统或软件的运行情况。如果日志足够丰富，也可以分析用户的操作行为、类型喜好、地域分布或其他信息；如果一个软件的日志有清晰的级别划分，那么可以很容易地了解软件的健康状况，及时发现问题并快速定位和解决问题。

简单来讲，我们通过对日志的分析可以了解一个系统或软件的运行情况，也可以在软件系统出现故障时进行快速定位。运维工程师在收到报警或各种问题反馈后，分析日志是

主要的解决问题手段，很多问题都可以在日志中找到答案。开发工程师可以通过在控制台上输出的各种日志来调试程序。测试人员在使用测试框架编写脚本时，日志也是帮助他们调试和运行程序的有力助手。测试过程中，经常需要复用大量的测试脚本，日志收集是记录执行过程的重要手段。日志的作用可以简单总结为以下 3 点：

- 调试测试脚本；
- 记录整个测试过程，包含不希望输出到测试报告中的执行细节；
- 测试结果的问题定位和分析。

16.4.1　日志级别

日志文件通常会记录很多的内容，日志的重要程度可以用日志级别（Level）来表示。日志系统通常将日志划分为 7 个级别：DEBUG、INFO、WARNING、ERROR、CRITICAL、ALERT、EMERGENCY。DEBUG 日志级别最低，通常用于程序脚本的调试；INFO 输出系统运行的关键信息；WARNING 是警告，表示系统有问题但是不影响正常运行；而 ERROR 以上级别的日志表示系统运行出现了问题。

如表 16.1 列出了 Python 标准库 Logging 提供的 5 种日志级别。

表 16.1　Python标准库Logging提供了 5 种日志级别

等　　级	描　　述
DEBUG	最详细的日志信息，典型的应用场景是问题诊断
INFO	信息详细程度仅次于DEBUG，通常只记录关键节点信息
WARNING	当某些不期望的事情发生时记录的信息，但是此时程序还是正常运行的
ERROR	由于一个更严重的问题导致某些功能不能正常运行时记录的信息
CRITICAL	当发生严重错误，导致应用程序不能继续运行时记录的信息

表 16.1 中的日志等级是从上到下依次升高的，即 DEBUG < INFO < WARNING < ERROR < CRITICAL，而日志的信息量是依次减少的；Logging 标准库可以指定日志器的日志级别，只有级别大于或等于指定的日志级别，日志记录才会被输出，小于该级别的日志记录将会被丢弃。

Logging 库提供的函数可以使用不同级别的日志，如表 16.2 所示。

表 16.2　Logging库提供的函数可以使用不同级别的日志

函　　数	说　　明
logging.debug(msg, *args, **kwargs)	创建一条级别为DEBUG的日志记录
logging.info(msg, *args, **kwargs)	创建一条级别为INFO的日志记录
logging.warning(msg, *args, **kwargs)	创建一条级别为WARNING的日志记录
logging.error(msg, *args, **kwargs)	创建一条级别为ERROR的日志记录

（续表）

函　　数	说　　明
logging.critical(msg, *args, **kwargs)	创建一条级别为CRITICAL的日志记录
logging.log(level, *args, **kwargs)	创建一条级别为level的日志记录

创建测试脚本 16_4_1_logLevel.py：

```
import logging

logging.debug("This is debug log1")
logging.info("This is info log")
logging.warning("This is warning log")
logging.error("This is error log")
logging.critical("This is critical log")
```

也可以写成：

```
logging.log(logging.DEBUG, "This is debug log1")
logging.log(logging.INFO, "This is info log")
logging.log(logging.WARNING, "This is warning log")
logging.log(logging.ERROR, "This is error log")
logging.log(logging.CRITICAL, "This is critical log")
```

执行脚本，结果如下：

```
WARNING:root:This is warning log
ERROR:root:This is error log
CRITICAL:root:This is critical log
```

Logging 库默认的日志级别是 WARNING，因此 DEBUG 和 INFO 级别的日志将被舍弃，只输出级别等于或高于 WARNING 的日志信息。

☎提示：本小节的源代码路径是 ch16/16_4_1_logLevel.py。

16.4.2　日志配置

16.4.1 小节只输出 WARNING 以上级别的日志，如果要输出 DEBUG 和 INFO 级别的日志，必须指定新的日志级别。Logging 库提供的 baseConfig()方法可以定义日志的级别、输出格式、日志记录位置和日志文件的写入模式等。

在调用日志输出方法之前，使用 baseConfig()方法指定日志级别为 DEBUG：

```
import logging

logging.baseConfig(level=logging.DEBUG)
logging.debug("This is debug log1")
logging.info("This is info log")
logging.warning("This is warning log")
logging.error("This is error log")
logging.critical("This is critical log")
```

再次运行脚本，输出结果包含 DEBUG 和 INFO 日志：

```
DEBUG:root:This is debug log1
INFO:root:This is info log
WARNING:root:This is warning log
ERROR:root:This is error log
CRITICAL:root:This is critical log
```

baseConfig()方法的参数如表 16.3 所示。

表 16.3　baseConfig()方法的参数

参　数　名　称	描　　　述
filename	指定日志输出目标文件的文件名，指定该设置项后日志信息就不会在控制台输出了
filemode	指定日志文件的打开模式，默认为'a'。注意该选项在filename参数非空时才有效
format	指定日志格式字符串，即指定日志输出时所包含的字段信息及它们的顺序。Logging 模块定义的格式字段下面会列出
datefmt	指定日期/时间格式。注意，该选项在format中包含时间字段%(asctime)s时才有效
level	指定日志器的日志级别
stream	指定日志输出目标stream，如sys.stdout、sys.stderr及网络stream。注意，stream和filename不能同时提供

☎提示：本小节的源代码路径是 ch16/16_4_2_baseConfig.py。

16.4.3　日志格式

在输出日志信息中除了包含日志内容外，默认使用如下格式：

日志级别:日志器名称:日志内容

baseConfig 默认的格式代码：

```
"%(levelname)s:%(name)s:%(message)s"
```

其中，%(levelname)s 为格式变量参数，levelname 代表日志级别，name 代表记录器名称，message 是要输出的日志内容。除此之外，Logging 模块常用的格式变量如表 16.4 所示。

表 16.4　Logging模块常用的格式变量

字　段　名　称	使　用　格　式	描　　　述
asctime	%(asctime)s	日志事件发生的时间（人类可读时间）
created	%(created)f	日志事件发生的时间（时间戳）
levelname	%(levelname)s	记录日志的级别
name	%(name)s	所使用的日志器的名称，默认是'root'
message	%(message)s	日志记录的文本内容
pathname	%(pathname)s	调用日志记录函数的源码文件的全路径

（续表）

字 段 名 称	使 用 格 式	描　　述
filename	%(filename)s	pathname的文件名部分，包含文件后缀
module	%(module)s	filename的名称部分，不包含后缀
lineno	%(lineno)d	调用日志记录函数的源代码所在的行号
funcName	%(funcName)s	调用日志记录函数的函数名

自定义日志格式，输出更丰富的日志信息：

```python
import logging

LOG_FORMAT = "%(asctime)s|%(levelname)s|%(filename)s:%(lineno)s|%(message)s"
logging.basicConfig(format=LOG_FORMAT, level=logging.DEBUG)
logging.debug("This is debug log1")
logging.info("This is info log")
logging.warning("This is warning log")
logging.error("This is error log")
logging.critical("This is critical log")
```

执行脚本，变更后的日志如下：

```
2021-12-17 16:17:15,528|DEBUG|16_4_3_logFormat.py:12|This is debug log1
2021-12-17 16:17:15,528|INFO|16_4_3_logFormat.py:13|This is info log
2021-12-17 16:17:15,528|WARNING|16_4_3_logFormat.py:14|This is warning
log
2021-12-17 16:17:15,528|ERROR|16_4_3_logFormat.py:15|This is error log
2021-12-17 16:17:15,528|CRITICAL|16_4_3_logFormat.py:16|This is critical
log
```

日期时间格式可以使用 baseConfig()方法的 datefmt 参数来定义：

```python
import logging

LOG_FORMAT = "%(asctime)s|%(levelname)s|%(filename)s:%(lineno)s|%(message)s"
DATE_FORMAT = "%Y 年%m 月%d 日 %H 时%M 分%S 秒"
logging.basicConfig(format=LOG_FORMAT, datefmt=DATE_FORMAT, level=
logging.DEBUG)
logging.debug("This is debug log1")
logging.info("This is info log")
logging.warning("This is warning log")
logging.error("This is error log")
logging.critical("This is critical log")
```

现在可以看到日期时间的中文格式：

```
2021 年 12 月 17 日 16 时 18 分 56 秒|DEBUG|16_4_3_logFormat.py:13|This is debug
log1
2021 年 12 月 17 日 16 时 18 分 56 秒|INFO|16_4_3_logFormat.py:14|This is info log
2021 年 12 月 17 日 16 时 18 分 56 秒|WARNING|16_4_3_logFormat.py:15|This is
warning log
2021 年 12 月 17 日 16 时 18 分 56 秒|ERROR|16_4_3_logFormat.py:16|This is error log
2021 年 12 月 17 日 16 时 18 分 56 秒|CRITICAL|16_4_3_logFormat.py:17|This is
critical log
```

☎提示：本小节的源代码路径是 ch16/16_4_3_logFormat.py。

16.4.4　日志文件

更多时候我们希望将日志输出到文件中永久保存，而不是在默认的标准输出中显示，使用 baseConfig() 的 filename 参数可以定义日志输出的文件位置：

```python
import logging

LOG_FORMAT = "%(asctime)s|%(levelname)s|%(filename)s:%(lineno)s|%(message)s"
DATE_FORMAT = "%Y年%m月%d日 %H时%M分%S秒"
LOG_FILE = "debug.log"
logging.basicConfig(format=LOG_FORMAT, datefmt=DATE_FORMAT, level=
logging.DEBUG, filename=LOG_FILE)
logging.debug("This is debug log1")
logging.info("This is info log")
logging.warning("This is warning log")
logging.error("This is error log")
logging.critical("This is critical log")
```

现在，日志内容将被写入 debug.log 文件中。

默认的写入方式为 a，为追加模式，每次写入都加入文件末尾。如果想要每次写入覆盖原有内容，使用参数 filemode='w'即可，但是这种方式并不常用。

☎提示：本小节的源代码路径是 ch16/16_4_4_logFile.py。

16.4.5　Logging 的四大组件

前面例子中使用的是 Logging 库的基础用法，简单应用场景使用没问题，但对于大型项目和测试框架就显得有些力不从心了。在讲解 Logging 库高级用法之前，先介绍一下 Logging 库的四大组件：Logger、Handler、Filter 和 Formatter。

1．日志器

日志器（Logger）提供了统一的应用程序接口，通过 Handler 处理器完成日志的输出。一个日志器可以控制多个处理器向不同目标位置输出日志。可以说，Logger 就是一个负责输出日志的机器人。

2．处理器

处理器（Handler）的作用是（基于日志内容的级别）将日志内容分发到 Handler 指定的位置（文件、网络、邮件等）。Logger 对象可以通过 addHandler() 方法为自己添加 0 个或者更多个 Handler 对象。Handler 就像机器人手中的笔，可以向不同的目标位置按照指定的日志级别写入日志内容。

3. 过滤器

过滤器（Filter）提供了更细粒度的控制工具来决定输出哪条日志记录，丢弃哪条日志记录。写入日志的内容不但与日志级别有关，而且与程序的模块、函数和方法都有直接关系，有时我们希望输出一部分日志模块的而抛弃其他模块，过滤器的作用就是帮助 Logger 和 Handler 筛选想要输出日志的源对象。

4. 格式器

格式器（Formatter）决定日志信息的最终格式，作用与 baseConfig() 方法的 format 参数一样，可以使用所有 format 定义的格式参数。

基于四大组件，我们可以配置更加精细化的日志信息，创建测试脚本 16_4_5_components.py：

```python
import logging

# 编写程序实现日志的收集
# 记录器
logger = logging.getLogger('applog')
logger.setLevel(logging.DEBUG)

# 处理器
consoleHandler = logging.StreamHandler()
consoleHandler.setLevel(logging.DEBUG)

# 没有给 Handler 指定日志级别，将使用 Logger 的级别
fileHandler = logging.FileHandler(filename='addDemo.log')
fileHandler.setLevel(logging.INFO)

# Formatter 格式
formatter = logging.Formatter("%(asctime)s|%(levelname)-8s|%(filename)
10s:%(lineno)4s|%(message)s")

# 为处理器设置格式
consoleHandler.setFormatter(formatter)
fileHandler.setFormatter(formatter)

# 记录器要设置处理器
logger.addHandler(consoleHandler)
logger.addHandler(fileHandler)

# 定义一个过滤器
flt = logging.Filter("demo")
```

```
# 关联过滤器
# logger.addFilter(flt)
fileHandler.addFilter(flt)

# 打印日志的代码
logger.debug("This is debug log1")
logger.info("This is info log")
logger.warning("This is warning log")
logger.error("This is error log")
logger.critical("This is critical log")
```

现在可以同时向文件和控制台输出定制化的日志内容：

```
2021-12-17 17:09:01,767|DEBUG   |16_4_5_components.py:  42|This is debug
log1
2021-12-17 17:09:01,767|INFO    |16_4_5_components.py:  43|This is info
log
2021-12-17 17:09:01,767|WARNING |16_4_5_components.py:  44|This is warning
log
2021-12-17 17:09:01,767|ERROR   |16_4_5_components.py:  45|This is error
log
2021-12-17 17:09:01,767|CRITICAL|16_4_5_components.py:  46|This is critical
log
```

☎提示：本小节的源代码路径是 ch16/16_4_5_components.py。

16.4.6　使用配置文件

除了使用编程方式定义 Logger 并输出日志以外，配置文件也可以完成对 Logging 库的配置，创建配置文件 logging.conf：

```
[loggers]
keys=root,applog

[handlers]
keys=fileHandler,consoleHandler

[formatters]
keys=simpleFormatter

[logger_root]
level=DEBUG
handlers=consoleHandler

[logger_applog]
level=DEBUG
handlers=fileHandler,consoleHandler
qualname=applog
propagate=0
```

```
[handler_consoleHandler]
class=StreamHandler
args=(sys.stdout,)
level=DEBUG
formatter=simpleFormatter

[handler_fileHandler]
class=handlers.TimedRotatingFileHandler
args=('applog.log', 'midnight',1,0)
level=DEBUG
formatter=simpleFormatter

[formatter_simpleFormatter]
format=%(asctime)s|%(levelname)8s|%(filename)s[:%(lineno)d]|%(message)s
datefmt=%Y-%m-%d %H:%M:%S
```

内容与编程配置方式一样，使用时直接获取 Logger 对象然后调用日志方法：

```
import logging.config

# 以配置文件的方式来处理日志
logging.config.fileConfig('logging.conf')

rootLogger = logging.getLogger()
rootLogger.debug("This is root Logger, debug")

logger = logging.getLogger('applog')
logger.debug("This is applog, debug")
```

☎提示：本小节的源代码路径是 ch16/16_4_6_config.py。

16.5　动　态　参　数

有时我们在一些框架源码中经常用*args 和**kwargs 来定义函数和方法的入口参数，这就是动态参数。动态参数简单讲就是不限定传入的参数的个数和名字，动态参数在应用层开发中很少用到，而在平台开发或测试开发框架搭建时却经常使用。接下来一起学习动态参数的使用技巧。

16.5.1　函数参数定义

首先回顾一下传递参数的方法，包括必要参数、默认值参数、位置参数和关键字参数。

1．必要参数

下面的函数定义包含两个必要参数 name 和 age：

```
def func(name, age):
```

```
print("这个函数包括两个必要参数 name 和 age")
```

这说明我们在调用函数 func() 的时候必须传递两个参数，缺一不可：

```
func("Sniper.ZH", 18)
```

如果形参与实参个数不符，将会抛出如下异常信息：

```
Traceback (most recent call last):
  File "D:/PycharmProjects/pythonLibDemo/16_5_1_func_params.py", line 14,
in <module>
    func("Sniper.ZH")
TypeError: func() missing 1 required positional argument: 'age'
```

2. 默认值参数

如果想要在必要参数缺失实参的情况下依然能够正确执行，很多时候要给参数设定一个默认值，比如我们期望不传递 age 年龄实参的时候默认为 18 岁：

```
# 默认值参数
def func_default(name, age=18):
    print("这个函数包括两个必要参数 name 和 age,age 的默认值为 18")

func_default("Sniper.ZH")
```

在使用默认值参数的时候一定要注意，如果 name 和 age 都设定了默认值，则两个参数都不传实参，都会使用默认值，如果只传递其中一个呢？

```
# 默认值参数
def func_default1(name='Python', age=18):
    print("这个函数包含两个必要的参数 name 和 age，并且都有默认值")
    print("name:", name)
    print("age:", age)


func_default1("Sniper.ZH")
```

执行结果如下：

```
这个函数包含两个必要的参数 name 和 age，并且都有默认值
name: Sniper.ZH
age: 18
```

可以看出，实参 Sniper.ZH 按照顺序与第一个形参 name 匹配，而 age 使用了默认值 18，因此直接当作 name 参数来处理。这种传参方式叫作 "位置参数"，即形参与实参的顺序是一一对应的。

3. 关键字参数

如果只想传递一个参数并且这个参数期望是年龄 age 的话，就必须使用关键字参数，以 "形参=实参" 的语法来传递 age 参数：

```
func_default1(age=30)
```

执行结果如下：

这个函数包括两个必要参数 name 和 age，都有默认值
```
name: Python
age: 30
```

关键参数可以忽略参数的位置顺序，实际上就是以键值对的形式主动定义形参和实参的关系。例如，以下用法也是正确的：

```
func_default1(age=30, name="Sniper")
```

以上是几种函数参数定义和参数传递的方法可以归纳为"固定参数"，就是说当参数只有 name 和 age 时，不论采用何种参数传递方法，都不可能给函数传递第三个参数 sex。

☎提示：本小节的源代码路径是 ch16/16_5_1_func_params.py。

16.5.2 动态参数定义

请读者思考一个问题：能否定义一个函数，它可以接收多个参数，而不局限于 name 和 age，并且它可以传递 sex、school、height 等参数。要达到这样的目的，需要改造函数的入口形参定义方法，使用动态参数来定义入口参数。动态参数分为两类：列表动态参数和字典动态参数。

1. 列表动态参数

列表动态参数可以使用一个"*"标记参数，让参数成为一个列表参数：

```
# 动态参数定义
def func(*args):
    print("这是一个动态参数函数，可以接收任意多个参数")
    print("args 是参数封装的列表：", args)
```

这样的函数将不限定参数的个数，调用时可以传入任意多个参数，所有参数将会被封装成一个元组（Tuple）：

```
func(1, 2, 3, 4, 5)
func(6, 7)
```

执行结果如下：

```
这是一个动态参数函数，可以接收任意多个参数
args 是参数封装的列表： (1, 2, 3, 4, 5)
这是一个动态参数函数，可以接收任意多个参数
args 是参数封装的列表： (6, 7)
```

大多数情况下列表动态参数接收的应该是一类参数，只是数量不同。例如，接收多个手机号、身份证号或者多个数字的集合，如果想要传递姓名、年龄、职业和性别等不同含义的参数，必须约定顺序，如第一个是名字，第二个是年龄，第三个是性别等，否则语义关系会变得非常混乱。

```
func("sniper.zh", 28, "长春", "男", "IT")
func("nancy", 18, "女", "教师")
```

执行结果如下：

```
这是一个动态参数函数，可以接收任意多个参数
args 是参数封装的列表： ('sniper.zh', 28, '长春', '男', 'IT')
这是一个动态参数函数，可以接收任意多个参数
args 是参数封装的列表： ('nancy', 18, '女', '教师')
```

即使代码能够执行成功，也会产生混乱，不知道是缺少了代表职业的参数还是代表性别的参数。

2．字典动态参数

字典动态参数使用两个"**"标记参数，让参数成为一个字典参数：

```
# 动态参数定义
def func(**kwargs):
    print("这是一个动态参数函数，可以接收任意多个参数")
    print("kwargs 是参数封装的字典： ", kwargs)
```

调用函数时使用关键字传参方式：

```
func(a=1, b=2, c=3)
func(d=4, e=5)
```

执行结果如下：

```
这是一个动态参数函数，可以接收任意多个参数
kwargs 是参数封装的字典： {'a': 1, 'b': 2, 'c': 3}
这是一个动态参数函数，可以接收任意多个参数
kwargs 是参数封装的字典： {'d': 4, 'e': 5}
```

类似上面名字、年龄、职业、性别有语义的动态参数，采用关键字和字典动态参数更为合适。例如：

```
func1(name="sniper.zh", age=28, loc="长春", sex="男", occup="IT")
func1(name="nancy", sex="女", occup="教师", phone='17700001111')
```

执行结果如下：

```
这是一个动态参数函数，可以接收任意多个参数
kwargs 是参数封装的字典： {'name': 'sniper.zh', 'age':28, 'loc':'长春', 'sex':
'男', 'occup': 'IT'}
这是一个动态参数函数，可以接收任意多个参数
kwargs 是参数封装的字典： {'name': 'nancy', 'sex': '女', 'occup': '教师',
'phone': '17700001111'}
```

3．动态参数整合

更多时候我们希望函数可以接收任意类型的参数，包括位置参数和关键字参数，因此，我们可以把列表类型的动态参数和字典类型动态参数结合起来使用：

```
def dyn_params_func(*args, **kwargs):
    print("这是一个动态参数函数，可以接收任意多个参数")
    print("位置参数将会封装成列表:", args)
    print("关键字参数将会封装成字典: ", kwargs)
```

这是一个动态参数的函数定义，也是在很多底层源码中经常见到的语法。例如，调用时可以传递任何位置参数和关键字参数：

```
func1("sniper.zh", 28, loc="长春", sex="男", occup="IT")
```

执行结果如下：

```
这是一个动态参数函数，可以接收任意多个参数
位置参数将会封装成列表: ('sniper.zh', 28)
关键字参数将会封装成字典: {'loc': '长春', 'sex': '男', 'occup': 'IT'}
```

从结果中可以看到，依据参数传递方式不同，参数被分为两类，位置参数被封装在列表参数 args 中，而关键字参数因为指定了参数名字因此被封装在字典参数 kwargs 中。

⏛注意：Python 语法约定，位置参数必须位于关键字参数之前。

☎提示：本小节的源代码路径是 ch16/16_5_2_dyn_params.py。

16.5.3　动态参数传递

前面讲解了动态参数的定义方法，让函数可以接收任意数量和类型的参数。反过来，如果有如下函数：

```
def dyn_params_func(*args, **kwargs):
    print("这是一个动态参数函数，可以接收任意多个参数")
    print("位置参数将会封装成列表:", args)
    print("关键字参数将会封装成字典: ", kwargs)
```

同时有一个列表对象，其包含一组数字：

```
paras_list = [1, 2, 3, 4, 5]
```

如果直接调用函数，传递 params_list 作为参数：

```
dyn_params_func(paras_list)
```

执行结果，params_list 将会作为一个整体以元组形式传递，作为动态参数的第一个元素：

```
这是一个动态参数函数，可以接收任意多个参数
位置参数将会封装成列表: ([1, 2, 3, 4, 5],)
关键字参数将会封装成字典: {}
```

如果我们期望与以下动态位置参数调用一样的效果：

```
dyn_params_func(1, 2, 3, 4, 5)
```

需要在参数调用时在 params_list 参数前面加上一个 "*" 让它转换为动态位置参数：

```
dyn_params_func(*paras_list)
```

执行结果如下：

```
这是一个动态参数函数，可以接收任意多个参数
位置参数将会封装成列表：(1, 2, 3, 4, 5)
关键字参数将会封装成字典：{}
```

同理，如果有一个字典类型的数据：

```
params_dict = {
    "name": "sniper.zh",
    "age": 28,
    "sex": "男",
    "loc": "长春",
    "occup": "IT",
}
```

默认的参数传递方式会将 params_dict 作为一个整体，并当作第一个形参来处理：

```
dyn_params_func(params_dict)
```

执行结果如下：

```
这是一个动态参数函数，可以接收任意多个参数
位置参数将会封装成列表：({'name': 'sniper.zh', 'age': 28, 'sex': '男', 'loc':
'长春', 'occup': 'IT'},)
关键字参数将会封装成字典：{}
```

想要得到如下关键字动态参数的调用效果：

```
dyn_params_func(name="sniper.zh", age=28, sex="男", loc="长春", occup="IT")
```

需要在参数传递时在 params_dict 参数前面加上两个"**"，将字典转换为关键字参数：

```
dyn_params_func(**params_dict)
```

执行结果如下：

```
这是一个动态参数函数，可以接收任意多个参数
位置参数将会封装成列表：()
关键字参数将会封装成字典：{'name': 'sniper.zh', 'age': 28, 'sex': '男', 'loc':
'长春', 'occup': 'IT'}
```

学到这里，回忆一下之前的知识，是不是对 Unittest 测试框架中，数据驱动测试方法的入口参数 "**params" 有了更加深刻的认识？我们在 yaml 文件中定义键值对数据可以直接映射到测试方法的入口参数 params 中，就是使用动态参数来实现的。

☎提示：本小节的源代码路径是 16_5_2_dyn_params.py。

16.6　装　饰　器

装饰器（Decorators）是 Python 的一个重要技术，它是修改其他函数功能的函数，所

以有"装饰"之意。装饰器有助于让代码更简短。如果是 Python 初学者、一直从事应用层面开发或者编程自动化阶段的测试人员，可能不知道装饰器在哪里，如何定义一个自己的装饰器，但在框架编程和测试开发工作中，装饰器随处可见，是进行框架底层开发的必须要掌握的语法知识。

假设我们写了很多测试方法，需要为每一个测试方法执行前后增加一些公共的规则和内容输出，如打印场景说明信息、打印参数和记录执行时间等。如果没有装饰器，则需要逐个修改每个测试方法，这是非常可怕的事情。这时就显出装饰器的作用了。Python 语言装饰器从设计层面来讲与 Java 语言的拦截器（Interceptor）都是面向切面编程的方法，也称作 AOP。本节我们一起来学习 Python 语言装饰器的原理，为后面进行企业级测试框架开发奠定基础。

16.6.1　修改函数

装饰器的目的就是在不修改其他函数内部代码的前提下为函数提供更多的功能，如修改函数代码逻辑，修改入口参数等。既然是修改函数的函数，首先我们来定义个普通的函数，创建测试脚本 16_6_1_decorator1.py：

```
def func():
    print("::::这是一个普通的函数 func!")


func()
```

定义一个函数 func()，并调用它。执行结果如下：

```
::::这是一个普通的函数 func!
```

这看起来很简单，来看下面两条输出信息：

```
print(func())
print(func)
```

在第一行输出内容中 func 后面带小括号()，代表 func()函数执行后的返回值；第二行输出的是 func()函数本身，虽然只有一个小括号的差别，但是含义完全不一样：

```
None
<function func at 0x000002197905D280>
```

Python 一切皆对象，func()函数本身是 function 类型的一个对象。

明白了二者的区别以后，我们来定义另外一个函数 decor()：

```
def decor(_func):
    _func()
```

decor()函数有一个入口参数_func，通过 decor()函数内部来调用_func()函数。下面调用 decor()函数并把 func()函数作为入口参数传递给 decor()：

```
decor(func)
```

执行结果如下：

```
::::这是一个普通的函数 func!
```

看起来似乎没什么区别？不要急，往下看。

在 decor()函数内部增加一些修饰内容，并增加内部函数 inner()包裹参数调用：

```
def decor(_func):
    def inner():
        print("这是在 func 执行之前的一些操作！")
        _func()
        print("这是在 func 执行之后的一些操作！")

    return inner
```

再次执行代码将不会有任何内容输出，因为 decor()现在的返回值是 inner()函数但并没有调用该函数，修改调用代码：

```
new_func = decor(func)
new_func()
```

为了让刚刚接触装饰器的初学者看得清楚，我将代码分成两行，第一行获得一个返回值函数体，第二行才是调用函数的代码，或者可以写成下面这样：

```
decor(func)()
```

执行上述代码，结果输出如下：

```
这是在 func 执行之前做的一些操作！
::::这是一个普通的函数 func!
这是在 func 执行之后做的一些操作！
```

在 func()函数执行结果的前后增加我们需要的内容，这就是装饰器的基本作用，但是现在的装饰器功能还不够完善。先调用 decor()函数获得返回值，再调用 inner()函数，这样非常麻烦，所以 Python 语言提供了一个装饰器的专有语法，将@decor 写在 func()函数之前，然后就可以直接调用 func()函数达到与 decor(func)()语句等价的效果：

```
def decor(_func):
    def inner():
        print("这是在 func 执行之前的一些操作！")
        _func()
        print("这是在 func 执行之后的一些操作！")

    return inner

@decor
def func():
    print("::::这是一个普通的函数 func!")

func()
```

代码执行后可以看到与前面一样的结果：

```
这是在 func 执行之前做的一些操作！
::::这是一个普通的函数 func！
这是在 func 执行之后做的一些操作！
```

怎么样？这就是装饰器的主要功能——修改函数，我们在没有修改 func()函数的前提下为 func()函数提供了额外的功能，就像"赛亚人变身"一样神奇。

装饰器依赖上述"非入侵式"语法，在框架和底层设计中发挥着非常重要的作用。

☎提示：本小节的源代码路径是 ch16/16_6_1_decorator1.py。

16.6.2　隐藏伪装者的身份

调用 decor()函数会返回 inner()函数，而调用 inner()函数相当于调用 func()函数，来看下面这段代码：

```python
def decor(_func):
    def inner():
        print("这是在 func 执行之前的一些操作！")
        _func()
        print("这是在 func 执行之后的一些操作！")

    return inner


def func():
    print("::::这是一个普通的函数 func!")


print(func.__name__)
new_func = decor(func)
print(new_func.__name__)
```

输出内容如下：

```
func
inner
```

也就是说，装饰器 decor()的返回值确实是 inner()，但是这与我们说的"非入侵式"的理念相背。我们可以通过 Python 标准库提供的装饰器 functools 让 inner()函数隐藏自己的身份，"伪装"成 func()函数：

```python
import functools

def decor(_func):
    @functools.wraps(_func)
    def inner():
        print("这是在 func 执行之前的一些操作！")
        _func()
        print("这是在 func 执行之后的一些操作！")
```

```
    return inner


def func():
    print(":::这是一个普通的函数 func!")


print(func.__name__)
new_func = decor(func)
print(new_func.__name__)
```

执行代码结果如下：

```
func
func
```

现在的 inner() 已经完全"伪装"成 func() 函数了。"非入侵"是非常重要的功能，如果我们真的修改了函数的内容，则可能会引发不可预料的问题。

☎提示：本小节的源代码路径是 ch16/16_6_2_decorator2.py。

16.6.3　返回值和入口参数

函数都是有返回值的，现在给 func() 函数增加一个返回值：

```
@decor
def func():
    print(":::这是一个普通的函数 func!")
return "func return"
```

inner() 函数可以接收 func() 函数的返回值并将其返回给调用者，当然，在这个过程中 inner() 有足够的权利"篡改"这个返回值。

```
def decor(_func):
    @functools.wraps(_func)
    def inner():
        print("这是在 func 执行之前的一些操作！")
        res = _func()
        print("这是在 func 执行之后的一些操作！")
        return res
    return inner
```

在执行代码中增加对调用结果返回值的打印输出：

```
r = func()
print(r)
```

执行代码，输出结果依然是 func() 的返回值，因为本例中的 inner() 没有"篡改"func() 返回值的内容，读者可以自己试试"篡改"后的结果。

```
这是在 func 执行之前的一些操作！
:::这是一个普通的函数 func!
```

```
这是在 func 执行之后的一些操作！
func return
```

入口参数是函数都具备的要素，例如，func()函数包含入口参数 name 和 age：

```
@decor
def func(name, age):
    print(":::这是一个普通的函数 func!", name, age)
    return "func return"
```

如果直接带参数来调用 func()函数：

```
func("Sniper.ZH", 18)
```

那么代码执行时会抛出异常：

```
Traceback (most recent call last):
  File "F:/PycharmProjects/pythonLibDemo/16_6_3_decorator3.py", line 27,
in <module>
    r = func("Sniper.ZH", 18)
TypeError: inner() takes 0 positional arguments but 2 were given
```

此时需要 inner()函数也有相同的参数，而且在调用 func()时将其传递进去：

```
def decor(_func):
    @functools.wraps(_func)
    def inner(name, age):
        print("这是在 func 执行之前的一些操作！")
        res = _func(name, age)
        print("这是在 func 执行之后的一些操作！")
        return res
    return inner
```

执行代码，输出 name 和 age 参数的内容：

```
这是在 func 执行之前的一些操作！
:::这是一个普通的函数 func! Sniper.ZH 18
这是在 func 执行之后的一些操作！
func return
```

如果 decor 装饰器只能服务于 func()一个函数，那么以上做法当然没问题，但是装饰器应该可以装饰任何函数，而函数的参数是不确定的，其他函数的入口参数不可能都是 name 和 age，这时需要使用动态参数来定义 inner()的入口参数：

```
def decor(_func):
    @functools.wraps(_func)
    def inner(*args, **kwargs):
        print("这是在 func 执行之前的一些操作！")
        res = _func(*args, **kwargs)
        print("这是在 func 执行之后的一些操作！")
        return res
    return inner
```

现在的 decor 不但可以"装饰"在 func()函数中，而且可以定义一个新的 func1()并在其中添加 decor 装饰器：

```
@decor
def func1(score):
    print(":::这是 func1 函数:", score)

func1(99)
```

执行脚本，可以看到，decor 同样可以"装饰"func1()函数，这是动态参数带来的便利之处。

```
这是在 func 执行之前的一些操作!
:::这是 func1 函数: 99
这是在 func 执行之后的一些操作!
```

☎提示：本小节的源代码路径是 ch16/16_6_3_decorator3.py。

16.6.4　带参数的装饰器

decor 装饰器可以装饰任何函数并且原始函数可以带有任意入口参数和返回值，但是 decor 本身还不具备传参能力，前面学习 Unittest 框架的时候，使用@ddt.data 和@ddt.file_data 装饰器的时候都有一个文件或者测试数据作为入口参数，现在我们给 decor 增加一个入口参数 param：

```
def decor(param):
    def wrapper(_func):
        @functools.wraps(_func)
        def inner(*args, **kwargs):
            print("这是在 func 执行之前的一些操作! ")
            print("decor 装饰器入口参数: ", param)
            res = _func(*args, **kwargs)
            print("这是在 func 执行之后的一些操作! ")
            return res
        return inner
    return wrapper
```

为了传递 param 参数，必须在 inner()内部函数的外层再增加 wrapper()函数，这是函数式编程的语法。decor 装饰器可以带有一个参数：

```
@decor("Python")
def func(name, age):
    print(":::这是一个普通的函数 func!", name, age)
    return "func return"
```

执行结果如下：

```
这是在 func 执行之前的一些操作!
decor 装饰器入口参数:  Python
:::这是一个普通的函数 func! Sniper.ZH 18
这是在 func 执行之后的一些操作!
func return
```

通常情况下，我们会将装饰器代码放在一个单独的模块中，创建 demoDecorator.py 并将 decor 函数放入新的模块中：

```python
import functools


def decor(param):
    def wrapper(_func):
        @functools.wraps(_func)
        def inner(*args, **kwargs):
            print("这是在 func 执行之前的一些操作！")
            print("decor 装饰器入口参数：", param)
            res = _func(*args, **kwargs)
            print("这是在 func 执行之后的一些操作！")
            return res
        return inner
    return wrapper
```

然后在使用前引入 decor()函数即可：

```python
from demoDecorator import decor

@decor("Python")
def func(name, age):
    print("::::这是一个普通的函数 func!", name, age)
    return "func return"


r = func("Sniper.ZH", 18)
print(r)
```

以上内容基本涵盖了装饰器的常用语法，重点掌握装饰器的原理及使用装饰器要达到的目的，装饰器就是一个"以非入侵方式修改函数的函数"。更多装饰器的使用将在后面的内容中陆续介绍。

☎提示：本小节的源代码路径是 ch16/16_6_4_decorator4.py ch16/demoDecorator.py。

16.7　反 射 机 制

反射机制（Reflect）在任何一种面向对象编程语言中都是较难掌握的。如果是做应用层开发，很少能够接触反射编程技术，但是在平台层尤其是参数转换为动态方法调用的场景中，反射机制就非常重要。开发架构师、测试开发人员都需要掌握反射编程的相关技术。那么，什么是"反"？什么又是"正"呢？本节将详细讲解反射机制的原理和实现过程。

16.7.1　动态方法调用

下面用一个例子看一下反射的基础作用。创建一个模块 funcModel.py，在其中定义两个函数 funcA()和 funcB()：

```
def funcA(name="Python"):
    print("这是函数 funcA: ", name)


def funcB(name="Python"):
    print("这是函数 funcB: ", name)
```

创建测试脚本 16_7_1_reflect1.py，通过以下方法可以调用两个函数：

```
import funcModel

funcModel.funcA()
funcModel.funcB()
```

执行脚本，可以得到两个函数调用的执行结果：

```
这是函数 funcA:  Python
这是函数 funcB:  Python
```

接下来接收一个用户输入，根据用户输入的方法名称执行相应的方法：

```
import funcModel


inp = input("请输入要执行的方法名称:")
if inp == 'funcA':
    funcModel.funcA()
elif inp == 'funcB':
    funcModel.funcB()
else:
    print("输入有误，无此方法:", inp)
```

现在的程序代码接收一个用户输入的"字符串"，根据内容执行不同的方法：

```
请输入要执行的方法名称:funcA
这是函数 funcA:  Python

请输入要执行的方法名称:funcB
这是函数 funcB:  Python
```

思考一下，如果根据现在的代码扩展一个新的函数 funcC()，那么就需要在 funcModel.py 模块中增加新的 funcC()函数定义：

```
def funcC(name="Python"):
    print("这是函数 funcC: ", name)
```

同时还必须修改执行脚本的内部逻辑，提供 funcC()输入的分支：

```
import funcModel

inp = input("请输入要执行的方法名称:")
if inp == 'funcA':
    funcModel.funcA()
elif inp == 'funcB':
    funcModel.funcB()
```

```
    elif inp == 'funcC':
        funcModel.funcC()
    else:
        print("输入有误, 无此方法:", inp)
```

这样修改后, 输入 funcC()的确可以执行 funcC()函数得到正确的结果:

```
请输入要执行的方法名称:funcC
这是函数 funcC: Python
```

看起来没什么问题, 类似 funcA()、funcB()和 funcC()这样的方法数量不多, 如果有 1000 个这样的方法, if…elif…else 条件判断分支要写 1000 次吗? 因此反射机制的第一个基本功能就是动态生成对象并调用, Python 语言提供的 getattr()内置函数可以从一个对象中获取想要的属性和方法。在 Python 中一切皆对象, 不论类、函数还是引入代码中的一个模块, 都可以当作一个对象来处理。

现在用反射方法来改造一下方法调用过程:

```
import funcModel

inp = input("请输入要执行的方法名称:")
func = getattr(funcModel, inp)
func()
```

首先接收用户输入的函数名称, 然后使用 getattr 内置函数从 funcModel 对象中获取同名的函数对象, 最后再使用小括号 "()" 语法调用这个函数。

从结果中可以看出, 仅用三行代码就完成了前面使用 if 语句判断的所有功能:

```
请输入要执行的方法名称:funcA
这是函数 funcA: Python

请输入要执行的方法名称:funcB
这是函数 funcB: Python

请输入要执行的方法名称:funcC
这是函数 funcC: Python
```

如果想要扩展 funcD()、funcE()和 funcF()等更多的方法, 只需要在 funcModel 模块中进行定义即可, 在执行层面不需要做任何改动。这就是反射机制的第一个作用——动态方法调用。

🔖 注意: 正向代码就是用编程语句和指令, 直接调用函数或方法; 反射的意思实际上是通过 "字符串" 反向控制程序代码的执行。

☎ 提示: 本小节的源代码路径是 ch16/16_7_1_reflect1.py。

16.7.2　动态模块载入

本小节我们提高一下要求, 现在的脚本如下:

```
import funcModel

inp = input("请输入要执行的方法名字:")
func = getattr(funcModel, inp)
func()
```

在以上代码中,第一行导入了 funcModel 模块,如果想调用更多的模块函数呢? import funcModel 导入语句也可以由"字符串"反射达到动态导入的目的:

```
inp = input("请输入要执行的模块和方法名称(模块.函数名):")

module, funcname = inp.split(".")
module = __import__(module)
if hasattr(module, funcname):
    func = getattr(module, funcname)
    func()
else:
    print(inp, "不存在.")
```

我期望通过用户输入得到模块名和函数名并用"."进行分隔,__import__()函数用来动态载入模块,hasattr()函数用于判断模块中是否存在对应的方法,提升反射代码的健壮性。

编写第二个模块 funcModel1.py,并在其中定义 funcD()和 funcE()两个函数:

```
def funcD(name="Python"):
    print("这是函数 funcD: ", name)


def funcE(name="Python"):
    print("这是函数 funcE: ", name)
```

执行测试脚本,可以根据输入的模块.函数名执行任意模块中的函数:

```
请输入要执行的模块和方法名称(模块.函数名):funcModel.funcA
这是函数 funcA:  Python

请输入要执行的模块和方法名称(模块.函数名):funcModel.funcC
这是函数 funcC:  Python

请输入要执行的模块和方法名称(模块.函数名):funcModel1.funcE
这是函数 funcE:  Python
```

现在我们连 import 导入模块的语句都可以动态载入了。

☏提示:本小节的源代码路径是 ch16/16_7_2_reflect2.py。

16.7.3　动态实例化和方法调用

前面介绍了如何动态载入执行模块和函数,Python 语言是面向对象的编程语言,那么类、实例化对象、执行方法的过程能够通过字符串反射吗?当然是可以的。接下来我们定义一个模块 commons.py,在其中定义一个类 person 并提供构造函数和一个成员方法 run()

模拟人的跑步行为。

```
class person:
    def __init__(self, name):
        self.__name = name

    def run(self, area):
        print("{}在{}跑步".format(self.__name, area))
```

创建测试脚本 16_7_3_reflect3.py，给出实例化和方法调用过程：

```
import commons

p = commons.person("Sniper")
p.run("林间小路")
```

在未使用反射的情况下，执行脚本可以得到正确的结果：

```
Sniper 在林间小路跑步
```

整个执行过程分为两步：

（1）实例化 person 类的对象 p。

（2）调用对象 p 的 run()方法。

按照这样的逻辑，我们设计两个函数，先来看函数的接口设计：

```
def createObject(name_path, *args, **kwargs):
    pass
    return None

def doMethod(obj, method_name, *args, **kwargs):
    pass

o = createObject("commons.person", "sniper")
doMethod(o, "run", "林间大路")
```

代码一会再完善，现在我们希望通过调用 createObject()方法来实例化对象，然后调用 doMethod()方法来执行对象的方法 run()，这里所有的参数都是字符串，通过字符串达到动态实例化和执行方法的目的。

注意：createObject()和 doMethod()方法在实例化对象和调用方法时使用了动态参数 *args 和**kwargs，相关知识请查阅动态参数的内容。

首先完成实例化方法 createObject()：

```
def createObject(name_path, *args, **kwargs):
    module_name, class_name = name_path.split(".")
    module = __import__(module_name)
    class_obj = getattr(module, class_name)
    obj = class_obj(*args, **kwargs)
    return obj
```

在整个代码中没有引入新的功能，将字符串 name_path 以 "." 进行拆分，得到模块名 module_name 和类名 class_name，然后将字符串 module_name 的内容动态载入模块，调用

getattr()内置函数从模块中获得与字符串 class_name 同名的类对象，最后使用小括号"()"加参数得到实例化后的对象 obj。

有了实例化的对象，下面完善 doMethod()方法：

```
def doMethod(obj, method_name, *args, **kwargs):
    method = getattr(obj, method_name)
    method(*args, **kwargs)
```

调用方法的过程和执行函数过程完全一样，只是现在 getattr()方法的第一个参数是刚才实例化的 person 类的对象。

执行上述代码，结果如下：

```
sniper 在林间大路跑步
```

有了上述反射机制的支持，我们给 commons 模块增加一个新的类 Cat 并在其中定义一个方法 laugh()：

```
class person:
    def __init__(self, name):
        self.__name = name

    def run(self, area):
        print("{}在{}跑步".format(self.__name, area))

class Cat:
    def laugh(self):
        print("猫在笑.")
```

利用反射机制，可以在以上代码基础上直接动态调用 Cat 类的 laugh()方法：

```
doMethod(createObject("commons.Cat"), "laugh")
```

执行结果如下：

```
猫在笑.
```

现在我们可以使用"字符串"来反向控制对象实例化和方法调用过程了。

以上就是反射机制的核心内容。如果你使用过 Java 的一些框架如 Struts 2、Spring Boot 就知道，其中到处都有反射的影子。例如，一个请求 URL 为 http://localhost/Person-input，其中，Person-input 实际上就是一个字符串，Struts 2 等框架会按照字符串约定执行 Person 类的 input()方法作为核心处理方法，这就是通过反射机制实现的。再如 Python 中的 Django 框架，在 urls.py 中定义 URL 与 Actions 方法映射关系时，也是使用反射机制实现的动态调用。在自动化测试领域，很多基于关键字驱动的测试框架如 Selenium IDE、Robot Framework 或者测试开发人员定义的 Excel 驱动的测试框架，每一条指令实际都是字符串，通过字符串执行对应的测试方法并断言结果，也是通过反射机制实现的。

☎提示：本小节的源代码路径是 ch16/16_7_3_reflect3.py。

16.8　小　　结

本章讲解了平台底层开发需要用的一些开发技术，这部分内容如果是编写一个网站、开发一个工具或者编写普通的测试脚本时作用并不大，但对于平台开发和测试框架开发的高级测试开发人员却非常重要。本章后面小节讲解的动态参数、装饰器和反射机制的内容是普通开发人员向测试开发转型必须要学习的，这些内容需要通过大量的实战编码来消化和吸收。

第 17 章　测试开发设计模式

第 16 章讲解了测试开发人员需要掌握的一些 Python 高级编程技术，本章将介绍测试框架常用的设计模式。测试框架常用的设计模式有关键字驱动模式、POM 页面对象设计模式、基于关键字驱动构建的非编程式测试框架。设计模式的目的就是降低代码冗余度，提高代码的维护性和扩展性。

本章的主要内容如下：

* 关键字驱动设计模式；
* 基于关键字的非编程式测试框架；
* POM 页面对象设计模式。

17.1　关键字驱动设计模式

关键字驱动设计模式由来已久，即使没有从事过编程级自动化测试的人，也一定使用过一些基于关键字驱动设计模式构建的测试工具，如前面介绍的 Selenium IDE、UI 自动化测试领域大名鼎鼎的测试工具 RF（Robot Framework）等，下面具体介绍什么是关键字驱动模式。

17.1.1　关键字驱动分层架构

关键字驱动设计模式的本质是将常用的行为和动作封装成以关键字命名的函数或者方法，以此达到解耦合，以及提高代码可维护性，降低代码冗余度的目的。关键字驱动设计模式可以使用在任何测试场景，包括 UI 自动化测试和接口自动化测试。

关键字驱动设计模式将测试框架或系统划分为两层，如图 17.1 所示。

图 17.1　关键字驱动分层架构

1．测试用例层

用例层专注于测试过程、测试数据的管理及测试报告的生成工作，基于 Unittest 等测试管理框架来实现。至于测试过程中的具体行为，是使用 Selenium 来控制网页还是其他库，已经从测试用例层剥离。

分层的好处是解耦合，测试用例逻辑中不再包括 Selenium 等行为框架的任何内容，变更测试行为框架不会影响整体测试结构。关键字驱动层不仅支持 UI 自动化测试而且支持接口自动化测试。

2．关键字驱动层

封装关键字驱动函数或者类，以关键字为索引将常用的场景进行封装。这一层主要以 Selenium、WebDriver 和 Requests 等库为基础，在此基础上构建与用户行为、模拟请求相关的动作。

17.1.2　构建关键字驱动类

接下来实现一个基于关键字驱动的测试项目，创建新项目 KeywordDemo，安装需要用到的第三方库 Selenium（3.141 版本）、DDT、PyYAML。创建一个测试脚本 demo/demo.py：

```python
import time
from selenium import webdriver

driver = webdriver.Chrome()
driver.get("https://www.baidu.com")
driver.find_element_by_id("kw").send_keys("关键字驱动")
driver.find_element_by_id("su").click()
time.sleep(3)
driver.quit()
```

上面这段代码相信你可以很快写出来，这实际上就是 UI 自动化测试领域的 Hello World 代码片段。

首先，我们思考一下在于关键字设计模式中，基于网页及元素的操作有哪些，然后将每一个操作封装成一个独立的关键字方法即可。

常用的网页操作行为包括：

- 创建浏览器 WebDriver 对象；
- 打开并访问 URL；
- 定位元素（8 种定位方法）；
- 输入文本；
- 鼠标单击；
- 窗口切换、frame 切换；

- 鼠标指针悬停，鼠标拖曳；
- 强制等待、隐式等待和显式等待。

创建关键字驱动类 key_word/KeywordClass.py，定义关键字驱动类 KeywordClass 封装常用的网页行为方法：

```python
import time

from selenium import webdriver
from selenium.webdriver.support.wait import WebDriverWait


class KeywordMethod:
    # 创建浏览器 WebDriver 对象
    # 构造函数
    def __init__(self, browser):
        """
        构造函数
        :param browser: Chrome(默认), Firefox, Edge
        """
        try:
            self.driver = getattr(webdriver, browser)()
        except Exception as e:
            print(e)
            self.driver = webdriver.Chrome()

    # 打开并访问 URL
    def open(self, url):
        self.driver.get(url)

    # 定位元素（8 种定位方法）
    def locate(self, by, value):
        # self.driver.find_element_by_id()
        return self.driver.find_element(by, value)

    # 输入文本
    def send_keys(self, by, value, text):
        self.locate(by, value).send_keys(text)

    # 单击鼠标
    def click_at(self, by, value):
        self.locate(by, value).click()

    # 资源释放
    def close(self):
        self.driver.quit()

    # 强制等待
    def pause(self, time_):
        time.sleep(time_)

    # 最大化
```

```
    def max_window(self):
        self.driver.maximize_window()
```

以上代码并没有引入任何新功能，所有内容前面已经详细介绍过。通过 KeywordClass 类的构造函数完成 WebDriver 对象的创建，依据入口参数 browser 使用反射机制构建浏览器 Driver 对象并将其存放在成员属性 self.driver 中。这些都是面向对象编程的内容。这样我们就可以在测试用例层完成基于不同浏览器的兼容性测试，无须修改关键字驱动类的任何代码。

成员方法包括打开指定 URL 的网页方法 open()、元素定位方法 locate()、输入文本方法 send_keys() 和单击方法 click_at() 等。实际上，Selenium 库相当于一系列用来控制网页的方法集，测试开发者需要按照实际需要合理调用 Selenium 库从而生成一个个关键字方法。

17.1.3 优化测试用例

有了关键字驱动相关的方法后，对上述线性代码 demo.py 进行优化，创建测试用例 test_cases/testcase_demo.py：

```
from key_word.keywordClass import KeywordMethod

# 实例化
kw = KeywordMethod("Chrome")
kw.open("https://www.baidu.com")
kw.send_keys("id", "kw", "关键字驱动")
kw.click_at("id", "su")
kw.pause(3)
kw.close()
```

现在 Selenium 已经和测试用例完全解耦，假如有一天我们不再使用 Selenium 或者更换 Selenium 的版本，只需要修改与 Selenium 相关的关键字类，测试用例逻辑层不会受到影响，这样就提升了整体测试框架的可维护性、扩展性和稳定性。

下面继续优化测试用例，为测试用例增加数据驱动支持，创建测试数据 YAML 文件并添加第一组测试数据：

```
- url: https://www.baidu.com
  sendkeys:
    by: id
    value: kw
    text: 关键字驱动 unittest 用例
  clickat:
    by: id
    value: su
```

改造 testcase_demo.py，在其中引入数据驱动：

```
import unittest
import ddt
```

```
from key_word.keywordClass import KeywordMethod


@ddt.ddt
class WebTestCase(unittest.TestCase):
    def setUp(self) -> None:
        self.kw = KeywordMethod("Firefox")

    def tearDown(self) -> None:
        self.kw.pause(2)
        self.kw.close()

    @ddt.file_data("../datas/demo.yaml")
    def test_01(self, url, sendkeys, clickat):
        """测试方法"""
        self.kw.open(url)
        self.kw.max_window()
        self.kw.send_keys(**sendkeys)
        self.kw.click_at(**clickat)
```

Unittest 的相关知识这里就不重复讲解了，我们重点关注数据结构设计和测试方法逻辑。我们按照现在的数据结构封装第一组测试数据，并且 test_01()方法只包含必要的 4行指令：打开网页、最大化窗口、输入关键词、单击"搜索"按钮。有了这样的设计结构，我们不但可以搜索百度网站的内容，而且可以搜索其他网站的内容，我们来编写下一组数据：

```
- url: https://www.jd.com
  sendkeys:
    by: id
    value: key
    text: 华为mate40e
  clickat:
    by: xpath
    value: //button[@aria-label="搜索"]
```

执行测试用例，可以看到有搜索百度和搜索京东商品两个测试场景。通过目前的关键字雏形，已经可以让我们仅通过修改数据就能够搜索不同网站的内容，扩展了搜索功能，这就是设计模式带来的好处。

17.1.4　用户登录测试实战

运行 testProject，在目前的关键字驱动设计模式框架中构建用户登录测试用例，编写正例测试数据 datas/data_login.yaml：

```
- username: admin
  password: 123456
  assertValue: http://127.0.0.1:8001/mainpage/
- username: sniper
  password: 111111
  assertValue: http://127.0.0.1:8001/mainpage/
```

创建测试用例 test_cases/testcase_login.py，编写正例测试方法 test_01()：

```python
import unittest
import ddt

from key_word.keywordClass import KeywordMethod


@ddt.ddt
class WebTestCase(unittest.TestCase):
    @classmethod
    def setUpClass(cls) -> None:
        cls.kw = KeywordMethod("Chrome")
        cls.url = "http://127.0.0.1:8001/login/"
        cls.kw.max_window()
        cls.speed = 0.5

    def setUp(self) -> None:
        self.kw.open(self.url)

    @classmethod
    def tearDownClass(cls) -> None:
        cls.kw.pause(2)
        cls.kw.close()

    def doLogin(self, username, password):
        if username is not None:
            self.kw.send_keys("id", "LAY-user-login-username", username)
            self.kw.pause(self.speed)
        if password is not None:
            self.kw.send_keys("id", "LAY-user-login-password", password)
            self.kw.pause(self.speed)
        self.kw.send_keys("id", "LAY-user-login-vercode", "1234")
        self.kw.pause(self.speed)
        self.kw.click_at("id", "loginButton")
        self.kw.pause(self.speed)

    @ddt.file_data("../datas/data_login.yaml")
    @unittest.skip
    def test_01(self, username, password, assertValue):
        """正例测试方法"""
        self.doLogin(username, password)

        # 断言
        self.assertEqual(assertValue, self.kw.wait_url_change(self.url))
```

执行测试用例，观察两组正例数据的测试过程。断言判断浏览器网址是否发生变化，在关键字驱动类 keywordClass 中增加新的关键字方法如下：

```python
# 等待 URL 发生变化
    def wait_url_change(self, current_url):
        WebDriverWait(self.driver, 5).until(EC.url_changes(current_url))
        return self.driver.current_url
```

目前的测试用例仍然保持与 Selenium 解耦，并且将公共代码放入 setUpClass 和

tearDownClass 方法中，将登录过程封装为普通方法 dologin。以此为基础，构建反例测试用例会非常迅速，测试数据文件 data_login_error.yaml 如下：

```yaml
- username:
  password:
  assertValue: 请输入用户名和密码
- username: admin
  password:
  assertValue: 请输入用户名和密码
- username:
  password: 123456
  assertValue: 请输入用户名和密码
- username: sniper
  password: 123456
  assertValue: 用户名或密码错误
- username: admi%^$#n
  password: 123456
  assertValue: 输入非法字符
```

编写反例测试方法 test_02()：

```python
@ddt.file_data("../datas/data_login_error.yaml")
    def test_02(self, username, password, assertValue):
        """反例测试方法"""
        self.doLogin(username, password)

        # 断言
        self.assertEqual(assertValue, self.kw.wait_message())
```

反例断言与正例不同，需要等待提示框并从提示框中获取提示信息，详细过程前面章节已经介绍过，不再赘述。自定义显式等待文件 framework/my_expected_conditions.py 如下：

```python
import time

from selenium.common.exceptions import NoSuchElementException, WebDriver
Exception


class presence_of_messagebox(object):
    """
    找我们要的提示信息的容器元素 #layui-layer2 .layui-layer-content
    """
    def __call__(self, driver):
        # 自定义显式等待条件的类，有两个必要条件
        # 1.要有__call__方法
        # 2.__call__方法需要有一个 driver 参数
        return _find_element(driver)


def _find_element(driver):
    """
    1.先找 layer1
```

```
    2.如果 layer1 的 text 是空，那么再找 layer2
    """
    try:
        try:
            element = driver.find_element_by_css_selector("#layui-layer1 .
layui-layer-content")
        except NoSuchElementException as e:
            time.sleep(0.2)
            element = driver.find_element_by_css_selector("#layui-layer2 .
layui-layer-content")
        return element
    except NoSuchElementException as e:
        print(e)
        raise e
    except WebDriverException as e:
        print(e)
        raise e
```

然后在关键字驱动类中增加提取错误提示信息的方法：

```
# 等待错误提示框并获取内容
    def wait_message(self):
        element = WebDriverWait(self.driver, 5).until(MYEC.presence_of_
messagebox())
        return element.text
```

更多的测试场景和用例读者可以自行动手实践，体会设计模式给框架和编码带来的好处：减少代码冗余度，降低耦合性，提升代码的易维护性。

☎提示：本小节的源代码路径是 ch17/17_1_KeywordDemo。

17.2　非编程式自动化测试框架

使用 Selenium IDE 和 RF 等开发工具编写的非编程式自动化测试框架，大多通过 Excel 完成测试用例数据和测试流程的定义，然后采用统一的执行方式完成自动化测试并生成报告。这些框架的底层都依赖于关键字驱动设计模式。回忆一下在 Selenium IDE 章节学习的内容，在脚本中我们选择一个又一个的指令，如 clickat、open、switchTo 和 assertTitle 等，在指令被核心代码解析后就调用关键字关联的函数或方法来执行测试动作。学习了关键字驱动设计模式以后，本节来学习一下基于 Excel 数据文件驱动的非编程式测试框架的底层代码。

测试开发工作就是搭建适合企业和团队的测试框架，不论采用何种设计模式，测试开发工作的主要目的就是提升整个团队的工作效率。因此，降低测试执行人员的技术门槛，提供高效、便捷的测试框架，就是提升效率的主要手段。依据关键字驱动设计模式搭建的测试开发框架，很大程度上降低了自动化测试人员的技术要求，底层事件由测试开发人员完成，自动化人员只需要关注用例代码层面的业务逻辑即可。而非编程式测试框架进一步降低了自动化测试人员的技术门槛，不需要掌握 Python 类开发语言，在框架下维护 Excel 数据即可完成驱动测试工作。非编程式测试框架与关键字驱动的编程式测试框架相比，前者对测试开发人员的要求更高，想要让测试框架的使用者不用编程，则需要测试开发人员对测试框架的底层代码提供更多的技术支持。

17.2.1　新建 Excel 文件

首先我们设计一套 Excel 格式的测试脚本文件，可以参考之前用过的任何一个类似的测试工具，如 Selenium IDE。建立新项目 ExcelDataDriverDemo，创建 Excel 文件 simulation_ide.xlsx，模拟 Selenium IDE 写出百度首页搜索的测试脚本，如图 17.2 所示。

	A	B	C	D	E	F
1	browser	Chrome	baseurl	https://www.baidu.com		
2	seq	Command	Target	Value	Description	
3		1	open	/		
4		2	send_keys	id=kw	关键字驱动SimIde	
5		3	click_at	id=su		
6		4	pause	3000		
7		5	close			
8						
9						

百度搜索　京东搜索　未来再扩展　＋

图 17.2　百度搜索测试脚本

新建一个 sheet 页，写出京东搜索的测试脚本，如图 17.3 所示。

	A	B	C	D
1	browser	Chrome	baseurl	https://www.jd.com
2	seq	Command	Target	Value
3		1	open	/	
4		2	send_keys	id=key	华为mate40e
5		3	click_at	xpath=//button[@aria-label='搜索']	
6		4	pause	3000	
7		5	close		
8					
9					

百度搜索　京东搜索　未来再扩展　＋

图 17.3　京东搜索的测试脚本

17.2.2　解析 Excel 文件

解析 Excel 文件，获得浏览器、地址、执行指令和参数列表，创建一个执行脚本 SeleniumIDE_runner.py 如下：

```
import openpyxl
from keywordClass_ide import KeywordMethod

excel = openpyxl.load_workbook("simlation_ide.xlsx")
```

```
sheets = excel.sheetnames
for sheet in sheets:
    sh = excel[sheet]
    print("{:*^40s}".format(sheet))
    for value in sh.values:
        if value[0] == "browser":
            # 实例化浏览器对象
            browser_type = value[1]
            base_url = value[3]
            print("Browser:", browser_type)
            print("BaseUrl:", base_url)

        elif type(value[0]) == int:
            # 指令的执行
            command = value[1]
            params = {}
            if value[2] is not None:
                params["target"] = value[2]
            if value[3] is not None:
                params["value"] = value[3]
            print("执行:", command, params)
```

使用第三方库 OpenPyXL 解析 Excel 文件（使用 xlrd 也可以），需要安装 OpenPyXL：

```
PS F:\PycharmProjects\ExcelDataDriverDemo> pip install openpyxl
Collecting openpyxl
  Using cached openpyxl-3.0.9-py2.py3-none-any.whl (242 kB)
Collecting et-xmlfile
  Using cached et_xmlfile-1.1.0-py3-none-any.whl (4.7 kB)
Installing collected packages: et-xmlfile, openpyxl
Successfully installed et-xmlfile-1.1.0 openpyxl-3.0.9
```

执行脚本，解析后的结构化数据如下：

```
*******************百度搜索*******************
Browser: Chrome
BaseUrl: https://www.baidu.com
执行: open {'target': '/'}
执行: send_keys {'target': 'id=kw', 'value': '关键字驱动 SimIde'}
执行: click_at {'target': 'id=su'}
执行: pause {'target': 3000}
执行: close {}
*******************京东搜索*******************
Browser: Chrome
BaseUrl: https://www.jd.com
执行: open {'target': '/'}
执行: send_keys {'target': 'id=key', 'value': '华为 mate40e'}
执行: click_at {'target': "xpath=//button[@aria-label='搜索']"}
执行: pause {'target': 3000}
执行: close {}
*******************未来再扩展*******************
```

17.2.3　构建指令对应的关键字方法

得到了浏览器类型、访问地址和所有的指令列表，下面要做的就是将所有用到的指令封装成关键字驱动类。创建关键字驱动类模块 keywordClass_ide.py：

```python
import time
from selenium import webdriver

class KeywordMethod:
    # 创建浏览器 WebDriver 对象
    # 构造函数
    def __init__(self, browser, baseurl):
        """
        构造函数
        :param browser: Chrome(默认), Firefox, Edge
        """
        self.base_url = baseurl
        try:
            self.driver = getattr(webdriver, browser)()
        except Exception as e:
            print(e)
            self.driver = webdriver.Chrome()

    # 打开并访问 URL
    def open(self, target):
        self.driver.get(self.base_url + target)

    # 定位元素（八大定位方法）
    def locate(self, locator):
        by = locator[:locator.index("=")]
        value = locator[locator.index("=")+1:]
        return self.driver.find_element(by, value)

    # 输入文本
    def send_keys(self, target, value):
        self.locate(target).send_keys(value)

    # 单击鼠标
    def click_at(self, target):
        self.locate(target).click()

    # 资源释放
    def close(self):
        self.driver.quit()

    # 强制等待
    def pause(self, target):
        time.sleep(target / 1000)
```

17.2.4　编写执行器调用指令的方法

在 runner 脚本中获得浏览器类型后，实例化关键字驱动类并构造浏览器驱动对象 driver：

```
if value[0] == "browser":
    # 实例化浏览器对象
    browser_type = value[1]
    base_url = value[3]
    kw = KeywordMethod(browser_type, base_url)
    print("Browser:", browser_type)
    print("BaseUrl:", base_url)
```

有了浏览器驱动对象，接下来对所有的指令使用反射机制，动态获取并调用关键字驱动类中的对应方法：

```
# 指令的执行
    command = value[1]
    params = {}
    if value[2] is not None:
        params["target"] = value[2]
    if value[3] is not None:
        params["value"] = value[3]
    print("执行:", command, params)

    # 反射
    getattr(kw, command)(**params)
    print("OK")
```

完整的执行脚本如下：

```
import openpyxl
from keywordClass_ide import KeywordMethod

excel = openpyxl.load_workbook("simlation_ide.xlsx")
sheets = excel.sheetnames
for sheet in sheets:
    sh = excel[sheet]
    print("{:*^40s}".format(sheet))
    for value in sh.values:
        if value[0] == "browser":
            # 实例化浏览器对象
            browser_type = value[1]
            base_url = value[3]
            kw = KeywordMethod(browser_type, base_url)
            print("Browser:", browser_type)
            print("BaseUrl:", base_url)

        elif type(value[0]) == int:
            # 指令的执行
            command = value[1]
            params = {}
```

```
        if value[2] is not None:
            params["target"] = value[2]
        if value[3] is not None:
            params["value"] = value[3]
        print("执行:", command, params)

        # 反射
        getattr(kw, command)(**params)
        print("OK")
    print(sheet, "completed successfully")
```

执行测试脚本,可以看到根据 Excel 定义的指令集完成非编程式测试框架的执行过程。非编程式测试框架的好处是进一步降低了测试人员的技术门槛,让不懂编程、不会 Python 等开发语言的人员也可以从事自动化测试工作。但是非编程式框架或测试工具也有很大的局限性,需要测试开发人员提供大量的关键字指令支持,这样才能构建出符合要求的高质量测试脚本。

☎提示:本小节的源代码路径是 ch17/17_2_ExcelDataDriverDemo。

17.3　POM 设计模式

页面对象模型(Page Object Model)设计模式简称 POM 设计模式或者 PO 设计模式,用来管理和维护一组由 UI 元素集构成的对象库,并把每一个 UI 页面元素封装成一个对象,在对象内部封装基于页面的功能和行为。POM 设计模式是 UI 自动化测试领域非常著名的一种开发方式。从名称上可以看出,既然 POM 是以页面为基础的一种设计模式,那么它必然是 UI 自动化专属,不能用于接口测试。在 UI 自动化领域,超过 90%的企业都会使用 Selenium + WebDriver + Unittest 方式来构建自动化测试框架,而 POM 设计模式就是在这个基础上的最佳开发实践。

17.3.1　POM 设计模式分层架构

POM 设计模式与关键字驱动设计模式一样,都是为了解决线性代码带来的问题。POM 设计模式将系统结构划分为三层,如图 17.4 所示。

1.　测试用例层

测试用例层就不过多赘述了,与关键字驱动模式一样,测试用例层专注于测试过程、测试数据的管理及测试报告的生成工作,基于 Unittest 等测试管理框架来实现。

POM 设计模式用来管理若干 Web 元素集的对象库(页面对象层),在 POM 设计模式中，应用程序的每一个页面都有一个对应的 PageClass 类，每一个 PageClass 类用于维护该页的元素集和操作这些元素的方法。

POM 设计模式在 UI 层操作，业务流程与验证分离，这使得测试代码变得更加清晰、易读和易维护。基础层、对象库与用例层分离，可以更好地复用对象，甚至不依赖于 Selenium 等测试工具。

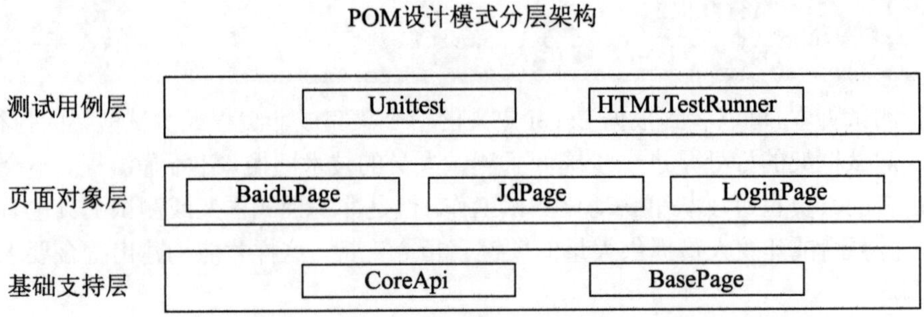

POM设计模式分层架构

图 17.4　POM 设计模式分层架构

2．页面对象层

页面对象层将测试目标系统中的每一个页面封装为一个类，并提供此页面所有的属性和行为。例如，将页面的每一个页面元素封装为页面对象的属性，将基于页面的行为封装为对象的方法。在百度首页的搜索场景中，搜索输入框和搜索按钮会被封装为 BaiduPage 类的属性，而搜索行为会被抽象为 BaiduPage 类的方法。在登录页面中，用户名输入框、密码输入框和验证码输入框会被抽象为属性，而登录动作会被定义为方法。这些行为方法中使用基础支持层提供的各种公共 API 和 BasePage 中定义好的行为方法。

3．基础支持层

基础支持层是整个架构的最底层，许多核心 API 和方法会封装在基础支持层，如参数配置、日志收集、面向切面的装饰器、自定义的各种显式等待方法等。除此之外，所有页面的通用行为与 Selenium 相关的 API 将会被封装成为一个统一的 BasePage 对象中。

17.3.2　构建 BasePage

在基础支持层中，BasePage 是所有页面对象的基类（父类），封装基于 Selenium 的基础行为方法。创建新项目 PomDemo 并安装 Selenium（3.141 版本）、DDT 和 PyYAML 第三方库。

创建 framework/BasePage.py，定义 BasePage 类：

```
import time
from selenium import webdriver
```

```python
from selenium.webdriver.support.wait import WebDriverWait
import selenium.webdriver.support.expected_conditions as EC
import framework.expected_conditions as MYEC


class BasePage:
    # 实例化 Driver
    def __init__(self, browser="Chrome"):
        """
        构造函数
        :param browser: Chrome(默认), Firefox, Edge
        """
        self.speed = 0.5
        try:
            self.driver = getattr(webdriver, browser)()
        except Exception as e:
            print(e)
            self.driver = webdriver.Chrome()

    # 载入页面
    def open(self, url):
        self.driver.get(url)

    # 定位元素（八大定位方法）
    # locator (by, value)
    def locate(self, locator):
        return self.driver.find_element(*locator)

    # 输入文本
    def send_keys(self, locator, text):
        self.locate(locator).send_keys(text)

    # 鼠标单击
    def click_at(self, locator):
        self.locate(locator).click()

    # 资源释放
    def quit(self):
        self.driver.quit()

    # 强制等待
    def pause(self, time_):
        time.sleep(time_)

    # 最大化
    def max_window(self):
        self.driver.maximize_window()

    # 页面刷新
    def refresh(self):
        self.driver.refresh()

    # 获取标题
```

```
    def get_title(self):
        return self.driver.title

    # 获取当前 URL
    def get_url(self):
        return self.driver.current_url

    # 控制速度
    def set_speed(self, speed):
        self.speed = speed

    # 等待 URL 发生变化
    def wait_url_change(self, current_url):
        WebDriverWait(self.driver, 5).until(EC.url_changes(current_url))
        return self.driver.current_url

    # 等待错误提示框并获取内容
    def wait_message(self):
        element = WebDriverWait(self.driver, 5).until(MYEC.presence_of_
messagebox())
        return element.text
```

BasePage 类内部使用 Selenium 框架定义了所有用到的操作方法。这些方法前面都介绍过，不再赘述。

17.3.3　构建页面对象

以百度搜索场景构建页面对象类 page_object/BaiduPage.py：

```
from framework.BasePage import BasePage

class BaiduHomePage(BasePage):
    textBox = ("id", "kw")
    searchButton = ("id", "su")
    url = "https://www.baidu.com"

    def search(self, text):
        self.open(self.url)
        self.pause(self.speed)
        self.max_window()
        self.pause(self.speed)
        self.send_keys(self.textBox, text)
        self.pause(self.speed)
        self.click_at(self.searchButton)
        self.pause(self.speed)
```

BaiduHomePage 页面对象类继承自 BasePage 父类，包含 URL 地址、输入框和搜索按钮三个属性，以及封装了搜索行为的方法 search()。

采用类似的方法创建另外一个京东搜索商品的页面对象 page_objects/JdPage.py：

```
from framework.BasePage import BasePage

class JdHomePage(BasePage):
    textBox = ("id", "key")
    searchButton = ("xpath", '//button[@aria-label="搜索"]')
    url = "https://www.jd.com"

    def search(self, text):
        self.open(self.url)
        self.pause(self.speed)
        self.max_window()
        self.pause(self.speed)
        self.send_keys(self.textBox, text)
        self.pause(self.speed)
        self.click_at(self.searchButton)
        self.pause(self.speed)
```

测试目标项目 testProject 的登录页面对象 base_objects/LoginPage.py：

```
from framework.BasePage import BasePage


class LoginPage(BasePage):
    usernmae = ("id", "LAY-user-login-username")
    password = ("id", "LAY-user-login-password")
    randcode = ("id", "LAY-user-login-vercode")
    loginBtn = ("id", "loginButton")
    url = "http://127.0.0.1:8001/login/"

    def login(self, username, password):
        self.open(self.url)
        self.pause(self.speed)
        if username is not None:
            self.send_keys(self.usernmae, username)
            self.pause(self.speed)
        if password is not None:
            self.send_keys(self.password, password)
            self.pause(self.speed)
        self.send_keys(self.randcode, "1313")
        self.pause(self.speed)
        self.click_at(self.loginBtn)
        self.pause(self.speed)
```

页面对象层管理若干个网页对象，每个对象包含自身特有的属性（页面元素）和方法（动作行为）。

17.3.4　测试用例与测试数据

测试用例层与关键字驱动模式一样，可以定义数据驱动的文件和测试用例脚本。

百度搜索场景测试文件 test_datas/baidu_search.yaml 如下：

```
- PO 设计模式
- Selenium 测试框架
```

- Unittest

测试用例 test_cases/testcase_baidu_search.py 如下：

```python
import unittest
import ddt
from page_objects.BaiduPage import BaiduHomePage


@ddt.ddt
class WebTestCase(unittest.TestCase):
    @classmethod
    def setUpClass(cls) -> None:
        cls.page = BaiduHomePage()

    @classmethod
    def tearDownClass(cls) -> None:
        cls.page.pause(2)
        cls.page.quit()

    @ddt.file_data("../test_datas/baidu_search.yaml")
    def test_01(self, text):
        """测试方法"""
        self.page.set_speed(1)
        self.page.search(text)
```

京东商品搜索页面的测试文件 test_datas/jd_search.yaml 如下：

```yaml
- 华为 mate40e
- macbookpro
- YSL 小金条
```

测试用例 test_cases/testcase_jd_search.py 如下：

```python
import unittest
import ddt
from page_objects.JdPage import JdHomePage


@ddt.ddt
class WebTestCase(unittest.TestCase):
    @classmethod
    def setUpClass(cls) -> None:
        cls.page = JdHomePage()

    @classmethod
    def tearDownClass(cls) -> None:
        cls.page.pause(2)
        cls.page.quit()

    @ddt.file_data("../test_datas/jd_search.yaml")
    def test_01(self, text):
        """测试方法"""
        self.page.set_speed(1)
        self.page.search(text)
```

用户登录测试场景文件 test_datas/login.yaml 如下：

```
- username: admin
  password: 123456
  assertValue: http://127.0.0.1:8001/mainpage/
- username: sniper
  password: 111111
  assertValue: http://127.0.0.1:8001/mainpage/
```

反例测试数据文件 test_datas/login_error.yaml 如下：

```
- username:
  password:
  assertValue: 请输入用户名和密码
- username: admin
  password:
  assertValue: 请输入用户名和密码
- username:
  password: 123456
  assertValue: 请输入用户名和密码
- username: sniper
  password: 123456
  assertValue: 用户名或密码错误
- username: admi%^$#n
  password: 123456
  assertValue: 输入非法字符
```

测试用例脚本 test_cases/testcase_login.py 如下：

```python
import unittest
import ddt
from page_objects.LoginPage import LoginPage


@ddt.ddt
class WebTestCase(unittest.TestCase):
    @classmethod
    def setUpClass(cls) -> None:
        cls.page = LoginPage()

    @classmethod
    def tearDownClass(cls) -> None:
        cls.page.pause(2)
        cls.page.quit()

    @ddt.file_data("../test_datas/login.yaml")
    def test_01(self, username, password, assertValue):
        """正例测试方法"""
        self.page.login(username, password)

        # 断言
        self.assertEqual(assertValue, self.page.wait_url_change(self.page.
url))

    @ddt.file_data("../test_datas/login_error.yaml")
```

```
    def test_02(self, username, password, assertValue):
        """反例测试方法"""
        self.page.login(username, password)

        # 断言
        self.assertEqual(assertValue, self.page.wait_message())
```

创建测试执行器文件 test_runner.py 如下：

```
import unittest
import os

from framework.HTMLTestRunner import HTMLTestRunner

suite = unittest.TestSuite()

report_path = "./test_reports/"
report_file = report_path + "test_project_report.html"

# 如果目录不存在，则创建目录
if not os.path.exists(report_path):
    os.mkdir(report_path)

with open(report_file, "wb") as reportFile:
    module_path = "./test_cases"
    discorver = unittest.defaultTestLoader.discover(start_dir=module_
path, pattern="testcase*.py")
    runner = HTMLTestRunner(title="测试框架测试报告", description="testProject",
stream=reportFile)
    runner.run(discorver)
```

基于 POM 设计模式构建的测试项目框架的整体结构如图 17.5 所示。

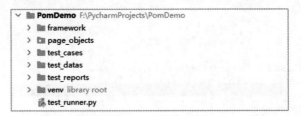

图 17.5　POM 设计模式目录结构

其中：

- framework：存放基础支持层提供的 API 和页面对象基类 BasePage；
- page_objects：存放所有页面对象层定义的页面对象类；
- test_cases：存放所有测试用例脚本；
- test_datas：存放数据驱动所定义的数据文件；
- test_reports：存放生成的测试报告。

执行测试脚本将会看到执行的全过程，再扩展更多的测试场景和测试用例将会变得非常便利和快捷，提升测试脚本的执行效率。

```
    S   test_01_1_PO 设计模式 (testcase_baidu_search.WebTestCase)
    S   test_01_2_Selenium_测试框架 (testcase_baidu_search.WebTestCase)
    S   test_01_3_Unittest (testcase_baidu_search.WebTestCase)
    S   test_01_1_华为 mate40e (testcase_jd_search.WebTestCase)
    S   test_01_2_macbookpro (testcase_jd_search.WebTestCase)
    S   test_01_3_YSL_小金条 (testcase_jd_search.WebTestCase)
    S   test_01_1 (testcase_login.WebTestCase)
    S   test_01_2 (testcase_login.WebTestCase)
    S   test_02_1 (testcase_login.WebTestCase)
    S   test_02_2 (testcase_login.WebTestCase)
    S   test_02_3 (testcase_login.WebTestCase)
    S   test_02_4 (testcase_login.WebTestCase)
    F   test_02_5 (testcase_login.WebTestCase)

-------------------- 测试结束 --------------------
-------------- 合计耗时: 0:01:09.922836 --------------
```

测试报告内容如图 17.6 所示。

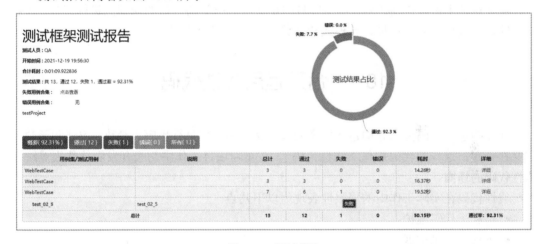

图 17.6　测试报告

提示：本小节的源代码路径是 ch17/17_3_PomDemo。

17.4　小　　结

本章讲解了 Python 自动化测试领域中最核心的三种设计模式，关键字驱动是绝大多数自动化测试工具的底层设计模式，理解关键字驱动的实现方法，对于扩展学习更多的测试框架非常有帮助。POM 设计模式在 Web UI 自动化测试方面是绝对的主导，符合开发者的思维习惯，它将每个页面看作一个对象，为其定义内部的属性和方法。在实际企业测试项目中，任何一个测试框架都离不开关键字驱动或 POM 设计模式。

第 18 章 企业级测试开发框架

本章是综合实战章节，没有分解的知识点，本章将会综合梳理前面所学内容，从线性代码开始，集成 Unittest、Selenium、Requests、HTMLTestRunner 和 Logging 等各种框架和库，基于关键字驱动完善日志收集、参数配置、数据驱动模块，逐步构建一个企业级测试框架的原型。

本章相关的用例设计、脚本编写、框架搭建及使用的一些 Python 高级开发技巧都已经在前面章节中做过详细讲解，本章的目的是将前面所学的分散的知识点进行整合，了解框架的构建过程，以及每种设计模式和抽象方法在框架中的作用。

18.1 合理运用线性代码

前面的示例代码大部分构建在单个的脚本文件中，将执行步骤、参数、方法和函数都定义在一起，这样的代码称作"线性代码"。在实际项目工作中初级开发者往往很难跳出线性代码的怪圈。

线性代码在实际工作中的局限性表现为以下几点：

- 不利于代码维护；
- 不利于场景扩展；
- 不利于多人共享；
- 不符合松耦合的设计理念；
- 代码冗余度高；
- 如果遇到问题，修复成本和周期无法控制。

在学习阶段和代码调试阶段，线性代码也有一定的优势，能够让初学者将注意力集中在业务逻辑实现和应用场景本身。我们先以线性代码的方式给出几个测试场景，然后在此基础上逐步迭代，这样做的目的是让开发者体验一下线性代码的局限性，认识到编码设计的重要性。

18.1.1 用户登录场景测试

本小节以 testProject 项目为例，完成几个场景的测试脚本。运行 testProject 项目后，创建测试项目 AutomaticTestFramework。从最基础的用户登录场景开始，测试代码编写之前需要分析几个问题：请求地址是什么？参数有哪些？请求方法是 GET 还是 POST？对于接口测试而言得到请求地址、请求参数和请求方法最直接的方式就是查看接口文档。但是现在我们要测试的场景并非 API 接口而是一个页面请求，我们可以通过浏览器的开发者工具来分析 HTTP 请求的过程。

注意：浏览器的开发者工具并不是唯一选择，还可以使用 Fiddler 等网络抓包工具，其功能比开发者工具强大，但是对于新手而言，从浏览器开发者工具入手是一个不错的选择。

以 Chrome 浏览器为例，打开开发者工具，选择 Network 标签页，执行用户登录操作，并分析 Network 标签页中的网络请求，如图 18.1 所示。

请求地址为 http://127.0.0.1:8001/dologin/；

请求方法为 POST 方法。

选择 Payload 标签页，查看请求参数如图 18.2 所示。

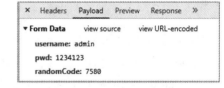

图 18.1　登录接口　　　　　　　　　　图 18.2　登录请求参数

根据以上分析结果，创建测试脚本 test_demo/demo_login.py 如下：

```python
import requests

# 1：确认请求地址、参数和请求方法等
print("{:*^50s}".format("第 1 个测试用例：正例"))
url = "http://127.0.0.1:8001/dologin/"
data = {
    "username": "admin",
    "pwd": "123456",
    "randomCode": "1234"
}

# 2：模拟请求
res = requests.post(url, data=data)
print(res.status_code)
```

通过前面章节的学习，相信这段代码读者已经很容易理解了，这实际上就是接口自动化测试领域的 HelloWorld。测试脚本和普通自动化脚本的区别在于断言逻辑，必须给出明确的断言逻辑才是完整的测试脚本：

```
# 3：断言
assert res.status_code == 200, "登录通信失败{}".format(res.status_code)
print(res.text)
assert res.json()['code'] == 0, "测试失败"
```

在不应用任何测试框架的时候，可以使用 Python 语言 assert 关键字完成断言工作。这里断言登录请求 HTTP 的状态码是 200，并且响应内容中 JSON 数据的响应码是 0。这样我们就完成了第一个测试用例。

一个测试场景不可能只有一个正例，这是不严谨的，需要更多的测试用例来覆盖测试条件，下面编写一个反例：

```
print("{:*^50s}".format("第 2 个测试用例：反例"))
data = {
    "username": "admin",
    "pwd": "1234561",
    "randomCode": "1234"
}

# 模拟请求
res = requests.post(url, data=data)
print(res.status_code)

# 断言
assert res.status_code == 200, "登录通信失败{}".format(res.status_code)
print(res.text)
assert res.json()['code'] == 11, "测试失败"
```

复制正例测试代码片段，给出密码错误的反例代码，断言判定响应码为 11。

以上线性代码的编写方式可以让我们快速了解用户登录场景的协议规则和请求参数，给出基础的测试脚本逻辑。如果要继续扩展更多的用例，还要再复制同样的一段代码然后修改参数和断言结果吗？如果编写了几十个测试用例，由于接口变化用户名不再是 username 而是改成其他的 key，那么此时要修改多少地方？并且数据和代码混淆在一起，不直观也不利于维护。

18.1.2　需求申请场景测试

接下来看需求申请场景，通过开发者工具的分析，我们得到请求地址、参数和请求方法，如图 18.3 所示。

请求地址为 http://127.0.0.1:8001/commit_order/；

请求方法为 POST 方式。

请求参数如图 18.4 所示。

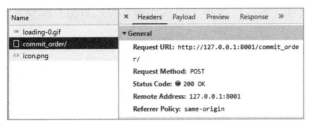

图 18.3 需求申请地址、参数和请求方法　　　　图 18.4 需求申请参数

创建测试脚本 demo/demo_apply.py 如下：

```python
import requests

session = requests.session()
login_url = "http://127.0.0.1:8001/dologin/"
data = {
    "username": "admin",
    "pwd": "123456",
    "randomCode": "1234"
}

res = session.post(login_url, data=data)
print(res.status_code)

if res.status_code == 200 and res.json().get('code') == 0:
    print("{:*^50s}".format("第 1 个测试用例：正例"))
    apply_url = "http://127.0.0.1:8001/commit_order/"
    apply_data = {
        'order_dep': '001',
        'order_date': '2021-08-29',
        'order_name': '需求名称',
        'order_sys': '关联系统',
        'order_type': 'new',
        'order_desc': '描述信息',
    }
    res = session.post(apply_url, data=apply_data)

    print(res.status_code)
    print(res.text)
    assert res.status_code == 200, "通信失败"
    assert res.json()['code'] == 0, "测试失败"
```

需求申请执行的前提是用户完成登录操作，使用 Session 会话方式发送请求，关联登录和申请两个接口，解决 HTTP 无状态问题。

以上正例脚本断言 HTTP 状态码是 200，响应码是 0。

注意：现在的代码只是一个示例，还不够完善，在实际项目中需要结合数据库内容给出
　　　数据级断言。这里的目的是理清需求申请场景测试代码主干，后面再逐步优化。

有了正例后，再编写两个反例，如未选择需求部门和日期格式错误情况：

```
print("{:*^50s}".format("第 2 个测试用例：反例，部门未输入"))
apply_url = "http://127.0.0.1:8001/commit_order/"  # 192.168.3.1
apply_data = {
    # 'order_dep': '001',
    'order_date': '2021-08-29',
    'order_name': '需求名称',
    'order_sys': '关联系统',
    'order_type': 'new',
    'order_desc': '描述信息',
}
res = session.post(apply_url, data=apply_data)

print(res.status_code)
print(res.text)
assert res.status_code == 200, "通信失败"
assert res.json()['code'] == -1, "测试失败"

print("{:*^50s}".format("第 3 个测试用例：反例 日期格式非法"))
apply_url = "http://127.0.0.1:8001/commit_order/"
apply_data = {
    'order_dep': '001',
    'order_date': '2021/12/08',
    'order_name': '需求名称',
    'order_sys': '关联系统',
    'order_type': 'new',
    'order_desc': '描述信息',
}
res = session.post(apply_url, data=apply_data)

print(res.status_code)
print(res.text)
assert res.status_code == 200, "通信失败"
assert res.json()['code'] == 500001, "测试失败"
```

18.1.3　需求查询 API 接口测试

需求查询是一个 HTTP+JSON 协议的后台 API 接口，可以查看需求查询 API 接口文档，
接口地址为 http://127.0.0.1:8001/orderQueryApi/，请求方法为 POST，参数示例如下：

```
{
    "page": 1,
    "limit": 30,
    "order_dep": "001",
    "order_type": "new",
```

```
    "order_date": "2021-12-08"
}
```

各参数说明见文档，此处不再赘述。创建测试脚本 demo/demo_json.py 如下：

```
import requests

# 请求地址和参数
url = 'http://127.0.0.1:8001/orderQueryApi/'
data = {
    "page": 1,
    "limit": 30,
    "order_dep": "001",
    "order_type": "new",
}

# 模拟请求
res = requests.post(url, json=data)

print(res.status_code)

# 断言
assert res.status_code == 200
for order in res.json()['data']:
    print(order)
    assert order['dep'] == data['order_dep']
    assert order['type'] == data['order_type']
```

18.1.4　需求申请 Socket 接口测试

基于前面的示例，查看 Socket 后台需求申请接口文档，编写测试脚本 demo/demo_socket.py 如下：

```
import datetime
import socket
import json

# Socket 客户端连接服务器
serveraddr = ("127.0.0.1", 8888)
sk = socket.socket()
sk.connect(serveraddr)

params = {
    'service': 'createOrder',
    'order_dep': '001',
    'order_date': datetime.date.today().strftime("%Y-%m-%d"),
    'order_name': '需求名称',
    'order_sys': 'sys',
    'order_type': 'change',
    'order_desc': '描述信息',
}
```

```
# 组装请求报文，遵守文档中的接口协议约定
json_str = json.dumps(params)
send_str = "%010d%s" % (len(json_str.encode('utf-8')), json_str)
print(send_str)

# str --> bytes
# sendall 是基于 TCP 的阻塞方法
sk.sendall(send_str.encode('utf-8'))

answer_len = int(sk.recv(10))
print("响应报文长度:", answer_len)

content = sk.recv(answer_len).decode('utf-8')
print(content)                              # JSON 格式的字符串
print(type(content))                        # 字符串

json_dict = json.loads(content)
print(json_dict)                            # 解析后的字典
print(type(json_dict))                      #字典

sk.close()

# 断言
assert json_dict['code'] == '000000', "测试失败"
```

以上我们用线性代码方式初步完成了 4 个测试场景的基础代码编写，基于线性代码扩展更多的测试用例是一项非常有挑战性的工作，每个测试用例、测试方法都包含大量的重复和冗余代码。如果要修改参数、变更地址、调整接口参数，就需要修改大量代码以匹配新的改动，这样可能会带来意想不到的新缺陷，使得测试代码维护成本提高或者基本无法维护。但是，现在给出的 4 段测试代码是整个项目测试的基础，接下来我们运用前面学过的知识将代码进行优化，提升代码的维护性、扩展性和编程效率。

☎提示：本小节的源代码路径是 ch18/18_1_AutomaticTestFramework。

18.2　构建用例层基础框架

本节我们将逐步优化测试脚本，将线性代码改为一个分层明确的测试框架体系，首先集成 Unittest 测试框架，完成测试用例层的优化实现数据驱动（DDT）支持。

18.2.1　重构登录场景测试用例

对于测试框架，我们不能将所有的程序脚本都放在项目的根目录下，必须进行分类，对于测试用例层，我们需要创建两个子目录，其中，testCases 用于存放 Unittest 测试用例

脚本，testDatas 用于存放 YAML、JSON 或 Excel 等格式的测试数据。

　　根据 Unittest 测试框架章节讲解的测试用例编写语法，将 demo_login.py 脚本中测试逻辑代码优化为 Unittest 测试用例，创建测试用例 testCases/testcase_interface_login.py 如下：

```python
import unittest
import requests


class loginInterfaceTestCase(unittest.TestCase):

def test_login(self):
        print("{:*^50s}".format("第 1 个测试用例：正例"))
        url = "http://127.0.0.1:8001/dologin/"
        data = {
            "username": "admin",
            "pwd": "123456",
            "randomCode": "1234"
        }
        print("请求参数:", data)
        # 2：模拟请求
        res = requests.post(url, data=data)
        print("状态码:", res.status_code)

        # 3：断言
        self.assertEqual(200, res.status_code, "登录通信失败{}".format(res.
status_code))
        print(res.text)
        self.assertEqual(0, res.json()['code'], "测试失败")


if __name__ == '__main__':
    unittest.main()
```

　　现在这个测试用例代码虽然编写在 Unittest 框架的基础上，但是依然存在许多待优化的地方：

- 缺少数据驱动的支持；
- 没有日志收集功能；
- 测试地址 127.0.0.1:8001 应该是整个框架层面的参数；
- Requests 框架属于工具层业务逻辑第三方库，应该通过关键字驱动模式将其从测试用例层面分离出去，达到代码解耦合的目的。

18.2.2　完善数据驱动

　　每个测试方法一般不会只有一组数据，同一套测试业务逻辑应用在多组数据上可以快速提升测试覆盖率。接下来优化测试用例，按照数据驱动章节介绍的相关知识，为 loginInterfaceTestCase 测试用例完善数据驱动支持。

在用户登录场景中，我们真正需要的测试数据只有两个参数：username 和 password。
创建数据驱动测试文件 testDatas/testdata_interface_login.yaml，并填入两组测试数据：

```
-
  username: admin
  password: 123456
-
  username: sniper
  password: 111111
```

编写测试用例脚本 testCases/testcase_interface_login.py，完善数据驱动的功能：

```python
import unittest
import requests
from ddt import ddt, file_data


@ddt
class loginInterfaceTestCase(unittest.TestCase):

    @file_data('../testDatas/testdata_interface_login.yaml')
    def test_login(self, **params):
        print("{:*^50s}".format("第 1 个测试用例：正例"))
        url = "http://127.0.0.1:8001/dologin/"
        data = {
            "username": params['username'],
            "pwd": params['password'],
            "randomCode": "1234"
        }
        print("请求参数:", data)
        # 2：模拟请求
        res = requests.post(url, data=data)
        print("状态码:", res.status_code)

        # 3：断言
        self.assertEqual(200, res.status_code, "登录通信失败{}".format
(res.status_code))
        print(res.text)
        self.assertEqual(0, res.json()['code'], "测试失败")


if __name__ == '__main__':
    unittest.main()
```

⚠注意：不要忘记安装 DDT 和 PyYAML 两个第三方库。

执行测试脚本完成基于两组数据的测试，并且可以通过数据驱动的方式快速构建更多
的测试用例。现在，数据文件中只包含 username 和 password 两个参数，是否还有优化的
空间呢？例如，断言时我们期望的报文响应码 code 的期望值 0 就应该从脚本中剥离，而
应纳入测试数据范畴；测试方法执行时的输出信息实际上是对测试方法场景的描述，也应
该纳入数据层来管理。

修改数据文件，增加 desc 和 code 参数并拓展反例数据：

```
-
  desc: "正例"
  username: admin
  password: 123456
  code: 0

-
  desc: "正例"
  username: sniper
  password: 111111
  code: 0

-
  desc: "反例：错误的密码"
  username: sniper
  password: aaa111
  code: 11
```

修改测试方法代码，以适配新的测试数据：

```python
import unittest
import requests
from ddt import ddt, file_data


@ddt
class loginInterfaceTestCase(unittest.TestCase):

    @file_data('../testDatas/testdata_interface_login.yaml')
    def test_login(self, **params):
        print("{:*^50s}".format(params['desc']))
        url = "http://127.0.0.1:8001/dologin/"
        data = {
            "username": params['username'],
            "pwd": params['password'],
            "randomCode": "1234"
        }
        print("请求参数:", data)
        # 2: 模拟请求
        res = requests.post(url, data=data)
        print("状态码:", res.status_code)

        # 3: 断言
        self.assertEqual(200, res.status_code, "登录通信失败{}".format
(res.status_code))
        print(res.text)
        self.assertEqual(params['code'], res.json()['code'], "测试失败")
```

18.2.3　以关键字驱动模式封装接口调用函数

在测试方法中，目前使用 Requests 库来模拟 HTTP 接口请求。如果要将 Requests 库直接导入，那么可以采用关键字驱动设计模式，将 HTTP 接口请求调用的相关方法进行封装，让 Unittest 和 Requests 库之间达到松耦合。

创建关键字驱动 API 类 Api/KeywordApi.py 如下：

```python
import requests

def do_post(path, data):
    print("post requests:")
    print("请求参数:", data)
    res = requests.post("http://127.0.0.1:8080" + path, data=data)
    print(res.status_code)
    return res


def do_get():
    pass
```

将用例中 Requests 库的调用改为使用关键字驱动类的方法调用：

```python
import unittest
from ddt import ddt, file_data
import api.KeywordApi as kwa


@ddt
class loginInterfaceTestCase(unittest.TestCase):

    @file_data('../testDatas/testdata_interface_login.yaml')
    def test_login(self, **params):
        print("{:*^50s}".format(params['desc']))
        url = "/dologin/"
        data = {
            "username": params['username'],
            "pwd": params['password'],
            "randomCode": "1234"
        }
        # 2：模拟请求
        res = kwa.do_post(url, data)

        # 3：断言
        self.assertEqual(200, res.status_code, "登录通信失败{}".format
(res.status_code))
        print(res.text)
        self.assertEqual(params['code'], res.json()['code'], "测试失败")
```

现在，Requests 库已经完全从测试用例脚本中分离出来了。

18.2.4 参数化配置

在关键字驱动类 KeywordApi.py 中，测试环境的访问地址 http://127.0.0.1:8001 是现在本机运行的环境地址，如果测试脚本需要从本机环境迁移到局域网的其他服务器上（如 192.168.3.22:8080）重新执行，那么修改每个 HTTP 接口请求方法中访问的地址将是非常麻烦的事情。因此如服务器地址和用户信息等参数，应该统一放在参数配置文件中。

创建参数配置文件 commons/config.ini 如下：

```
[options]
url = http://127.0.0.1:8001

[database]
host = 127.0.0.1
user = root
pass = root
dbname = demodb
```

编写配置文件解析类 commons/Config.py 如下：

```
import configparser
import os


def get_config(selector):
    """
    读取配置文件的方法
    :param selector: selcetor = 'str', selector = 'options.item'
    :return:
    """
    conf = configparser.ConfigParser()
    curr_path = os.path.dirname(os.path.realpath(__file__))
    config_path = os.path.join(curr_path, "config.ini")
    conf.read(config_path, encoding='utf-8')

    if '.' in selector:
        # conf.get('options', 'url')  # 'opitons.url'
        return conf.get(selector.split('.')[0], selector.split('.')[1])
    else:
        return conf.items(selector)
```

修改关键字驱动类，以参数化方式定义服务器访问地址和端口：

```
import requests
import commons.Config as config


def do_post(path, data):
    print("post requests:")
    print("请求参数:", data)
    res = requests.post(config.get_config('options.url') + path, data=data)
    print(res.status_code)
    return res


def do_get():
    pass
```

如果以后需要变更地址或用户名，只需要修改 config.ini 配置文件中的相关参数即可，这就是参数化给测试框架带来的好处。配置文件的形式和格式有很多种，本例采用 ini 类型的配置文件，如果需要，还可以使用 YAML、JSON、XML 或自定义格式的配置文件。

18.2.5 平台级日志收集

在 Unittest 测试用例的每个方法中，所有 print 函数输出的内容都会在测试报告中体现。对于一些调试信息，并不需要在测试报告中出现，就需要配置单独的日志收集模块。

创建日志收集模块类 commons/Logger.py 如下：

```python
import logging.config
import os

fmt = "%(asctime)s|%(levelname)s|%(filename)s:%(lineno)d|%(message)s"
datefmt = "%Y-%m-%d %H:%M:%S"

# 找到 logs 目录的绝对路径
base_path = os.path.dirname(os.path.dirname(__file__))
log_path = os.path.join(base_path, 'logs')

# 如果判断 logs 目录不存在，就将其创建出来
if not os.path.exists(log_path):
    os.mkdir(log_path)

log_file = os.path.join(log_path, "debug.log")

file_handler = logging.handlers.RotatingFileHandler(
    log_file,
    backupCount=10,
    encoding='utf-8'
)

logging.basicConfig(
    format=fmt,
    datefmt=datefmt,
    handlers=[file_handler],
    level=logging.INFO
)

logger = logging.getLogger()
```

在测试文件 testcase_interface_login.py 中，如果我们不想将所有的响应内容都输出到测试报告中，可以换成日志打印方式输出到 debug.log 中以便调试和排查问题。

经过修改后的测试用例代码如下：

```python
import unittest
from ddt import ddt, file_data
import api.KeywordApi as kwa
from commons.Logger import logger


@ddt
```

```
class loginInterfaceTestCase(unittest.TestCase):

    @file_data('../testDatas/testdata_interface_login.yaml')
    def test_login(self, **params):
        print("{:*^50s}".format(params['desc']))
        url = "/dologin/"
        data = {
            "username": params['username'],
            "pwd": params['password'],
            "randomCode": "1234"
        }
        # 2: 模拟请求
        res = kwa.do_post(url, data)

        # 3: 断言
        self.assertEqual(200, res.status_code, "登录通信失败{}".format
(res.status_code))
        logger.info(type(res.text))
        self.assertEqual(params['code'], res.json()['code'], "测试失败")
```

执行测试用例，测试结果如图 18.5 所示。

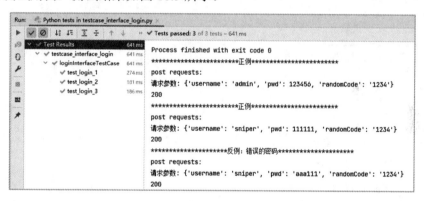

图 18.5 执行结果

项目的完整目录结构如图 18.6 所示。

以上我们对测试用例层进行了框架规划，使用
Unittest 测试框架完成了用例编写和数据驱动集成，使
用关键字类封装 HTTP 请求调用函数，将请求地址、数
据库地址和用户进行了参数化配置并集成 Logging 标准
库提供了可用的日志收集模块。

有了基础架构支持，接下来我们可以逐步完善测试
脚本和框架代码。

图 18.6 测试框架的目录结构

📞 提示：本小节的源代码路径是 ch18/18_2_Automatic-
TestFramework。

18.3　用户鉴权与公共日志收集

前面我们结合底层架构设计完成了基本的登录场景测试脚本和测试数据，接下来添加稍微复杂一些的用户需求申请场景的测试用例。

18.3.1　重构需求申请测试用例

创建测试数据文件 testDatas/testdata_interface_apply_normal.yaml，并在其中添加两组正例测试数据：

```
-
  description: 正例
  order_dep: 001
  order_date: 2021-12-12
  order_name: 需求名称
  order_sys: 关联 sys
  order_type: upper
  order_desc: 描述信息
  code: 0
-
  description: 正例 2
  order_dep: 002
  order_date: 2021-12-12
  order_name: 需求名称
  order_sys: 关联 sys
  order_type: upper
  order_desc: 描述信息
  code: 0
```

创建测试用例 testCases/testcase.py 如下：

```python
import json
import unittest
from ddt import ddt, file_data
import api.KeywordApi as kwa
import commons.Config as config


@ddt
class applyInterfaceTestCase(unittest.TestCase):

    @file_data("../testDatas/testdata_interface_apply_normal.yaml")
    def test_apply_normal(self, **params):
        login_data = {
            "username": config.get_config('loginuser.name'),
            "pwd": config.get_config('loginuser.pass'),
            "randomCode": "1234"
```

```
            }
            res = kwa.do_post("/dologin/", data=login_data)
            if res.status_code == 200 and res.json()['code'] == 0:
print("{:*^50s}".format(params['desc']))
                # 提交需求申请
                apply_data = {
                    'order_dep': params.get('order_dep'),
                    'order_date': params.get('order_date'),
                    'order_name': params.get('order_name'),
                    'order_sys': params.get('order_sys'),
                    'order_type': params.get('order_type'),
                    'order_desc': params.get('order_desc')
                }

                res = kwa.do_post('/commit_order/', data=apply_data)

                # print(res.status_code)
                # print(res.text)
                print(json.dumps(res.json(), indent=2, ensure_ascii=False))
                self.assertEqual(200, res.status_code)
                self.assertEqual(params.get('code'), res.json()['code'])
```

在脚本中首先完成登录操作，然后再模拟需求申请，用到的登录用户名和密码需要添加到配置文件 commons/config.ini 中：

```
[loginuser]
name = admin
pass = 123456
```

但是现在的代码存在问题，执行测试用例，可以看到如下异常信息：

```
Error
Traceback (most recent call last):
  File "F:\PycharmProjects\AutomaticTestFramework\venv\lib\site-packages\
ddt.py", line 191, in wrapper
    return func(self, *args, **kwargs)
  File "F:\PycharmProjects\AutomaticTestFramework\testCases\testcase_
interface_apply.py", line 40, in test_apply_normal
    print(json.dumps(res.json(), indent=2, ensure_ascii=False))
  File "F:\PycharmProjects\AutomaticTestFramework\venv\lib\site-packages\
requests\models.py", line 910, in json
    return complexjson.loads(self.text, **kwargs)
  File "C:\Program Files\Python38\lib\json\__init__.py", line 357, in loads
    return _default_decoder.decode(s)
  File "C:\Program Files\Python38\lib\json\decoder.py", line 337, in decode
    obj, end = self.raw_decode(s, idx=_w(s, 0).end())
  File "C:\Program Files\Python38\lib\json\decoder.py", line 355, in raw_
decode
    raise JSONDecodeError("Expecting value", s, err.value) from None
json.decoder.JSONDecodeError: Expecting value: line 1 column 1 (char 0)
```

异常 JSONDecodeError 表示解析 JSON 格式的数据发生异常，因为 apply 请求得到的结果不是 JSON 数据，原因在前面章节中讲过，现在我们调用 Login 登录和后面的 Apply 请求并没有关联，因为 HTTP 是无状态的，因此必须使用 Session 会话让登录结果用于需求申请。

18.3.2　完善用户身份鉴权

如果想让结果支持 Session，则需要改造关键组驱动类的 do_post()方法，以支持 Session
会话保持功能：

```python
def do_post(path, data, create_session=False, session=None):
    print("post requests:")
    print("请求参数:", data)

    if create_session and session:
        raise ValueError("create_session 和 session 不能同时使用.")

    if create_session is True:
        req = requests.session()
    elif session is not None:
        req = session
    else:
        req = requests

    res = req.post(config.get_config('options.url') + path, data=data)
    print(res.status_code)

    if create_session is True or session is not None:
        return res, req
    else:
        return res
```

在以上代码中增加了两个入口参数 create_session 和 session（默认值为 None），用于
完成会话的创建和 Session 对象的传递。修改测试用例，将登录代码放入 setUpClass()的前
置方法中，在每个测试方法执行之前完成用户登录：

```python
import json
import unittest
from ddt import ddt, file_data
import api.KeywordApi as kwa
import commons.Config as config


@ddt
class applyInterfaceTestCase(unittest.TestCase):

    @classmethod
    def setUpClass(cls) -> None:
        # 登录
        login_data = {
            "username": config.get_config('loginuser.name'),
            "pwd": config.get_config('loginuser.pass'),
            "randomCode": "1234"
        }
        res, session = kwa.do_post("/dologin/", data=login_data, create_
session=True)
```

```
        if res.status_code == 200 and res.json()['code'] == 0:
            cls.session = session

    @file_data("../testDatas/testdata_interface_apply_normal.yaml")
    def test_apply_normal(self, **params):
        print("{:*^50s}".format(params['desc']))
        # 提交需求申请
        apply_data = {
            'order_dep': params.get('order_dep'),
            'order_date': params.get('order_date'),
            'order_name': params.get('order_name'),
            'order_sys': params.get('order_sys'),
            'order_type': params.get('order_type'),
            'order_desc': params.get('order_desc')
        }

        res, session = kwa.do_post('/commit_order/', data=apply_data,
session=self.session)

        print(res.status_code)
        print(json.dumps(res.json(), indent=2, ensure_ascii=False))
        self.assertEqual(200, res.status_code)
        self.assertEqual(params.get('code'), res.json()['code'])
```

执行结果显示成功完成两个用例的测试，如图 18.7 所示。

图 18.7　测试用例执行结果

注意：在测试数据中，参数 apply_date 表示申请日期，需要填写当前的日期，因为系统
会检查，这实际上也是代码复用性的问题，后面会专门解决参数构造问题。

18.3.3　使用装饰器优化日志收集功能

截取用例执行结果，第一组数据测试用例的执行结果如下：

```
*************************正例*************************
post requests:
请求参数: {'order_dep': 1, 'order_date': datetime.date(2021, 12, 12),
'order_name': '需求名字', 'order_sys': '关联 sys', 'order_type': 'upper',
'order_desc': '描述信息'}
200
```

```
200
{
  "code": 0,
  "order_id": 14
}
```

logs/debuglog 日志文件内容还不完整，如果在每一个测试用例中都编写日志收集语句，那么维护起来非常麻烦而且格式无法统一，因此需要规划一下日志需求：

- 在每个测试方法执行日志中明确开始和结束标记；
- 在测试报告和日志中输出测试场景内容；
- 在测试报告和日志中输出当前方法使用的测试数据预览内容。

基于以上三个需求，运用前面学过的装饰器和面向切面编程技术，可以容易地在一个装饰器中编写日志收集代码，创建日志收集装饰器类 commons/Decor.py 如下：

```python
import functools
from commons.Logger import logger


def case_decor(_func):
    @functools.wraps(_func)
    def inner(*args, **kwargs):
        """
        测试用例装饰器
        :return:
        """
        caseName = type(args[0]).__name__
        caseDesc = kwargs.get('description')
        logger.info("{}{}...begin...".format(caseName, caseDesc))

        print("用例描述:", caseDesc)
        print("入口参数:")
        logger.info("入口参数:")
        for key in kwargs.keys():
            print(key, ":", kwargs[key])
            logger.info(key + " : " + str(kwargs[key]))
        res = _func(*args, **kwargs)

        logger.info("{}{}...end...".format(caseName, caseDesc))
        return res
    return inner
```

在每一个测试方法前引入并调用装饰器：

```python
from commons.Decor import case_decor
```

优化测试用例 testcase_interface_apply_normal.py 中的测试方法 test_apply_normal()：

```python
@file_data("../testDatas/testdata_interface_apply_normal.yaml")
@case_decor
def test_apply_normal(self, **params):
    # 提交需求申请
    apply_data = {
        'order_dep': params.get('order_dep'),
```

```
        'order_date': params.get('order_date'),
        'order_name': params.get('order_name'),
        'order_sys': params.get('order_sys'),
        'order_type': params.get('order_type'),
        'order_desc': params.get('order_desc')
    }

    res, session = kwa.do_post('/commit_order/', data=apply_data,
session=self.session)
    print(json.dumps(res.json(), indent=2, ensure_ascii=False))
    self.assertEqual(200, res.status_code)
    self.assertEqual(params.get('code'), res.json()['code'])
```

代码执行结果如下：

```
用例描述：正例
入口参数：
description : 正例
order_dep : 1
order_date : 2021-12-12
order_name : 需求名字
order_sys : 关联 sys
order_type : upper
order_desc : 描述信息
code : 0
post requests:
请求参数：{'order_dep': 1, 'order_date': datetime.date(2021, 12, 12),
'order_name': '需求名字', 'order_sys': '关联 sys', 'order_type': 'upper',
'order_desc': '描述信息'}
200
{
  "code": 0,
  "order_id": 18
}
```

logs/debug.log 日志内容如下：

```
2021-12-12 14:27:15|INFO|Decor.py:21|applyInterfaceTestCase 正例...begin...
2021-12-12 14:27:15|INFO|Decor.py:25|入口参数：
2021-12-12 14:27:15|INFO|Decor.py:28|description : 正例
2021-12-12 14:27:15|INFO|Decor.py:28|order_dep : 1
2021-12-12 14:27:15|INFO|Decor.py:28|order_date : 2021-12-12
2021-12-12 14:27:15|INFO|Decor.py:28|order_name : 需求名字
2021-12-12 14:27:15|INFO|Decor.py:28|order_sys : 关联 sys
2021-12-12 14:27:15|INFO|Decor.py:28|order_type : upper
2021-12-12 14:27:15|INFO|Decor.py:28|order_desc : 描述信息
2021-12-12 14:27:15|INFO|Decor.py:28|code : 0
2021-12-12 14:27:15|INFO|Decor.py:31|applyInterfaceTestCase 正例...end...
```

所有公共数据的输出和日志收集都在装饰器 Decor 中进行了统一定义，有了装饰器的支持，可以快速扩展测试用例和优化测试报告了。

除了需求申请用例，还需要修改登录用例的测试脚本和测试数据，以符合装饰器设计的标准。

☎提示：本小节的源代码路径是 ch18/18_3_AutomaticTestFramework。

18.4　以数据驱动扩展用例

随着编程技术的发展，在软件开发领域出现了许多优秀的开发框架，如 Python 中的 Flask 和 Django；Java 中的 Spring Boot、Spring Cloud 以及老牌 MVC 框架 Struts。而在测试领域有我们之前学习的 Unittest 测试框架。这些框架实际上都具有一种特性——约定大于编码。什么意思呢？就是说良好的约定能够减少开发者的编码工作，相比以前老框架需要用大量编码来完成一些工作而言提升了开发效率。

18.4.1　约定 DDT 数据格式

回到需求申请测试用例上，我们抽取一组测试数据：

```
-
  description: 正例
  order_dep: 001
  order_date: 2021-12-12
  order_name: 需求名称
  order_sys: 关联 sys
  order_type: upper
  order_desc: 描述信息
  code: 0
```

以上数据都是平级的，没有层次关系。其中，description 用来描述用例内容，order_dep、order_date 等是请求参数，code 是断言的期望值。在测试脚本中对于入口数据做了一次转换，将入口参数 params 中的请求参数重新组合成请求参数 apply_data，这样做有必要吗？

```
@file_data("../testDatas/testdata_interface_apply_normal.yaml")
@case_decor
def test_apply_normal(self, **params):
    # 提交需求申请
    apply_data = {
        'order_dep': params.get('order_dep'),
        'order_date': params.get('order_date'),
        'order_name': params.get('order_name'),
        'order_sys': params.get('order_sys'),
        'order_type': params.get('order_type'),
        'order_desc': params.get('order_desc')
    }

    res, session = kwa.do_post('/commit_order/', data=apply_data,
```

```
session=self.session)
        print(json.dumps(res.json(), indent=2, ensure_ascii=False))
        self.assertEqual(200, res.status_code)
        self.assertEqual(params.get('code'), res.json()['code'])
```

如果我们改造一下测试数据文件，提出以下约定：

- 在数据中必须包含 key 为 description 的内容来描述用例；
- 在数据中将请求数据和断言相关数据进行分离；
- 在数据中所有 key 值不重复。

按照这样的约定，重新定义 testdata_interface_apply_normal.yaml 文件的数据格式：

```
-
  description: 正例
  data:
    order_dep: 001
    order_date: 2021-12-12
    order_name: 需求名称
    order_sys: 关联 sys
    order_type: upper
    order_desc: 描述信息
  assert:
    code: 0
```

在上面的代码中增加了两个键值 data 和 assert，将请求参数和断言期望进行了分组，这样使数据结构更加清晰，而测试数据结构是可以约定的，在测试框架上编写测试数据时让每个测试用例都遵从以上约定格式是可行的。

在以上数据中，所有 key 值都不重复，我们可以通过唯一的 key 来得到 value，在关键字类中定义一个取值函数 get_value()：

```
import jsonpath


def get_value(content, key):
    return jsonpath.jsonpath(content, "$..{}".format(key))[0]
```

使用 JSONPath 第三方库可以很容易地获取 JSON 数据中 key 对应的值，使用前需要先安装 JSONPath。

根据现在的测试数据结构来优化测试方法 test_apply_normal：

```
@file_data("../testDatas/testdata_interface_apply_normal.yaml")
@case_decor
def test_apply_normal(self, **params):
    # 提交需求申请
    res, session = kwa.do_post('/commit_order/', data=params.get('data'),
session=self.session)
    # 用例断言
    self.assertEqual(200, res.status_code)
    self.assertEqual(kwa.get_value(params, 'code'), res.json()['code'])
```

现在，测试方法 test_apply_normal()的代码只剩下核心的三行，分别用于发送请求和断言响应。经过优化的代码易于阅读、维护和扩展。代码执行结果如下，可以看出，报告内容保持了日志的丰富性和可追溯的特性。

```
用例描述：正例
入口参数：
order_dep : 1
order_date : 2021-12-12
order_name : 需求名字
order_sys : 关联 sys
order_type : upper
order_desc : 描述信息
post requests:
请求参数: {'order_dep': 1, 'order_date': datetime.date(2021, 12, 12),
'order_name': '需求名字', 'order_sys': '关联 sys', 'order_type': 'upper',
'order_desc': '描述信息'}
响应码: 200
响应报文：
{
    "code": 0,
    "order_id": 27
}
```

18.4.2　需求申请测试分析

有了上面对测试用例层面的约定和优化后，现在我们尝试扩展需求申请场景的其他测试用例。实际上，我们现在扩展测试用例就是编写更多的测试数据而已，在扩展用例之前，需要对测试场景进行测试需求分析。

思维导图（也叫脑图）在分析问题时非常方便，我们将需求申请场景的测试用例分为两类：正例和反例，如图 18.8 所示。

在正例中必须覆盖所有的边界值和枚举值，例如需求申请部门需要覆盖到 001～006 所有支持的部门。而申请日期需要采用在黑盒测试中非常重要的方法"边界值法"来规划用例场景，日期规定"必须是从今天开始的 7 天内"，也就是说两个边际是"今天"和"7 天后"，因此测试时需要使用今天，明天，第 3、4、5 天中的任意一天，第六天和第七天 5 个用例来覆盖申请日期字段的正例，而不在范围内的用例则在反例中列出。对于需求名称，要求"4～10 个汉字"，因此需要测试 4 个汉字、5-9 个汉字的抽样和 10 个汉字的情况。

反例情况更加复杂，如不存在的部门编码 007 或者没有输入部门代码，日期小于今天或大于 7 天等。对于文本输入域，除了考虑与需求相关的内容，对于非法字符可能引起的安全性问题也要进行重点测试。

分析测试需求非常重要，这也是测试人员积累经验的必要工作。

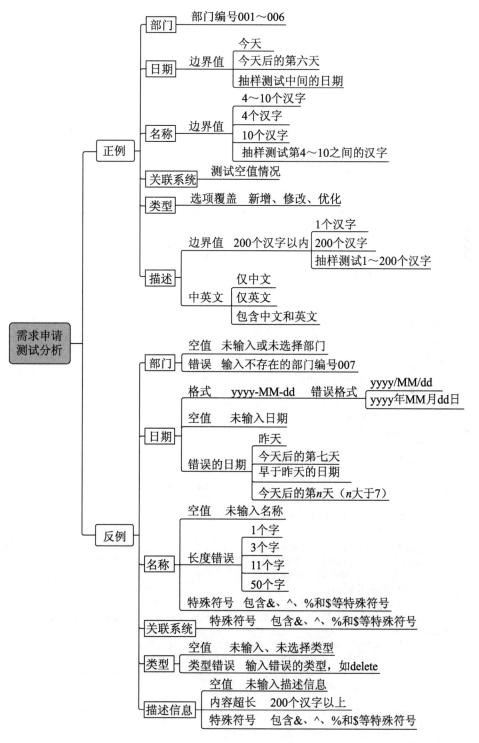

图 18.8　需求申请测试思维导图

18.4.3　动态参数计算

有了以上分析结果，接下来的工作就是将思维导图中的每个叶子节点，转换成一组测试数据。可是这里又出现新的问题了，我们来看"需求申请日期"这个参数，在前面的测试数据文件中，日期是以字符串形式"写死"的，现在的值是 2021-12-12，如果明天再执行测试用例，那么这个日期将会早于当天的日期，必将导致测试执行失败，这并不是我们想要的结果，我们希望测试脚本不论今天执行还是一年后再次执行，这个日期应该是系统自动计算出的当前日期。

解决这个问题最好的办法是改造装饰器，既然我们可以使用装饰器输出所有测试方法的入口参数，那么也可以修改参数，可以在 YAML 数据文件中填写表达式，在装饰器类中用表达式动态计算出的结果替换参数值。Python 语言的 eval 函数用于动态计算字符串所定义的表达式。优化装饰器匹配表达式并进行动态计算：

```python
import functools
import datetime
from commons.Logger import logger


def case_decor(_func):
    @functools.wraps(_func)
    def inner(*args, **kwargs):
        """
        测试用例装饰器
        :return:
        """
        caseName = type(args[0]).__name__
        caseDesc = kwargs.get('description')
        logger.info("{}{}...begin...".format(caseName, caseDesc))

        print("用例描述:", caseDesc)
        print("入口参数:")
        logger.info("入口参数:")
        datas = kwargs['data']
        for key in datas.keys():
            # 数据计算和加工
            value = datas[key]
            if type(value) == str and value.startswith('<') and value.endswith('>'):
                datas[key] = eval(datas[key][1:-1])
            print(key, ":", datas[key])
            logger.info(key + " : " + str(datas[key]))
        res = _func(*args, **kwargs)

        logger.info("{}{}...end...".format(caseName, caseDesc))
        return res
    return inner
```

在代码中约定表达式被"<>"修饰，添加第一组新的测试数据并将日期改为表达式：

```
-
  description: '部门测试'
  data:
    order_dep: '001'
    order_date: '<datetime.datetime.now().strftime("%Y-%m-%d")>'
    order_name: '需求名字'
    order_sys: '关联 sys'
    order_type: 'upper'
    order_desc: '描述信息'
  assert:
    code: 0
```

order_date 的内容是一个被"<>"修饰的字符串，告诉装饰器这个字符串是一个表达式，需要计算出该表达式的结果并重新赋值。重新执行测试用例，执行结果如下：

```
用例描述：部门测试
入口参数：
order_dep : 001
order_date : 2021-12-12
order_name : 需求名称
order_sys : 关联 sys
order_type : upper
order_desc : 描述信息
post requests:
请求参数: {'order_dep': '001', 'order_date': '2021-12-12', 'order_name':
'需求名字', 'order_sys': '关联 sys', 'order_type': 'upper', 'order_desc':
'描述信息'}
响应码: 200
响应报文:
{
  "code": 0,
  "order_id": 31
}
```

从入口参数的输出内容中可以看出，order_date 日期可以通过脚本自动计算并重新赋值，现在，不论何时执行这个测试脚本，都会得到当天的日期。同理，我们可以修改表达式，得到当天日期之后 1-5 天内随机一天的日期或当天日期之后第 6 天的日期：

```
'<(datetime.date.today() + datetime.timedelta(days=6)).strftime("%Y-%m-%d")>'
'<(datetime.date.today() + datetime.timedelta(days=random.randint(1,5))).
strftime("%Y-%m-%d")>'
```

18.4.4　快速扩展测试数据

现在我们来编写在测试需求分析中正例所定义的用例数据：

```
-
  description: '部门测试'
  data:
```

```
      order_dep: '001'
      order_date: '<datetime.datetime.now().strftime("%Y-%m-%d")>'
      order_name: '需求名称'
      order_sys: '关联 sys'
      order_type: 'upper'
      order_desc: '描述信息'
    assert:
      code: 0
（略）
-
  description: '不同的部门测试'
  data:
      order_dep: '006'
      order_date: '<datetime.datetime.now().strftime("%Y-%m-%d")>'
      order_name: '需求名称'
      order_sys: '关联 sys'
      order_type: 'upper'
      order_desc: '描述信息'
  assert:
      code: 0
-
  description: '今天的日期'
  data:
      order_dep: '001'
      order_date: '<datetime.datetime.now().strftime("%Y-%m-%d")>'
      order_name: '需求名称'
      order_sys: '关联 sys'
      order_type: 'upper'
      order_desc: '描述信息'
  assert:
      code: 0
-
  description: '六天后的日期'
  data:
      order_dep: '001'
      order_date: '<(datetime.date.today() + datetime.timedelta(days=6)).
strftime("%Y-%m-%d")>'
      order_name: '需求名称'
      order_sys: '关联 sys'
      order_type: 'upper'
      order_desc: '描述信息'
  assert:
      code: 0
（略）
```

测试数据较多，没有全部列出，具体内容请参考源码内容。

构建完正例测试脚本和测试数据驱动文件后，再来看反例，首先编写反例测试方法：

```
    @file_data("../testDatas/testdata_interface_apply_error.yaml")
    @case_decor
    def test_apply_error(self, **params):
        # 提交需求申请
```

```
res, session = kwa.do_post('/commit_order/', data=params.get('data'),
session=self.session)
    # 用例断言
    self.assertEqual(200, res.status_code)
    self.assertEqual(kwa.get_value(params, 'code'), res.json()['code'])
```

创建反例数据驱动文件 testDatas/testdata_interface_apply_error.yaml：

```yaml
-
  description: '反例：部门未输入 1'
  data:
#   order_dep: '001'
    order_date: '<datetime.datetime.now().strftime("%Y-%m-%d")>'
    order_name: '需求名称'
    order_sys: '关联 sys'
    order_type: 'upper'
    order_desc: '描述信息'
  assert:
    code: -1

  description: '反例：部门未输入 2'
  data:
    order_dep: ''
    order_date: '<datetime.datetime.now().
strftime("%Y-%m-%d")>'
    order_name: '需求名称'
    order_sys: '关联 sys'
    order_type: 'upper'
    order_desc: '描述信息'
  assert:
    code: -1
-
  description: '反例：不存在的部门'
  data:
    order_dep: '007'
    order_date: '<datetime.datetime.now().
strftime("%Y-%m-%d")>'
    order_name: '需求名称'
    order_sys: '关联 sys'
    order_type: 'upper'
    order_desc: '描述信息'
  assert:
    code: -1
（略）
```

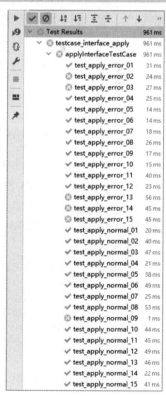

图 18.9　测试用例的执行结果

有了框架的支持，可以快速扩展测试用例，让测试人员专注于测试数据的分析，将每一个场景编写为一组数据，提高测试覆盖率。

执行测试脚本，测试结果如图 18.9 所示。

仅用了不到 10s 的时间就完成 30 个测试用例的执行，充分体现了自动化测试的优势：快速扩展测试用例，提升测试覆盖度，提高测试工作效率，节约成本。试想，如果这 30 个测试用例以手工测试的方式来实现和执行，大量重复执行的操作将会让测试人员非常疲惫，保证产品质量就有些力不从心了。

☎提示：本小节的源代码路径是 ch18/18_4_AutomaticTestFramework。

18.5　测试现场还原与数据级断言

经过前面的不断迭代和优化，现在的测试框架在用例层面已经具备了基础架构，测试用例、数据驱动文件、参数配置和日志收集功能都已经得到完善。本节我们来讨论与数据库相关的两个重要话题：测试现场还原和数据级断言。

18.5.1　创建数据库访问类

在实际工作中，并不要求测试人员对数据库技术十分精通，但是一些基本的对数据库进行增、删、改、查的操作却必须要掌握。testProject 项目使用 MySQL 作为数据库软件。

安装 MySQL 的第三方库 PyMySQL，注意版本为 0.10.0，PyMySQL 0.x 版本和 1.x 版本有语法差异：

```
PS F:\PycharmProjects\AutomaticTestFramework> pip install pymysql==0.10.0
Collecting pymysql==0.10.0
  Using cached PyMySQL-0.10.0-py2.py3-none-any.whl (47 kB)
Installing collected packages: pymysql
Successfully installed pymysql-0.10.0
```

创建数据库操作 API 类 api/DataBaseApi.py 如下：

```
import pymysql
import commons.Config as config


class DataBaseApi:
    def __init__(self):
        self.conn = pymysql.connect(
            config.get_config('database.host'),
            config.get_config('database.user'),
            config.get_config('database.pass'),
            config.get_config('database.dbname'),
        )
```

在 DataBaseApi 类的构造函数中创建数据库链接并保存在成员属性 conn 中，链接数据库使用的地址、端口、用户名、密码和数据库名称在创建参数配置化文件时已经在

config.ini 文件中定义过，直接读取参数：

```
[database]
host = 127.0.0.1
user = root
pass = root
dbname = demodb
```

18.5.2　操作数据库还原测试现场

我们前面编写的需求申请测试用例从未关注过数据库的数据变化情况，现在我们有必要看一下此时的数据情况。打开任意 MySQL 客户端，打开链接数据库并查看 order_info 表最后一条记录的 id 值：

```
mysql> use demodb;
Database changed
mysql> select * from order_info order by id desc limit 1;
+----+----------+-------+-----+------------+--------+--------+--------+
| id | name     | type  | dep | date       | system | desc   | status |
+----+----------+-------+-----+------------+--------+--------+--------+
| 62 | 需求名称 | upper | 001 | 2021-12-12 | 关联 sys| 描述信息| 0      |
+----+----------+-------+-----+------------+--------+--------+--------+
1 row in set (0.00 sec)

mysql>
```

注意：数据库链接地址、用户名、密码和数据库名称，与搭建 testProject 项目时的创建内容有关。打开 testProject 项目，在 testProject/settings.py 下找到与数据库相关的内容，查看链接信息。本例的执行结果应该与你执行结果不太一样比如登记日期、记录编号 id 等，这是正常的，理解其中的含义进行学习即可。

通过查看看 order_info 需求申请表的最大 id 编号可以看到，当前的数据库表中有 62 条数据。

重新执行需求申请测试用例，再次查看数据库最大 id：

```
mysql> select * from order_info order by id desc limit 1;
+----+----------+-------+-----+------------+--------+--------+--------+
| id | name     | type  | dep | date       | system | desc   | status |
+----+----------+-------+-----+------------+--------+--------+--------+
| 81 | 需求名称 | upper | 001 |2021-12-12  | 关联 sys| 描述信息| 0      |
+----+----------+-------+-----+------------+--------+--------+--------+
1 row in set (0.00 sec)

mysql>
```

可以看到，最大编号已经排列了 81，说明本次测试用例的执行，为数据库中添加了 19 条数据。试想一下，如果测试用例较多，那么每次都会生成大量的测试数据，而这些数据在测试工作完成后就没有任何意义了，因此我们必须在用例脚本执行完毕后清除产生的中间过程数据，这项工作在测试领域叫作测试现场还原。优秀的测试脚本一定要具备还原测试现场的能力，不能让测试执行后对环境数据产生破坏性的影响。因此，还原测试现场可以说是测试人员的"道德底线"。

接下来为了达到还原测试现场的目的，在数据库操作类中增加两个方法，查询最大 id 编号和按照编号清理测试数据：

```python
def queryMaxId(self):
    cursor = self.conn.cursor()
    sql = "select max(id) from order_info"
    cursor.execute(sql)
    res = cursor.fetchone()
    cursor.close()
    self.conn.commit()
    return res[0]

def clearTestData(self, maxid):
    cursor = self.conn.cursor()
    sql = f"delete from order_info where id > {maxid}"
    cursor.execute(sql)
    cursor.close()
    self.conn.commit()
    logger.info("数据清理完成.")
```

在需求申请测试用例中增加数据库操作，还原测试现场：

```python
@ddt
class applyInterfaceTestCase(unittest.TestCase):

    @classmethod
    def setUpClass(cls) -> None:
        # 查询数据库中的最大 id
        cls.dba = DataBaseApi()
        cls.max_id = cls.dba.queryMaxId()

        # 先登录
        login_data = {
            "username": config.get_config('loginuser.name'),
            "pwd": config.get_config('loginuser.pass'),
            "randomCode": "1234"
        }
        res, session = kwa.do_post("/dologin/", data=login_data, create_session=True)
        if res.status_code == 200 and res.json()['code'] == 0:
            cls.session = session

    @classmethod
    def tearDownClass(cls) -> None:
        # 清除测试数据
        cls.dba.clearTestData(cls.max_id)
```

```
# 关闭数据库连接
cls.dba.conn.close()
```

这里只截取了 testCases/testcase_interface_apply.py 的部分代码，在 setUpClass()前置方法中，在所有用例方法执行之前查询数据库中的最大编号并记录在类属性 cls.max_id 中。脚本执行后，所有编号大于 cls.max_id 的记录都将是测试过程中产生的临时数据，将在 tearDownClass()后置方法中被删除。

再次执行需求申请测试用例，查询数据库中的最大 id 编号，依然是 81：

```
mysql> select * from order_info order by id desc limit 1;
+----+----------+-------+-----+------------+--------+--------+--------+
| id | name     | type  | dep | date       | system | desc   | status |
+----+----------+-------+-----+------------+--------+--------+--------+
| 81 | 需求名称 | upper | 001 | 2021-12-12 | 关联 sys | 描述信息 | 0      |
+----+----------+-------+-----+------------+--------+--------+--------+
1 row in set (0.00 sec)

mysql>
```

表示这次执行用例并没有给数据库带来额外的测试数据，测试过程和结果不受任何影响，而之前对数据库产生的"破坏性"结果也得到了解决，这就是"测试现场还原"工作的作用。

🔔注意：与需求申请场景类似，只要在执行过程中会产生新的数据或修改相关的内容，都应该在测试执行之后将其还原为初始状态。

18.5.3　完善数据级断言

即使手工测试人员不会使用自动化测试相关技术，也应该知道数据库状态检查的重要性。例如，在需求申请中，申请的数据最终会写入数据库完成持久化存储。测试人员在申请页面中填写表单并提交后，如果看到"申请成功"的提示信息，或者在模拟接口请求中得到的响应报文的 code 响应码值是 0，就说明申请信息一定被正确存储到数据库表中了吗？当然不能。例如前面的例子，我们断言页面提示信息或者响应报文中的响应码值只是表面现象，很有可能开发人员在插入数据时发生异常，数据并没有真正被保存到数据库中，同时由于缺陷存在，返回给客户端的仍然是数据插入成功的信息，这样的缺陷必须通过数据级断言才能给出正确的结论。

在需求申请用例中，不论正例还是反例我们现在只是断言了 HTTP 请求的状态码和响应报文中的响应码。

这是远远不够的，我们必须访问数据库完成以下数据级断言。

- 正例：断言数据库中存在新增记录，并且相关字段与请求参数一致；

- 反例：断言数据库中没有新增任何新记录。

```python
@file_data("../testDatas/testdata_interface_apply_normal.yaml")
@case_decor
def test_apply_normal(self, **params):
    # 提交需求申请
    res, session = kwa.do_post('/commit_order/', data=params.get('data'),
session=self.session)
    # 用例断言
    self.assertEqual(200, res.status_code)
    self.assertEqual(kwa.get_value(params, 'code'), res.json()['code'])

@file_data("../testDatas/testdata_interface_apply_error.yaml")
@case_decor
def test_apply_error(self, **params):
    # 提交需求申请
    res, session = kwa.do_post('/commit_order/', data=params.get
('data'), session=self.session)
    # 用例断言
    self.assertEqual(200, res.status_code)
    self.assertEqual(kwa.get_value(params, 'code'), res.json()['code'])
```

在上面的例子中，将申请正例和反例分为两个测试方法 test_apply_normal()和 test_apply_error()，二者的业务逻辑代码基本一样，只是测试数据不同而已，为什么还要分成两个方法？这不是增加了代码的冗余吗？现在我们要增加数据级断言，而正例和反例在数据级断言的业务逻辑上是完全不同的，这就是分成两个方法的目的。

在需求申请响应报文中，除了 code 作为响应码表示执行结果外（当 code 为 0 时表示执行成功），还有一个参数 order_id 代表数据库中新增记录的 id 值。

在数据库操作类中添加查询方法，根据 id 值获取对应的需求申请记录：

```python
def queryOrderById(self, order_id):
    cursor = self.conn.cursor()
    sql = f"select * from order_info where id = {order_id}"
    cursor.execute(sql)
    res = cursor.fetchone()
    cursor.close()
    self.conn.commit()
    return res
```

优化 test_apply_normal()正例测试方法，添加数据级断言：

```python
@file_data("../testDatas/testdata_interface_apply_normal.yaml")
@case_decor
def test_apply_normal(self, **params):
    # 提交需求申请
    res, session = kwa.do_post('/commit_order/', data=params.get('data'),
session=self.session)

    # 用例断言
    self.assertEqual(200, res.status_code)
```

```
self.assertEqual(kwa.get_value(params, 'code'), res.json()['code'])

# 数据级断言
new_id = res.json()['order_id']
orderInfo = self.dba.queryOrderById(new_id)
print("order:", orderInfo)
self.assertEqual(orderInfo[1], kwa.get_value(params, 'order_name'))
self.assertEqual(orderInfo[2], kwa.get_value(params, 'order_type'))
self.assertEqual(orderInfo[3], kwa.get_value(params, 'order_dep'))
self.assertEqual(orderInfo[4].strftime("%Y-%m-%d"), kwa.get_value
(params, 'order_date'))
self.assertEqual(orderInfo[5], kwa.get_value(params, 'order_sys'))
self.assertEqual(orderInfo[6], kwa.get_value(params, 'order_desc'))
self.assertEqual(orderInfo[7], '0')
```

　　增加数据级断言之后，在断言状态码和响应码的基础上，根据响应报文中的 id 值查询数据库记录并逐个断言记录的字段，以确保执行结果与期望的一致，从而使整个断言过程更加严谨和可靠。

　　接下来优化反例方法 test_apply_error()：

```
@file_data("../testDatas/testdata_interface_apply_error.yaml")
@case_decor
def test_apply_error(self, **params):
    # 查询数据库最大 id
    max_id = self.dba.queryMaxId()
    # 提交需求申请
    res, session = kwa.do_post('/commit_order/', data=params.get
('data'), session=self.session)
    # 用例断言
    self.assertEqual(200, res.status_code)
    self.assertEqual(kwa.get_value(params, 'code'), res.json()['code'])

    # 断言一下，最大 id 没有变化
    self.assertEqual(max_id, self.dba.queryMaxId())
```

　　反例断言需要判定数据库中是否没有新记录产生，在每次用例方法执行之前查询数据中需求记录的最大 id 值，在执行结束后再次查询并断言这两次的查询结果相等，代表在数据库中没有增加新的需求申请记录。

　　📖注意：数据级断言在测试领域中非常重要，测试工作不能只停留于表层，要深入数据层才能发现更深的问题。

18.5.4　调整登录用例数据和脚本

　　测试用例代码经过逐步优化，目前数据结构和断言方式都发生了变化，之前的用户登录场景用例已经不能被正确执行了，需要调整一下用户登录的数据文件和相关代码。

修改数据文件 testDatas/testdata_interface_login.yaml：

```yaml
-
  description: '正例'
  data:
    username: 'admin'
    pwd: '123456'
  assert:
    code: 0
-
  description: "正例2"
  data:
    username: 'sniper'
    pwd: '111111'
  assert:
    code: 0
-
  description: '反例：错误的用户名或密码'
  data:
    username: 'sniper'
    pwd: '123'
  assert:
    code: 11
```

修改测试脚本 testCases/testcase_interface_login.py：

```python
import unittest
import json
from ddt import ddt, file_data
import api.KeywordApi as kwa
from commons.Logger import logger
from commons.Decor import case_decor


@ddt
class loginInterfaceTestCase(unittest.TestCase):

    @file_data('../testDatas/testdata_interface_login.yaml')
    @case_decor
    def test_login(self, **params):

        # 2：模拟请求
        res = kwa.do_post("/dologin/", data=params.get('data'))

        # 3：断言
        self.assertEqual(200, res.status_code, "登录通信失败{}".format
(res.status_code))
        print(res.text)
        # print(type(res.text))
        logger.info(type(res.text))
        print(json.dumps(res.json(), indent=2, ensure_ascii=False))
        self.assertEqual(kwa.get_value(params, 'code'), res.json()['code'],
'测试失败')
```

```
if __name__ == '__main__':
    unittest.main()
```

调整后验证测试脚本的执行结果，如图 18.10 所示。.

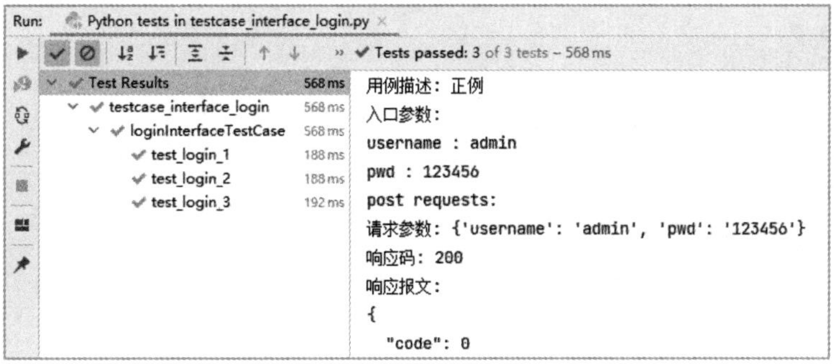

图 18.10　测试用例的执行结果

☎提示：本小节的源代码路径是 ch18/18_5_AutomaticTestFramework。

18.6　查询 API 接口测试用例

后台接口提供的 API 查询功能是我们要完成的下一个测试场景，这个场景比较特殊，参数传递采用 HTTP+JSON 方式，响应内容也比较复杂，因此提供分页查询能力。

18.6.1　创建测试数据与基础测试代码

首先创建一组正例测试数据 testDatas/testdata_interface_order_query_normal.py：

```
-
  description: '正例查询'
  data:
    page: 1
    limit: 20
    order_dep: '001'
```

🔔注意：API 接口相关功能和文档说明请参考源码文件，此处不再赘述。

接下来将线性代码基础业务逻辑优化为 Unittest+DDT 形式，创建测试脚本 testCases/testcase_interface_order_query_api.py：

```
import unittest
from ddt import ddt, file_data
from commons.Decor import case_decor
import api.KeywordApi as kwa
```

```
@ddt
class OrderQueryTestCast(unittest.TestCase):

    @file_data('../testDatas/testdata_interface_order_query_normal.yaml')
    @case_decor
    def test_normal(self, **params):
        req_params = params.get('data')

        # 模拟请求
        res = kwa.do_post('/orderQueryApi/', json=req_params)
        # 断言
        self.assertEqual(200, res.status_code)
        self.assertEqual(0, kwa.get_value(res.json(), 'code'))


if __name__ == '__main__':
    unittest.main()
```

在数据查询接口中需要上传 JSON 格式的请求参数，因此下面为关键字驱动类 do_post() 方法增加 JSON 参数：

```
def do_post(path, data=None, json=None, create_session=False, session=
None):
    print("post requests:")
    params = data if data is not None else json
    print("请求参数:", params)
    logger.info("请求参数")
    logger.info(params)

    if create_session and session:
        raise ValueError("create_session 和 session 不能同时使用.")

    if create_session is True:
        req = requests.session()
    elif session is not None:
        req = session
    else:
        req = requests

    res = req.post(config.get_config('options.url') + path, data=data,
json=json)
    print(res.status_code)
    logger.info("响应码: " + str(res.status_code))

    # 输出相应结果
    contentType = res.headers.get('Content-Type')
    if contentType == 'application/json':
        resContext = json_lib.dumps(res.json(), indent=2, ensure_ascii=
False)
    elif contentType == "text/html":
        resContext = res.text[:1000]
    else:
```

```
        resContext = "未定义"

    print("响应报文:")
    print(resContext)
    logger.info(resContext)
    if create_session is True or session is not None:
        return res, req
    else:
        return res
```

这里需要注意，入口形参实际上是一个局部变量，我们期望与 requests.post() 方法参数命名一致，因此使用 json 作为形参的名字，但是这样会引发命名冲突问题，因为代码中我们用到了解析 JSON 格式数据的标准库 JSON：

```
import json
```

必须为标准库起一个"别名"来解决命名冲突问题。

```
import json as json_lib
```

然后将原来的 JSON 标准库替换为别名 json_lib：

```
    if contentType == 'application/json':
        resContext = json_lib.dumps(res.json(), indent=2, ensure_ascii=
False)
    elif contentType == "text/html":
        resContext = res.text[:1000]
    else:
        resContext = "未定义"
```

执行用例，结果如下：

```
用例描述：正例查询
入口参数：
page : 1
limit : 5
order_dep : 001
post requests:
请求参数: {'page': 1, 'limit': 5, 'order_dep': '001'}

200
响应报文:
{
  "code": 0,
  "msg": "查询成功",
  "count": 51,
  "data": [
    {
      "id": 1,
      "name": "需求名称",
      "type": "change",
      "dep": "001",
      "date": "2021-10-11",
      "system": "其他系统",
      "desc": "需求的描述内容",
```

```
    "status": "0"
  },
  {
    "id": 2,
    "name": "需求名称",
    "type": "change",
    "dep": "001",
    "date": "2021-10-11",
    "system": "其他系统",
    "desc": "需求的描述内容",
    "status": "0"
  },
  {
    "id": 3,
    "name": "需求名称",
    "type": "change",
    "dep": "001",
    "date": "2021-10-11",
    "system": "其他系统",
    "desc": "需求的描述内容",
    "status": "0"
  },
  {
    "id": 4,
    "name": "需求名称",
    "type": "change",
    "dep": "001",
    "date": "2021-10-11",
    "system": "其他系统",
    "desc": "需求描述内容",
    "status": "0"
  },
  {
    "id": 6,
    "name": "测试需求名称",
    "type": "upper",
    "dep": "001",
    "date": "2021-11-21",
    "system": "关联的应用系统",
    "desc": "测试需求描述内容",
    "status": "0"
  }
  ]
}
```

　　通过前面几节的约定和规划，现在通过几行代码就能快速地构建新的测试场景用例脚本，对于一些公共的日志输出和数据处理，只要按照前面的设计和约定，就自然具备了相关的功能，测试框架的优势已经逐渐显现出来。

18.6.2　多页式查询结果断言

目前的断言非常简单，只对状态码和响应码进行了断言。这样的断言并不完善，在实际工作中我们经常会遇到类似的多页式查询接口，对于这样的查询接口，一般情况下响应内容都会包含较多的数据并包含分页变量。

1. 查询条件断言

有经验的测试人员一定会想到，现在的场景中请求参数"order_dep"代表按照部门作为条件的筛选查询结果，因此在查询结果 data 域中所定义的数据列表包含的需求信息必须与参数一致。同样，类型和日期同理也需要做一致性断言，并且要注意部门、类型和日期三个参数是非必须输入项，要兼容空值情况。优化断言代码如下：

```python
# 断言
    self.assertEqual(200, res.status_code)
    self.assertEqual(0, kwa.get_value(res.json(), 'code'))

    for order in kwa.get_value(res.json(), 'data'):
        if 'order_dep' in req_params:
            self.assertEqual(req_params.get('order_dep'), order.get('dep'))
        if 'order_type' in req_params:
            self.assertEqual(req_params.get('order_type'), order.get('type'))
        if 'order_date' in req_params:
            self.assertEqual(req_params.get('order_date'), order.get('date'))
```

2. 数据总数断言

在接口响应报文中，count 字段的值代表当前查询条件下包含的结果记录总数，我们需要依靠数据级断言方法对总数据量进行断言。

首先，在 DatabaseApi.py 中增加数据库查询函数，按照同样的条件直接从数据库中获取总记录数：

```python
    def queryOrderCount(self, params):
        cursor = self.conn.cursor()
        where_str = ""
        if 'order_dep' in params:
            where_str += " and dep = '{}'".format(params['order_dep'])
        if 'order_date' in params:
            where_str += " and date = '{}'".format(params['order_date'])
        if 'order_type' in params:
            where_str += " and type = '{}'".format(params['order_type'])
        sql = f"select count(*) from order_info where status='0'{where_str}"
        print(sql)
        cursor.execute(sql)
        res = cursor.fetchone()
        cursor.close()
        self.conn.commit()
        return res[0]
```

在测试用例 testcase_interface_order_query_api.py 中增加前置和后置方法来管理数据库链接：

```
@classmethod
    def setUpClass(cls) -> None:
        cls.dba = DataBaseApi()

    @classmethod
    def tearDownClass(cls) -> None:
        cls.dba.conn.close()
```

在测试方法中增加总记录数断言代码：

```
    # 断言总记录数
    data_total = self.dba.queryOrderCount(req_params)
    self.assertEqual(data_total, kwa.get_value(res.json(), 'count'),
'总记录数不符')
```

3. 分页断言

现在思考一个问题：参数 page 固定是 1，也就是说我们只测试了多页式查询接口的第 1 页，并没有覆盖所有的数据，我们需要测试全部的页才能让测试结果更准确。

查询在条件一定前提下，可以计算出总页数：

```
per_page = req_params.get('limit')
# 总页数
pages = data_total // per_page + 1
```

知道了总页数，就可以用循环的方式来处理所有页：

```
    # 测试所有页
    for page in range(1, pages + 1):
        print("当前测试第{}页".format(page))
        # 动态复制 page 参数
        req_params['page'] = page
        # 模拟请求
        res = kwa.do_post('/orderQueryApi/', json=req_params)
        # 断言
        self.assertEqual(200, res.status_code)
        self.assertEqual(0, kwa.get_value(res.json(), 'code'))

        # 断言总记录数
        self.assertEqual(data_total, kwa.get_value(res.json(), 'count'),
'总记录数不符')

        # 查询条件断言
        for order in kwa.get_value(res.json(), 'data'):
            if 'order_dep' in req_params:
                self.assertEqual(req_params.get('order_dep'), order.get('dep'))
            if 'order_type' in req_params:
                self.assertEqual(req_params.get('order_type'), order.get('type'))
            if 'order_date' in req_params:
                self.assertEqual(req_params.get('order_date'), order.get('date'))
```

其中，limit 参数代表每页包含的数据条数，也就是说，除了最后一页，前面所有的页返回的数据必须是 limit 所定义的数量：

```
# 断言查询结果的数据条数，必须不超过 limit
data_count = len(kwa.get_value(res.json(), 'data'))
# 如果不是最后一页，data 中数据的数量必须等于 limit
self.assertTrue(per_page >= data_count)
if page < pages:
    self.assertEqual(per_page, data_count)
```

虽然这是一个数据查询接口，但是很多测试人员都不重视查询接口的测试，类似这样的多页式查询功能在投产后经常出现问题，不是分页不对就是显示数据与参数不符。而对于数据查询的测试，恰恰非常考验测试人员的编程功底。与前面的线性代码相比，现在这个查询 API 接口测试方法在测试覆盖度、测试效率和质量方面都有明显的提升，通过编程自动化方式完成的测试结果质量更高，覆盖度更高。如果想通过手工测试达到这样的测试效果，几乎是不可能做到的。

18.6.3　扩展测试数据

有了上面的一组数据测试脚本并调试完毕后，我们可以通数据驱动的方式扩展更多的测试数据，完成正例的测试：

```
-
  description: '正例查询'
  data:
    page: all
    limit: 20
    order_dep: '001'
-
  description: '正例查询'
  data:
    page: all
    limit: 20
    order_dep: '002'
-
  description: '正例查询'
  data:
    page: all
    limit: 20
    order_date: '2021-09-03'
-
  description: '正例查询'
  data:
    page: all
    limit: 20
    order_type: 'new'
-
  description: '正例查询'
  data:
```

```
      page: all
      limit: 20
      order_type: 'change'
  -
    description: '正例查询'
    data:
      page: all
      limit: 20
      order_type: 'upper'
  -
    description: '正例查询:limit 30'
    data:
      page: all
      limit: 30
      order_dep: '001'
  -
    description: '正例查询:limit 50'
    data:
      page: all
      limit: 50
      order_dep: '001'
  -
    description: '正例查询:limit 100'
    data:
      page: all
      limit: 100
```

由于篇幅原因这里不能列出全部的数据。有了多组测试数据后，我们执行测试用例，体验自动化测试的强大之处。

18.6.4　编写反例测试脚本

多页式查询类接口的反例相对简单一些，给出错误的请求参数，断言响应码即可。下面先来构造两组反例测试数据 testDatas/testdata_interface_order_query_error.yaml：

```
  -
    description: '反例：错误的类型'
    data:
      page: 1
      limit: 20
      order_type: 'abc'
    assert:
      code: 500001
  -
    description: '反例：错误的日期类型'
    data:
      page: 1
      limit: 20
      order_date: '2021/09/03'
    assert:
      code: 500002
```

编写反例测试方法 test_error()：

```
@file_data('../testDatas/testdata_interface_order_query_error.yaml')
@case_decor
def test_error(self, **params):
    req_params = params.get('data')
    # 模拟请求
    res = kwa.do_post('/orderQueryApi/', json=req_params)
    # 断言
    self.assertEqual(200, res.status_code)
    self.assertEqual(kwa.get_value(params, 'code'), kwa.get_value
(res.json(), 'code'))
```

☎提示：本小节的源代码路径是 ch18/18_6_AutomaticTestFramework。

18.7　Socket 协议测试用例

对于前面四个线性代码示例的最后一个 Socket 接口通信场景，如果基于目前的框架设计应该如何实现呢？在关键字驱动类中现在有了 do_post() 和 do_get() 方法来支持 HTTP 相关的请求调用，私有 Socket 协议接口调用也应该以关键字驱动模式定义一个调用函数。

18.7.1　定义 Socket 关键字函数

在 api/KeywordApi.py 中增加新的关键字函数 socket_transfer()，封装 Socket 协议通信模拟过程：

```
def socket_trasfer(params):
    logger.info("socket 请求...begin...")
    serveraddr = (config.get_config('socket.host'), int(config.get_config
('socket.port')))
    sk = socket.socket()
    sk.connect(serveraddr)

    # 组装请求报文
    # 按照文档中的接口协议约定
    json_str = json_lib.dumps(params)
    send_str = "%010d%s" % (len(json_str.encode('utf-8')), json_str)
    logger.info(send_str)

    # str --> bytes
    # sendall 基于 TCP 并且是阻塞的
    sk.sendall(send_str.encode('utf-8'))

    answer_len = int(sk.recv(10))
    logger.info("响应报文长度:" + str(answer_len))
```

```
# recv 方法有大小限制，缓冲区为 2048 字节，并且是循环接收模式
content = sk.recv(answer_len).decode('utf-8')

# 现在的场景只有 JSON 数据，如果有其他格式的内容，可以自己优化
json_dict = json_lib.loads(content)
logger.info(str(json_dict))  # 解析后的字典

# 不要忘了关闭 Socket
sk.close()
logger.info("socket 请求...end...")

return json_dict
```

代码业务逻辑已经在前面章节进行了详细分析和讲解，这里我们主要优化请求地址参数，将 IP 地址和端口写入配置文件：

```
[socket]
host = 127.0.0.1
port = 8888
```

🔔注意：关键字驱动是定义成函数还是以面向对象编程方式定义成类和方法，在目前阶段没有太大区别。如果读者比较擅长面向对象编程，那么可参考第 17 章关键字驱动设计模式的内容；如果读者是刚入门，那么直接以函数定义每一个关键字方法相对来说更容易上手。

18.7.2　编写正例测试脚本

编写测试用例相关的脚本代码，首先要给出一组正例测试数据，创建数据驱动文件 testDatas/testdata_socket_apply_normal.yaml 如下：

```
-
  description: '部门测试'
  data:
    order_dep: '001'
    order_date: '<datetime.datetime.now().strftime("%Y-%m-%d")>'
    order_name: '需求名称'
    order_sys: '关联 sys'
    order_type: 'upper'
    order_desc: '描述信息'
  assert:
    code: '000000'
```

创建测试用例 testCases/testcase_socket_apply.py 如下：

```
import unittest
from ddt import ddt, file_data
import api.KeywordApi as kwa
import commons.Config as config
from commons.Decor import case_decor
from api.DataBaseApi import DataBaseApi
```

```
@ddt
class applySocketTestCase(unittest.TestCase):

    @classmethod
    def setUpClass(cls) -> None:
        # 查询数据库中的最大 id
        cls.dba = DataBaseApi()
        cls.max_id = cls.dba.queryMaxId()

    @classmethod
    def tearDownClass(cls) -> None:
        # 清除测试数据
        cls.dba.clearTestData(cls.max_id)
        # 关闭数据库连接
        cls.dba.conn.close()

    @file_data("../testDatas/testdata_socket_apply_normal.yaml")
    @case_decor
    def test_apply_normal(self, **params):
        # 提交需求申请
        req_params = params.get('data')
        req_params['service'] = 'createOrder'
        res_json = kwa.socket_trasfer(req_params)
        # 用例断言
        self.assertEqual('000000', res_json['code'])

        # 数据级断言
        new_id = res_json['order_id']
        orderInfo = self.dba.queryOrderById(new_id)
        print("order:", orderInfo)
        self.assertEqual(orderInfo[1], kwa.get_value(params, 'order_name'))
        self.assertEqual(orderInfo[2], kwa.get_value(params, 'order_type'))
        self.assertEqual(orderInfo[3], kwa.get_value(params, 'order_dep'))
        self.assertEqual(orderInfo[4].strftime("%Y-%m-%d"), kwa.get_value
(params, 'order_date'))
        self.assertEqual(orderInfo[5], kwa.get_value(params, 'order_sys'))
        self.assertEqual(orderInfo[6], kwa.get_value(params, 'order_desc'))
        self.assertEqual(orderInfo[7], '0')
```

与线性代码相比，以上代码在业务逻辑、断言方法上没有太大区别，主要区别是使用了关键字驱动函数来模拟 Socket 接口请求，达到代码解耦合的目的。

18.7.3　编写反例测试脚本

接下来完善反例测试方法，定义两组反例数据，创建数据驱动文件 testDatas/testdata_socket_apply_error.yaml 如下：

```
-
  description: '反例:未录入部门'
```

```
  data:
#    order_dep: '001'
    order_date: '<datetime.datetime.now().strftime("%Y-%m-%d")>'
    order_name: '需求名称'
    order_sys: '关联 sys'
    order_type: 'upper'
    order_desc: '描述信息'
  assert:
    code: '500005'
-
  description: '日期格式错误'
  data:
    order_dep: '002'
    order_date: '<datetime.datetime.now().strftime("%Y/%m/%d")>'
    order_name: '需求名称'
    order_sys: '关联 sys'
    order_type: 'upper'
    order_desc: '描述信息'
  assert:
    code: '500009'
```

添加反例测试方法 test_apply_error():

```
@file_data("../testDatas/testdata_socket_apply_error.yaml")
@case_decor
def test_apply_error(self, **params):
    # 查询数据库中的最大 id
    max_id = self.dba.queryMaxId()
    # 提交需求申请
    req_params = params.get('data')
    if 'service' not in req_params:
        req_params['service'] = 'createOrder'
    res_json = kwa.socket_trasfer(req_params)
    # 用例断言
    self.assertEqual(kwa.get_value(params, 'code'), res_json['code'])

    # 断言一下，最大 id 没有变化
    self.assertEqual(max_id, self.dba.queryMaxId())
```

有了前面的框架设计，现在扩展新的协议接口已经非常容易了。更多的测试数据可以参考前面的内容自行补充。

目前我们已经对线性代码中的 4 个场景进行了优化和封装，现在删除 test_demo 目录。

☎提示：本小节的源代码路径是 ch18/18_7_AutomaticTestFramework。

18.8　多接口关联流程测试

通过前面例子我们已经学会了如何编写单一接口的测试用例，很多测试场景需要关联多个接口来完成整体流程的测试。在测试项目中,添加需求申请后,可以通过查询页面查询到申请的相关信息,而这个页面展示的内容是否正确,也需要进行测试,如图 18.11 所示。

图 18.11　多接口关联流程测试

整个过程分为三步:
(1)登录系统。
(2)提交需求申请。
(3)调用查询请求,通过解析 HTML 网页得到页面展示的内容并断言。

18.8.1　创建 GET 请求方式的关键字驱动函数

通过开发者工具分析,查询需求信息展示页面的 HTTP 请求采用的是 GET 请求方式,创建 GET 请求方式关键字驱动函数 do_get() 的代码如下:

```
def do_get(path, params=None, headers=None, create_session=False, session=
None):
    print("get requests:")
    print("请求参数:", params)
    logger.info("请求参数")
    logger.info(params)

    if create_session and session:
        raise ValueError("create_session 和 session 不能同时使用.")

    if create_session is True:
```

```
        req = requests.session()
    elif session is not None:
        req = session
    else:
        req = requests

    res = req.post(config.get_config('options.url') + path, params=params,
headers=headers)
    print(res.status_code)
    logger.info("响应码: " + str(res.status_code))

    # 输出相应结果
    contentType = res.headers.get('Content-Type')
    logger.info(contentType)
    if contentType == 'application/json':
        resContext = json_lib.dumps(res.json(), indent=2, ensure_ascii=
False)
    elif contentType.startswith("text/html"):
        resContext = res.text[:1000]
    else:
        resContext = "未定义"

    print("响应报文:")
    print(resContext)
    logger.info(resContext)
    if create_session is True or session is not None:
        return res, req
    else:
        return res
```

18.8.2　定义测试数据

创建测试数据 testDatas/testdata_interface_orderQuery_normal.yaml：

```
-
  description: '网页展示内容测试'
  data:
    order_dep: '001'
    order_date: '<datetime.datetime.now().strftime("%Y-%m-%d")>'
    order_name: '需求名称'
    order_sys: '关联 sys'
    order_type: 'upper'
    order_desc: '描述信息'
  assert:
    assert_dep: '人力部门'
```

18.8.3　编写测试用例

创建测试脚本 testCases/testcase_interface_orderQuery.py：

```python
import datetime
import unittest
from ddt import ddt, file_data
from bs4 import BeautifulSoup
import api.KeywordApi as kwa
import commons.Config as config
from commons.Decor import case_decor
from api.DataBaseApi import DataBaseApi


@ddt
class applyInterfaceTestCase(unittest.TestCase):

    @classmethod
    def setUpClass(cls) -> None:
        # 查询数据库中的最大 id
        cls.dba = DataBaseApi()
        cls.max_id = cls.dba.queryMaxId()

        # 登录
        login_data = {
            "username": config.get_config('loginuser.name'),
            "pwd": config.get_config('loginuser.pass'),
            "randomCode": "1234"
        }
        res, session = kwa.do_post("/dologin/", data=login_data, create_
session=True)
        if res.status_code == 200 and res.json()['code'] == 0:
            cls.session = session

    @classmethod
    def tearDownClass(cls) -> None:
        # 清除测试数据
        cls.dba.clearTestData(cls.max_id)
        # 关闭数据库连接
        cls.dba.conn.close()

    @file_data("../testDatas/testdata_interface_orderQuery_normal.yaml")
    @case_decor
    def test_apply_normal(self, **params):
        # 提交需求申请
        res, session = kwa.do_post('/commit_order/', data=params.get('data'),
session=self.session)
        # 用例断言
        self.assertEqual(200, res.status_code)
        self.assertEqual(0, res.json()['code'])
```

```
    # 调用需求详情页面
    response, s = kwa.do_get('/info_order/', params={'oid': res.json()
['order_id']}, session=self.session)
    print(response)

    # 断言
    self.assertEqual(200, response.status_code)

    # 解析网页
    soup = BeautifulSoup(response.content, features='lxml')

    elements = soup.select('.layui-form-mid')
    for element in elements:
        print(element.text)

    # 断言网页内容是否符合需求
    self.assertEqual(res.json()['order_id'], int(elements[0].text))  # id
    self.assertEqual(kwa.get_value(params, 'order_name'), elements[1].
text)                              # 名称
    self.assertEqual(kwa.get_value(params, 'assert_dep'), elements[2].
text)                              # 部门
    self.assertEqual(kwa.get_value(params, 'order_desc'), elements[7].
text)                              # 描述
    expact_date = datetime.datetime.strptime(kwa.get_value(params,
'order_date'), "%Y-%m-%d").strftime("%Y 年%m 月%d 日")
    self.assertEqual(expact_date, elements[5].text)


if __name__ == '__main__':
    unittest.main()
```

🔔注意：解析 HTML 网页用到了 BeautifulSoup 4 和 lxml 第三方库。

☎提示：本小节的源代码路径是 ch18/18_8_AutomaticTestFramework。

18.9　构建可视化的测试报告

整个框架编写到现在已经完成了测试用例层的设计，接下来要将用例进行整合，创建套件和执行器，生成可视化的测试报告。HTML 网页形式的测试报告仍然是目前主流的测试报告格式，在 Unittest 章节我们介绍过几种 HTML 测试报告的生成方式，选择其中一种即可。

18.9.1　创建测试执行器

在整个测试框架项目根目录下创建测试执行器脚本 testRunner.py：

```python
import datetime
import os
import unittest
from api.MyHTMLTestRunner import HTMLTestRunner
import commons.Config as config

ts = datetime.datetime.now().strftime("%Y%m%d%H%M%S")
reports_path = config.get_config('reports.path')
report_file = os.path.join(reports_path, "test_report_{}.html".format(ts))

# 如果目录不存在就创建一个目录
if not os.path.exists(reports_path):
    os.mkdir(reports_path)

with open(report_file, "wb") as reportFile:
    discorver = unittest.defaultTestLoader.discover(
        start_dir=config.get_config('reports.casespath'),
        pattern="{}*.py".format(config.get_config('reports.casespartten'))
    )
    runner = HTMLTestRunner(
        title=config.get_config('reports.title'),
        description=config.get_config('reports.desc'),
        stream=reportFile
    )
    runner.run(discorver)
```

有了参数配置文件，在执行器生成测试报告时，报告标题、报告目录、描述信息、测试用例的目录和前缀都可以进行参数化配置：

```ini
[reports]
path = testReports
title = testProject 演示测试报告
desc = 描述一下测试场景和环境
casespath = testCases
casespartten = testcase_
```

18.9.2　框架级 HTML 测试报告

执行 testRunner.py 脚本后，通过浏览器打开生成的测试报告，如图 18.12 所示。

现在我们用了 4s 的时间测试了 50 个测试用例，并且以可视化的测试报告形式展示测试结果，不论测试覆盖度、脚本复用度还是测试质量和效率相比手工测试都有了质的飞跃。

☎ 提示：本小节的源代码路径是 ch18/18_9_AutomaticTestFramework。

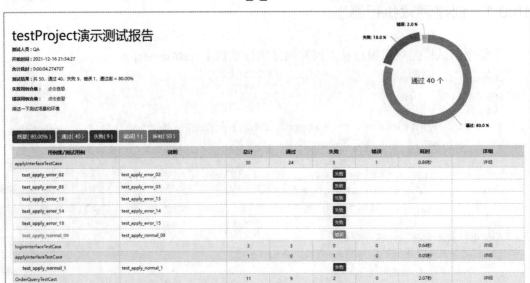

图 18.12　框架级测试报告

18.10　小　　结

本章作为全书的最后一章，贯穿前面全部的知识点，以接口测试为实例，构建了一个企业测试开发框架，每一小节完善和优化一个场景，整个过程没有讲解过多的业务逻辑，技术开发和设计理念是学习的核心。

本章编写的企业级测试开发框架可以作为测试框架的原型，更多的细节需要结合实际工作和项目具体情况逐步完善。